本书由中国科学院数学与系统科学研究院资助出版

数学分析学习指导

（下）

丁彦恒　吴　刚　郭　琪　编著

科　学　出　版　社

北　京

内 容 简 介

本书为数学分析的学习指导书，是丁彦恒、刘笑颖、吴刚编写的《数学分析讲义》第一、二、三卷的配套用书. 主要内容除了经典的一元微积分、多元微积分、级数理论与含参积分之外， 还包括拓扑空间的映射、流形及微分形式、流形上微分形式的积分、向量分析与场论、线性赋范空间中的微分学和傅里叶变换等. 为了便于读者复习与自查，每一章 (第 16 章除外) 中都包含了知识点总结与补充、例题讲解和《数学分析讲义》中的习题参考解答. 此外，附录中还列出了一些书中常用的公式与特殊常数.

全书分上、下两册出版，本书为下册，主要对应《数学分析讲义》第三卷，适合数学专业本科一、二年级的学生参考使用.

图书在版编目(CIP)数据

数学分析学习指导. 下/丁彦恒，吴刚，郭琪编著. —北京：科学出版社，2023.1

ISBN 978-7-03-074675-7

Ⅰ. ①数…　Ⅱ. ①丁…　②吴…　③郭…　Ⅲ.①数学分析－高等学校－教学参考资料　Ⅳ. ①O17

中国版本图书馆 CIP 数据核字 (2023) 第 016763 号

责任编辑：胡庆家　贾晓瑞／责任校对：崔向琳

责任印制：吴兆东／封面设计：无极书装

科学出版社 出版

北京东黄城根北街 16 号

邮政编码:100717

http://www.sciencep.com

北京虎彩文化传播有限公司 印刷

科学出版社发行　各地新华书店经销

*

2023 年 1 月第　一　版　开本: 720×1000　B5

2023 年 9 月第二次印刷　印张: 17 1/4

字数:348 000

定价:78.00 元

(如有印装质量问题，我社负责调换)

前　言

本书是作者在中国科学院大学讲授“数学分析”及习题课的过程中，在丁彦恒、刘笑颖、吴刚编写的《数学分析讲义》(以下及正文中简称为《讲义》) 第一、二、三卷的基础上，在教学实践中形成的配套用书. 书中除了经典的微积分理论外，还包含了一些现代分析的内容，部分内容具有一定的难度. 每一章 (第 16 章除外) 中都包含了知识点总结与补充、例题讲解和《讲义》中的习题参考解答，可作为习题课的讲义使用. 此外，附录中还列出了一些书中常用的公式与特殊常数. 由于作者水平有限，难免有不足和疏漏之处，欢迎读者批评指正.

全书分上、下两册出版，本书为下册，主要针对《讲义》第三卷，适合数学专业本科一、二年级的学生参考使用.

本书由中国科学院数学与系统科学研究院资助.

丁彦恒

2022 年 5 月于北京

目　录

前言
第 12 章　线性赋范空间中的微分学 ······ 1
12.1　线性赋范空间 ······ 1
12.2　线性和多重线性算子 ······ 10
12.3　映射的微分 ······ 20
12.4　有限增量定理和它的应用的一些例子 ······ 30
12.5　高阶导映射 ······ 35
12.6　泰勒公式和极值的研究 ······ 39
12.7　一般的隐函数定理 ······ 49
第 13 章　一致收敛性, 函数族的分析运算 ······ 55
13.1　逐点收敛与一致收敛 ······ 55
13.2　函数项级数的一致收敛性 ······ 61
13.3　极限函数的函数性质 ······ 68
13.4　连续函数空间的紧子集和稠密子集 ······ 87
第 14 章　含参变量的积分 ······ 94
14.1　含参变量的常义积分 ······ 94
14.2　含参变量的反常积分 ······ 106
14.3　欧拉积分 ······ 125
14.4　函数的卷积和广义函数的初步知识 ······ 147
14.5　含参变量的重积分 ······ 168
第 15 章　傅里叶级数与傅里叶变换 ······ 181
15.1　一些与傅里叶级数有关的一般概念 ······ 181
15.2　傅里叶三角级数 ······ 205
15.3　傅里叶变换 ······ 231
第 16 章　渐近展开 ······ 259
16.1　渐近公式和渐近级数 ······ 259
16.2　渐近积分 (拉普拉斯方法) ······ 262
附录　一些常用公式与特殊常数 ······ 267

第 12 章　线性赋范空间中的微分学

12.1　线性赋范空间

一、知识点总结与补充

1. 线性空间

(1) 线性空间的定义: 称 (非空) 集合 X 是域 $\Phi(=\mathbb{R}$ 或 $\mathbb{C})$ 上的一个线性空间, 如果在 X 上装备了一种加法运算“$+$”、在 Φ 与 X 之间赋予了一种乘法运算“$\cdot$”(通常略去乘法记号), 使得 $(X,+)$ 成为一个加法群, 且满足: $\forall x,y\in X$, $a,b\in\Phi$,

$$a(x+y)=ax+ay,\quad (a+b)x=ax+bx.$$

(2) 维数: 称线性空间 X 是有限维的, 如果其中的最大线性无关组只含有限多个元素. 而称其是无限维的, 如果 $\forall n\in\mathbb{N}$, X 含有 n 个线性无关的元素.

(3) 有限维线性空间的例子: $\mathbb{R}^n$, $\mathbb{C}^n$.

(4) 无限维线性空间的例子:

• l——实数列或复数列 $(x^1,\cdots,x^n,\cdots)$ 组成的空间, $\mathring{l}$——有限支集序列组成的空间, $\mathring{l}$ 是 l 的线性子空间.

• $F[a,b]$——定义在闭区间 $[a,b]$ 上的数值 (实数或复数) 函数组成的空间, $C[a,b]$——定义在闭区间 $[a,b]$ 上的连续函数组成的空间, $C[a,b]$ 是 $F[a,b]$ 的线性子空间.

(5) 直积空间: 如果在有限个线性空间的直积 $X_1\times\cdots\times X_n$ 中对元素的线性运算是按分量进行的, 则在其中自然就引进了一个线性空间结构.

2. 线性空间中的范数

(1) 范数与线性赋范空间的定义: 设 X 是数域 Φ 上的线性空间. 函数 $\|\cdot\|: X\to\mathbb{R}$ 称为 X 中的范数, 如果它满足以下三个条件:

• $\|x\|=0\Leftrightarrow x=0$ (非退化);

• $\|\lambda x\|=|\lambda|\|x\|$ (齐次性);

• $\|x_1+x_2\|\leqslant\|x_1\|+\|x_2\|$ (三角不等式),

称在其上定义了范数的线性空间为线性赋范空间. 称向量的范数值为这个向量的范数.

注　向量的范数总是非负的, 且满足不等式 $\big|\|x_1\|-\|x_2\|\big|\leqslant\|x_1-x_2\|$.

(2) 半范数的定义: 数域 Φ 上的线性空间 X 上的函数 $\|\cdot\|: X \to \mathbb{R}$ 称为半范数, 如果它满足范数定义中的齐次性条件、三角不等式及非负性条件: $\|x\| \geqslant 0$.

(3) 线性赋范空间的度量: 线性赋范空间都有自然的度量 $d(x_1, x_2) = \|x_1 - x_2\|$. 度量 d 有两条附加的特殊性质:

- 平移不变性: $d(x_1 + x, x_2 + x) = d(x_1, x_2)$;
- 齐次性: $d(\lambda x_1, \lambda x_2) = |\lambda| d(x_1, x_2)$.

(4) 向量范数的连续性: 线性空间 X 中的范数关于由自然度量 $d(x_1, x_2) = \|x_1 - x_2\|$ 导出的那个拓扑是连续函数 (参见习题 1(2)).

(5) 巴拿赫 (Banach) 空间的定义: 如果线性赋范空间作为关于自然度量 d 的度量空间是完备的, 则称它为完备的线性赋范空间或者巴拿赫空间.

(6) 巴拿赫空间的例子:

• $\mathbb{R}_p^n$: $1 \leqslant p \leqslant \infty$, $x \in \mathbb{R}^n$ 的范数为

$$\|x\|_p := \left(\sum_{i=1}^{n} |x^i|^p \right)^{\frac{1}{p}}, \quad 1 \leqslant p < \infty,$$

$$\|x\|_\infty := \max\{|x^1|, \cdots, |x^n|\}.$$

注 如果 $1 \leqslant p_1 \leqslant p_2 \leqslant \infty$, 则有如下不等式

$$\|x\|_\infty \leqslant \|x\|_{p_2} \leqslant \|x\|_{p_1} \leqslant \|x\|_1 \leqslant n\|x\|_\infty.$$

• 赋范空间的直积: 如果 $X = X_1 \times \cdots \times X_n$, 那么令 $x \in X$ 的范数为

$$\|x\|_p := \left(\sum_{i=1}^{n} \|x_i\|^p \right)^{\frac{1}{p}}, \quad 1 \leqslant p < \infty,$$

$$\|x\|_\infty := \max\{\|x_1\|, \cdots, \|x_n\|\}.$$

这里 $\|x_i\|$ 是向量 $x_i \in X_i$ 在空间 X_i 中的范数.

注 上边对于 $\mathbb{R}_p^n$ 成立的不等式仍然有效.

• l_p, $1 \leqslant p \leqslant \infty$, 其中

$$l_p = \left\{ x \in l : \|x\|_p := \left(\sum_{n=1}^{\infty} |x^n|^p \right)^{\frac{1}{p}} < \infty \right\}, \quad 1 \leqslant p < \infty,$$

$$l_\infty = \left\{ x \in l : \|x\|_\infty := \sup_{n \in \mathbb{N}} |x^n| < \infty \right\}.$$

注 如果 $1 \leqslant p_1 \leqslant p_2 \leqslant \infty$, 则有如下不等式

$$\|x\|_\infty \leqslant \|x\|_{p_2} \leqslant \|x\|_{p_1} \leqslant \|x\|_1.$$

• $C[a,b]$: $f \in C[a,b]$ 的范数为

$$\|f\| := \max_{x \in [a,b]} |f(x)|.$$

注　当 $1 \leqslant p < \infty$ 时, 具有范数 $\|f\|_p := \left(\int_a^b |f|^p(x)\mathrm{d}x\right)^{\frac{1}{p}}$ 的空间 $C[a,b]$ 不完备.

• $L^p = L^p(\Omega;\Phi) := \mathcal{R}_p/\sim$, 其中 $\Omega \subset \mathbb{R}^n$ 是一区域, $1 \leqslant p < \infty$, $\mathcal{R}_p = \mathcal{R}_p(\Omega;\Phi)$ 表示 Ω 上的局部可积且其模的 p-次方也在 Ω 上 (在常义或反常积分意义下) 可积的函数的空间, $f \in \mathcal{R}_p$ 的范数为

$$\|f\|_p := \left(\int_\Omega |f|^p(x)\mathrm{d}x\right)^{\frac{1}{p}},$$

在 $\mathcal{R}_p$ 上的等价关系为

$$\forall\, f,g \in \mathcal{R}_p : f \sim g \ \Leftrightarrow\ \|f-g\|_p = 0.$$

若 $f \sim g$, 则称 f 和 g 在 Ω 上几乎处处相等 (简记为 $f = g$ a.e. Ω).

注　$\|\cdot\|_p$ 是 $\mathcal{R}_p(1 \leqslant p < \infty)$ 上的半范数.

3. 向量空间中的数量积

(1) 埃尔米特形式的定义: 称在 (复数域上的) 线性空间 X 中给出了一个埃尔米特形式, 如果定义了具有以下性质的映射 $\langle\cdot,\cdot\rangle : X \times X \to \mathbb{C}$:

• $\langle x_1, x_2\rangle = \overline{\langle x_2, x_1\rangle}$;

• $\langle \lambda x_1, x_2\rangle = \lambda\langle x_1, x_2\rangle$;

• $\langle x_1 + x_2, x_3\rangle = \langle x_1, x_3\rangle + \langle x_2, x_3\rangle$,

其中 x_1, x_2, x_3 是 X 中的向量, 而 $\lambda \in \mathbb{C}$.

注 1　埃尔米特形式的性质:

• $\langle x_1, \lambda x_2\rangle = \overline{\lambda}\langle x_1, x_2\rangle$;

• $\langle x_1, x_2 + x_3\rangle = \langle x_1, x_2\rangle + \langle x_1, x_3\rangle$;

• $\langle x, x\rangle = \overline{\langle x, x\rangle}$, 即 $\langle x, x\rangle$ 是实数.

注 2　如果 X 是实数域上的线性空间, 则可直接用 $\langle x_1, x_2\rangle = \langle x_2, x_1\rangle$ 代替定义中的第一个等式, 这意味着它关于向量变量 x_1, x_2 是对称的.

(2) 数量积的定义: 称线性空间 X 中的埃尔米特形式 $\langle\cdot,\cdot\rangle$ 是正的, 如果 $\langle x, x\rangle \geqslant 0$, $\forall\, x \in X$; 是非退化的, 如果 $\langle x, x\rangle = 0 \Leftrightarrow x = 0$. 非退化正埃尔米特形式称为这个空间中的数量积.

(3) 数量积的例子:

• $\mathbb{R}^n$ 中的数量积 $\langle x,y\rangle := \sum\limits_{i=1}^{n} x^i y^i$.

• $\mathbb{C}^n$ 中的数量积 $\langle x,y\rangle := \sum\limits_{i=1}^{n} x^i \overline{y^i}$.

• l_2 中的数量积 $\langle x,y\rangle := \sum\limits_{i=1}^{\infty} x^i \overline{y^i}$.

• $C[a,b]$ 中的数量积 $\langle f,g\rangle := \displaystyle\int_a^b (f\cdot\overline{g})(x)\mathrm{d}x$.

(4) 数量积的柯西–布尼亚科夫斯基不等式:

$$|\langle x,y\rangle|^2 \leqslant \langle x,x\rangle \cdot \langle y,y\rangle,$$

其中等号成立的充分必要条件是 x 与 y 共线.

(5) 范数与度量: 有数量积的线性空间具有自然的范数 $\|x\| := \sqrt{\langle x,x\rangle}$ 和度量 $d(x,y) := \|x-y\|$.

注 柯西–布尼亚科夫斯基不等式可写成如下形式

$$|\langle x,y\rangle| \leqslant \|x\| \cdot \|y\|.$$

(6) 欧氏空间 (埃尔米特空间): 具有数量积的有限维线性空间, 与其数域是 $\mathbb{R}$ 或 $\mathbb{C}$ 相应, 称之为欧氏空间或埃尔米特空间.

(7) 内积空间: 一般地, 称具有数量积的线性空间为内积空间, 特别地, 如果它关于由空间的自然范数导出的度量完备, 则称它为希尔伯特 (Hilbert) 空间.

注 $L^2[a,b]$ 是一个 Hilbert 空间.

二、例题讲解

1. 证明: 在线性赋范空间 $(X,\|\cdot\|)$ 中为了在 X 上可引入一个内积 $\langle\cdot,\cdot\rangle$ 满足 $\langle x,x\rangle^{\frac{1}{2}} = \|x\|, \forall x\in X$, 必须且仅需范数 $\|\cdot\|$ 满足如下平行四边形等式 (极化恒等式):

$$\|x+y\|^2 + \|x-y\|^2 = 2\left(\|x\|^2 + \|y\|^2\right), \quad \forall x,y\in X.$$

证 必要性. 设在 X 上的内积 $\langle\cdot,\cdot\rangle$ 满足 $\langle x,x\rangle^{\frac{1}{2}} = \|x\|, \forall x\in X$, 则 $\forall x,y\in X$, 我们有

$$\begin{aligned}&\|x+y\|^2 + \|x-y\|^2 = \langle x+y,x+y\rangle + \langle x-y,x-y\rangle\\ =\ &\langle x,x\rangle + \langle x,y\rangle + \langle y,x\rangle + \langle y,y\rangle + \langle x,x\rangle - \langle x,y\rangle - \langle y,x\rangle + \langle y,y\rangle\\ =\ &2\langle x,x\rangle + 2\langle y,y\rangle = 2\left(\|x\|^2 + \|y\|^2\right).\end{aligned}$$

充分性. 设范数 $\|\cdot\|$ 满足极化恒等式. 当 X 是实数域 $\mathbb{R}$ 上的空间时, $\forall x, y \in X$, 令

$$\langle x, y\rangle = \frac{1}{4}\left(\|x+y\|^2 - \|x-y\|^2\right). \tag{$*$}$$

首先, 显然 $\forall x \in X$, $\langle x, x\rangle = \dfrac{1}{4}\|2x\|^2 = \|x\|^2 \geqslant 0$, 于是 $\langle x, x\rangle^{\frac{1}{2}} = \|x\|$ 且

$$\langle x, x\rangle = 0 \Leftrightarrow \|x\| = 0 \Leftrightarrow x = 0.$$

又显然 $\forall x, y \in X$, $\langle x, y\rangle = \langle y, x\rangle$. 此外, $\forall x, y, z \in X$, 由极化恒等式可知

$$\begin{aligned}
&\langle x+y, z\rangle = \frac{1}{4}\left(\|x+y+z\|^2 - \|x+y-z\|^2\right)\\
=&\frac{1}{4}\Big(2\left(\|x+z\|^2+\|y\|^2\right) - \left(\|x+z-y\|^2+\|x+y-z\|^2\right)\Big)\\
=&\frac{1}{4}\Big(4\left(\|x\|^2+\|z\|^2\right) - 2\|x-z\|^2 + 2\|y\|^2\big) - 2\left(\|x\|^2+\|y-z\|^2\right)\Big)\\
=&\frac{1}{4}\Big(2\left(\|x\|^2+\|z\|^2\right) - 2\|x-z\|^2 + 2\left(\|y\|^2+\|z\|^2\right) - 2\|y-z\|^2\Big)\\
=&\frac{1}{4}\left(\|x+z\|^2 - \|x-z\|^2\right) + \frac{1}{4}\left(\|y+z\|^2 - \|y-z\|^2\right) = \langle x, z\rangle + \langle y, z\rangle.
\end{aligned}$$

往证, $\forall x, y \in X$, $\lambda \in \mathbb{R}$, 我们有 $\langle \lambda x, y\rangle = \lambda\langle x, y\rangle$. 当 $\lambda = -1$ 时, 由

$$\langle x, y\rangle + \langle -x, y\rangle = \langle x-x, y\rangle = \langle 0, y\rangle = \frac{1}{4}\left(\|y\|^2 - \|y\|^2\right) = 0$$

可知 $\langle -x, y\rangle = -\langle x, y\rangle$. 又由数学归纳法易知, 当 $\lambda = n \in \mathbb{N}$ 时, $\langle nx, y\rangle = n\langle x, y\rangle$, 进而

$$\langle x, y\rangle = \left\langle n\cdot\frac{1}{n}x, y\right\rangle = n\left\langle\frac{1}{n}x, y\right\rangle,$$

于是 $\left\langle\dfrac{1}{n}x, y\right\rangle = \dfrac{1}{n}\langle x, y\rangle$. 故 $\forall m, n \in \mathbb{N}$,

$$\left\langle\frac{m}{n}x, y\right\rangle = m\left\langle\frac{1}{n}x, y\right\rangle = \frac{m}{n}\langle x, y\rangle.$$

因此我们有, $\forall r \in \mathbb{Q}$, $\langle rx, y\rangle = r\langle x, y\rangle$. 对一般的 $\lambda \in \mathbb{R}$, 显然 $\exists\{r_k\} \subset \mathbb{Q}$ 使得 $\lim\limits_{k\to\infty} r_k = \lambda$, 于是由范数的连续性可知

$$\begin{aligned}
\langle \lambda x, y\rangle &= \langle \lim_{k\to\infty} r_k x, y\rangle = \frac{1}{4}\left(\|\lim_{k\to\infty} r_k x + y\|^2 - \|\lim_{k\to\infty} r_k x - y\|^2\right)\\
&= \lim_{k\to\infty}\frac{1}{4}\left(\|r_k x + y\|^2 - \|r_k x - y\|^2\right) = \lim_{k\to\infty}\langle r_k x, y\rangle\\
&= \lim_{k\to\infty} r_k\langle x, y\rangle = \lambda\langle x, y\rangle.
\end{aligned}$$

综上可知, (*) 式定义了一个内积且满足 $\langle x,x\rangle^{\frac{1}{2}}=\|x\|,\ \forall x\in X$.

当 X 是复数域 $\mathbb{C}$ 上的空间时, $\forall x,y\in X$, 令

$$\langle x,y\rangle=\frac{1}{4}\left(\|x+y\|^2-\|x-y\|^2+\mathrm{i}\|x+\mathrm{i}y\|^2-\mathrm{i}\|x-\mathrm{i}y\|^2\right).$$

类似地, 我们也可证明其定义了一个内积且满足 $\langle x,x\rangle^{\frac{1}{2}}=\|x\|,\ \forall x\in X$. 具体细节从略. □

三、 习题参考解答 (12.1 节)

1. (1) 证明: 如果在线性空间 X 中所给度量 $d(x_1,x_2)$ 是平移不变的和齐次的, 那么 X 可以赋予范数 $\|x\|=d(0,x)$.

(2) 验证: 线性空间 X 中的范数关于由自然度量 $d(x_1,x_2)=\|x_1-x_2\|$ 导出的那个拓扑是连续函数.

(3) 证明: 如果 X 是有限维的线性空间, 而 $\|x\|$ 和 $\|x\|'$ 是 X 上的两个范数, 那么总可以找到正数 M,N, 使得对于任意向量 $x\in X$ 满足

$$M\|x\|\leqslant\|x\|'\leqslant N\|x\|.$$

(4) 以空间 l 中的范数 $\|x\|_1$ 和 $\|x\|_\infty$ 为例说明上述不等式在无穷维空间中一般来说是不成立的.

证 (1) 首先, 由度量的唯一性可知

$$\|x\|=0\Leftrightarrow d(0,x)=0\Leftrightarrow x=0.$$

其次, 由度量的齐次性可知

$$\|\lambda x\|=d(0,\lambda x)=d(\lambda 0,\lambda x)=|\lambda|d(0,x)=|\lambda|\|x\|.$$

最后, 由度量的平移不变性、三角不等式、对称性和齐次性可知

$$\begin{aligned}\|x_1+x_2\|&=d(0,x_1+x_2)=d(-x_1,x_2)\leqslant d(-x_1,0)+d(0,x_2)\\&=d((-1)0,(-1)x_1)+d(0,x_2)=d(0,x_1)+d(0,x_2)=\|x_1\|+\|x_2\|.\end{aligned}$$

综上可知, $\|\cdot\|=d(0,\cdot)$ 为 X 中的范数.

(2) $\forall x_0\in X,\ \forall\varepsilon>0$, 令 $\delta=\varepsilon$, 则当 $x\in X$ 且 $d(x_0,x)<\delta$ 时, 易见

$$\big|\|x_0\|-\|x\|\big|\leqslant\|x_0-x\|=d(x_0,x)<\delta=\varepsilon,$$

从而可知结论成立.

(3) 设 $\dim X = n$, $\{e_1, \cdots, e_n\}$ 为 X 中的一组基, 则任意 $x \in X$ 有如下唯一的表示:

$$x = \xi^1 e_1 + \cdots + \xi^n e_n,$$

其中 $\xi = (\xi^1, \cdots, \xi^n) \in \Phi^n$(这里, Φ^n 为 $\mathbb{R}^n$ 或 $\mathbb{C}^n$). 于是存在 X 和 Φ^n 的同构映射 $A: X \ni x \mapsto \xi = A(x) \in \Phi^n$. 取 Φ^n 中的范数为

$$|\xi| = \left(\sum_{i=1}^{n} |\xi^i|^2\right)^{\frac{1}{2}}, \quad \forall \xi \in \Phi^n.$$

定义 Φ^n 上的函数:

$$f(\xi) = \|A^{-1}(\xi)\| = \left\|\sum_{i=1}^{n} \xi^i e_i\right\|, \quad \forall \xi \in \Phi^n.$$

$\forall \xi_1, \xi_2 \in \Phi^n$, 由三角不等式和柯西–布尼亚科夫斯基不等式可知

$$|f(\xi_1) - f(\xi_2)| = \left|\left\|\sum_{i=1}^{n} \xi_1^i e_i\right\| - \left\|\sum_{i=1}^{n} \xi_2^i e_i\right\|\right| \leqslant \left\|\sum_{i=1}^{n} (\xi_1^i - \xi_2^i) e_i\right\|$$

$$\leqslant \sum_{i=1}^{n} |\xi_1^i - \xi_2^i| \|e_i\| \leqslant \left(\sum_{i=1}^{n} |\xi_1^i - \xi_2^i|^2\right)^{\frac{1}{2}} \left(\sum_{i=1}^{n} \|e_i\|^2\right)^{\frac{1}{2}} = |\xi_1 - \xi_2| \left(\sum_{i=1}^{n} \|e_i\|^2\right)^{\frac{1}{2}},$$

于是 f 是 Φ^n 上的一致连续函数.

$\forall \xi \in \Phi^n \setminus \{0\}$, 由范数的齐次性可知

$$f(\xi) = |\xi| \left\|\sum_{i=1}^{n} \frac{\xi^i}{|\xi|} e_i\right\| = |\xi| f\left(\frac{\xi}{|\xi|}\right). \tag{$*$}$$

又因为 Φ^n 中的单位球面 $S(0;1)$ 是紧的, 所以非负连续函数 f 在 $S(0;1)$ 上必存在非负的最小值 C_1 和最大值 C_2, 即 $\forall \eta \in S(0;1)$, $0 \leqslant C_1 \leqslant f(\eta) \leqslant C_2$. 往证 $C_1 > 0$. 假设 $C_1 = 0$, 则存在 $\eta_0 \in S(0;1)$ 使得 $f(\eta_0) = 0$, 于是 $\eta_0^1 e_1 + \cdots + \eta_0^n e_n = 0$, 因为 $\{e_1, \cdots, e_n\}$ 为 X 中的基, 所以必有 $\eta_0^i = 0$, $i = 1, \cdots, n$, 即 $\eta_0 = 0$, 这与 $\eta_0 \in S(0;1)$ 矛盾. 因此 $C_1 > 0$, 进而由 $(*)$ 式可知

$$C_1 |\xi| \leqslant f(\xi) \leqslant C_2 |\xi|, \quad \forall \xi \in \Phi^n,$$

其中 $C_2 \geqslant C_1 > 0$. 于是 $\forall x \in X$, 令 $\xi = A(x)$, 则我们有 $C_1 |A(x)| \leqslant \|x\| \leqslant C_2 |A(x)|$. 同理, 存在 $C_2' \geqslant C_1' > 0$ 使得, $\forall x \in X$, $C_1' |A(x)| \leqslant \|x\|' \leqslant C_2' |A(x)|$.

令 $M=C_1'/C_2$, $N=C_2'/C_1$, 则 $M,N>0$ 且 $\forall x\in X$, 我们有

$$M\|x\|\leqslant\frac{C_1'}{C_2}C_2|A(x)|=C_1'|A(x)|\leqslant\|x\|'\leqslant C_2'|A(x)|=\frac{C_2'}{C_1}C_1|A(x)|\leqslant N\|x\|.$$

(4) 取

$$x_n=(\underbrace{1,\cdots,1}_{n\text{个}},0,0,\cdots)\in l,\quad n\in\mathbb{N}.$$

易见 $\|x_n\|_\infty=1$, 而 $\|x_n\|_1=n$, 令 $n\to\infty$ 可知结论成立. □

2. (1) 证明《讲义》不等式 (12.1.5).

(2) 验证《讲义》关系式 (12.1.6).

(3) 证明: 当 $p\to+\infty$ 时, 由《讲义》公式 (12.1.12) 所定义的量 $\|f\|_p$ 趋于由公式 (12.1.11) 给出的量 $\|f\|$.

证 (1) 当 $\|x\|_{p_1}=0$ 时, 易见结论成立. 当 $\|x\|_{p_1}\neq0$ 时, 显然对 $i=1,\cdots,n$, 我们有 $|x^i|\leqslant\|x\|_{p_1}$, 从而 $\dfrac{|x^i|}{\|x\|_{p_1}}\leqslant1$, 进而

$$\frac{\sum\limits_{i=1}^n|x^i|^{p_2}}{\|x\|_{p_1}^{p_2}}=\sum_{i=1}^n\left(\frac{|x^i|}{\|x\|_{p_1}}\right)^{p_2}\leqslant\sum_{i=1}^n\left(\frac{|x^i|}{\|x\|_{p_1}}\right)^{p_1}=\frac{\sum\limits_{i=1}^n|x^i|^{p_1}}{\|x\|_{p_1}^{p_1}}=1,$$

于是 $\sum\limits_{i=1}^n|x^i|^{p_2}\leqslant\|x\|_{p_1}^{p_2}$, 因此 $\|x\|_{p_2}\leqslant\|x\|_{p_1}$.

(2) 记 $\|x\|_\infty:=\max\{|x^1|,\cdots,|x^n|\}$, 易见

$$\|x\|_\infty\leqslant\|x\|_p\leqslant n^{\frac1p}\|x\|_\infty,$$

又当 $p\to+\infty$ 时, $n^{\frac1p}\|x\|_\infty\to\|x\|_\infty$, 从而结论成立.

(3) 当 $\|f\|=0$ 时, 显然结论成立. 当 $\|f\|>0$ 时, 设 $|f(x_0)|=\|f\|=\max\limits_{x\in[a,b]}|f(x)|$, $x_0\in[a,b]$. 又因为 $|f|\in C[a,b]$, 所以 $\forall\varepsilon\in(0,\|f\|/2)$, $\exists\delta>0$ 使得 $\forall x\in U_{[a,b]}^\delta(x_0)$,

$$|f(x)|>|f(x_0)|-\varepsilon=\|f\|-\varepsilon>0.$$

于是

$$|U_{[a,b]}^\delta(x_0)|^{\frac1p}(\|f\|-\varepsilon)\leqslant\|f\|_p\leqslant(b-a)^{\frac1p}\|f\|.$$

注意到 $|U_{[a,b]}^\delta(x_0)|>0$, 可得

$$\lim_{p\to+\infty}|U_{[a,b]}^\delta(x_0)|^{\frac1p}=\lim_{p\to+\infty}(b-a)^{\frac1p}=1.$$

因此存在 $N \in \mathbb{N}$ 使得 $\forall p > N$,

$$|U^{\delta}_{[a,b]}(x_0)|^{\frac{1}{p}} > 1 - \varepsilon, \quad (b-a)^{\frac{1}{p}} < 1 + \varepsilon.$$

于是

$$(1-\varepsilon)(\|f\| - \varepsilon) \leqslant \|f\|_p \leqslant (1+\varepsilon)\|f\|.$$

从而由极限定义可知结论成立. □

3. (1) 验证: 在《讲义》例 7 中所研究的赋范空间 l_p 是完备的.

(2) 证明: 空间 l_p 的由具有限支集 (以零结束) 的序列组成的子空间不是巴拿赫空间.

证　(1) 设 $\{x_m\}_{m\in\mathbb{N}}$ 为 l_p 中的基本列, 则 $\forall \varepsilon > 0$, 存在 $M \in \mathbb{N}$, 使得当 $m, k \in \mathbb{N}$ 且 $m, k > M$ 时, 有 $\|x_m - x_k\|_p < \varepsilon$. 于是 $\forall n \in \mathbb{N}$,

$$|x^n_m - x^n_k|^p \leqslant \sum_{j=1}^{n} |x^j_m - x^j_k|^p \leqslant \sum_{j=1}^{\infty} |x^j_m - x^j_k|^p = \|x_m - x_k\|^p_p < \varepsilon^p,$$

这就说明了 $\forall n \in \mathbb{N}$, $\{x^n_m\}_{m\in\mathbb{N}}$ 为完备空间 $\mathbb{R}$ 中的基本数列, 从而 $\{x^n_m\}_{m\in\mathbb{N}}$ 收敛, 记 $x^n_0 := \lim\limits_{m\to\infty} x^n_m$, $x_0 = (x^1_0, \cdots, x^n_0, \cdots)$. $\forall n \in \mathbb{N}$, 在上面不等式中固定 m 而令 $k \to \infty$ 可得, 当 $m > M$ 时,

$$\sum_{j=1}^{n} |x^j_m - x^j_0|^p \leqslant \varepsilon^p,$$

进而可知

$$\|x_m - x_0\|^p_p = \sum_{j=1}^{\infty} |x^j_m - x^j_0|^p \leqslant \varepsilon^p.$$

于是 $\|x_m - x_0\|_p \leqslant \varepsilon$, $\forall m > M$ 且

$$\|x_0\|_p \leqslant \|x_{M+1}\|_p + \|x_{M+1} - x_0\|_p \leqslant \|x_{M+1}\|_p + \varepsilon,$$

因此 $\lim\limits_{m\to\infty} x_m = x_0 \in l_p$, 即 l_p 是完备的.

(2) 记空间 l_p 的由具有限支集的序列组成的子空间为 $\mathring{l}_p$. 令

$$x_m = \left(1, \frac{1}{2^2}, \cdots, \frac{1}{m^2}, 0, \cdots\right), \quad m \in \mathbb{N}.$$

易见 $\{x_m\}_{m\in\mathbb{N}}$ 为 $\mathring{l}_p$ 中的基本列, $\lim\limits_{m\to\infty} x_m = x_0 \in l_p \backslash \mathring{l}_p$, 因此 $\mathring{l}_p$ 不是巴拿赫空间.

□

4. 利用柯西–布尼亚科夫斯基不等式, 对在闭区间 $[a,b]$ 上不取零值的连续实值函数集, 求乘积

$$\left(\int_a^b f(x)\mathrm{d}x\right)\left(\int_a^b \left(\frac{1}{f}\right)(x)\mathrm{d}x\right)$$

的下确界.

解 记

$$I(f) := \left(\int_a^b f(x)\mathrm{d}x\right)\left(\int_a^b \left(\frac{1}{f}\right)(x)\mathrm{d}x\right).$$

因为连续实值函数 f 在闭区间 $[a,b]$ 上不取零值, 所以由介值定理可知其恒正或恒负, 于是 $I(f)$ 恒大于零, 故 $\{I(f)\}$ 必有下确界 I_{inf}. 又由柯西–布尼亚科夫斯基不等式可知

$$\begin{aligned}
I(f) &= \left(\int_a^b |f|(x)\mathrm{d}x\right)\left(\int_a^b \left(\frac{1}{|f|}\right)(x)\mathrm{d}x\right) \\
&= \left(\int_a^b (\sqrt{|f|})^2(x)\mathrm{d}x\right)\left(\int_a^b \left(\frac{1}{\sqrt{|f|}}\right)^2(x)\mathrm{d}x\right) \\
&\geqslant \left(\int_a^b \sqrt{|f|}\cdot\frac{1}{\sqrt{|f|}}\mathrm{d}x\right)^2 = (b-a)^2,
\end{aligned}$$

所以 $(b-a)^2$ 为 $\{I(f)\}$ 的一个下界. 而当 $f\equiv 1$ 时, 显然 $I(f)=(b-a)^2$, 故 $I_{\text{inf}}=(b-a)^2$. □

12.2 线性和多重线性算子

一、知识点总结与补充

1. 线性和多重线性映射的定义

(1) 线性映射: 如果 X 和 Y 是同一个数域 Φ 上的线性空间, 那么, 称映射 $A: X\to Y$ 为线性映射, 如果 $\forall x, x_1, x_2\in X$, $\lambda\in\Phi$ 成立等式

$$A(x_1+x_2)=A(x_1)+A(x_2),\quad A(\lambda x)=\lambda A(x).$$

对于线性算子 $A: X\to Y$, 经常把 $A(x)$ 写作 Ax.

(2) 多重线性映射: 称从线性空间 $X_1,\cdots,X_n$ 的直积到线性空间 Y 的映射 $A: X_1\times\cdots\times X_n\to Y$ 为多重线性 (n-线性) 映射, 如果这个映射 $y=A(x_1,\cdots,x_n)$ 关于每个变量当取定其他变量的值时是线性的.

(3) 记号与名词:

• n-线性映射 $A: X_1 \times \cdots \times X_n \to Y$ 的集合将用记号 $\mathcal{L}(X_1, \cdots, X_n; Y)$ 表示.

• 当 $n=1$ 时我们得到从 $X_1 = X$ 到 Y 的线性映射集 $\mathcal{L}(X; Y)$.

• 当 $n=2$ 时, 把多重线性映射称为双线性的, 当 $n=3$ 时称为三重线性的, 等等.

• 不要把 n-线性映射 $A \in \mathcal{L}(X_1, \cdots, X_n; Y)$ 和线性空间 $X = X_1 \times \cdots \times X_n$ 的线性映射 $A \in \mathcal{L}(X; Y)$ 相混.

注　n 个实数的普通加和 $(x_1, \cdots, x_n) \overset{A}{\mapsto} x_1 + \cdots + x_n$ 是 $\mathbb{R}^n$ 上的线性函数, 即 $A \in \mathcal{L}(\mathbb{R} \times \cdots \times \mathbb{R}; \mathbb{R}) = \mathcal{L}(\mathbb{R}^n; \mathbb{R})$. 但 $A \notin \mathcal{L}(\mathbb{R}, \cdots, \mathbb{R}; \mathbb{R})$.

• 如果 $Y = \mathbb{R}$ 或 $Y = \mathbb{C}$, 则常把线性和多重线性映射相应地称为线性函数或多重线性函数 (或者泛函, 如果所映的是函数空间的话). 而当 Y 是任意的线性空间时, 常称线性映射 $A: X \to Y$ 为从空间 X 到空间 Y 的线性算子.

2. 多重线性映射的例子

(1) n 个实数的普通乘积 $(x_1, \cdots, x_n) \overset{A}{\mapsto} x_1 \cdot \cdots \cdot x_n$ 是 $\mathbb{R}$ 上的 n-线性函数, 即 $A \in \mathcal{L}(\mathbb{R}, \cdots, \mathbb{R}; \mathbb{R})$.

(2) 在实数域 $\mathbb{R}$ 上的欧氏向量空间中, 数量积 $(x_1, x_2) \overset{A}{\mapsto} \langle x_1, x_2 \rangle$ 是双线性函数.

(3) 在三维欧氏空间 E^3 中, 向量的向量积 $(x_1, x_2) \overset{A}{\mapsto} [x_1, x_2]$ 是双线性算子.

(4) 如果 X 是域 $\mathbb{R}$ 上的有限维向量空间, $\{e_1, \cdots, e_n\}$ 是 X 中的基底, $x = x^i e_i$ 是向量 $x \in X$ 的坐标表示, 那么 $A(x_1, \cdots, x_n) = \det(x_1, \cdots, x_n) = \det(x_j^i)$ 是 n-线性函数.

3. 线性空间的乘积到线性空间的乘积的线性映射的构造

(1) 线性映射 $A \in \mathcal{L}(X = X_1 \times \cdots \times X_m; Y)$ 的一般形式:

$$A(x) = A_1(x_1) + \cdots + A_m(x_m),$$

其中, $A_i \in \mathcal{L}(X_i; Y)$, $i \in \{1, \cdots, m\}$. 易见,

$$A_i(x_i) = A\left((0, \cdots, 0, x_i, 0, \cdots, 0)\right).$$

(2) 线性映射 $A \in \mathcal{L}(X \to Y = Y_1 \times \cdots \times Y_n)$ 的一般形式:

$$Ax = (A_1 x, \cdots, A_n x),$$

其中, $A_i \in \mathcal{L}(X; Y_i)$, $i \in \{1, \cdots, n\}$.

(3) 线性映射 $A \in \mathcal{L}(X = X_1 \times \cdots \times X_m; Y = Y_1 \times \cdots \times Y_n)$ 的一般形式:

$$Ax = \begin{pmatrix} A_{11} & \cdots & A_{1m} \\ \vdots & & \vdots \\ A_{n1} & \cdots & A_{nm} \end{pmatrix} \begin{pmatrix} x_1 \\ \vdots \\ x_m \end{pmatrix},$$

其中 $A_{ij} \in \mathcal{L}(X_j; Y_i)$, $i \in \{1, \cdots, n\}$, $j \in \{1, \cdots, m\}$.

注 特别地, 如果 $X_1 = \cdots = X_m = \mathbb{R}, Y_1 = \cdots = Y_n = \mathbb{R}$, 那么每个 $A_{ij} : X_j \to Y_i$ 都是 $\mathbb{R} \ni x \mapsto a_{ij}x \in \mathbb{R}$ 的线性映射, 它由一个数 a_{ij} 给出 (也见 6.2 节).

4. 算子的范数

(1) 算子范数的定义: 设 $A : X_1 \times \cdots \times X_n \to Y$ 是从赋范空间 $X_1, \cdots, X_n$ 的直积到赋范空间 Y 的多重线性算子. 量

$$\|A\| := \sup_{\substack{x_1,\cdots,x_n \\ x_i \neq 0}} \frac{|A(x_1, \cdots, x_n)|_Y}{|x_1|_{X_1} \cdot \cdots \cdot |x_n|_{X_n}} = \sup_{\substack{e_1,\cdots,e_n \\ |e_i|=1}} |A(e_1, \cdots, e_n)|$$

称为多重线性算子 A 的范数. 特别地, 对于线性算子 $A : X \to Y$,

$$\|A\| = \sup_{x \neq 0} \frac{|Ax|}{|x|} = \sup_{|e|=1} |Ae|.$$

(2) 具有有限范数的算子: 对于多重线性算子, 如果 $\|A\| < \infty$, 那么

$$|A(x_1, \cdots, x_n)| \leqslant \|A\| |x_1| \cdot \cdots \cdot |x_n|.$$

特别地, 对于线性算子范数, 我们得到

$$|Ax| \leqslant \|A\| \, |x|.$$

(3) 有界算子的定义: 称多重线性算子 $A : X_1 \times \cdots \times X_n \to Y$ 是有界多重线性算子, 如果存在数 $M \in \mathbb{R}$, 使得对于相应空间 $X_1, \cdots, X_n$ 的任意向量 $x_1, \cdots, x_n$ 成立不等式

$$|A(x_1, \cdots, x_n)| \leqslant M |x_1| \cdot \cdots \cdot |x_n|.$$

注 如果多重线性算子的范数有限, 那么它是使该不等式对于任意 $x_i \in X_i$, $i = 1, \cdots, n$ 都成立的那些数 M 的下确界. 因此, 算子是有界的, 当且仅当算子有有限范数.

(4) 算子的有界性: 对于有限维空间的映射, 多重线性算子的范数总是有限的. 特别地, 线性算子的范数也有限. 在无限维空间的情况, 一般来说这个结论不成立.

(5) 前面多重线性映射的例子中数量积、向量积和行列式中的三个算子的范数都是 1.

$x_n^0|\} < \delta$ 时, 有

$$|A(x_1, \cdots, x_n) - A(x_1^0, \cdots, x_n^0)| < \varepsilon.$$

于是由 A 的多重线性性和 $\sum\limits_{i=0}^{n}(-1)^i \mathrm{C}_n^i = (1-1)^n = 0$ 可知

$$\begin{aligned}
&\left|A(x_1 - x_1^0, x_2 - x_2^0, \cdots, x_n - x_n^0)\right| \\
=& \Big|(-1)^0 A(x_1, x_2, \cdots, x_n) + (-1)^1 A(x_1^0, x_2, \cdots, x_n) \\
&+ \cdots + (-1)^1 A(x_1, x_2, \cdots, x_{n-1}, x_n^0) \\
&+ (-1)^2 A(x_1^0, x_2^0, x_3, \cdots, x_n) + \cdots + (-1)^2 A(x_1, \cdots, x_{n-2}, x_{n-1}^0, x_n^0) \\
&+ \cdots + (-1)^n A(x_1^0, \cdots, x_n^0) - \sum_{i=0}^{n}(-1)^i \mathrm{C}_n^i A(x_1^0, x_2^0, \cdots, x_n^0)\Big| \\
\leqslant& \left|(-1)^0 A(x_1, x_2, \cdots, x_n) - (-1)^0 A(x_1^0, x_2^0, \cdots, x_n^0)\right| \\
&+ \left|(-1)^1 A(x_1^0, x_2, \cdots, x_n) - (-1)^1 A(x_1^0, x_2^0, \cdots, x_n^0)\right| \\
&+ \cdots + \left|(-1)^1 A(x_1, x_2, \cdots, x_{n-1}, x_n^0) - (-1)^1 A(x_1^0, x_2^0, \cdots, x_n^0)\right| \\
&+ \left|(-1)^2 A(x_1^0, x_2^0, x_3, \cdots, x_n) - (-1)^2 A(x_1^0, x_2^0, \cdots, x_n^0)\right| \\
&+ \cdots + \left|(-1)^2 A(x_1, \cdots, x_{n-2}, x_{n-1}^0, x_n^0) - (-1)^2 A(x_1^0, x_2^0, \cdots, x_n^0)\right| \\
&+ \cdots + \left|(-1)^n A(x_1^0, \cdots, x_n^0) - (-1)^n A(x_1^0, x_2^0, \cdots, x_n^0)\right| < 2^n \varepsilon,
\end{aligned}$$

这蕴含着 A 在点 $(0, \cdots, 0) \in X_1 \times \cdots \times X_n$ 连续, 再由 12.2.3 小节命题 1 可知它处处连续. □

4. 设 $A: E^n \to E^n$ 是 n 维欧氏空间的线性映射, $A^*: E^n \to E^n$ 是 A 的共轭映射. 证明:

(1) 算子 $A \cdot A^*: E^n \to E^n$ 的所有的特征值是非负的.

(2) 如果 $\lambda_1 \leqslant \cdots \leqslant \lambda_n$ 是算子 $A \cdot A^*$ 的特征值, 那么 $\|A\| = \sqrt{\lambda_n}$.

(3) 如果算子 A 有逆 $A^{-1}: E^n \to E^n$, 那么 $\|A^{-1}\| = \dfrac{1}{\sqrt{\lambda_1}}$.

(4) 如果 (a_j^i) 是映射 $A: E^n \to E^n$ 在某个基底下的矩阵, 那么成立估计式

$$\max_{1 \leqslant i \leqslant n} \sqrt{\sum_{j=1}^{n}(a_j^i)^2} \leqslant \|A\| \leqslant \sqrt{\sum_{i,j=1}^{n}(a_j^i)^2} \leqslant \sqrt{n}\|A\|.$$

证　(1) 设 λ 为 $A \cdot A^*$ 的特征值, x 为对应的特征向量, 则 $(A \cdot A^*)x = \lambda x$, 于是由共轭映射的定义可知

$$\lambda|x|^2 = \langle \lambda x, x\rangle = \langle (A \cdot A^*)x, x\rangle = \langle A^*x, A^*x\rangle = |A^*x|^2,$$

于是

$$\lambda = \frac{|A^*x|^2}{|x|^2} \geqslant 0.$$

(2) 由线性代数的知识可知, E^n 中有标准正交基 $e_1, \cdots, e_n$, 其中 e_i 是自共轭算子 $A \cdot A^*$ 的与 λ_i 对应的特征向量, $i=1,\cdots,n$. 于是 $\forall x \in E^n$, 有唯一的分解式: $x = x^1e_1 + \cdots + x^ne_n$. 因此

$$\begin{aligned}
\|A\| = \|A^*\| &= \sup_{x\neq 0}\frac{|A^*x|}{|x|} = \sup_{x\neq 0}\frac{\sqrt{\langle A^*x, A^*x\rangle}}{|x|} = \sup_{x\neq 0}\frac{\sqrt{\langle (A\cdot A^*)x, x\rangle}}{|x|} \\
&= \sup_{x\neq 0}\frac{\sqrt{\langle (A\cdot A^*)(x^1e_1+\cdots+x^ne_n), x^1e_1+\cdots+x^ne_n\rangle}}{|x^1e_1+\cdots+x^ne_n|} \\
&= \sup_{x\neq 0}\frac{\sqrt{\lambda_1(x^1)^2+\cdots+\lambda_n(x^n)^2}}{\sqrt{(x^1)^2+\cdots+(x^n)^2}} = \sqrt{\lambda_n}.
\end{aligned}$$

(3) 易见 $(A^*)^{-1}=(A^{-1})^*$ 且 $\dfrac{1}{\lambda_n} \leqslant \cdots \leqslant \dfrac{1}{\lambda_1}$ 为 $(A^{-1})^*A^{-1}=(A^{-1})^*\left((A^{-1})^*\right)^*$ 的特征值, 因此由 (2) 中结论可知 $\|A^{-1}\| = \|(A^{-1})^*\| = \dfrac{1}{\sqrt{\lambda_1}}$.

(4) 设基底为 $e_1,\cdots,e_n$, 则易见 $\forall i \in \{1,\cdots,n\}$, 有

$$\sqrt{\sum_{j=1}^n (a_j^i)^2} = |Ae_i| \leqslant \|A\||e_i| = \|A\|,$$

于是

$$\max_{1\leqslant i\leqslant n}\sqrt{\sum_{j=1}^n (a_j^i)^2} \leqslant \|A\|$$

且

$$\sqrt{\sum_{i,j=1}^n (a_j^i)^2} \leqslant \sqrt{\sum_{i=1}^n \|A\|^2} = \sqrt{n\|A\|^2} = \sqrt{n}\|A\|.$$

又由习题 1 的证明可知

$$\|A\| \leqslant \sqrt{\sum_{i,j=1}^n (a_j^i)^2},$$

从而结论成立. □

5. 设 $\mathbb{P}[x]$ 是关于变量 x 的实系数多项式的线性空间. 向量 $P \in \mathbb{P}[x]$ 的范数由公式

$$\|P\| = \sqrt{\int_0^1 P^2(x)\mathrm{d}x}$$

定义.

(1) 在所得到的空间中, 求导运算 $D(P(x)) := P'(x)$ 的算子 $D : \mathbb{P}[x] \to \mathbb{P}[x]$ 是否有界?

(2) 求乘以 x 的算子 $F : \mathbb{P}[x] \to \mathbb{P}[x](F(P(x)) := x \cdot P(x))$ 的范数.

证 (1) 取 $P_n(x) = x^n \in \mathbb{P}[x]$, $n \in \mathbb{N}$. 易见

$$\|P_n\| = \sqrt{\int_0^1 P_n^2(x)\mathrm{d}x} = \sqrt{\int_0^1 x^{2n}(x)\mathrm{d}x} = \frac{1}{\sqrt{2n+1}},$$

而

$$\|D(P_n)\| = \sqrt{\int_0^1 (P_n')^2(x)\mathrm{d}x} = \sqrt{n^2\int_0^1 x^{2n-2}(x)\mathrm{d}x} = \frac{n}{\sqrt{2n-1}}.$$

于是 $\lim\limits_{n\to+\infty}\|P_n\| = 0$, $\lim\limits_{n\to+\infty}\|D(P_n)\| = +\infty$, 所以线性算子 D 在零点不连续, 从而由 12.2.3 小节命题 1 可知 D 无界.

(2) $\forall P \in \mathbb{P}[x]$, 显然

$$\|F(P)\| = \|xP(x)\| = \sqrt{\int_0^1 x^2P^2(x)\mathrm{d}x} \leqslant \sqrt{\int_0^1 P^2(x)\mathrm{d}x} = \|P\|,$$

于是我们有 $\|F\| \leqslant 1$. 考虑多项式序列 $P_n(x) = \sqrt{2n+1}x^n$, 那么我们有

$$\|P_n\| = 1, \quad \|F(P_n)\| = \|xP_n(x)\| = \sqrt{\int_0^1 x^2P_n^2(x)\mathrm{d}x} = \sqrt{\frac{2n+1}{2n+3}}.$$

于是 $\lim\limits_{n\to\infty}\|F(P_n)\| = 1$. 这就意味着 $\|F\| = 1$. □

6. 以 $\mathbb{R}^2$ 中投影算子为例, 说明不等式 $\|B\circ A\| \leqslant \|B\|\cdot\|A\|$ 可以是严格的.

证 令

$$Ax = (x^1, 0), \quad Bx = (0, x^2), \quad \forall x = (x^1, x^2) \in \mathbb{R}^2.$$

易见

$$\|A\| = \sup_{x\neq 0}\frac{|Ax|}{|x|} = \sup_{x\neq 0}\frac{|x^1|}{\sqrt{(x^1)^2+(x^2)^2}} = 1,$$

同理可知 $\|B\| = 1$. 而 $(B\circ A)(x) = B(x^1, 0) = (0, 0)$, $\forall x \in \mathbb{R}^2$, 于是 $\|B\circ A\| = 0$, 因此 $\|B\circ A\| = 0 < 1 = \|B\|\cdot\|A\|$. □

12.3　映射的微分

一、知识点总结与补充

1. 映射的微分

(1) 在一点的微分: 设 X, Y 是赋范空间. 称从集合 $E \subset X$ 到 Y 的映射 $f: E \to Y$ 在 E 的内点 $x \in E$ 可微, 如果存在线性连续映射 $L(x): X \to Y$, 使得

$$f(x+h) - f(x) = L(x)h + \alpha(x;h),$$

其中 $\alpha(x;h) = o(h)$ 当 $h \to 0, x+h \in E$ 时 (即 $\lim\limits_{h\to 0, x+h\in E} |\alpha(x;h)|_Y \cdot |h|_X^{-1} = 0$). 此时称 (关于 h 的) 线性函数 $L(x) \in \mathcal{L}(X;Y)$ 为映射 $f: E \to Y$ 在点 x 的微分、切映射或导数. 常用记号 $\mathrm{d}f(x)$, $Df(x)$ 或 $f'(x)$ 之一表示 $L(x)$.

(2) 微分的唯一性: 如果映射 $f: E \to Y$ 在集合 $E \subset X$ 的内点 $x \in E$ 可微, 那么它在这点的微分 $L(x)$ 是唯一的.

(3) 导映射: 如果 E 是 X 的开子集, 而 $f: E \to Y$ 是在每个点 $x \in E$ 都可微的映射, 那么由微分的唯一性, 在集合 E 上产生一个函数 $E \ni x \mapsto f'(x) \in \mathcal{L}(X;Y)$, 记作 $f': E \to \mathcal{L}(X;Y)$, 称之为 f 的导数或 $f: E \to Y$ 的导映射.

(4) 在一点可微的映射必定在这点连续, 但连续未必可微.

2. 微分法的一般法则

(1) 微分法的线性性: 如果映射 $f_i: U \to Y, i = 1, 2$ 在点 $x \in U$ 可微, 那么它们的线性组合 $(\lambda_1 f_1 + \lambda_2 f_2): U \to Y$ 在点 x 也可微, 而且

$$(\lambda_1 f_1 + \lambda_2 f_2)'(x) = \lambda_1 f_1'(x) + \lambda_2 f_2'(x).$$

(2) 复合映射的微分法: 如果映射 $f: U \to V$ 在点 $x \in U \subset X$ 可微, 而映射 $g: V \to Z$ 在点 $f(x) = y \in V \subset Y$ 可微, 那么这两个映射的复合 $g \circ f$ 在点 x 可微, 而且

$$(g \circ f)'(x) = g'(f(x)) \circ f'(x).$$

(3) 逆映射的微分法: 设 $f: U \to Y$ 是在点 $x \in U \subset X$ 连续的映射, 它在点 $y = f(x)$ 的邻域有逆映射 $f^{-1}: V \to X$, 并且逆映射在点 $y = f(x)$ 连续. 如果映射 f 在点 x 可微, 并且它在这点的切映射 $f'(x) \in \mathcal{L}(X;Y)$ 有连续逆 $[f'(x)]^{-1} \in \mathcal{L}(Y;X)$, 那么映射 f^{-1} 在点 $y = f(x)$ 可微, 而且

$$[f^{-1}]'(f(x)) = [f'(x)]^{-1}.$$

3. 一些例子

(1) 常值映射: 如果 $f: U \to Y$ 是点 x 的邻域 $U = U(x) \subset X$ 上的常值映射, 那么 $f'(x) = 0 \in \mathcal{L}(X; Y)$.

(2) 连续线性映射: 如果映射 $f: X \to Y$ 是线性赋范空间 X 到线性赋范空间 Y 的连续线性映射, 那么在任意点 $x \in X, f'(x) = f \in \mathcal{L}(X; Y)$. 实际上, 这里应有 $f'(x) \in \mathcal{L}(TX_x; TY_{f(x)})$.

(3) 可微映射与连续线性映射的复合: 如果 $f: U \to Y$ 是定义在点 $x \in X$ 的邻域 $U = U(x) \subset X$ 中的映射, 在 x 处可微, 而 $A \in \mathcal{L}(Y; Z)$, 那么

$$(A \circ f)'(x) = A \circ f'(x).$$

(4) 设 $U = U(x)$ 为赋范空间 X 的点 x 的邻域, 而 $f: U \to Y = Y_1 \times \cdots \times Y_n$ 是从 U 到空间 $Y_1, \cdots, Y_n$ 的直积中的映射. 则映射 f 在点 x 可微, 当且仅当它的所有分量 $f_i: U \to Y_i (i = 1, \cdots, n)$ 可微, 而且在映射 f 可微的情况下, 成立等式 $f'(x) = (f_1'(x), \cdots, f_n'(x))$.

(5) 设 $A \in \mathcal{L}(X_1, \cdots, X_n; Y)$, 即 A 是从线性赋范空间 $X_1, \cdots, X_n$ 的乘积空间 $X_1 \times \cdots \times X_n$ 到线性赋范空间 Y 中的连续 n-线性算子. 则

$$A'(x)h = A(h_1, x_2, \cdots, x_n) + \cdots + A(x_1, \cdots, x_{n-1}, h_n)$$

或者

$$\mathrm{d}A(x_1, \cdots, x_n) = A(\mathrm{d}x_1, x_2, \cdots, x_n) + \cdots + A(x_1, \cdots, x_{n-1}, \mathrm{d}x_n).$$

- $x_1 \cdot x_2 \cdot \cdots \cdot x_n$ 是 n 个数值变量的乘积, 那么

$$\mathrm{d}(x_1 \cdot \cdots \cdot x_n) = \mathrm{d}x_1 \cdot x_2 \cdot \cdots \cdot x_n + \cdots + x_1 \cdot \cdots \cdot x_{n-1} \cdot \mathrm{d}x_n;$$

- $\langle x_1, x_2 \rangle$ 是 E^3 中的数量积, 那么

$$\mathrm{d}\langle x_1, x_2 \rangle = \langle \mathrm{d}x_1, x_2 \rangle + \langle x_1, \mathrm{d}x_2 \rangle;$$

- $[x_1, x_2]$ 是 E^3 中的向量积, 那么

$$\mathrm{d}[x_1, x_2] = [\mathrm{d}x_1, x_2] + [x_1, \mathrm{d}x_2];$$

- (x_1, x_2, x_3) 是 E^3 中的混合积, 那么

$$\mathrm{d}(x_1, x_2, x_3) = (\mathrm{d}x_1, x_2, x_3) + (x_1, \mathrm{d}x_2, x_3) + (x_1, x_2, \mathrm{d}x_3);$$

• $\det(x_1, \cdots, x_n)$ 是由具确定基底的 n 维线性空间 X 的 n 个向量 $x_1, \cdots, x_n$ 的坐标组成的矩阵的行列式, 那么

$$\mathrm{d}(\det(x_1, \cdots, x_n)) = \det(\mathrm{d}x_1, x_2, \cdots, x_n) + \cdots + \det(x_1, \cdots, x_{n-1}, \mathrm{d}x_n).$$

(6) 设 U 是 $\mathcal{L}(X;Y)$ 的子集, 它由那样一些线性连续算子 $A: X \to Y$ 组成, A 有连续的 (即属于 $\mathcal{L}(Y;X)$ 的) 逆算子 $A^{-1}: Y \to X$. 如果 X 是完备的空间且 $A \in U$, 那么对于满足条件 $\|h\| < \|A^{-1}\|^{-1}$ 的任意 $h \in \mathcal{L}(X;Y)$, 算子 $A+h$ 也属于 U, 并且成立关系式

$$\begin{aligned}(A+h)^{-1} &= A^{-1} - A^{-1}hA^{-1} + (-A^{-1}h)^2A^{-1} + \cdots + (-A^{-1}h)^nA^{-1} + \cdots \\ &= A^{-1} - A^{-1}hA^{-1} + o(h), \quad h \to 0.\end{aligned}$$

考察使每个算子 $A \in U$ 对应于它的逆算子 $A^{-1} \in \mathcal{L}(Y;X)$ 的映射 $U \ni A \overset{f}{\mapsto} A^{-1} \in \mathcal{L}(Y;X)$. 于是, 在空间 X 完备的情形, 映射 f 显然可微, 而且

$$\mathrm{d}f(A)h = \mathrm{d}(A^{-1})h = -A^{-1}hA^{-1}.$$

4. 映射的偏导数

(1) 局部映射: 设 $U = U(a)$ 是赋范线性空间 $X_1, \cdots, X_m$ 的直积中点 $a \in X = X_1 \times \cdots \times X_m$ 的邻域, $f: U \to Y$ 是 U 到赋范空间 Y 中的映射. 在 $y = f(x) = f(x_1, \cdots, x_m)$ 中固定除变量 x_i 以外的所有变量, 设 $x_k = a_k$, $k \in \{1, \cdots, m\} \setminus \{i\}$, 我们得到定义在空间 X_i 的点 a_i 的某个邻域 U_i 中的函数

$$f(a_1, \cdots, a_{i-1}, x_i, a_{i+1}, \cdots, a_m) =: f_i(x) =: \varphi_i(x_i).$$

称映射 $\varphi_i: U_i \to Y$ 为已知映射 f 在点 $a \in X$ 处关于变量 x_i 的局部映射.

(2) 偏导数: 如果映射 $\varphi_i: U_i \to Y$ 在点 $x_i = a_i$ 处可微, 那么称它在这一点的导数或微分为 f 在点 a 关于变量 x_i 的偏导数或偏微分. 通常用符号 $\partial_i f(a)$, $D_i f(a)$, $\dfrac{\partial f}{\partial x_i}(a)$, $f'_{x_i}(a)$ 来表示偏导数.

(3) 全微分: 如果 f 在点 a 可微, 通常称 f 在点 a 的微分 $\mathrm{d}f(a)$ 为全微分, 以区分它关于个别变量的偏微分. 如果映射 f 在点 $a = (a_1, \cdots, a_m) \in X_1 \times \cdots \times X_m = X$ 可微, 那么它在这点有关于每个变量的偏微分, 而且全微分和偏微分由关系式

$$\mathrm{d}f(a)h = \partial_1 f(a)h_1 + \cdots + \partial_m f(a)h_m$$

相联系, 其中 $h = (h_1, \cdots, h_m) \in TX_1(a_1) \times \cdots \times TX_m(a_m) = TX(a)$.

二、例题讲解

1. 《讲义》中定义的微分也称为 Fréchet 微分, 这里讨论另外一种 Gâteaux 微分. 我们称 f 在点 $x\in E\subset X$ 是 G-可微的, 如果 $\forall h\in X$, $\exists \mathrm{d}f(x,h)\in Y$, 使得

$$\|f(x+th)-f(x)-t\mathrm{d}f(x,h)\|_Y=o(t),\quad t\to 0.$$

根据定义, 我们有

$$\frac{\mathrm{d}}{\mathrm{d}t}f(x+th)|_{t=0}=\mathrm{d}f(x,h).$$

证明: (1) $\mathrm{d}f(x,th)=t\mathrm{d}f(x,h)$, $\forall t\in\mathbb{R}$.

(2) 如果 f 在 x 点是 G-可微的, 那么 $\forall h\in X$, $\forall y^*\in Y^*$, 函数 $\varphi(t)=\langle y^*,f(x+th)\rangle$ 在点 $t=0$ 处可微, 并且 $\varphi'(0)=\langle y^*,\mathrm{d}f(x,h)\rangle$.

(3) 如果 $f:E\to Y$ 在 E 中每个点都是 G-可微的, 并且区间 $\{x+th:t\in[0,1]\}\subset E$, 那么

$$\|f(x+h)-f(x)\|_Y\leqslant\sup_{0<t<1}\|\mathrm{d}f(x+th,h)\|_Y.$$

(4) 如果 f 在 x 点可微, 那么 f 在 x 点 G-可微, 并且 $\mathrm{d}f(x,h)=f'(x)h$, $\forall h\in X$.

(5) 假设 f 在 x 点是 G-可微的, 并且 $\forall x\in E$, $\exists A(x)\in\mathcal{L}(X;Y)$, 满足

$$\mathrm{d}f(x,h)=A(x)h,\quad \forall h\in X.$$

如果映射 $x\to A(x)$ 在 x 点处连续, 那么 f 在 x 点可微, 并且 $f'(x)=A(x)$.

证 (1) 根据定义, 我们有

$$\mathrm{d}f(x,th)=\frac{\mathrm{d}}{\mathrm{d}\tau}f(x+\tau th)|_{\tau=0}=t\frac{\mathrm{d}}{\mathrm{d}(\tau t)}f(x+\tau th)|_{\tau t=0}=t\mathrm{d}f(x,h).$$

(2) 易见

$$\varphi'(0)=\frac{\mathrm{d}}{\mathrm{d}t}\langle y^*,f(x+th)\rangle|_{t=0}=\langle y^*,\mathrm{d}f(x,h)\rangle.$$

(3) 令 $\varphi_{y^*}(t)=\langle y^*,f(x+th)\rangle$, $t\in[0,1]$, $y^*\in Y^*$. 由 (2) 可知

$$\varphi'_{y^*}(t)=\frac{\mathrm{d}}{\mathrm{d}\tau}\varphi_{y^*}(t+\tau)|_{\tau=0}=\langle y^*,\mathrm{d}f(x+th,h)\rangle.$$

于是

$$|\langle y^*,f(x+h)-f(x)\rangle|=|\varphi_{y^*}(1)-\varphi_{y^*}(0)|=|\varphi'_{y^*}(t^*)|=|\langle y^*,\mathrm{d}f(x+t^*h,h)\rangle|,$$

其中 $t^* \in (0,1)$. 因此, 我们有

$$\|f(x+h)-f(x)\|_Y \leqslant \sup_{0<t<1} \|\mathrm{d}f(x+th,h)\|_Y.$$

(4) 如果 f 可微, 则只需要在可微的定义中取一个方向, 就可以得到 f 是 G-可微的. 因此可以看出, G-可微可以看成是方向导数的一种推广.

(5) 我们不妨假设 $\{x+th : t \in [0,1]\} \subset E$. 因此, 存在 $y^* \in Y^*$ 使得 $\|y^*\| = 1$ 且

$$\|f(x+h)-f(x)-A(x)h\|_Y = \langle y^*, f(x+h)-f(x)-A(x)h\rangle.$$

令 $\varphi(t) = \langle y^*, f(x+th)\rangle$, 由中值定理可知, 存在 $\xi \in (0,1)$, 使得

$$\begin{aligned} &|\varphi(1)-\varphi(0)-\langle y^*, A(x)h\rangle| = |\varphi'(\xi)-\langle y^*, A(x)h\rangle| \\ =& |\langle y^*, \mathrm{d}f(x+\xi h,h)-A(x)h\rangle| = |\langle y^*, (A(x+\xi h)-A(x))h\rangle| = o(\|h\|). \end{aligned}$$

因此 $f'(x) = A(x)$. □

注 $\mathbb{R}^2$ 上的函数

$$f(x,y) = \begin{cases} \dfrac{x^3}{x^2+y^2}, & (x,y) \neq (0,0), \\ 0, & (x,y) = (0,0) \end{cases}$$

是 G-可微的, 但不是可微的.

2. 设 $\Omega \subset \mathbb{R}^n$ 为开的有界区域, $\varphi \in C^1(\overline{\Omega} \times \mathbb{R};\mathbb{R})$. 映射 $f : C(\overline{\Omega};\mathbb{R}) \to C(\overline{\Omega};\mathbb{R})$ 定义为

$$u(x) \mapsto \varphi(x,u(x)).$$

证明: f 是可微的, 并且 $\forall u \in C(\overline{\Omega};\mathbb{R})$,

$$(f'(u)\cdot v)(x) = \varphi_u(x,u(x))\cdot v(x), \quad \forall v \in C(\overline{\Omega};\mathbb{R}).$$

证 $\forall u,h \in C(\overline{\Omega};\mathbb{R})$, $\forall t \in \mathbb{R}$, 我们有

$$\frac{(f(u+th)-f(u))(x)}{t} = \varphi_u(x,u(x)+t\theta(x)h(x))h(x),$$

其中 $\theta(x) \in (0,1)$. $\forall \varepsilon > 0$, $M > 0$, 易见 $\exists \delta = \delta(M,\varepsilon) \in (0,1)$, 使得当 $|\xi|, |\xi'| \leqslant M$ 且 $|\xi - \xi'| \leqslant \delta$ 时, 我们有

$$|\varphi_u(x,\xi)-\varphi_u(x,\xi')| < \varepsilon, \quad \forall x \in \overline{\Omega}.$$

选取 $M=\|u\|+\|h\|$, 那么对于 $|t|<\dfrac{\delta}{\|h\|+1}$, 我们有

$$|\varphi_u(x,u(x)+t\theta(x)h(x))-\varphi_u(x,u(x))|<\varepsilon.$$

因此由例题 1 可知 $\mathrm{d}f(u,h)(x)=\varphi_u(x,u(x))h(x)$. 易见 $h\to A(u)h:=\varphi_u(x,u(x))\cdot h(x)$ 是连续的线性算子, 并且映射 $u\to A(u)$ 是从 $C(\overline{\Omega};\mathbb{R})$ 到 $\mathcal{L}(C(\overline{\Omega};\mathbb{R});C(\overline{\Omega};\mathbb{R}))$ 的连续映射. 因此由例题 1 可知 f 是可微的, 并且

$$(f'(u)\cdot v)(x)=\varphi_u(x,u(x))\cdot v(x),\quad \forall v\in C(\overline{\Omega};\mathbb{R}).$$ □

三、习题参考解答 (12.3 节)

1. (1) 设 $A\in\mathcal{L}(X;X)$ 是幂零算子, 即存在 $k\in\mathbb{N}$ 使得 $A^k=0$. 试证在这种情况下, 算子 $(E-A)$ 有逆, 而且 $(E-A)^{-1}=E+A+\cdots+A^{k-1}$.

(2) 设 $D:\mathbb{P}[x]\to\mathbb{P}[x]$ 是多项式线性空间上的微分算子. 注意 D 是幂零算子, 写出算子 $\exp(aD)$, 其中 $a\in\mathbb{R}$, 并证明

$$\exp(aD)(P(x))=P(x+a)=:T_a(P(x)).$$

(3) 对于单变量的 n 阶实多项式空间 $\mathbb{P}_n[x]$, 写出 (习题 (2) 中的) 算子 $D:\mathbb{P}_n[x]\to\mathbb{P}_n[x]$ 和 $T_a:\mathbb{P}_n[x]\to\mathbb{P}_n[x]$ 在基底 $e_i=\dfrac{x^{n-i}}{(n-i)!}(0\leqslant i\leqslant n)$ 下的矩阵.

证　(1) 易见

$$\begin{aligned}&(E-A)(E+A+\cdots+A^{k-1})=(E+A+\cdots+A^{k-1})(E-A)\\ =&(E+A+\cdots+A^{k-1})-(A+A^2+\cdots+A^k)=E-A^k=E.\end{aligned}$$

因此, $(E-A)$ 有逆, 而且 $(E-A)^{-1}=E+A+\cdots+A^{k-1}$.

(2) 对任意的多项式 $P(x)$, 令 $n=\deg P(x)$, 于是

$$\exp(aD)(P(x))=\sum_{k=0}^{n}\frac{(aD)^k}{k!}P(x)=\sum_{k=0}^{n}\frac{a^k}{k!}D^k(P(x)).$$

再将 $P(x+a)$ 在 x 点做泰勒展开可得

$$P(x+a)=\sum_{k=0}^{n}\frac{D^k(P(x))}{k!}a^k.$$

于是, 我们有 $\exp(aD)(P(x))=P(x+a)=T_a(P(x))$.

(3) 考虑多项式 $P_n(x)=\sum\limits_{i=0}^{n}a_ie_i$. 如果 $k\leqslant n-i$, 那么 $D^k(e_i)=e_{i+k}$; 如果 $k>n-i$, 那么 $D^k(e_i)=0$. 因此,

$$D^k(P_n(x))=\sum_{i=0}^{n-k}a_ie_{i+k}=\sum_{j=k}^{n}a_{j-k}e_j.$$

于是, 令 $k=1$ 即得

$$D(P_n(x))=\sum_{i=0}^{n}a_iDe_i=\sum_{j=1}^{n}a_{j-1}e_j.$$

又由 (2) 可知

$$\begin{aligned}T_a(P_n(x))&=\exp(aD)(P_n(x))=\sum_{k=0}^{n}\frac{a^k}{k!}D^k(P_n(x))=\sum_{k=0}^{n}\frac{a^k}{k!}\sum_{j=k}^{n}a_{j-k}e_j\\&=\sum_{j=0}^{n}\sum_{k=0}^{j}\frac{a^k}{k!}a_{j-k}e_j.\end{aligned}$$

记 M_D, M_{T_a} 分别为 D, T_a 在基底 $\{e_i\}_{i=0}^{n}$ 下的矩阵, 则

$$M_D=\begin{pmatrix}0&&&\\1&0&&\\&\ddots&\ddots&\\&&1&0\end{pmatrix},\quad M_{T_a}=\begin{pmatrix}1&&&&\\a&1&&&\\\frac{a^2}{2!}&a&\ddots&&\\\vdots&\vdots&\ddots&\ddots&\\\frac{a^n}{n!}&\frac{a^{n-1}}{(n-1)!}&\cdots&a&1\end{pmatrix}.\quad\square$$

2. (1) 如果 $A,B\in\mathcal{L}(X;X)$ 且 $\exists B^{-1}\in\mathcal{L}(X;X)$, 那么

$$\exp(B^{-1}AB)=B^{-1}(\exp A)B.$$

(2) 如果 $AB=BA$, 那么 $\exp(A+B)=\exp A\cdot\exp B$.

(3) 验证 $\exp 0=E$ 以及 $\exp A$ 总有逆算子, 而且

$$(\exp A)^{-1}=\exp(-A).$$

证　(1) 根据 $(B^{-1}AB)^k=B^{-1}A^kB$, 我们有

$$\exp(B^{-1}AB)=\sum_{k=0}^{\infty}\frac{(B^{-1}AB)^k}{k!}=B^{-1}\left(\sum_{k=0}^{\infty}\frac{A^k}{k!}\right)B=B^{-1}(\exp A)B.$$

(2) 因为 A 和 B 可交换, 所以

$$\begin{aligned}\exp A\cdot\exp B&=\left(\sum_{m=0}^{\infty}\frac{A^m}{m!}\right)\cdot\left(\sum_{n=0}^{\infty}\frac{B^n}{n!}\right)=\sum_{m=0}^{\infty}\sum_{n=0}^{\infty}\frac{A^mB^n}{m!n!}\\&=\sum_{k=0}^{\infty}\sum_{i=0}^{k}\frac{A^iB^{k-i}}{i!(k-i)!}=\sum_{k=0}^{\infty}\sum_{i=0}^{k}\frac{\mathrm{C}_k^iA^iB^{k-i}}{k!}\\&=\sum_{k=0}^{\infty}\frac{(A+B)^k}{k!}=\exp(A+B).\end{aligned}$$

(3) 显然有 $\exp 0=E+\dfrac{0}{1!}+\dfrac{0^2}{2!}+\cdots=E$. 又易见 $-A$ 与 A 可交换, 于是由 (2) 可知

$$\exp(-A)\cdot\exp A=\exp A\cdot\exp(-A)=\exp(A-A)=\exp 0=E.\qquad\square$$

3. 验证: (1) 如果 $\lambda_1,\cdots,\lambda_n$ 是算子 $A\in\mathcal{L}(\mathbb{C}^n;\mathbb{C}^n)$ 的特征值, 那么 $\exp\lambda_1,\cdots,\exp\lambda_n$ 是算子 $\exp A$ 的特征值.

(2) $\det(\exp A)=\exp(\mathrm{tr}A)$, 其中 $\mathrm{tr}A$ 是算子 $A\in\mathcal{L}(\mathbb{C}^n;\mathbb{C}^n)$ 的迹.

(3) 如果 $A\in\mathcal{L}(\mathbb{R}^n;\mathbb{R}^n)$, 那么 $\det(\exp A)>0$.

(4) 如果 A^* 是矩阵 $A\in\mathcal{L}(\mathbb{C}^n;\mathbb{C}^n)$ 的转置矩阵, 而 $\overline{A}$ 是由 A 的元的复共轭构成的矩阵, 那么 $(\exp A)^*=\exp A^*$, $\overline{\exp A}=\exp\overline{A}$.

(5) 无论 A 是怎样的二阶实方阵, 矩阵 $\begin{pmatrix}-1&0\\1&-1\end{pmatrix}$ 都不是形如 $\exp A$ 的矩阵.

证　(1) 因为 $\lambda_1,\cdots,\lambda_n$ 是算子 A 的特征值, 所以对 $k=1,\cdots,n$, $\exists u_k\in\mathbb{C}^n$, 使得 $Au_k=\lambda_ku_k$. 于是

$$(\exp A)u_k=\sum_{i=0}^{\infty}\frac{A^i}{i!}u_k=\sum_{i=0}^{\infty}\frac{\lambda_k^i}{i!}u_k=(\exp\lambda_k)u_k.$$

因此 $\exp\lambda_1,\cdots,\exp\lambda_n$ 是算子 $\exp A$ 的特征值.

(2) 考虑 A 的 Jordan 标准分解: $A=S^{-1}JS$. 于是由习题 2(1) 可知

$$\begin{aligned}\det(\exp A)&=\det(\exp(S^{-1}JS))=\det(S^{-1}(\exp J)S)\\&=\det(\exp J)=\prod_{i=1}^{n}\exp(j_{ii})=\exp(\mathrm{tr}J)=\exp(\mathrm{tr}A).\end{aligned}$$

注 也可以考虑 $f(t):=\det(\exp(tA))$. 易见

$$\begin{aligned}f'(t)=&\det(\exp(tA))\mathrm{tr}\left((\exp(tA))^{-1}\frac{\mathrm{d}\exp(tA)}{\mathrm{d}t}\right)\\=&f(t)\mathrm{tr}\left((\exp(tA))^{-1}A(\exp(tA))\right)=\mathrm{tr}A\cdot f(t).\end{aligned}$$

因此, $f'(t)=\mathrm{tr}A\cdot f(t)$, 并且 $f(0)=1$. 由此解得 $f(t)=\exp(\mathrm{tr}A\cdot t)$. 令 $t=1$ 即得 $\det(\exp(A))=\exp(\mathrm{tr}(A))$.

(3) 我们知道对于 $A\in\mathcal{L}(\mathbb{R}^n;\mathbb{R}^n)$, A 可以唯一延拓为 $\hat{A}\in\mathcal{L}(\mathbb{C}^n;\mathbb{C}^n)$, 这是因为实矩阵可以自然视为一复矩阵. 因此, 我们知道等式 $\det(\exp(A))=\exp(\mathrm{tr}A)$ 对于实数的情况依然成立 (也可以从 (2) 的第二种证明看出). 再根据 $\exp(\mathrm{tr}A)>0$, 我们有 $\det(\exp A)>0$.

(4) 因为转置运算及共轭运算和矩阵的加法及乘幂运算可交换顺序, 所以

$$(\exp A)^*=\left(\sum_{k=0}^{\infty}\frac{A^k}{k!}\right)^*=\sum_{k=0}^{\infty}\frac{(A^k)^*}{k!}=\sum_{k=0}^{\infty}\frac{(A^*)^k}{k!}=\exp A^*,$$

$$\overline{\exp A}=\overline{\sum_{k=0}^{\infty}\frac{A^k}{k!}}=\sum_{k=0}^{\infty}\frac{\overline{A^k}}{k!}=\sum_{k=0}^{\infty}\frac{\overline{A}^k}{k!}=\exp\overline{A}.$$

(5) 我们对 $\exp A$ 的特征值的情况分类讨论.

情形 1: $\exp A$ 的两个特征值相等. 那么此时其特征值为实数, 于是由 (1) 可知此时 $\exp A$ 的特征值一定不小于 0 . 这与矩阵 $\begin{pmatrix}-1&0\\1&-1\end{pmatrix}$ 的特征值为 -1 矛盾.

情形 2: $\exp A$ 的两个特征值不相等. 那么我们不妨假设 A 的特征值为 $a+\mathrm{i}b$ 和 $a-\mathrm{i}b$. 则根据矩阵的 Jordan 分解, 在 $M_2(\mathbb{C})$ 中, 存在可逆矩阵 P, 使得 $A=P\begin{pmatrix}a+\mathrm{i}b&0\\0&a-\mathrm{i}b\end{pmatrix}P^{-1}$, 那么由习题 2(1) 可知

$$\exp A=P\begin{pmatrix}\exp(a+\mathrm{i}b)&0\\0&\exp(a-\mathrm{i}b)\end{pmatrix}P^{-1}.$$

假设存在 A 使得 $\exp A=\begin{pmatrix}-1&0\\1&-1\end{pmatrix}$, 则由 $\begin{pmatrix}-1&0\\1&-1\end{pmatrix}$ 的特征值为 -1 和 (1) 可知 $\exp A=P\mathrm{diag}(-1,-1)P^{-1}=-E$, 矛盾. 因此, 不存在 A 使得 $\exp A=\begin{pmatrix}-1&0\\1&-1\end{pmatrix}$.

注　事实上, $\exp: M_n(\mathbb{C}) \to GL(n,\mathbb{C})$ 是满射. 因此, 对于矩阵 $\begin{pmatrix} -1 & 0 \\ 1 & -1 \end{pmatrix}$, 存在 $A \in M_n(\mathbb{C})$, 使得 $\exp A = \begin{pmatrix} -1 & 0 \\ 1 & -1 \end{pmatrix}$. □

4. 设 $\boldsymbol{r} = \boldsymbol{r}(s) = (x^1(s), x^2(s), x^3(s))$ 是 E^3 中光滑曲线的参数方程, 而且沿着曲线取弧长为参数 (曲线的自然参数化).

(1) 证明: 在这种情况下, 曲线的切向量 $\boldsymbol{e}_1(s) = \dfrac{\mathrm{d}\boldsymbol{r}}{\mathrm{d}s}(s)$ 有单位长.

(2) 向量 $\dfrac{\mathrm{d}\boldsymbol{e}_1}{\mathrm{d}s}(s) = \dfrac{\mathrm{d}^2\boldsymbol{r}}{\mathrm{d}s^2}(s)$ 垂直于向量 $\boldsymbol{e}_1$. 设 $\boldsymbol{e}_2(s)$ 是 $\dfrac{\mathrm{d}\boldsymbol{e}_1}{\mathrm{d}s}(s)$ 方向上的单位向量, 在等式 $\dfrac{\mathrm{d}\boldsymbol{e}_1}{\mathrm{d}s}(s) = k(s)\boldsymbol{e}_2(s)$ 中的系数 $k(s)$ 称为曲线在相应点的曲率.

(3) 取向量 $\boldsymbol{e}_3(s) = [\boldsymbol{e}_1(s), \boldsymbol{e}_2(s)]$, 就在曲线的每一点得到一个标架 $\{\boldsymbol{e}_1, \boldsymbol{e}_2, \boldsymbol{e}_3\}(s)$, 称之为曲线的弗莱涅 (F. Frenet, 1816—1900, 法国数学家) 标形或者相伴三棱形. 验证以下的弗莱涅公式:

$$\begin{aligned}
&\frac{\mathrm{d}\boldsymbol{e}_1}{\mathrm{d}s}(s) = k(s)\boldsymbol{e}_2(s),\\
&\frac{\mathrm{d}\boldsymbol{e}_2}{\mathrm{d}s}(s) = -k(s)\boldsymbol{e}_1(s) + \kappa(s)\boldsymbol{e}_3(s),\\
&\frac{\mathrm{d}\boldsymbol{e}_3}{\mathrm{d}s}(s) = -\kappa(s)\boldsymbol{e}_2(s).
\end{aligned}$$

说明系数 $\kappa(s)$ 的几何意义, 它叫做曲线在相应点的挠率.

证　(1) 对等式

$$s = \int_0^s \left|\frac{\mathrm{d}\boldsymbol{r}}{\mathrm{d}s}(t)\right|\mathrm{d}t = \int_0^s \left|\boldsymbol{e}_1(t)\right|\mathrm{d}t$$

两边关于 s 求导即可知

$$1 = \left|\boldsymbol{e}_1(s)\right|.$$

(2) 由 (1) 可知

$$\begin{aligned}
\left\langle \boldsymbol{e}_1(s), \frac{\mathrm{d}\boldsymbol{e}_1}{\mathrm{d}s}(s)\right\rangle &= \boldsymbol{e}_1^1(s)\frac{\mathrm{d}\boldsymbol{e}_1^1}{\mathrm{d}s}(s) + \boldsymbol{e}_1^2(s)\frac{\mathrm{d}\boldsymbol{e}_1^2}{\mathrm{d}s}(s) + \boldsymbol{e}_1^3(s)\frac{\mathrm{d}\boldsymbol{e}_1^3}{\mathrm{d}s}(s)\\
&= \frac{1}{2}\frac{\mathrm{d}}{\mathrm{d}s}\left((\boldsymbol{e}_1^1(s))^2 + (\boldsymbol{e}_1^2(s))^2 + (\boldsymbol{e}_1^3(s))^2\right)\\
&= \frac{1}{2}\frac{\mathrm{d}}{\mathrm{d}s}\left|\boldsymbol{e}_1(s)\right|^2 = \frac{1}{2}\frac{\mathrm{d}}{\mathrm{d}s}1 = 0,
\end{aligned}$$

即向量 $\dfrac{\mathrm{d}\boldsymbol{e}_1}{\mathrm{d}s}(s) = \dfrac{\mathrm{d}^2\boldsymbol{r}}{\mathrm{d}s^2}(s)$ 垂直于向量 $\boldsymbol{e}_1$. 当 $k(s) \neq 0$ 时, 显然 $\langle \boldsymbol{e}_2(s), \boldsymbol{e}_1(s)\rangle = 0$.

(3) 首先由 $\boldsymbol{e}_2(s)$ 的定义显然有

$$\frac{\mathrm{d}\boldsymbol{e}_1}{\mathrm{d}s}(s)=k(s)\boldsymbol{e}_2(s).$$

其次由

$$\langle\boldsymbol{e}_2(s),\boldsymbol{e}_1(s)\rangle=0,\quad |\boldsymbol{e}_2(s)|=1,$$

可知

$$\begin{aligned}&\Big\langle\frac{\mathrm{d}\boldsymbol{e}_2}{\mathrm{d}s}(s)+k(s)\boldsymbol{e}_1(s),\boldsymbol{e}_1(s)\Big\rangle\\=&\Big\langle\frac{\mathrm{d}\boldsymbol{e}_2}{\mathrm{d}s}(s),\boldsymbol{e}_1(s)\Big\rangle+k(s)=\Big\langle\frac{\mathrm{d}\boldsymbol{e}_2}{\mathrm{d}s}(s),\boldsymbol{e}_1(s)\Big\rangle+\Big\langle\boldsymbol{e}_2(s),k(s)\boldsymbol{e}_2(s)\Big\rangle\\=&\Big\langle\frac{\mathrm{d}\boldsymbol{e}_2}{\mathrm{d}s}(s),\boldsymbol{e}_1(s)\Big\rangle+\Big\langle\boldsymbol{e}_2(s),\frac{\mathrm{d}\boldsymbol{e}_1}{\mathrm{d}s}(s)\Big\rangle=\frac{\mathrm{d}}{\mathrm{d}s}\langle\boldsymbol{e}_2(s),\boldsymbol{e}_1(s)\rangle=0\end{aligned}$$

且

$$\begin{aligned}&\Big\langle\frac{\mathrm{d}\boldsymbol{e}_2}{\mathrm{d}s}(s)+k(s)\boldsymbol{e}_1(s),\boldsymbol{e}_2(s)\Big\rangle\\=&\Big\langle\frac{\mathrm{d}\boldsymbol{e}_2}{\mathrm{d}s}(s),\boldsymbol{e}_2(s)\Big\rangle+0=\frac{1}{2}\frac{\mathrm{d}}{\mathrm{d}s}\big|\boldsymbol{e}_2(s)\big|^2=\frac{1}{2}\frac{\mathrm{d}}{\mathrm{d}s}1=0,\end{aligned}$$

于是

$$\frac{\mathrm{d}\boldsymbol{e}_2}{\mathrm{d}s}(s)+k(s)\boldsymbol{e}_1(s)=\kappa(s)\boldsymbol{e}_3(s).$$

因此再由 $\boldsymbol{e}_3(s)=[\boldsymbol{e}_1(s),\boldsymbol{e}_2(s)]$ 可知

$$\begin{aligned}\frac{\mathrm{d}\boldsymbol{e}_3}{\mathrm{d}s}(s)=&\Big[\frac{\mathrm{d}\boldsymbol{e}_1}{\mathrm{d}s}(s),\boldsymbol{e}_2(s)\Big]+\Big[\boldsymbol{e}_1(s),\frac{\mathrm{d}\boldsymbol{e}_2}{\mathrm{d}s}(s)\Big]\\=&\Big[k(s)\boldsymbol{e}_2(s),\boldsymbol{e}_2(s)\Big]+\Big[\boldsymbol{e}_1(s),-k(s)\boldsymbol{e}_1(s)+\kappa(s)\boldsymbol{e}_3(s)\Big]\\=&\Big[\boldsymbol{e}_1(s),\kappa(s)\boldsymbol{e}_3(s)\Big]=-\kappa(s)\boldsymbol{e}_2(s).\end{aligned}$$

挠率 $\kappa(s)$ 在几何上刻画了曲线偏离平面曲线的程度, 反映了曲线扭曲的程度. □

12.4　有限增量定理和它的应用的一些例子

一、知识点总结与补充

1. 有限增量定理

(1) 有限增量定理: 设 $f:U\to Y$ 是从赋范空间 X 的开集 U 到赋范空间 Y 的连续映射. 如果闭区间 $[x,x+h]=\{\xi\in X:\xi=x+\theta h,0\leqslant\theta\leqslant 1\}$ 完全含在

12.5　高阶导映射

一、知识点总结与补充

1. 高阶微分的定义

设 U 是赋范空间 X 中的开集, 而 $f: U \to Y$ 是 U 到赋范空间 Y 的映射. 称映射 f 的 $n-1$ 阶导映射在点 $x \in U$ 的切映射为它在这个点的 n $(n \in \mathbb{N})$ 阶导映射或者 n 阶微分. 用符号 $f^{(k)}(x)$ 表示 f 在点 $x \in U$ 的 $k \in \mathbb{N}$ 阶导映射, 于是 $f^{(n)}(x) := (f^{(n-1)})'(x)$.

注　$f^{(n)}(x) \in \mathcal{L}(X; \mathcal{L}(X; \cdots; \mathcal{L}(X;Y\underbrace{)\cdots))}_{n个}$, 因此可把 n 阶微分 $f^{(n)}(x)$ 理解为 n-线性连续算子空间 $\mathcal{L}(\underbrace{X, \cdots, X}_{n个}; Y)$ 的元素.

2. 沿向量的导数

(1) 沿向量的导数的定义: 如果 X 和 Y 是域 $\mathbb{R}$ 上的线性赋范空间, 那么我们称极限

$$D_h f(x) := \lim_{\mathbb{R} \ni t \to 0} \frac{f(x+th) - f(x)}{t}$$

为映射 $f: X \supset U \to Y$ 在点 $x \in U$ 沿向量 $h \in TX_x \sim X$ 的导数, 如果这个极限在 Y 中存在.

(2) 性质:

• 如果映射 f 在点 $x \in U$ 可微, 那么它在这个点有沿任何向量的导数, 而且 $D_h f(x) = f'(x)h$.

• $D_{\lambda_1 h_1 + \lambda_2 h_2} f(x) = \lambda_1 D_{h_1} f(x) + \lambda_2 D_{h_2} f(x)$.

• 映射 $f: U \to Y$ 沿向量的导数值 $D_h f(x)$ 是线性空间 $TY_{f(x)} \sim Y$ 的元素, 并且如果 L 是 Y 到某赋范空间 Z 的线性连续映射, 那么 $D_h(L \circ f)(x) = L \circ D_h f(x)$.

3. 高阶微分的计算

(1) $f^{(n)}(x)(h_1, \cdots, h_n) = D_{h_1} D_{h_2} \cdots D_{h_n} f(x)$.

(2) 置 $\boldsymbol{\lambda} = (\lambda_1, \cdots, \lambda_n) \in \mathbb{R}^n$, $\boldsymbol{h} = (h_1, \cdots, h_n) \in X^n$, 考察映射

$$\boldsymbol{\lambda} \mapsto \varphi(\boldsymbol{\lambda}) := f(x + \boldsymbol{\lambda} \cdot \boldsymbol{h}) = f(x + \lambda_1 h_1 + \cdots + \lambda_n h_n) \in Y,$$

则当 f 在 x 处 n 阶可微时, 有

$$f^{(n)}(x)(h_1, \cdots, h_n) = \frac{\partial}{\partial \lambda_1} \cdots \frac{\partial}{\partial \lambda_n} \varphi(\boldsymbol{\lambda})\Big|_{\boldsymbol{\lambda}=0}.$$

4. 高阶微分的对称性

(1) 对于映射 $f: X \supset U \to Y$, 如果 $f^{(n)}(x)$ 在点 x 有定义, 那么它关于任何一对自变量对称.

(2) 映射 $f: X \supset U \to Y$ 在点 $x \in U$ 的 n 阶微分是 n-线性对称算子

$$f^{(n)}(x) \in \mathcal{L}(TX_x, \cdots, TX_x; TY_{f(x)}) \sim \mathcal{L}(X, \cdots, X; Y).$$

(3) 如果 X 是有限维空间, $\{e_1, \cdots, e_k\}$ 是 X 中的基底, 而 $h_j = h_j^i e_i$ 是向量 $h_j (j = 1, \cdots, n)$ 按这个基底的展开式, 那么

$$f^{(n)}(x)(h_1, \cdots, h_n) = D_{e_{i_1}} \cdots D_{e_{i_n}} f(x) h_1^{i_1} \cdot \ \cdots \ \cdot h_n^{i_n} = \partial_{i_1 \cdots i_n} f(x) h_1^{i_1} \cdot \ \cdots \ \cdot h_n^{i_n}.$$

这里, 等式右端关于重复指标在它们的变化范围内 (即从 1 到 k) 求和.

注 约定简化记号 $f^{(n)}(x)(h, \cdots, h) = f^{(n)}(x)h^n$. 特别地, 如果所说的是有限维空间 X 和 $h = h^i e_i$, 那么

$$f^{(n)}(x)h^n = \partial_{i_1 \cdots i_n} f(x) h^{i_1} \cdot \ \cdots \ \cdot h^{i_n}.$$

5. 高阶可微的充分条件

如果在某个点 $x \in U \subset X = X_1 \times \cdots \times X_m$, 映射 $f: U \to Y$ 的所有偏导数 $\partial_{i_1 \cdots i_n} f(x)$ 连续, 那么映射 f 在这个点有 n 阶微分 $f^{(n)}(x)$.

6. 高阶连续可微的充要条件

映射

$$U \ni x \mapsto f^{(n)}(x) \in \mathcal{L}(\underbrace{X, \cdots, X}_{n\text{个}}; Y)$$

连续的充要条件是映射 $f: U \to Y$ 的所有 n 阶 (或等价地, 直到 n 阶) 偏导映射 $U \ni x \mapsto \partial_{i_1 \cdots i_n} f(x) \in \mathcal{L}(X_{i_1}, \cdots, X_{i_n}; Y)$ 连续.

注 在 U 中有直到 n 阶连续导映射的映射 $f: X \supset U \to Y$ 组成的类用记号 $C^{(n)}(U; Y)$ 表示. 特别地, 如果 $X = X_1 \times \cdots \times X_m$, 那么上述充要条件可以简单地表为

$$(f \in C^{(n)}) \Leftrightarrow (\partial_{i_1 \cdots i_n} f \in C, i_1, \cdots, i_n = 1, \cdots, m).$$

二、例题讲解

1. 令 X 是一个 Hilbert 空间, 其上的内积为 $(\cdot, \cdot)$. 计算范数泛函 f 的微分. 这里 $f: X \to \mathbb{R}$, 定义为 $f(x) = \|x\|$.

解 令 $F(x) = \|x\|^2$. $\forall h \in X$, 由

$$\frac{\|x + th\|^2 - \|x\|^2}{t} = 2(x, h) + t\|h\|^2$$

可知 $D_hF(x)=2(x,h)$. 再根据其连续性, 我们知道 F 是可微的, 并且 $F'(x)h=2(x,h)$. 而 $f=F^{\frac{1}{2}}$, 于是我们有 $F'(x)=2\|x\|\cdot f'(x)$. 由于 $x\neq 0$, 因此

$$f'(x)h=\left(\frac{x}{\|x\|},h\right). \qquad \square$$

三、习题参考解答 (12.5 节)

1. 给出《讲义》等式 (12.5.7)(即 $D_h(L\circ f)(x)=L\circ D_hf(x)$) 的完整证明.

证 对于映射 $f:U\to Y$, 以及线性连续映射 $L:Y\to Z$, 我们有

$$\begin{aligned}D_h(L\circ f)(x)&=\lim_{t\to 0}\frac{(L\circ f)(x+th)-(L\circ f)(x)}{t}=\lim_{t\to 0}\frac{L\circ(f(x+th)-f(x))}{t}\\&=L\circ\lim_{t\to 0}\frac{f(x+th)-f(x)}{t}=L\circ D_hf(x). \qquad \square\end{aligned}$$

2. 详细作出 $f^{(n)}(x)$ 的对称性论断证明的最后部分.

证 《讲义》中已经证明当 $n=2$ 时, $f^{(n)}$ 是对称的. 假设当 $n=k-1$ 时, $f^{(n)}$ 是对称的. 下面我们来说明当 $n=k$ 时, $f^{(n)}$ 也是对称的.

记 $f^{(k)}(x):\underbrace{X_{i_1}\times\cdots\times X_{i_k}}_{k个}\to Y$, 对于任意的 $i_m,i_n\in\{i_1,\cdots,i_k\}$, 我们记

$$g(x)=f^{(k-2)}(x):\underbrace{X_{i_1}\times\cdots\times X_{i_k}}_{k-2个}\to Y.$$

根据《讲义》中前部分的证明, 我们有 $g''(x)(h_{i_m},h_{i_n})=g''(x)(h_{i_n},h_{i_m})$. 再根据归纳假设和 i_m,i_n 的任意性可知, $f^{(k)}(x)$ 是对称的. $\square$

3. (1) 试证: 如果对于一对向量 h_1,h_2 和区域 U 中的映射 $f:X\supset U\to Y$, 定义函数 $D_{h_1}D_{h_2}f$, $D_{h_2}D_{h_1}f$, 且它们在某个点 $x\in U$ 连续, 那么在这个点成立等式 $D_{h_1}D_{h_2}f(x)=D_{h_2}D_{h_1}f(x)$.

(2) 举数值函数 $f(x,y)$ 的例子说明, 使得混合导数 $\dfrac{\partial^2 f}{\partial x\partial y}$, $\dfrac{\partial^2 f}{\partial y\partial x}$ 在某个点连续, 尽管由此根据 (1) 能推出 $\dfrac{\partial^2 f}{\partial x\partial y}$, $\dfrac{\partial^2 f}{\partial y\partial x}$ 在这个点相等, 但一般来说, 不能推出函数在这个点的二阶微分存在性.

(3) 试证: $f^{(2)}(x,y)$ 的存在性虽然保证在相应点混合导数 $\dfrac{\partial^2 f}{\partial x\partial y}$, $\dfrac{\partial^2 f}{\partial y\partial x}$ 存在且相等, 但一般来说, 不能推出它们在这个点连续.

证 (1) 类似于 $f^{(2)}(x)$ 的对称性的证明. 回忆在《讲义》中对称性的证明中引入的辅助函数:

$$F_t(h_1,h_2)=f(x+t(h_1+h_2))-f(x+th_1)-f(x+th_2)+f(x),$$

并且根据有限增量定理得到

$$D_{h_1}D_{h_2}f(x)=\lim_{t\to 0}\frac{F_t(h_1,h_2)}{t^2}.$$

类似地, 我们有

$$D_{h_2}D_{h_1}f(x)=\lim_{t\to 0}\frac{F_t(h_2,h_1)}{t^2}.$$

再根据 $F_t(h_1,h_2)=F_t(h_2,h_1)$, 有等式 $D_{h_1}D_{h_2}f(x)=D_{h_2}D_{h_1}f(x)$ 成立.

(2) 设 $f(x,y)=x^{\frac{4}{3}}+y^{\frac{4}{3}}$, $(x,y)\in\mathbb{R}^2$. 易见 $\dfrac{\partial^2 f}{\partial x\partial y}\equiv\dfrac{\partial^2 f}{\partial y\partial x}\equiv 0$. 又显然 $\dfrac{\partial^2 f}{\partial x^2}$ 和 $\dfrac{\partial^2 f}{\partial y^2}$ 在点 $(0,0)$ 都不存在, 于是函数 $f(x,y)$ 在点 $(0,0)$ 的二阶微分不存在.

(3) 设

$$f(x,y):=\begin{cases}(x^2+y^2)^2\sin\dfrac{1}{\sqrt{x^2+y^2}}, & (x,y)\neq(0,0),\\ 0, & (x,y)=(0,0).\end{cases}$$

于是当 $(x,y)\neq(0,0)$ 时,

$$\begin{aligned}
f'_x(x,y)&=4x(x^2+y^2)\sin\frac{1}{\sqrt{x^2+y^2}}-x\sqrt{x^2+y^2}\cos\frac{1}{\sqrt{x^2+y^2}},\\
f'_y(x,y)&=4y(x^2+y^2)\sin\frac{1}{\sqrt{x^2+y^2}}-y\sqrt{x^2+y^2}\cos\frac{1}{\sqrt{x^2+y^2}},\\
\mathrm{d}f(x,y)(h^1,h^2)&=f'_x(x,y)h^1+f'_y(x,y)h^2,\quad \forall h=(h^1,h^2)\in\mathbb{R}^2,
\end{aligned}$$

且

$$\begin{aligned}
f''_{xx}(x,y)&=4(3x^2+y^2)\sin\frac{1}{\sqrt{x^2+y^2}}-\frac{6x^2+y^2}{\sqrt{x^2+y^2}}\cos\frac{1}{\sqrt{x^2+y^2}}\\
&\quad-\frac{x^2}{\sqrt{x^2+y^2}}\sin\frac{1}{\sqrt{x^2+y^2}},\\
f''_{yy}(x,y)&=4(x^2+3y^2)\sin\frac{1}{\sqrt{x^2+y^2}}-\frac{x^2+6y^2}{\sqrt{x^2+y^2}}\cos\frac{1}{\sqrt{x^2+y^2}}\\
&\quad-\frac{y^2}{\sqrt{x^2+y^2}}\sin\frac{1}{\sqrt{x^2+y^2}},\\
f''_{xy}(x,y)&=f''_{yx}(x,y)=8xy\sin\frac{1}{\sqrt{x^2+y^2}}-\frac{5xy}{\sqrt{x^2+y^2}}\cos\frac{1}{\sqrt{x^2+y^2}}\\
&\quad-\frac{xy}{x^2+y^2}\sin\frac{1}{\sqrt{x^2+y^2}}.
\end{aligned}$$

而在 $(0,0)$ 处,

$$f'_x(0,0)=f'_y(0,0)=0,\quad \mathrm{d}f(0,0)(h^1,h^2)\equiv 0,$$

且

$$f''_{xx}(0,0)=f''_{yy}(0,0)=f''_{xy}(0,0)=f''_{yx}(0,0)=0,\quad f^{(2)}(0,0)((h_1^1,h_1^2),(h_2^1,h_2^2))\equiv 0.$$

易见当 $m>0$ 时,

$$\limsup_{x\to 0,y=mx} f''_{xy}(x,y)=\frac{m}{1+m^2},\quad \liminf_{x\to 0,y=mx} f''_{xy}(x,y)=-\frac{m}{1+m^2}.$$

因此, $f''_{xy}(x,y)=f''_{yx}(x,y)$ 在点 $(0,0)$ 不连续. 于是 f 就是一个二阶混合偏导数相等但是不连续的例子. □

4. 设 $A\in\mathcal{L}(X,\cdots,X;Y)$, 而且 A 是对称的 n-线性算子. 试求函数 $x\mapsto Ax^n:=A(x,\cdots,x)$ 的直到 $n+1$ 阶 (包括 $n+1$ 在内) 的逐次导数.

解　记该函数为 F, 由 12.5.4 小节例 1 可知 $F'(x)h=(nAx^{n-1})h=nA(x,\cdots,x,h)$, 进而有

$$F''(x)(h_1,h_2)=(n(n-1)Ax^{n-2})(h_1,h_2)=n(n-1)A(x,\cdots,x,h_1,h_2),$$

$$\cdots\cdots$$

$$F^{(n)}(x)(h_1,\cdots,h_n)=(n!Ax^0)(h_1,\cdots,h_n)=n!A(h_1,\cdots,h_n),$$

于是 $F^{(n+1)}(x)\equiv 0$. □

12.6　泰勒公式和极值的研究

一、知识点总结与补充

1. 映射的泰勒公式

如果从赋范空间 X 的点 x 的邻域 $U=U(x)$ 到赋范空间 Y 的映射 $f:U\to Y$ 在 U 中有直到 $n-1$ 阶 (包括 $n-1$ 在内) 的导数, 而在点 x 处有 n 阶导数 $f^{(n)}(x)$, 那么当 $h\to 0$ 时有

$$f(x+h)=f(x)+f'(x)h+\cdots+\frac{1}{n!}f^{(n)}(x)h^n+o(|h|^n).$$

2. 内部极值的条件

设 $f:U\to\mathbb{R}$ 是定义在赋范空间 X 的开集 U 上的实值函数, 且 f 在某个点 $x\in U$ 的邻域有直到 $k-1\geqslant 1$ 阶 (包括 $k-1$ 阶在内的) 导映射, 在点 x 本身有

k 阶导映射 $f^{(k)}(x)$. 如果 $f'(x)=0,\cdots,f^{(k-1)}(x)=0$ 且 $f^{(k)}(x)\neq 0$, 那么为使 x 是函数 f 的极值点:

- 必要条件是 k 是偶数, $f^{(k)}(x)h^k$ 是半定的.
- 充分条件是 $f^{(k)}(x)h^k$ 在单位球面 $|h|=1$ 上的值有界且不为零, 这时, 如果在这个球面上 $f^{(k)}(x)h^k\geqslant\delta>0$, 那么 x 是严格局部极小点; 如果 $f^{(k)}(x)h^k\leqslant\delta<0$, 那么 x 是严格局部极大点.

3. 一些例子

(1) 拉格朗日力学: 给定拉格朗日函数 $L\in C^{(1)}(\mathbb{R}^3;\mathbb{R})$, 考虑变分泛函 $F:C^{(1)}([a,b];\mathbb{R})\to\mathbb{R}$, 定义为 $F(f)=\displaystyle\int_a^b L(x,f(x),f'(x))\mathrm{d}x$. 根据内部极值条件, 如果 f 是这个泛函的极值点, 那么函数 f 满足欧拉–拉格朗日方程

$$\partial_2 L(x,f(x),f'(x))-\frac{\mathrm{d}}{\mathrm{d}x}\partial_3 L(x,f(x),f'(x))=0.$$

(2) 短程线问题: 在平面内连接两个固定点的曲线中, 求长度最小的曲线. 假定点 $(0,0)$ 和 $(1,0)$ 是给定的两个点. 考虑连接这两个点的曲线 $f\in C^{(1)}([0,1];\mathbb{R})$. 此时曲线长度的泛函为

$$F(f)=\int_0^1\sqrt{1+(f')^2(x)}\mathrm{d}x.$$

通过计算得到连接平面上已知点的直线段为所求的曲线.

(3) 最速降线 (或捷线) 问题: 在何种沟槽上, 质点沿着该沟槽在重力作用下在最短的时间内从已知点 $P_0=(0,0)$ 滑落到另一个更低的固定点 $P_1=(x_1,y_1)$. 给定轨道函数 $f\in C^{(1)}([0,x_1];\mathbb{R})$. 此时的轨道运动时间对应的泛函为

$$F(f)=\frac{1}{\sqrt{2g}}\int_0^{x_1}\sqrt{\frac{1+(f')^2(x)}{x}}\mathrm{d}x.$$

通过计算得到的曲线为摆线, 其参数形式为

$$\begin{cases}x=a(1-\cos t),\\ y=a(t-\sin t),\end{cases}$$

其中 a 由 P_1 点坐标来确定.

二、例题讲解

1. 令 $f\in C^{(n+1)}(U;Y)$, 并且 $\{x_0+th:t\in[0,1]\}\subset U$. 证明:

$$f(x_0+h)=\sum_{j=0}^{n}\frac{1}{j!}f^{(j)}(x_0)h^j+\frac{1}{n!}\int_0^1(1-t)^n f^{(n+1)}(x_0+th)h^{n+1}\mathrm{d}t.$$

证　对于任意的 $y^* \in Y^*$, 我们考虑函数

$$\varphi(t) = \langle y^*, f(x_0 + th)\rangle.$$

利用单变量 t 的泰勒展开式可得

$$\varphi(1) = \sum_{j=0}^{n} \frac{1}{j!}\varphi^{(j)}(0) + \frac{1}{n!}\int_0^1 (1-t)^n \varphi^{(n+1)}(t)\mathrm{d}t.$$

因此, 我们有

$$f(x_0 + h) = \sum_{j=0}^{n} \frac{1}{j!} f^{(j)}(x_0)h^j + \frac{1}{n!}\int_0^1 (1-t)^n f^{(n+1)}(x_0 + th)h^{n+1}\mathrm{d}t. \qquad \square$$

三、习题参考解答 (12.6 节)

1. 设 $f: U \to Y$ 是赋范空间 X 的开子集 U 到赋范空间 Y 的 $C^{(n)}(U;Y)$ 类映射, 闭区间 $[x, x+h]$ 整个含于 U 中, 函数 f 在开区间 $(x, x+h)$ 的点有 $n+1$ 阶微分, 而且在任意点 $\xi \in (x, x+h)$ 有 $\|f^{(n+1)}(\xi)\| \leqslant M$.

(1) 证明: 函数

$$g(t) = f(x+th) - \left(f(x) + f'(x)(th) + \cdots + \frac{1}{n!}f^{(n)}(x)(th)^n\right)$$

在闭区间 $[0,1] \subset \mathbb{R}$ 上定义, 在开区间 $(0,1)$ 上可微, 且对任何 $t \in (0,1)$ 成立估计式

$$\|g'(t)\| \leqslant \frac{1}{n!}M|th|^n|h|.$$

(2) 证明: $|g(1) - g(0)| \leqslant \dfrac{1}{(n+1)!}M|h|^{n+1}$.

(3) 证明以下的泰勒公式:

$$\left|f(x+h) - \left(f(x) + f'(x)h + \cdots + \frac{1}{n!}f^{(n)}(x)h^n\right)\right| \leqslant \frac{M}{(n+1)!}|h|^{n+1}.$$

(4) 如果已知在 U 内 $f^{(n+1)}(x) \equiv 0$, 问映射 $f: U \to Y$ 有什么性质?

证　(1) 记 Y^* 为 Y 的对偶空间, 即从 Y 到 $\mathbb{R}$ 的所有的有界线性泛函构成的空间. 对于 $y^* \in Y^*$, 记 $\langle y^*, y\rangle$ 为 y^* 在 Y 中的点 y 上的作用. 考虑单变量函数 $F(t) = \langle y^*, f(x+th)\rangle$, $t \in [0,1]$. 因为 $[x, x+h]$ 包含于 U 中, 所以 g 在闭区间 $[0,1]$ 上有定义, 再根据 f 在开区间 $(x, x+h)$ 的点有 $n+1$ 阶微分可知 g 在开区间 $(0,1)$ 上可微.

对 $F:[0,1]\to\mathbb{R}$ 利用单变量的泰勒展开定理, 我们有

$$F(t)=F(0)+F'(0)t+\cdots+\frac{F^{(n)}(0)}{n!}t^n+R_n(t),$$

这里, $F^{(k)}(0)=\langle y^*,f^{(k)}(x)h^k\rangle$, 并且存在 $\xi\in(0,t)$, 使得

$$R_n(t)=\frac{F^{(n+1)}(\xi)}{(n+1)!}t^{n+1}=\left\langle y^*,\frac{f^{(n+1)}(x+\xi h)}{(n+1)!}(th)^{n+1}\right\rangle.$$

于是, 我们有

$$\langle y^*,g(t)\rangle=R_n(t).$$

因此, 对于固定的 $x\in U$, 我们有

$$\begin{aligned}|\langle y^*,g'(t)\rangle|&=\left|\left\langle y^*,\frac{f^{(n+1)}(x+\xi h)}{n!}t^nh^{n+1}\right\rangle\right|\\&\leqslant\frac{1}{n!}\|y^*\|\cdot\|f^{(n+1)}(x+\xi h)t^nh^{n+1}\|\\&\leqslant\frac{1}{n!}M|th|^n|h|\|y^*\|.\end{aligned}$$

对 y^* 取上确界即得 $\|g'(t)\|\leqslant\dfrac{1}{n!}M|th|^n|h|$.

(2) 由 (1) 可知

$$|g(1)-g(0)|\leqslant\int_0^1\|g'(t)\|\mathrm{d}t\leqslant\int_0^1\frac{1}{n!}M|th|^n|h|\mathrm{d}t=\frac{1}{(n+1)!}M|h|^{n+1}.$$

(3) 根据 $g(t)$ 的定义, 我们有 $g(0)=0$. 于是由 (2) 可知

$$\left|f(x+h)-\left(f(x)+f'(x)h+\cdots+\frac{1}{n!}f^{(n)}(x)h^n\right)\right|=|g(1)-g(0)|\leqslant\frac{M}{(n+1)!}|h|^{n+1}.$$

(4) 如果在 U 内 $f^{(n+1)}(x)\equiv0$, 那么此时 $M=0$. 于是由 (3) 可知

$$\left|f(x+h)-\left(f(x)+f'(x)h+\cdots+\frac{1}{n!}f^{(n)}(x)h^n\right)\right|=0.$$

固定 $x_0\in U$, 则 $f(x_0+h)$ 是关于 h 的 n 阶多项式, 即

$$f(x_0+h)=f(x_0)+f'(x_0)h+\cdots+\frac{1}{n!}f^{(n)}(x_0)h^n.$$ □

2. (1) 如果 n-线性对称算子 A 对任意向量 $x\in X$ 均有 $Ax^n=0$, 那么 $A(x_1,\cdots,x_n)\equiv0$, 即在 X 中任意一组向量 $x_1,\cdots,x_n$ 上算子 A 等于零.

(2) 如果映射 $f: U \to Y$ 在点 $x \in U$ 有 n 阶微分 $f^{(n)}(x)$, 且满足条件

$$f(x+h) = L_0 + L_1 h + \cdots + \frac{1}{n!} L_n h^n + \alpha(h)|h|^n,$$

其中 $L_i, i = 0, 1, \cdots, n$ 是 i-线性算子, 而当 $h \to 0$ 时 $\alpha(h) \to 0$, 那么 $L_i = f^{(i)}(x)$, $i = 0, 1, \cdots, n$.

(3) 证明: 映射 $\mathcal{L}(X;Y) \ni A \mapsto A^{-1} \in \mathcal{L}(Y;X)$ 在自己的定义域内是无穷可微的, 而且

$$(A^{-1})^{(n)}(A)(h_1, \cdots, h_n) = n!(-1)^n A^{-1} h_1 A^{-1} h_2 \cdot \cdots \cdot A^{-1} h_n A^{-1}.$$

证　(1) 记 $F: X \to Y$, 定义为 $F(x) = Ax^n$. 根据假设, 我们有 $F \equiv 0$, 并且 $F^{(n)} \equiv 0$. 于是由 12.5 节习题 4 可知

$$A(x_1, \cdots, x_n) = \frac{F^{(n)}(x)(x_1, \cdots, x_n)}{n!} \equiv 0.$$

(2) 此问相当于证明无穷维空间版本的泰勒展开是唯一的. 因为

$$\begin{aligned} f(x+h) &= L_0 + L_1 h + \cdots + \frac{1}{n!} L_n h^n + \alpha(h)|h|^n \\ &= f(x) + f'(x)h + \cdots + \frac{1}{n!} f^{(n)}(x) h^n + o(|h|^n), \end{aligned}$$

所以

$$(L_0 - f(x)) + (L_1 - f'(x))h + \cdots + \frac{1}{n!}(L_n - f^{(n)}(x))h^n + o(|h|^n) = 0.$$

于是我们有

$$L_0 - f(x) = -\lim_{h \to 0} \left(\sum_{j=1}^{n} \frac{L_j - f^{(j)}(x)}{j!} h^j + o(|h|^n) \right) = 0,$$

$$L_1 - f'(x) = -\lim_{h \to 0} \left(\sum_{j=2}^{n} \frac{L_j - f^{(j)}(x)}{j!} h^{j-1} + o(|h|^{n-1}) \right) = 0,$$

$$\cdots\cdots$$

$$L_i - f^{(i)}(x) = -\lim_{h \to 0} \left(\sum_{j=i+1}^{n} \frac{L_j - f^{(j)}(x)}{j!} h^{j-i} + o(|h|^{n-i}) \right) = 0,$$

$$\cdots\cdots$$

$$L_{n-1} - f^{(n-1)}(x) = -\lim_{h \to 0} \left(\frac{L_n - f^{(n)}(x)}{n!} h + o(|h|) \right) = 0,$$

$$L_n - f^{(n)}(x) = \lim_{h\to 0}\frac{o(|h|)}{|h|} = 0.$$

这就证明了对任意的 $i=0,1,\cdots,n$, 我们都有 $L_i = f^{(i)}(x)$.

(3) 记 $f:\mathcal{L}(X;Y)\to\mathcal{L}(Y;X)$ 为对算子取逆的映射. 那么,

$$\mathrm{dom}f = \{A\in\mathcal{L}(X;Y) : A \text{ 是双射, 并且 } A^{-1} \text{ 也是连续的}\}.$$

由《讲义》12.3 节命题 3 可知, 如果 X 完备, 那么 $\mathrm{dom}f$ 是 $\mathcal{L}(X;Y)$ 的开子集, f 在任一点 $A\in\mathrm{dom}f$ 一阶可微, 且 $f'(A)(h_1) = -A^{-1}h_1A^{-1}$, 其中 $h_1\in\mathcal{L}(X;Y)$. 对 $E,F\in\mathcal{L}(Y;X)$, 考虑映射 $g(E,F):\mathcal{L}(X;Y)\to\mathcal{L}(Y;X)$, $h_1\mapsto g(E,F)(h_1) = -Eh_1F$. 由 $\|g(E,F)(h_1)\| = \|-Eh_1F\| \leqslant \|E\|\|h_1\|\|F\|$ 可知从 $\mathcal{L}(Y;X)\times\mathcal{L}(Y;X)$ 到 $\mathcal{L}(\mathcal{L}(X;Y);\mathcal{L}(Y;X))$ 的映射 $(E,F)\mapsto g(E,F)$ 是连续双线性映射. 因此映射 $A\mapsto f'(A) = g(A^{-1},A^{-1})$ 是从 $\mathrm{dom}f$ 到 $\mathcal{L}(Y;X)\times\mathcal{L}(Y;X)$ 的连续映射 $A\mapsto(A^{-1},A^{-1})$ 以及连续映射 $(E,F)\mapsto g(E,F)$ 的复合, 从而 $f\in C^{(1)}(\mathrm{dom}f;\mathcal{L}(\mathcal{L}(X;Y);\mathcal{L}(Y;X)))$. 显然 $f'(A) = g(f(A),f(A))$, 这是映射 f 所满足的“微分方程”.

我们利用数学归纳法来证明 $\forall n\in\mathbb{N}$, $f\in C^{(n)}$. 当 $n=1$ 时, 结论已证明. 设 $n\geqslant 2$, 并假设 $f\in C^{(n-1)}$. 于是由归纳假设可知, 从 $\mathrm{dom}f$ 到 $\mathcal{L}(Y;X)\times\mathcal{L}(Y;X)$ 的映射 $A\mapsto(f(A),f(A))$ 属于 $C^{(n-1)}$ 类. 又易知双线性映射 $(E,F)\mapsto g(E,F)$ 属于 $C^{(\infty)}$ 类. 因此作为这两个映射的复合 $f'(A) = g(f(A),f(A))$ 也属于 $C^{(n-1)}$ 类, 即 $f\in C^{(n)}$. 综上可知, f 在其定义域 $\mathrm{dom}f$ 内是无穷可微的.

由《讲义》12.3 节命题 3 的证明可知, 对于满足条件 $\|h\| < \|A^{-1}\|^{-1}$ 的任意 $h\in\mathcal{L}(X;Y)$, 我们有

$$(A+h)^{-1} = A^{-1} - A^{-1}hA^{-1} + (-A^{-1}h)^2A^{-1} + \cdots + (-A^{-1}h)^nA^{-1} + \cdots.$$

于是映射 f 具有 (2) 中的展开式, 从而 $f^{(n)}(A)h^n = n!(-A^{-1}h)^nA^{-1}$. 再由 (1) 可知

$$(A^{-1})^{(n)}(A)(h_1,\cdots,h_n) = n!(-1)^nA^{-1}h_1A^{-1}h_2\cdot\ \cdots\ \cdot A^{-1}h_nA^{-1}. \qquad \square$$

3. (1) 设 $\varphi\in C([a,b];\mathbb{R})$. 试证: 如果对于任意使 $h(a)=h(b)=0$ 的函数 $h\in C^{(2)}([a,b];\mathbb{R})$ 满足条件

$$\int_a^b \varphi(x)h(x)\mathrm{d}x = 0,$$

那么在 $[a,b]$ 上 $\varphi(x)\equiv 0$.

(2) 证明欧拉–拉格朗日方程 (12.6.11) 是泛函 (12.6.3) 在由 $C^{(2)}([a,b];\mathbb{R})$ 中一切在闭区间 $[a,b]$ 的端点取给定值的函数构成的集合上的极值必要条件.

证　(1) 我们利用反证法来证明. 假定存在 $x_0\in(a,b)$ 使得 $\varphi(x_0)\neq 0$. 不妨假设 $\varphi(x_0)>0$. 由 φ 的连续性可知, 存在 $\varepsilon>0$, 使得 $[x_0-\varepsilon,x_0+\varepsilon]\subset(a,b)$ 且 $\varphi(x)>0$ 对任意的 $x\in(x_0-\varepsilon,x_0+\varepsilon)$ 都成立. 选取 $C^{(2)}$ 类函数 h, 使得当 $x\in(x_0-\varepsilon,x_0+\varepsilon)$ 时 $h(x)>0$, 而在区间 $[a,b]$ 的其他点 $h(x)=0$. 比如 $h(x)$ 可以取成

$$h(x)=\begin{cases}(x-x_0+\varepsilon)^4(x-x_0-\varepsilon)^4, & x\in(x_0-\varepsilon,x_0+\varepsilon),\\ 0, & x\in[a,b]\backslash(x_0-\varepsilon,x_0+\varepsilon).\end{cases}$$

于是, 我们有

$$\int_a^b\varphi(x)h(x)\mathrm{d}x=\int_{x_0-\varepsilon}^{x_0+\varepsilon}\varphi(x)h(x)\mathrm{d}x>0.$$

从而与 $\displaystyle\int_a^b\varphi(x)h(x)\mathrm{d}x=0$ 矛盾. 因此在 $[a,b]$ 上 $\varphi(x)\equiv 0$.

或者也可以采用如下方法证明. 根据逼近定理 (可参见 14.4 节), 存在光滑函数族 $\{f_n(x)\}$, 使得

$$\lim_{n\to\infty}\sup_{x\in[a,b]}|f_n(x)-\varphi(x)|=0.$$

考虑 $h_n(x)=-(x-a)(x-b)f_n(x)$, 那么 $h_n\in C^{(2)}([a,b];\mathbb{R})$, 并且 $h_n(a)=h_n(b)=0$. 于是

$$\begin{aligned}\int_a^b\varphi(x)h_n(x)\mathrm{d}x=&\int_a^b(x-a)(x-b)\varphi(x)(\varphi(x)-f_n(x))\mathrm{d}x\\&-\int_a^b(x-a)(x-b)\varphi^2(x)\mathrm{d}x.\end{aligned}$$

令 $n\to\infty$, 我们有

$$\int_a^b(x-a)(x-b)\varphi(x)(\varphi(x)-f_n(x))\mathrm{d}x\to 0.$$

于是, $\displaystyle\int_a^b(x-a)(x-b)\varphi^2(x)\mathrm{d}x=0$. 因此在 $[a,b]$ 上 $\varphi(x)\equiv 0$.

(2) 首先, 欧拉–拉格朗日方程 (12.6.11) 为

$$\partial_2L(x,f(x),f'(x))-\frac{\mathrm{d}}{\mathrm{d}x}\partial_3L(x,f(x),f'(x))=0.$$

泛函 (12.6.3) 为

$$F(f)=\int_a^b L(x,f(x),f'(x))\mathrm{d}x,$$

这里, $f\in C^{(2)}([a,b];\mathbb{R})$, 并且 $f(a)=A$, $f(b)=B$, $L\in C^{(2)}(\mathbb{R}^3;\mathbb{R})$. 我们知道 f 是 F 的极值点的必要条件是 $F'(f)h=0$ 对任意满足 $h\in C^{(1)}([a,b];\mathbb{R})$, $h(a)=h(b)=0$ 的函数均成立. 经过计算, 我们有

$$F'(f)h=\int_a^b\left(\partial_2L(x,f(x),f'(x))-\frac{\mathrm{d}}{\mathrm{d}x}\partial_3L(x,f(x),f'(x))\right)h(x)\mathrm{d}x.$$

易见 $\partial_2L(x,f(x),f'(x))-\dfrac{\mathrm{d}}{\mathrm{d}x}\partial_3L(x,f(x),f'(x))\in C([a,b];\mathbb{R})$, 因此由 (1) 即得必要条件为欧拉–拉格朗日方程. □

4. 设绕 x 轴旋转的旋转曲面用平面 $x=a$, $x=b$ 所截的截线分别是给定半径 r_a, r_b 的圆周, 在所有这些旋转曲面中, 求有最小面积的旋转曲面的经线公式 $y=f(x)$, $a\leqslant x\leqslant b$.

解 由 $y=f(x)$ 绕 x 轴旋转得到的曲面在 $a\leqslant x\leqslant b$ 时的表面积为

$$S(f)=2\pi\int_a^b|f(x)|\sqrt{1+(f')^2(x)}\mathrm{d}x.$$

这样就定义了泛函 $S:C^{(2)}([a,b];\mathbb{R})\to\mathbb{R}$. 于是, 如果 f 是 S 的极值点, 那么函数 f 应当满足欧拉–拉格朗日方程:

$$\partial_2L(x,f(x),f'(x))-\frac{\mathrm{d}}{\mathrm{d}x}\partial_3L(x,f(x),f'(x))=0,$$

这里 $L(x,f(x),f'(x))=2\pi|f(x)|\sqrt{1+(f')^2(x)}$. 易见此时的欧拉–拉格朗日方程为

$$\sqrt{1+(f')^2(x)}=\frac{\mathrm{d}}{\mathrm{d}x}\left(\frac{f(x)f'(x)}{\sqrt{1+f'^2(x)}}\right).$$

观察到双曲函数恰好是该常微分方程的解, 即

$$f(x)=C_1\cosh\left(\frac{x-C_2}{C_1}\right).$$

根据条件可知, 经线经过点 (a,r_a), (b,r_b). 于是系数 C_1,C_2 可以由如下式子确定下来:

$$\begin{cases}C_1\cosh\left(\dfrac{a-C_2}{C_1}\right)=r_a,\\ C_1\cosh\left(\dfrac{b-C_2}{C_1}\right)=r_b.\end{cases}$$

□

5. (1) 在最速降线问题中, 函数 L 并不满足《讲义》例 1 的条件, 因此在这种情况下直接利用《讲义》例 1 的结果是不合适的. 试证: 经过必要的修改, 能重新导出公式 (12.6.10), 它和方程 (12.6.11) 这时仍然有效.

(2) 如果质点是从 P_0 点以不为零的初始速度出发, 问捷线的方程是否改变 (运动在闭管中无摩擦地进行)?

(3) 试证: 如果 P 是从 P_0 到 P_1 的捷线上的任意一点, 那么这条捷线的从 P_0 到 P 的弧是连接点对 P_0, P 的捷线.

(4) 像最后的公式 (12.6.23) 所表明的那样, 连接 P_0, P_1 的捷线不一定都能写为 $y=f(x)$ 的形式. 试利用习题 (3) 的结果推导公式 (12.6.23), 而不作关于捷线整体构造的类似假设.

(5) 试给出点 P_1 的位置, 使得对应于点对 P_0, P_1 的捷线在《讲义》例 3 中引进的坐标系下不能写成 $y=f(x)$ 的形式.

(6) 试给出点 P_1 的位置, 使对应于点对 P_0, P_1 的捷线在《讲义》例 3 的坐标系下有形式 $y=f(x)$, 而且 $f\notin C^{(1)}([a,b];\mathbb{R})$. 因而得到, 这时使我们感兴趣的泛函 (12.6.16) 在集合 $C^{(1)}([a,b];\mathbb{R})$ 上有下界, 但没有最小值.

(7) 试证: 连接空间的点对 P_0, P_1 的捷线是平面曲线.

证　(1) 在最速降线问题中, 拉格朗日函数 $L(u^1,u^2,u^3)=\sqrt{\dfrac{1+(u^3)^2}{u^1}}$. 此时, u^1 的取值范围为 $(0,x^1)$, 不是在例 1 中的 $\mathbb{R}$, 这样 L 才是良定义的. 这只需要将 $\mathbb{R}^3$ 替换为 $(0,\infty)\times\mathbb{R}\times\mathbb{R}$ 即可. 于是, 根据有限增量定理的推论, 我们可以得到

$$F'(f)h=\frac{1}{\sqrt{2g}}\int_0^{x_1}(\partial_2L(x,f(x),f'(x))h(x)+\partial_3L(x,f(x),f'(x))h'(x))\mathrm{d}x.$$

再根据分部积分, 我们就得到了 (12.6.10), 进而根据 h 的任意性, 就得到了方程 (12.6.11).

(2) 若初始速度大小为 $v_0>0$, 则 $L(u^1,u^2,u^3)=\sqrt{\dfrac{1+(u^3)^2}{2gu^1+v_0^2}}$, 于是

$$\partial_3L(x,f(x),f'(x))=\frac{f'(x)}{\sqrt{(2gx+v_0^2)(1+(f')^2(x))}}.$$

因此

$$\frac{f'(x)}{\sqrt{1+(f')^2(x)}}=c\sqrt{2gx+v_0^2},\quad c\neq0.$$

记 $a=\dfrac{1}{4gc^2}$, 则类似于《讲义》例 3 可解得

$$x = a(1-\cos t) - \frac{v_0^2}{2g},$$
$$y = a(t-\sin t) + \frac{\sqrt{4ga - v_0^2}v_0}{2g} - a\arccos\frac{2ga - v_0^2}{2ga},$$

其中 $t \geqslant t_0 = \arccos\dfrac{2ga-v_0^2}{2ga}$. 由此可知捷线的方程发生了改变.

(3) 这是因为最速降线在物理意义下是唯一确定的 (即夹角是满足固定点坐标的不超过 $\dfrac{\pi}{2}$ 的最小的角度). 根据最速降线的参数形式, 我们有

$$\frac{\mathrm{d}y}{\mathrm{d}x} = \frac{1-\cos t}{\sin t} = \tan\frac{t}{2}.$$

因此, 如果固定点 P, 其对应的捷线在这点与横轴的夹角是不变的, 与连接 P_0, P_1 的捷线在 P 点的夹角相同, 因此, 系数 a 也是唯一确定的, 即从 P_0 到 P 的弧为连接两点的捷线.

(4) 根据 (3) 的结论, 我们有 $\dfrac{\sin\varphi}{v}$ 为常数, 再根据 $v=\sqrt{2gx}$, 我们有 $\dfrac{\sin\varphi}{\sqrt{x}} = c$. 于是, $x = \dfrac{1}{c^2}\sin^2\varphi$. 同样地, $y = \dfrac{1}{2c^2}(2\varphi - \sin 2\varphi) + b$.

(5) 取 $P_1 = (0, y_1)$, $y_1 \neq 0$. 此时, 连接 P_0, P_1 的捷线不能写成 $y=f(x)$ 的形式.

(6) 取 $P_1 = (2a, a(\pi + 2k\pi))$, 其中 $a>0$, $k=0,1,\cdots$. 此时, $y=f(x)$ 不属于 $C^{(1)}([a,b];\mathbb{R})$. 这是因为在 P_1 点, $f'(x)\to\infty$.

(7) 我们来证明三维空间中两点间的最速降线必定在同一个竖直平面内. 通过建立坐标系, 我们不妨假设 $P_0 = (0,0,0)$, $P_1 = (x_1, 0, z_1)$. 如果连接 P_0, P_1 的捷线不在同一平面内, 假设为 $(x(z), y(z), z)$, 考虑其在竖直平面上的投影 $(x(z), 0, z)$. 于是由曲线确定的轨道的运动时间为

$$\begin{aligned} F(f) &= \frac{1}{\sqrt{2g}}\int_0^{z_1}\frac{\mathrm{d}s}{\sqrt{z}} = \frac{1}{\sqrt{2g}}\int_0^{z_1}\frac{\sqrt{(\mathrm{d}x)^2+(\mathrm{d}y)^2+(\mathrm{d}z)^2}}{\sqrt{z}} \\ &> \frac{1}{\sqrt{2g}}\int_0^{z_1}\frac{\sqrt{(\mathrm{d}x)^2+(\mathrm{d}z)^2}}{\sqrt{z}} = \frac{1}{\sqrt{2g}}\int_0^{z_1}\frac{\mathrm{d}s'}{\sqrt{z}} = T_0, \end{aligned}$$

其中 T_0 为在竖直平面上下降所需的时间. 因此, 三维空间中两个点间的最速降线必定在同一竖直平面内. □

6. 在均匀重力场中, 我们用质点沿着点对 P_0, P_1 的捷线运动的时间来度量空间的点 P_0 到点 P_1 的距离 $d(P_0, P_1)$.

(1) 在这个意义下求出点 P_0 到固定铅垂线的距离.

(2) 试求当点 P_1 垂直向上逼近过点 P_0 的水平线时, 函数 $d(P_0,P_1)$ 的渐近值.

(3) 说明函数 $d(P_0,P_1)$ 是不是距离.

证 (1) 采用《讲义》例 3 的坐标系. 设点 P_0 的坐标为 $(0,0)$. 对于固定铅垂线 $l: y=y_1>0$ 上的点 $P_1(x_1,y_1)$, 我们有

$$\begin{aligned}d(P_0,P_1)=F(f)&=\frac{1}{\sqrt{2g}}\int_0^{x_1}\sqrt{\frac{1+(f')^2(x)}{x}}\mathrm{d}x\\&=\frac{1}{\sqrt{2g}}\int_0^{\omega}\sqrt{\frac{\left(\frac{\mathrm{d}x}{\mathrm{d}t}\right)^2+\left(\frac{\mathrm{d}y}{\mathrm{d}t}\right)^2}{x}}\mathrm{d}t\\&=\frac{1}{\sqrt{2g}}\int_0^{\omega}\sqrt{2a}\mathrm{d}t=\sqrt{\frac{a}{g}}\cdot\omega,\end{aligned}$$

这里参数 ω 满足 $y_1=a(\omega-\sin\omega)$. 于是我们有 $d(P_0,P_1)=\sqrt{\frac{y_1}{g}}\frac{\omega}{\sqrt{\omega-\sin\omega}}$, 其中 $\omega\in[0,\pi]$. 因为 $\frac{\omega}{\sqrt{\omega-\sin\omega}}$ 在 $[0,\pi]$ 上单调递减, 所以

$$d(P_0,l)=\inf_{P_1\in l}d(P_0,P_1)=\sqrt{\frac{\pi y_1}{g}}.$$

这种情况是过 P_1 点曲线的切线与横轴正方向夹角为 $\frac{\pi}{2}$ 的时候.

(2) 当 $x_1\to+0$ 时, 我们有 $\omega\to 0$. 于是利用 $\sin\omega$ 的泰勒公式易见

$$\lim_{x_1\to+0}d(P_0,P_1)=\lim_{\omega\to 0}\sqrt{\frac{y_1}{g}}\frac{\omega}{\sqrt{\omega-\sin\omega}}=+\infty.$$

即当点 P_1 垂直向上逼近过点 P_0 的水平线时, 函数 $d(P_0,P_1)$ 趋于正无穷.

(3) 函数 $d(P_0,P_1)$ 不是距离函数. 这是因为如果两个点在同一水平面上, 由 (2) 可知, $d(P_0,P_1)$ 趋于无穷. 所以, 函数 $d(P_0,P_1)$ 不是良定义的, 并且三角不等式也不可能成立. □

12.7　一般的隐函数定理

一、知识点总结与补充

1. 隐函数定理

设 X,Y,Z 是赋范空间, 而且 Y 是完备的空间;

$$W=\{(x,y)\in X\times Y: |x-x_0|<\alpha\wedge|y-y_0|<\beta\}$$

是空间 X, Y 的乘积 $X \times Y$ 中点 $(x_0,\ y_0)$ 的邻域. 如果映射 $F: W \to Z$ 满足条件:

(1) $F(x_0, y_0) = 0$;

(2) $F(x, y)$ 在点 (x_0, y_0) 连续;

(3) $F'_y(x, y)$ 在 W 有定义, 且在点 (x_0, y_0) 连续;

(4) $F'_y(x_0, y_0)$ 是可逆映射,

那么存在 X 中点 x_0 的邻域 $U = U(x_0)$, Y 中点 y_0 的邻域 $V = V(y_0)$ 以及映射 $f: U \to V$, 使得

(1′) $U \times V \subset W$;

(2′) (在 $U \times V$ 中 $F(x, y) = 0$) $\Leftrightarrow$ ($y = f(x)$, 其中 $x \in U$, 而 $f(x) \in V$);

(3′) $y_0 = f(x_0)$;

(4′) f 在点 x_0 连续;

(5′) 若还设 $F: W \to Z$ 在 (x_0, y_0) 的某个邻域中连续, 则隐函数 $y = f(x)$ 在 x_0 的某个邻域中连续;

(6′) 若还设在 W 中也存在偏导数 $F'_x(x, y)$, 且 $F'_x(x, y)$ 在点 (x_0, y_0) 连续, 那么隐函数 $y = f(x)$ 在点 x_0 可微, 而且

$$f'(x_0) = -(F'_y(x_0, y_0))^{-1} \circ (F'_x(x_0, y_0));$$

(7′) 若还设 $F \in C^{(k)}(W; Z)$, $k \geqslant 1$, 那么隐函数 $y = f(x)$ 在点 x_0 的某个邻域 U 内属于 $C^{(k)}(U; Y)$. 此外,

$$f'(x) = -(F'_y(x, f(x)))^{-1} \circ (F'_x(x, f(x))).$$

二、例题讲解

1. 令 $V \subset Y$ 是开集, $g \in C^{(1)}(V; X)$. 假设 $y_0 \in V$, $g'(y_0) \in \mathcal{L}(Y; X)$ 有逆映射 $(g')^{-1}(y_0) \in \mathcal{L}(X; Y)$. 证明: 存在 $\delta > 0$, 使得 $B_\delta(y_0) \subset V$,

$$g: B_\delta(y_0) \to g(B_\delta(y_0))$$

是微分同胚, 并且

$$(g^{-1})'(x_0) = (g')^{-1}(y_0), \quad x_0 = g(y_0).$$

证 令 $f \in C^{(1)}(X \times V; X)$ 定义为 $f(x, y) = x - g(y)$. 根据隐函数定理, 存在 $U_0 = U(x_0)$, $V_0 = V(y_0)$, 以及唯一的 $u \in C^{(1)}(U_0; V_0)$ 满足

$$x = g \circ u(x), \quad \forall x \in U_0.$$

因为 g 是连续的, 所以存在 δ, 使得 $B_\delta(y_0)\subset V_0$, $g(B_\delta(y_0))\subset U_0$. 因此, g 是从 $B_\delta(y_0)$ 到 $g(B_\delta(y_0))$ 的微分同胚, 且根据隐函数的微分性质, 我们有

$$(g^{-1})'(x_0)=(g')^{-1}(y_0),\quad x_0=g(y_0).$$

□

2. 令 X,Y 是 Banach 空间, $\delta>0$, $y_0\in Y$. 假设 $g\in C^{(1)}(B_\delta(y_0);X)$, 并且 $g'(y_0):Y\to X$ 是开映射. 证明: g 在 y_0 的某一邻域上是开映射.

证 我们只需要证明存在 $\delta_1\in(0,\delta)$, $r>0$, 使得

$$B_r(g(y_0))\subset g(B_{\delta_1}(y_0)).$$

不失一般性, 我们假设 $y_0=0$, 并且 $g(y_0)=0$. 令 $A=g'(0)$. 根据 A 是开映射, 存在 $C>0$, 使得

$$\inf_{z\in \mathrm{Ker}\ A}\|y-z\|_Y\leqslant C\|Ay\|_X,\quad \forall y\in Y.$$

选取 $\delta_1\in(0,\delta)$ 使得

$$\|g'(y)-A\|\leqslant\frac{1}{2(C+1)},\quad \forall y\in B_{\delta_1}(0),$$

并选取 $r\in\left(0,\dfrac{\delta_1}{2(C+1)}\right)$. 对于任意的 $x\in B_r(0)$, 我们要证存在 $y\in B_{\delta_1}(0)$, 满足 $g(y)=x$. 记

$$R(y)=g(y)-Ay.$$

这个问题等价于

$$Ay=x-R(y).$$

我们先取 $h_0=0$. 假设 h_n 已经取定, 我们可以选取 h_{n+1} 满足

$$Ah_{n+1}=x-R(h_n),$$

以及

$$\|h_{n+1}-h_n\|\leqslant(C+1)\|A(h_{n+1}-h_n)\|.$$

于是

$$\begin{aligned}\|h_{n+1}-h_n\|&\leqslant(C+1)\|R(h_n)-R(h_{n-1})\|\\&\leqslant(C+1)\left\|\int_0^1 g'(th_n+(1-t)h_{n-1})\mathrm{d}t-A\right\|\cdot\|h_n-h_{n-1}\|\end{aligned}$$

$$\leqslant \frac{1}{2}\|h_n - h_{n-1}\|.$$

易见 $\|h_1\| \leqslant (C+1)\|x\| < \frac{1}{2}\delta_1$, 因此

$$\|h_{n+1}\| \leqslant \|h_1\| + \sum_{j=1}^{n} \|h_{j+1} - h_j\| < \delta_1,$$

从而 $h_{n+1} \in B_{\delta_1}(0)$. 易见 $\{h_n\}$ 有极限 $y \in B_{\delta_1}(0)$. 因此, y 是 $Ay = x - R(y)$ 的解, 从而结论成立. □

三、习题参考解答 (12.7 节)

1. (1) 假定除了《讲义》定理 1 中所说的函数 $f: U \to Y$ 外, 还有定义在点 x_0 的某个邻域 $\widetilde{U}$ 中且在 $\widetilde{U}$ 中满足条件 $y_0 = \tilde{f}(x_0)$ 和 $F(x, \tilde{f}(x)) \equiv 0$ 的函数 $\tilde{f}: \widetilde{U} \to Y$. 试证: 如果 $\tilde{f}$ 在点 x_0 连续, 那么 f 和 $\tilde{f}$ 在点 x_0 的某个邻域中相同.

(2) 证明: 如果没有关于 $\tilde{f}$ 在 x_0 连续性的假设, 断言 (1) 一般不成立.

证 (1) 仍然不妨假设 $(x_0, y_0) = (0, 0)$. 由 $\tilde{f}$ 在点 $x_0 = 0$ 的连续性可知, 存在 x_0 的邻域 $\hat{U}$, 使得 $\hat{U} \subset U \cap \widetilde{U}$, 并且对任意的 $x \in \hat{U}$, 我们有 $\tilde{f}(x) \in B_Y(y_0; \varepsilon)$. 于是由压缩映射不动点的唯一性可知 f 和 $\tilde{f}$ 在点 x_0 的邻域 $\hat{U}$ 中相同.

(2) 考虑《讲义》第二卷 7.4 节例 1, 取 $f(x) = \sqrt{1-x^2}$,

$$\tilde{f}(x) = \begin{cases} \sqrt{1-x_0^2}, & x = x_0, \\ -\sqrt{1-x^2}, & x \neq x_0. \end{cases}$$

易见此时断言 (1) 不成立. □

2. (1) 说明由《讲义》关系式 (12.7.5) 给出的 $f''(x)(h_1, h_2)$ 是否对称?

(2) 对于数值函数 $F(x^1, x^2, y)$ 和 $F(x, y^1, y^2)$ 写出公式 (12.7.4) 和 (12.7.5) 的矩阵形式.

(3) 证明: 如果 $\mathbb{R} \ni t \mapsto A(t) \in \mathcal{L}(\mathbb{R}^n; \mathbb{R}^n)$ 是无穷光滑地依赖于参量 t 的一族非退化矩阵 $A(t)$, 那么

$$\frac{\mathrm{d}^2 A^{-1}}{\mathrm{d}t^2} = 2A^{-1}\left(\frac{\mathrm{d}A}{\mathrm{d}t}A^{-1}\right)^2 - A^{-1}\frac{\mathrm{d}^2 A}{\mathrm{d}t^2}A^{-1},$$

其中 $A^{-1} = A^{-1}(t)$ 是矩阵 $A = A(t)$ 的逆矩阵的记号.

证 (1) 由 $f'(x)h_1 = -(F'_y)^{-1}F'_x h_1$ 可知

$$f''(x)(h_1, h_2) = (F'_y)^{-1}(((F''_{yx} + F''_{yy}f')h_2)(F'_y)^{-1}F'_x h_1 - ((F''_{xx} + F''_{xy}f')h_1)h_2)$$

$$= (F'_y)^{-1}(((F''_{yx} - F''_{yy}(F'_y)^{-1}F'_x)h_2)(F'_y)^{-1}F'_x h_1 - ((F''_{xx} - F''_{xy}(F'_y)^{-1}F'_x)h_1)h_2)$$

$$= (F'_y)^{-1}[F''_{yx}h_2((F'_y)^{-1}F'_x h_1) + F''_{xy}((F'_y)^{-1}F'_x h_1)h_2$$

$$- F''_{yy}((F'_y)^{-1}F'_x h_2)((F'_y)^{-1}F'_x h_1) - F''_{xx}h_1h_2]$$

$$= (F'_y)^{-1}[F''_{yx}h_2((F'_y)^{-1}F'_x h_1) + F''_{yx}h_2((F'_y)^{-1}F'_x h_1)$$

$$- F''_{yy}((F'_y)^{-1}F'_x h_1)((F'_y)^{-1}F'_x h_2) - F''_{xx}h_2h_1],$$

于是 $f''(x)(h_1, h_2)$ 不对称.

(2) 对于数值函数 $F(x^1, x^2, y)$, 我们有

$$f'(x) = -(F'_y)^{-1}F'_x = -\frac{1}{F'_y}(F'_{x^1}, F'_{x^2}),$$

于是

$$f''(x)(h_1, h_2) = (F'_y)^{-1}(((F''_{yx} + F''_{yy}f')h_2)(F'_y)^{-1}F'_x h_1 - ((F''_{xx} + F''_{xy}f')h_1)h_2)$$

$$= (F'_y)^{-1}[F''_{yx}h_2((F'_y)^{-1}F'_x h_1) - F''_{yy}((F'_y)^{-1}F'_x h_2)((F'_y)^{-1}F'_x h_1)$$

$$- F''_{xx}h_1h_2 + F''_{xy}((F'_y)^{-1}F'_x h_1)h_2]$$

$$= \frac{1}{(F'_y)^3}\left[F'_y(F''_{yx^1}, F''_{yx^2})\begin{pmatrix} h_2^1 \\ h_2^2 \end{pmatrix}(F'_{x^1}, F'_{x^2})\begin{pmatrix} h_1^1 \\ h_1^2 \end{pmatrix}\right.$$

$$- F''_{yy}(F'_{x^1}, F'_{x^2})\begin{pmatrix} h_2^1 \\ h_2^2 \end{pmatrix}(F'_{x^1}, F'_{x^2})\begin{pmatrix} h_1^1 \\ h_1^2 \end{pmatrix}$$

$$- (F'_y)^2(h_1^1, h_1^2)\begin{pmatrix} F''_{x^1x^1} & F''_{x^2x^1} \\ F''_{x^1x^2} & F''_{x^2x^2} \end{pmatrix}\begin{pmatrix} h_2^1 \\ h_2^2 \end{pmatrix}$$

$$\left. + F'_y(F''_{x^1y}, F''_{x^2y})\begin{pmatrix} h_2^1 \\ h_2^2 \end{pmatrix}(F'_{x^1}, F'_{x^2})\begin{pmatrix} h_1^1 \\ h_1^2 \end{pmatrix}\right].$$

对于数值函数 $F(x, y^1, y^2)$ 的情形, 这里从略.

(3) 记 $\mathcal{L}(\mathbb{R}^n; \mathbb{R}^n)$ 中所有非退化矩阵构成集合 X_n. 考虑映射 $F(t, B) = A(t)B - E$, $t \in \mathbb{R}$, $B \in \mathcal{L}(\mathbb{R}^n; \mathbb{R}^n)$, $E \in X_n$ 是单位矩阵. 显然 $F \in C^{(\infty)}(\mathbb{R} \times X_n; \mathcal{L}(\mathbb{R}^n; \mathbb{R}^n))$, 且 $F'_B = A(t) \in X_n$, $\forall t \in \mathbb{R}$. 于是由隐函数定理可知, 存在映射 $A^{-1} : \mathbb{R} \to X_n$ 使得 $F(t, B) = 0 \Leftrightarrow B = A^{-1}(t)$. 显然 $A^{-1}(t) = (A(t))^{-1}$. 因此

$$\frac{\mathrm{d}A^{-1}}{\mathrm{d}t} = -(F'_B)^{-1}F'_t = -A^{-1}\frac{\mathrm{d}A}{\mathrm{d}t}A^{-1},$$

从而

$$\begin{aligned}\frac{\mathrm{d}^2A^{-1}}{\mathrm{d}t^2}&=\frac{\mathrm{d}}{\mathrm{d}t}\left(\frac{\mathrm{d}A^{-1}}{\mathrm{d}t}\right)=-\frac{\mathrm{d}A^{-1}}{\mathrm{d}t}\frac{\mathrm{d}A}{\mathrm{d}t}A^{-1}-A^{-1}\frac{\mathrm{d}^2A}{\mathrm{d}t^2}A^{-1}-A^{-1}\frac{\mathrm{d}A}{\mathrm{d}t}\frac{\mathrm{d}A^{-1}}{\mathrm{d}t}\\&=A^{-1}\frac{\mathrm{d}A}{\mathrm{d}t}A^{-1}\frac{\mathrm{d}A}{\mathrm{d}t}A^{-1}-A^{-1}\frac{\mathrm{d}^2A}{\mathrm{d}t^2}A^{-1}+A^{-1}\frac{\mathrm{d}A}{\mathrm{d}t}A^{-1}\frac{\mathrm{d}A}{\mathrm{d}t}A^{-1}\\&=2A^{-1}\left(\frac{\mathrm{d}A}{\mathrm{d}t}A^{-1}\right)^2-A^{-1}\frac{\mathrm{d}^2A}{\mathrm{d}t^2}A^{-1}.\end{aligned}$$

□

所以当 $t\to 0$ 时, $\Delta_t \not\to 0$, 因此函数族 f_t 在集合 $(-\infty,\infty)$ 上不一致收敛到 f.

而在任何一个闭区间 $[a,b]$ 上, 易见当 $0<|t|<\dfrac{\frac{\pi}{2}}{\max\{|a|,|b|\}}$ 时, $|tx|<\dfrac{\pi}{2}$, $\forall x\in[a,b]$. 于是

$$\Delta_t=\sup_{a\leqslant x\leqslant b}|\sin(tx)|=\max\{|\sin(ta)|,|\sin(tb)|\},$$

所以当 $t\to 0$ 时, $\Delta_t\to 0$, 因此函数族 f_t 在区间 $[a,b]$ 上一致收敛到 f.

当 $t\to\infty$ 时, 易见函数族 $f_t(x)$ 仅在点 $x=0$ 处收敛到 0, 显然该收敛性是一致的.

(5) 易见当 $t\to+\infty$ 时, 函数族 $f_t(x)=\mathrm{e}^{-tx^2}$ 在 $\mathbb{R}$ 上逐点收敛到函数

$$f(x)=\begin{cases}1, & x=0,\\ 0, & x\in\mathbb{R}\backslash\{0\}.\end{cases}$$

如果 $E=\{0\}$, 则显然函数族 f_t 在 E 上一致收敛到 $f|_E$. 如果 $E\backslash\{0\}\neq\varnothing$, 记

$$d=\operatorname{dist}(0,E\backslash\{0\})=\inf_{x\in E\backslash\{0\}}|x|,$$

则当 $t>0$ 时,

$$\begin{aligned}\Delta_t&=\sup_{x\in E}|f(x)-f_t(x)|=\sup_{x\in E\backslash\{0\}}|f(x)-f_t(x)|\\&=\sup_{x\in E\backslash\{0\}}\mathrm{e}^{-tx^2}=\mathrm{e}^{-td^2}.\end{aligned}$$

于是, 当 $d>0$ 即 0 不是 E 的聚点时, $\Delta_t\to 0\ (t\to+\infty)$, 从而函数族 f_t 在 E 上一致收敛到 $f|_E$; 而当 $d=0$ 即 0 是 E 的聚点时, $\Delta_t=1\not\to 0\ (t\to+\infty)$, 从而函数族 f_t 在 E 上不一致收敛到 $f|_E$. □

2. (1) 验证: 如果函数族在集合上收敛 (一致收敛), 那么它在这个集合的任一子集上也收敛 (一致收敛).

(2) 证明: 如果函数族 $f_t:X\to\mathbb{R}$ 关于基 $\mathcal{B}$ 在集合 E 上收敛 (一致收敛), 而 $g:X\to\mathbb{R}$ 是有界函数, 那么, 函数族 $g\cdot f_t:X\to\mathbb{R}$ 关于基 $\mathcal{B}$ 在集合 E 上也收敛 (一致收敛).

(3) 证明: 如果函数族 $f_t:X\to\mathbb{R}$, $g_t:X\to\mathbb{R}$ 关于基 $\mathcal{B}$ 在集合 $E\subset X$ 上一致收敛, 那么函数族 $h_t=\alpha f_t+\beta g_t(\alpha,\beta\in\mathbb{R})$ 关于基 $\mathcal{B}$ 在集合 E 上也一致收敛.

证　(1) 由收敛 (一致收敛) 的定义易知结论成立.

(2) 设函数族 f_t 的极限函数为 f, 还设 $|g(x)| \leqslant M, \forall x \in E$. 于是由关系式

$$|g(x) \cdot f(x) - g(x) \cdot f_t(x)| = |g(x)||f(x) - f_t(x)| \leqslant M|f(x) - f_t(x)|,$$

易知结论成立.

(3) 设函数族 f_t 和 g_t 的极限函数分别为 f 和 g, 于是由不等式

$$\begin{aligned}&\sup_{x\in E}|h_t(x) - (\alpha f(x) + \beta g(x))|\\ =\ &\sup_{x\in E}|\alpha(f_t(x) - f(x)) + \beta(g_t(x) - g(x))|\\ \leqslant\ &|\alpha|\sup_{x\in E}|f_t(x) - f(x)| + |\beta|\sup_{x\in E}|g_t(x) - g(x)|,\end{aligned}$$

可知结论成立. □

3. (1) 在证明柯西准则充分性条件时, 我们关于 T 中的基 $\mathcal{B}$ 取极限 $\lim\limits_{\mathcal{B}} f_{t_1}(x) = f(x)$, 但是 $t_1 \in B$, 而 $\mathcal{B}$ 是 T 的基, 不是 B 的基. 我们能保持 t_1 在 B 中, 实现这个极限过渡吗?

(2) 说明在函数族 $f_t : X \to \mathbb{R}$ 的一致收敛性柯西准则的证明中, 何处用到了 $\mathbb{R}$ 的完备性.

(3) 注意, 如果函数族 $\{f_t : X \to \mathbb{R},\ t \in T\}$ 中所有函数都是常值函数, 那么所证明的定理正好给出了函数 $\varphi : T \to \mathbb{R}$ 关于 T 中基 $\mathcal{B}$ 的极限存在性的柯西准则.

解 (1) 可以. 根据假设我们可知, 对于固定的 $B \in \mathcal{B}$, $x \in E$, $\{f_t\}_{t\in B}$ 是关于 $t \in B$ 的柯西列. 而我们已经有 $\lim\limits_{\mathcal{B}} f_{t_1}(x) = f(x)$, 再根据收敛函数族的子族收敛到同一实数, 我们有 $\{f_t(x)\}_{t\in B}$ 关于 B 也收敛于 $f(x)$.

(2) 证明充分性的时候需要用到 $\mathbb{R}$ 的完备性才能保证 (逐点收敛到的) 极限函数 $f(x)$ 的存在性, 进而实现如下的过渡: 对任意的 $t_1, t_2 \in B$, $x \in E$, 由 $|f_{t_1}(x) - f_{t_2}(x)| < \varepsilon$ 对 t_1 在 B 中取极限, 我们就有 $|f(x) - f_{t_2}(x)| \leqslant \varepsilon$.

(3) 如果 $f_t \equiv a_t$, 那么函数族一致收敛性的柯西准则为

$$\lim_{\mathcal{B}} a_t = a \ \Leftrightarrow\ \forall \varepsilon > 0,\ \exists B \in \mathcal{B},\ \forall t_1, t_2 \in B,\ |a_{t_1} - a_{t_2}| < \varepsilon.$$

这就是函数 $\varphi : T \to \mathbb{R}, t \mapsto a_t$ 关于基 $\mathcal{B}$ 的极限存在性的柯西准则. □

4. 证明: 如果区间 $I = \{x \in \mathbb{R}\,|\, a \leqslant x \leqslant b\}$ 上的连续函数族 $f_t \in C(I;\mathbb{R})$ 在区间 (a,b) 上一致收敛, 那么它在整个区间 $[a,b]$ 上收敛而且是一致的.

证 因为函数族 $f_t \in C(I;\mathbb{R})$ 在区间 (a,b) 上一致收敛, 所以由一致收敛的柯西准则可知, $\forall \varepsilon > 0$, $\exists B \in \mathcal{B}$, 使得 $\forall t_1, t_2 \in B$,

$$|f_{t_1}(x) - f_{t_2}(x)| < \varepsilon, \quad \forall x \in (a,b). \tag{$*$}$$

而函数族 f_t 中的任一函数连续, 所以在 (*) 式中分别令 $x \to a+0$ 和 $x \to b-0$ 即得

$$|f_{t_1}(x) - f_{t_2}(x)| \leqslant \varepsilon, \quad \forall x \in [a,b].$$

再由一致收敛的柯西准则即可知结论成立. □

13.2　函数项级数的一致收敛性

一、知识点总结与补充

1. 函数项级数一致收敛性的基本定义

设 $\{a_n : X \to \mathbb{C}; n \in \mathbb{N}\}$ 是复值 (包括实值) 函数序列, 考虑函数项级数 $\sum\limits_{n=1}^{\infty} a_n(x)$.

(1) 称函数 $S_m(x) = \sum\limits_{n=1}^{m} a_n(x)$ 为部分和, 更确切地说, 称为级数 $\sum\limits_{n=1}^{\infty} a_n(x)$ 的前 m 项部分和.

(2) 如果序列 $\{S_m(x); m \in \mathbb{N}\}$ 在 E 上收敛或一致收敛, 则称级数 $\sum\limits_{n=1}^{\infty} a_n(x)$ 在 $E \subset X$ 上收敛或一致收敛.

(3) 级数的部分和序列的极限叫做级数的和, 记为 $S(x) = \sum\limits_{n=1}^{\infty} a_n(x)$, $x \in E$.

(4) 称级数 $\sum\limits_{n=1}^{\infty} a_n(x)$ 在集 E 上绝对收敛, 如果在任一点 $x \in E$, $\sum\limits_{n=1}^{\infty} |a_n(x)|$ 收敛.

2. 函数项级数一致收敛的柯西准则

级数 $\sum\limits_{n=1}^{\infty} a_n(x)$ 在集 E 上一致收敛, 当且仅当对任意的 $\varepsilon > 0$, 能找到 $N \in \mathbb{N}$, 使对任何满足 $m \geqslant n > N$ 的自然数 m, n, 在一切点 $x \in E$, 满足不等式 $|a_n(x) + \cdots + a_m(x)| < \varepsilon$.

3. 函数项级数一致收敛的必要条件

若级数 $\sum\limits_{n=1}^{\infty} a_n(x)$ 在集 E 上一致收敛, 则当 $n \to \infty$ 时, 在 E 上有 $a_n(x) \rightrightarrows 0$.

4. 函数项级数一致收敛的检验法

(1) 命题: 如果级数 $\sum\limits_{n=1}^{\infty} a_n(x)$ 和 $\sum\limits_{n=1}^{\infty} b_n(x)$ 对任一 $x \in E$ 和所有足够大的 $n \in \mathbb{N}$ 有 $|a_n(x)| \leqslant b_n(x)$, 那么从级数 $\sum\limits_{n=1}^{\infty} b_n(x)$ 在 E 上一致收敛能推出 $\sum\limits_{n=1}^{\infty} a_n(x)$ 在 E 上绝对且一致收敛.

(2) 魏尔斯特拉斯强函数检验法: 如果对于级数 $\sum\limits_{n=1}^{\infty} a_n(x)$, 能找到一个收敛

的数项级数 $\sum\limits_{n=1}^{\infty} M_n$, 使对一切足够大的 $n \in \mathbb{N}$, 有 $\sup\limits_{x\in E}|a_n(x)| \leqslant M_n$, 那么, 级数 $\sum\limits_{n=1}^{\infty} a_n(x)$ 在集 E 上绝对且一致收敛.

(3) 阿贝尔–狄利克雷检验法: 设 $a_n : X \to \mathbb{C}$ 是复函数, $b_n : X \to \mathbb{R}$ 是实函数. 为使级数 $\sum\limits_{n=1}^{\infty} a_n(x)b_n(x)$ 在集 $E \subset X$ 上一致收敛, 只需成立下面任何一对条件即可:

(α_1) 级数 $\sum\limits_{n=1}^{\infty} a_n(x)$ 的部分和 $S_k(x) = \sum\limits_{n=1}^{k} a_n(x)$ 在 E 上一致有界,

(β_1) 函数列 $b_n(x)$ 在 E 上单调且一致趋于零;

或者

(α_2) 级数 $\sum\limits_{n=1}^{\infty} a_n(x)$ 在 E 上一致收敛,

(β_2) 函数列 $b_n(x)$ 在 E 上单调且一致有界.

5. 一致有界函数族与单调函数序列

(1) 一致有界函数族: 称由形如 $f : X \to \mathbb{C}$ 的函数构成的函数族 $\mathfrak{F}$ 是集 $E \subset X$ 上的一致有界函数族, 如果存在常数 $M \in \mathbb{R}$, 对任何一个 $f \in \mathfrak{F}$, 关系式 $\sup\limits_{x\in E}|f(x)| \leqslant M$ 成立.

(2) 单调函数序列: 称函数序列 $\{b_n : X \to \mathbb{R}, n \in \mathbb{N}\}$ 在集 $E \subset X$ 上是不减的 (不增的), 如果对每个 $x \in E$, 数列 $\{b_n(x), n \in \mathbb{N}\}$ 是不减的 (不增的). 集合上不减的和不增的函数序列统称为该集合上的单调序列.

6. 几个常用的公式

当 $x \neq 2\pi m$, $m \in \mathbb{Z}$ 时,

(1) $\sum\limits_{k=0}^{n} \mathrm{e}^{\mathrm{i}kx} = \dfrac{\sin\dfrac{n+1}{2}x}{\sin\dfrac{x}{2}}\mathrm{e}^{\mathrm{i}\frac{n}{2}x} = \dfrac{\sin\dfrac{n+1}{2}x}{\sin\dfrac{x}{2}}\left(\cos\dfrac{n}{2}x + \mathrm{i}\sin\dfrac{n}{2}x\right)$;

(2) $\sum\limits_{k=0}^{n} \cos kx = \dfrac{\cos\dfrac{n}{2}x \cdot \sin\dfrac{n+1}{2}x}{\sin\dfrac{x}{2}}$, $\quad \sum\limits_{k=0}^{n} \sin kx = \dfrac{\sin\dfrac{n}{2}x \cdot \sin\dfrac{n+1}{2}x}{\sin\dfrac{x}{2}}$.

7. 幂级数的收敛性质

(1) 幂级数 $\sum\limits_{n=0}^{\infty} c_n(z-z_0)^n$ 在圆 $K = \{z \in \mathbb{C} \mid |z-z_0| < R\}$ 中收敛, 半径由柯西–阿达马公式 $R = (\varlimsup\limits_{n\to\infty} \sqrt[n]{|c_n|})^{-1}$ 确定, 在这个圆外级数发散. 在任何严格位于收敛圆 K 内的闭圆上, 幂级数绝对且一致收敛.

(2) 阿贝尔第二定理: 如果幂级数 $\sum\limits_{n=0}^{\infty} c_n(z-z_0)^n$ 在某点 $\zeta \in \mathbb{C}$ 收敛, 那么它在以 z_0, ζ 为端点的闭区间上一致收敛.

二、例题讲解

1. 证明: 函数项级数 $\sum\limits_{n=1}^{\infty} n\mathrm{e}^{-nx}$ 在区间 $(0,+\infty)$ 上逐点收敛但不一致收敛.

证　$\forall x\in(0,+\infty)$, 因为

$$\lim_{n\to\infty}\frac{n\mathrm{e}^{-nx}}{\dfrac{1}{n^2}}=\lim_{n\to\infty}\frac{n^3}{\mathrm{e}^{nx}}=0,$$

而 $\sum\limits_{n=1}^{\infty}\dfrac{1}{n^2}$ 收敛, 故 $\sum\limits_{n=1}^{\infty} n\mathrm{e}^{-nx}$ 也收敛, 从而函数项级数 $\sum\limits_{n=1}^{\infty} n\mathrm{e}^{-nx}$ 在 $(0,+\infty)$ 上逐点收敛. 又因为

$$\lim_{n\to\infty}\sup_{x\in(0,+\infty)} n\mathrm{e}^{-nx}=\lim_{n\to\infty} n=+\infty,$$

于是当 $n\to\infty$ 时, 在 $(0,+\infty)$ 上 $n\mathrm{e}^{-nx}\not\rightrightarrows 0$, 从而由级数一致收敛的必要条件可知函数项级数 $\sum\limits_{n=1}^{\infty} n\mathrm{e}^{-nx}$ 在 $(0,+\infty)$ 上不一致收敛. □

2. 设 $\alpha_n>0$, $\lim\limits_{n\to\infty}\alpha_n=0$, $|u_n(x)|\leqslant\alpha_n$, $\forall x\in I$, 且 $u_i(x)u_j(x)=0$, $i\neq j$. 证明: $\sum\limits_{n=1}^{\infty}u_n(x)$ 在 I 上一致收敛.

证　易见对任意的 $x\in I$, $\{u_n(x)\}$ 至多只有一项不为 0. 于是

$$|S_n(x)-S(x)|\leqslant\sup_{k>n}|u_k(x)|\leqslant\sup_{k>n}\alpha_k\to 0,\quad n\to\infty.$$

因此 $\sum\limits_{n=1}^{\infty}u_n(x)$ 在 I 上一致收敛. □

三、习题参考解答 (13.2 节)

1. 研究下列级数对于各种实参数 α 的值在集 $E\subset\mathbb{R}$ 上的收敛性.

(1) $\sum\limits_{n=1}^{\infty}\dfrac{\cos nx}{n^\alpha}$.

(2) $\sum\limits_{n=1}^{\infty}\dfrac{\sin nx}{n^\alpha}$.

解　(1) 类似于《讲义》13.2 节例 7 可知: 当 $\alpha\leqslant 0$ 时, $\forall x\in E\subset\mathbb{R}$, 级数 $\sum\limits_{n=1}^{\infty}\dfrac{\cos nx}{n^\alpha}$ 都发散; 当 $\alpha>1$ 时, 级数 $\sum\limits_{n=1}^{\infty}\dfrac{\cos nx}{n^\alpha}$ 于任何 $E\subset\mathbb{R}$ 上绝对且一致收敛; 当 $0<\alpha\leqslant 1$ 时, 记 $F=\{2\pi m: m\in\mathbb{Z}\}$, $\forall x\in E\cap F$, 级数 $\sum\limits_{n=1}^{\infty}\dfrac{\cos nx}{n^\alpha}$ 都发散, $\forall x\in E\backslash F$, 级数 $\sum\limits_{n=1}^{\infty}\dfrac{\cos nx}{n^\alpha}$ 都收敛, 且当 $\inf\limits_{x\in E}\left|\sin\dfrac{x}{2}\right|>0$ 时, 级数 $\sum\limits_{n=1}^{\infty}\dfrac{\cos nx}{n^\alpha}$ 于 E 上一致收敛, 而当 $\overline{E}\cap F\neq\varnothing$ 时, 级数 $\sum\limits_{n=1}^{\infty}\dfrac{\cos nx}{n^\alpha}$ 于 E 上不一致收敛.

(2) 同理可知: 当 $\alpha \leqslant 0$ 时, 记 $F_0 = \{k\pi : k \in \mathbb{Z}\}$, $\forall x \in E \cap F_0$, 级数 $\sum\limits_{n=1}^{\infty} \dfrac{\sin nx}{n^{\alpha}}$ 都收敛, 且当 $E \subset F_0$ 时, 级数 $\sum\limits_{n=1}^{\infty} \dfrac{\sin nx}{n^{\alpha}}$ 于 E 上绝对且一致收敛, 而 $\forall x \in E \backslash F_0$, 级数 $\sum\limits_{n=1}^{\infty} \dfrac{\sin nx}{n^{\alpha}}$ 都发散; 当 $\alpha > 1$ 时, 级数 $\sum\limits_{n=1}^{\infty} \dfrac{\sin nx}{n^{\alpha}}$ 于任何 $E \subset \mathbb{R}$ 上绝对且一致收敛; 当 $0 < \alpha \leqslant 1$ 时, $\forall x \in E$, 级数 $\sum\limits_{n=1}^{\infty} \dfrac{\sin nx}{n^{\alpha}}$ 都收敛, 且当 $\inf\limits_{x \in E} \left|\sin \dfrac{x}{2}\right| > 0$ 时, 级数 $\sum\limits_{n=1}^{\infty} \dfrac{\sin nx}{n^{\alpha}}$ 于 E 上一致收敛. 而当 $\overline{E}$ 为闭区间且 $\overline{E} \cap F \neq \varnothing$ 时, 显然存在 $l \in \mathbb{Z}$ 使得 $2\pi l \in \overline{E}$. 于是存在点 $x_0 \subset E$ 使得 $0 < |x_0 - 2\pi l| \leqslant \dfrac{\pi}{4}$. 显然 $\varepsilon_0 := \dfrac{\sin|x_0 - 2\pi l|}{2} > 0$, 对任意 $N \in \mathbb{N}$, 取 $n = N+1$, $m = 2N$. 又显然存在 $x_N \in E$ 使得 $\dfrac{|x_0 - 2\pi l|}{N+1} \leqslant |x_N - 2\pi l| \leqslant \dfrac{|x_0 - 2\pi l|}{N}$. 于是

$$
\begin{aligned}
\left|\sum_{j=n}^{m} \frac{\sin jx_N}{j^{\alpha}}\right| &= \left|\frac{\sin(N+1)(x_N - 2\pi l)}{(N+1)^{\alpha}}\right| + \cdots + \left|\frac{\sin(2N)(x_N - 2\pi l)}{(2N)^{\alpha}}\right| \\
&\geqslant N \frac{\sin(N+1)|x_N - 2\pi l|}{2N} \geqslant \frac{\sin|x_0 - 2\pi l|}{2} = \varepsilon_0,
\end{aligned}
$$

从而由柯西准则可知此时级数 $\sum\limits_{n=1}^{\infty} \dfrac{\sin nx}{n^{\alpha}}$ 于 E 上不一致收敛. □

2. 证明下列级数在指定集合上一致收敛.

(1) $\sum\limits_{n=1}^{\infty} \dfrac{(-1)^n}{n} x^n$, $0 \leqslant x \leqslant 1$.

(2) $\sum\limits_{n=1}^{\infty} \dfrac{(-1)^n}{n} \mathrm{e}^{-nx}$, $0 \leqslant x < +\infty$.

(3) $\sum\limits_{n=1}^{\infty} \dfrac{(-1)^n}{n+x}$, $0 \leqslant x < +\infty$.

证 (1) 令 $a_n(x) = \dfrac{(-1)^n}{n}$, $b_n(x) = x^n$. 易见级数 $\sum\limits_{n=1}^{\infty} a_n(x)$ 在 $[0,1]$ 上一致收敛, 且 $b_n(x)$ 在 $[0,1]$ 上单调且一致有界, 于是由阿贝尔–狄利克雷检验法可知结论成立.

(2) 令 $a_n(x) = \dfrac{(-1)^n}{n}$, $b_n(x) = \mathrm{e}^{-nx}$. 易见级数 $\sum\limits_{n=1}^{\infty} a_n(x)$ 在 $[0,+\infty)$ 上一致收敛, 且 $b_n(x)$ 在 $[0,+\infty)$ 上单调且一致有界, 于是由阿贝尔–狄利克雷检验法可知结论成立.

(3) 令 $a_n(x)=(-1)^n$, $b_n(x)=\dfrac{1}{n+x}$. 易见级数 $\sum\limits_{n=1}^{\infty}a_n(x)$ 的部分和满足

$$|S_k(x)|=\left|\sum_{n=1}^{k}a_n(x)\right|\leqslant 1,$$

所以在 $[0,+\infty)$ 上一致有界. 又由

$$\lim_{n\to+\infty}\sup_{0\leqslant x<+\infty}\left|\frac{1}{n+x}-0\right|=\lim_{n\to+\infty}\sup_{0\leqslant x<+\infty}\frac{1}{n+x}=\lim_{n\to+\infty}\frac{1}{n}=0,$$

可知 $b_n(x)$ 在 $[0,+\infty)$ 上单调且一致趋于零, 于是由阿贝尔–狄利克雷检验法可知结论成立. □

3. 证明: 如果狄利克雷级数 $\sum\limits_{n=1}^{\infty}\dfrac{c_n}{n^x}$ 在 $x_0\in\mathbb{R}$ 收敛, 那么它在集合 $x\geqslant x_0$ 上一致收敛, 而且, 如果 $x>x_0+1$, 那么级数绝对收敛.

证　令 $a_n(x)=\dfrac{c_n}{n^{x_0}}$, $b_n(x)=\dfrac{1}{n^{x-x_0}}$. 易见级数 $\sum\limits_{n=1}^{\infty}a_n(x)$ 在集合 $x\geqslant x_0$ 上一致收敛, 且 $b_n(x)$ 在 $x\geqslant x_0$ 上单调且一致有界, 于是由阿贝尔–狄利克雷检验法可知狄利克雷级数 $\sum\limits_{n=1}^{\infty}\dfrac{c_n}{n^x}=\sum\limits_{n=1}^{\infty}a_n(x)b_n(x)$ 在 $x\geqslant x_0$ 上一致收敛.

此外, 由 $\sum\limits_{n=1}^{\infty}\dfrac{c_n}{n^{x_0}}$ 收敛可知, 存在 $N\in\mathbb{N}$ 使得 $\forall n>N$, $\dfrac{|c_n|}{n^{x_0}}<1$. 于是当 $x>x_0+1$ 时, $\forall n>N$, 我们有

$$\frac{|c_n|}{n^x}=\frac{|c_n|}{n^{x_0}}\cdot\frac{1}{n^{x-x_0}}\leqslant\frac{1}{n^{x-x_0}}.$$

因此由 $\sum\limits_{n=1}^{\infty}\dfrac{1}{n^{x-x_0}}$ 的收敛性可知级数 $\sum\limits_{n=1}^{\infty}\dfrac{c_n}{n^x}$ 当 $x>x_0+1$ 时绝对收敛. □

4. 验证: 级数 $\sum\limits_{n=1}^{\infty}\dfrac{(-1)^{n-1}x^2}{(1+x^2)^n}$ 在 $\mathbb{R}$ 上一致收敛, 而级数 $\sum\limits_{n=1}^{\infty}\dfrac{x^2}{(1+x^2)^n}$ 虽然在 $\mathbb{R}$ 上收敛但不一致收敛.

证　令 $a_n(x)=(-1)^{n-1}$, $b_n(x)=\dfrac{x^2}{(1+x^2)^n}$. 易见级数 $\sum\limits_{n=1}^{\infty}a_n(x)$ 的部分和满足

$$|S_k(x)|=\left|\sum_{n=1}^{k}a_n(x)\right|\leqslant 1,$$

所以在 $\mathbb{R}$ 上一致有界. 又由

$$\lim_{n\to+\infty}\sup_{x\in\mathbb{R}}\left|\frac{x^2}{(1+x^2)^n}-0\right|=\lim_{n\to+\infty}\frac{1}{n-1}\left(1+\frac{1}{n-1}\right)^{-n}=0,$$

可知 $b_n(x)$ 在 $\mathbb{R}$ 上单调且一致趋于零, 于是由阿贝尔–狄利克雷检验法可知级数 $\sum\limits_{n=1}^{\infty}\dfrac{(-1)^{n-1}x^2}{(1+x^2)^n}$ 在 $\mathbb{R}$ 上一致收敛.

对于级数 $\sum\limits_{n=1}^{\infty}\dfrac{x^2}{(1+x^2)^n}$, 易见其在 $\mathbb{R}$ 上收敛. 容易算得该级数的部分和

$$S_m(x)=\begin{cases}1-\dfrac{1}{(1+x^2)^m}, & x\neq 0,\\ 0, & x=0.\end{cases}$$

于是和函数

$$S(x)=\begin{cases}1, & x\neq 0,\\ 0, & x=0.\end{cases}$$

因此由

$$\lim_{m\to+\infty}\sup_{x\in\mathbb{R}}\Big|S_m(x)-S(x)\Big|=\lim_{m\to+\infty}\sup_{x\in\mathbb{R}}\frac{1}{(1+x^2)^m}=1\neq 0,$$

可知级数 $\sum\limits_{n=1}^{\infty}\dfrac{x^2}{(1+x^2)^n}$ 在 $\mathbb{R}$ 上不一致收敛. □

5. (1) 以习题 2 的级数为例验证: 级数一致收敛的魏尔斯特拉斯检验法中的条件是级数一致收敛的充分但非必要的条件.

(2) 构造级数 $\sum\limits_{n=1}^{\infty}a_n(x)$, 使它的项在区间 $0\leqslant x\leqslant 1$ 上非负连续, 它在此区间上一致收敛, 同时, 由 $M_n=\max\limits_{0\leqslant x\leqslant 1}|a_n(x)|$ 组成的级数 $\sum\limits_{n=1}^{\infty}M_n$ 发散.

证 (1) 易见

$$\sup_{0\leqslant x\leqslant 1}\left|\frac{(-1)^n}{n}x^n\right|=\sup_{0\leqslant x<+\infty}\left|\frac{(-1)^n}{n}\mathrm{e}^{-nx}\right|=\sup_{0\leqslant x<+\infty}\left|\frac{(-1)^n}{n+x}\right|=\frac{1}{n},$$

而 $\sum\limits_{n=1}^{\infty}\dfrac{1}{n}$ 发散, 于是对于在集 E 上一致收敛的级数 $\sum\limits_{n=1}^{\infty}a_n(x)$, 即使对一切足够大的 $n\in\mathbb{N}$ (比如 $n\geqslant N$), 记 $M_n:=\sup\limits_{x\in E}|a_n(x)|<+\infty$, 那么级数 $\sum\limits_{n=N}^{\infty}M_n$ 也不一定收敛.

(2) 对 $n\geqslant 1$, 令

$$a_n(x)=\begin{cases}2(n+1)\left(x-\dfrac{1}{n+1}\right), & \dfrac{1}{n+1}\leqslant x<\dfrac{2n+1}{2n(n+1)},\\ -2(n+1)\left(x-\dfrac{1}{n}\right), & \dfrac{2n+1}{2n(n+1)}\leqslant x<\dfrac{1}{n},\\ 0, & 0\leqslant x<\dfrac{1}{n+1},\ \dfrac{1}{n}\leqslant x\leqslant 1.\end{cases}$$

易见, $\forall x \in [0,1]$, 在级数 $\sum\limits_{n=1}^{\infty} a_n(x)$ 中至多只有一项不是零, 因此级数在区间 $[0,1]$ 上处处收敛. 又因为余项

$$R_m(x) = \sum_{n=m+1}^{\infty} a_n(x) \leqslant \frac{1}{m+1}, \quad \forall x \in [0,1],$$

所以由柯西准则可知级数 $\sum\limits_{n=1}^{\infty} a_n(x)$ 在 $[0,1]$ 上一致收敛. 而

$$M_n = \max_{0\leqslant x\leqslant 1} |a_n(x)| = \frac{1}{n},$$

因此级数 $\sum\limits_{n=1}^{\infty} M_n = \sum\limits_{n=1}^{\infty} \frac{1}{n}$ 发散. □

注 这里 (2) 中构造的级数的一致收敛性也可以由例题 2 直接得到.

6. 作为命题 4 的补充, 试证 (遵循阿贝尔): 如果幂级数在其收敛圆的某一边界点上收敛, 那么当在圆内沿不与圆周相切的方向趋于这个点时, 级数有极限.

证 我们不妨假设 $z_0 = 0$ 且幂级数 $f(z) = \sum\limits_{n=0}^{\infty} a_n z^n$ 的收敛半径为 1, 并且在收敛圆的边界点 $z = 1$ 处收敛. 那么只需证明对于任意的 $0 \leqslant \theta < \frac{\pi}{2}$, 都有 $\lim\limits_{S_\theta \ni z \to 1} f(z) = f(1)$, 其中 $S_\theta = \{z \in \mathbb{C} : |z| < 1, |\arg(1-z)| \leqslant \theta\}$. 记 $s_n = \sum\limits_{k=0}^{n} a_k$, $n = 0, 1, \cdots$. 由 $\sum\limits_{n=0}^{\infty} a_n$ 收敛可知, 对任意的 $\varepsilon > 0$, 存在 $N \in \mathbb{N}$, 使得对任意的 $m > n \geqslant N$, 我们有 $|s_m - s_n| < \varepsilon$. 记 $A_k = s_k - s_N$, $k \geqslant N$, 则 $\forall z \in S_\theta$, 我们有

$$\begin{aligned}\left|\sum_{k=n+1}^{m} a_k z^k\right| &= \left|\sum_{k=n+1}^{m} (A_k - A_{k-1}) z^k\right| = \left|A_m z^m - A_n z^{n+1} + \sum_{k=n+1}^{m-1} A_k (z^k - z^{k+1})\right| \\ &\leqslant |A_m z^m - A_n z^{n+1}| + \sum_{k=n+1}^{m-1} |A_k (z^k - z^{k+1})| \\ &\leqslant 2\varepsilon + |1-z| \sum_{k=n+1}^{m-1} |A_k z^k| \leqslant 2\varepsilon + \varepsilon \frac{|1-z|}{1-|z|}.\end{aligned}$$

根据 $|z|^2 = |1-z|^2 + 1 - 2|1-z| \cos\arg(1-z)$, 我们有当 $|1-z| < \cos\theta$ 时,

$$\frac{|1-z|}{1-|z|} = \frac{1+|z|}{2\cos\arg(1-z) - |1-z|} < \frac{2}{\cos\theta}.$$

因此当

$$|1-z| < \delta := \min\left\{\cos\theta, \left(\sum_{k=0}^{N} k|a_k|\right)^{-1} \varepsilon\right\}$$

时, 我们有

$$
\begin{aligned}
|f(z)-f(1)| &\leqslant \sum_{k=0}^{N}|a_k||1-z^k| + \left|\sum_{k=N+1}^{\infty} a_k z^k\right| + \left|\sum_{k=N+1}^{\infty} a_k\right| \\
&< \varepsilon + 2\varepsilon + \frac{2}{\cos\theta}\varepsilon + \varepsilon,
\end{aligned}
$$

于是 $\lim\limits_{S_\theta \ni z\to 1} f(z) = f(1)$, 从而结论成立. □

13.3 极限函数的函数性质

一、知识点总结与补充

1. 两个极限过程可交换的条件

(1) 定理: 设 $\{F_t, t\in T\}$ 是由依赖于参数 t 的函数 $F_t: X\to\mathbb{C}$ 构成的函数族, $\mathcal{B}_X$ 是 X 中的基, $\mathcal{B}_T$ 是 T 中的基. 如果关于基 $\mathcal{B}_T$, 这个函数族在 X 上一致收敛到函数 $F: X\to\mathbb{C}$, 而对每个 $t\in T$, $\lim\limits_{\mathcal{B}_X} F_t(x) = A_t$ 存在, 那么两个累次极限 $\lim\limits_{\mathcal{B}_X}(\lim\limits_{\mathcal{B}_T} F_t(x))$ 与 $\lim\limits_{\mathcal{B}_T}(\lim\limits_{\mathcal{B}_X} F_t(x))$ 都存在且相等:

$$
\lim_{\mathcal{B}_X}(\lim_{\mathcal{B}_T} F_t(x)) = \lim_{\mathcal{B}_T}(\lim_{\mathcal{B}_X} F_t(x)).
$$

(2) 图示:

$$
\begin{array}{ccc}
F_t(x) & \overset{\mathcal{B}_T}{\rightrightarrows} & F(x) \\
{\scriptstyle \mathcal{B}_X}\big\downarrow & & \exists\big\downarrow{\scriptstyle \mathcal{B}_X} \\
A_t & \underset{\exists}{\xrightarrow{\mathcal{B}_T}} & A
\end{array}
$$

图中对角线上方指出了定理的条件, 而下方是它的结论.

2. 连续性与极限过渡

(1) 定理: 设有由依赖于参数 t 的函数 $f_t: X\to\mathbb{C}$ 构成的函数族 $\{f_t, t\in T\}$, 而 $\mathcal{B}$ 是 T 中的基. 如果在 X 上关于基 $\mathcal{B}$ 有 $f_t \rightrightarrows f$, 且每个函数 f_t 都在 $x_0\in X$ 连续, 那么, 函数 $f: X\to\mathbb{C}$ 在 x_0 也连续.

(2) 图示:

$$
\begin{array}{ccc}
f_t(x) & \overset{\mathcal{B}}{\rightrightarrows} & f(x) \\
{\scriptstyle x\to x_0}\big\downarrow & & \big\downarrow{\scriptstyle x\to x_0} \\
f_t(x_0) & \xrightarrow{\mathcal{B}} & f(x_0)
\end{array}
$$

(3) 定义在集合上的连续的函数序列, 如果在该集合上一致收敛, 那么极限函数在这个集合上也连续.

注　事实上, 因为连续性是局部性质, 所以内紧一致收敛也可以保证结论成立.

(4) 由在集合上连续的函数组成的级数, 如果在该集合上一致收敛, 那么级数的和在这个集合上也连续.

注　同上, 内紧一致收敛也可以保证结论成立.

(5) **迪尼定理**　如果紧集上的连续函数列单调收敛到连续函数, 那么, 这个收敛性是一致的.

(6) 如果级数 $\sum\limits_{n=1}^{\infty} a_n(x)$ 的项是紧集 K 上的非负连续函数 $a_n : K \to \mathbb{R}$, 并且级数在 K 上收敛到连续函数, 那么它在 K 上一致收敛.

3. 积分法与极限过渡

(1) 定理: 给定由定义在区间 $a \leqslant x \leqslant b$ 上且依赖于参数 $t \in T$ 的函数 $f_t : [a, b] \to \mathbb{C}$ 构成的函数族 $\{f_t, t \in T\}$, 设 $\mathcal{B}$ 是 T 中的基. 如果族中函数在区间 $[a, b]$ 上可积, 且在 $[a, b]$ 上关于基 $\mathcal{B}$ 有 $f_t \rightrightarrows f$, 那么极限函数 $f : [a, b] \to \mathbb{C}$ 在区间 $[a, b]$ 上也可积, 且

$$\int_a^b f(x)\mathrm{d}x = \lim_{\mathcal{B}} \int_a^b f_t(x)\mathrm{d}x.$$

(2) 如果由区间 $[a, b] \subset \mathbb{R}$ 上可积函数组成的级数 $\sum\limits_{n=1}^{\infty} f_n(x)$ 在这个区间上一致收敛, 那么它的和在区间 $[a, b]$ 上也可积, 且

$$\int_a^b \left(\sum_{n=1}^{\infty} f_n(x)\right) \mathrm{d}x = \sum_{n=1}^{\infty} \int_a^b f_n(x)\mathrm{d}x.$$

4. 微分法与极限过渡

(1) 定理: 给定由定义在凸有界集 X (属于 $\mathbb{R}, \mathbb{C}$ 或任一线性赋范空间) 上且依赖于参数 t 的函数 $f_t : X \to \mathbb{C}$ 构成的函数族 $\{f_t, t \in T\}$, 设 $\mathcal{B}$ 是 T 中的基. 如果族中函数在 X 上可微, 导函数族 $\{f'_t, t \in T\}$ 在 X 上一致收敛到某个函数 $\varphi : X \to \mathbb{C}$, 而原函数族 $\{f_t, t \in T\}$ 至少在一点 $x_0 \in X$ 收敛, 那么, 它在整个集合 X 上一致收敛到可微函数 $f : X \to \mathbb{C}$, 且 $f' = \varphi$.

(2) 设由在有界凸集 X (它属于 $\mathbb{R}, \mathbb{C}$ 或任一线性赋范空间) 上可微的函数 $f_n : X \to \mathbb{C}$ 组成的级数 $\sum\limits_{n=1}^{\infty} f_n(x)$ 至少在一点 $x_0 \in X$ 收敛, 而级数 $\sum\limits_{n=1}^{\infty} f'_n(x)$ 在

X 上一致收敛, 那么级数 $\sum\limits_{n=1}^{\infty} f_n(x)$ 在 X 上也一致收敛, 它的和在 X 上可微, 且

$$\left(\sum_{n=1}^{\infty} f_n\right)'(x) = \sum_{n=1}^{\infty} f_n'(x).$$

(3) 因为可微性是局部性质, 所以将条件 "一致收敛" 改为 "内紧一致收敛" 也可以保证上述两条结论成立.

5. 幂级数的分析性质

(1) 如果幂级数 $\sum\limits_{n=0}^{\infty} c_n(z-z_0)^n$ 在点 ζ 收敛, 那么它在从点 z_0 到点 ζ 的区间 $[z_0,\zeta]$ 上一致收敛, 且级数的和在此区间上连续.

(2) 阿贝尔求和法: 如果数项级数 $\sum\limits_{n=0}^{\infty} c_n$ 收敛, 那么幂级数 $\sum\limits_{n=0}^{\infty} c_n x^n$ 在实轴上的区间 $0 \leqslant x \leqslant 1$ 上一致收敛, 且它的和 $S(x) = \sum\limits_{n=0}^{\infty} c_n x^n$ 在该区间上连续. 于是

$$\sum_{n=0}^{\infty} c_n = \lim_{x\to 1-0} \sum_{n=0}^{\infty} c_n x^n.$$

所谓级数求和的阿贝尔方法是在该等式右边有确定的值时, 就规定它是等式左边的值. 如果级数 $\sum\limits_{n=0}^{\infty} c_n$ 在传统意义下收敛, 那么它的和与它按阿贝尔求和法得到的结果一致.

(3) 如果幂级数 $\sum\limits_{n=0}^{\infty} c_n(z-z_0)^n$ 的收敛圆 $K \subset \mathbb{C}$ 不缩成唯一的一个点 $z = z_0$, 那么在圆 K 内, 这个级数的和 $f(z)$ 可微, 且

$$f'(z) = \sum_{n=1}^{\infty} nc_n(z-z_0)^{n-1}.$$

此外, 函数 $f: K \to \mathbb{C}$ 沿任何一条光滑道路 $\gamma: [0,1] \to K$ 可积, 而当 $[0,1] \ni t \overset{\gamma}{\mapsto} z(t) \in K, z(0) = z_0, z(1) = z$ 时, 有

$$\int_\gamma f(z)\mathrm{d}z := \int_0^1 f(z(t))z'(t)\mathrm{d}t = \sum_{n=0}^{\infty} \frac{c_n}{n+1}(z-z_0)^{n+1}.$$

注 特别地, 如果在实轴 $\mathbb{R}$ 的区间 $-R < x - x_0 < R$ 上有等式 $f(x) = \sum\limits_{n=0}^{\infty} a_n(x-x_0)^n$, 那么

$$\int_{x_0}^{x} f(t)\mathrm{d}t = \sum_{n=0}^{\infty} \frac{a_n}{n+1}(x-x_0)^{n+1}.$$

(4) 幂级数由它本身的和函数唯一确定, 且此幂级数就是它的和的泰勒级数.

二、例题讲解

1. 设幂级数 $\sum\limits_{n=0}^{\infty} a_n x^n$ 当 $|x|<R$ 时收敛于 $f(x)$. 证明: 若 $\sum\limits_{n=0}^{\infty} \dfrac{a_n}{n+1}R^{n+1}$ 也收敛, 则

$$\int_0^R f(x)\mathrm{d}x=\sum_{n=0}^{\infty}\frac{a_n}{n+1}R^{n+1}.$$

证　因为幂级数 $\sum\limits_{n=0}^{\infty} a_n x^n$ 当 $|x|<R$ 时收敛于 $f(x)$, 所以由幂级数的分析性质可知, $\forall x\in(-R,R)$, 有

$$\int_0^x f(t)\mathrm{d}t=\sum_{n=0}^{\infty}\frac{a_n}{n+1}x^{n+1}.$$

又因为 $\sum\limits_{n=0}^{\infty}\dfrac{a_n}{n+1}R^{n+1}$ 收敛, 所以由阿贝尔第二定理可知, 幂级数 $\sum\limits_{n=0}^{\infty}\dfrac{a_n}{n+1}x^{n+1}$ 于 $[0,R]$ 上一致收敛, 从而 $\sum\limits_{n=0}^{\infty}\dfrac{a_n}{n+1}x^{n+1}=:F(x)$ 在 $x=R$ 处左连续, 且 $F(x)=\displaystyle\int_0^x f(t)\mathrm{d}t$, $\forall x\in[0,R)$. 因此

$$\int_0^R f(x)\mathrm{d}x=\lim_{x\to R-0}\int_0^x f(t)\mathrm{d}t=\lim_{x\to R-0}F(x)=F(R)=\sum_{n=0}^{\infty}\frac{a_n}{n+1}R^{n+1}.\quad\square$$

注　这里原级数 $\sum\limits_{n=0}^{\infty} a_n x^n$ 在 $x=R$ 处可能不收敛. 例如, 幂级数 $\sum\limits_{n=0}^{\infty}(-1)^n x^n$ 在 $(-1,1)$ 上收敛于 $\dfrac{1}{1+x}$, 但在 $x=1$ 处不收敛, 而幂级数 $\sum\limits_{n=0}^{\infty}\dfrac{(-1)^n}{n+1}x^{n+1}$ 在 $x=1$ 处收敛, 于是我们仍有

$$\ln 2=\int_0^1\frac{1}{1+x}\mathrm{d}x=\sum_{n=0}^{\infty}\frac{(-1)^n}{n+1}=\sum_{n=1}^{\infty}\frac{(-1)^{n-1}}{n}.$$

2. 求 13.2 节例题 1 中函数项级数 $\sum\limits_{n=1}^{\infty} n\mathrm{e}^{-nx}$ 在区间 $(0,+\infty)$ 上的和函数.

解　$\forall\delta>0$, 考虑区间 $[\delta,+\infty)$. 因为

$$\lim_{n\to\infty}\frac{n\mathrm{e}^{-n\delta}}{\dfrac{1}{n^2}}=\lim_{n\to\infty}\frac{n^3}{\mathrm{e}^{n\delta}}=0,$$

所以存在 $N\in\mathbb{N}$ 使得 $\forall n>N$, $\forall x\in[\delta,+\infty)$,

$$0<n\mathrm{e}^{-nx}\leqslant n\mathrm{e}^{-n\delta}\leqslant\frac{1}{n^2},$$

于是级数 $\sum\limits_{n=1}^{\infty} n\mathrm{e}^{-nx}$ 在区间 $[\delta,+\infty)$ 上一致收敛. 而等比级数 $\sum\limits_{n=1}^{\infty} \mathrm{e}^{-nx}$ 于 $(0,+\infty)$ 上显然逐点收敛于 $\dfrac{1}{\mathrm{e}^x-1}$, 因此由前面关于微分法的注可知, $\sum\limits_{n=1}^{\infty} n\mathrm{e}^{-nx}$ 在区间 $(0,+\infty)$ 上的和函数

$$\begin{aligned}S(x)&=\sum_{n=1}^{\infty} n\mathrm{e}^{-nx}=-\sum_{n=1}^{\infty}\left(\mathrm{e}^{-nx}\right)'=-\left(\sum_{n=1}^{\infty}\mathrm{e}^{-nx}\right)'\\&=-\left(\frac{1}{\mathrm{e}^x-1}\right)'=\frac{\mathrm{e}^x}{(\mathrm{e}^x-1)^2}.\end{aligned}$$ □

三、习题参考解答 (13.3 节)

1. 利用幂级数, 求方程 $y''(x)-y(x)=0$ 满足以下条件 (1) 或 (2) 的解:
(1) $y(0)=0,\ y(1)=1$;
(2) $y(0)=1,\ y(1)=0$.

解 设 $y=\sum\limits_{n=0}^{\infty} c_n x^n$, 于是 $y'=\sum\limits_{n=1}^{\infty} nc_nx^{n-1}$,

$$y''=\sum_{n=2}^{\infty} n(n-1)c_nx^{n-2}=\sum_{n=0}^{\infty}(n+2)(n+1)c_{n+2}x^n.$$

因此由

$$y''-y=\sum_{n=0}^{\infty}\left((n+2)(n+1)c_{n+2}-c_n\right)x^n=0$$

可知 $(n+2)(n+1)c_{n+2}-c_n=0,\ n=0,1,\cdots$, 故

$$c_{n+2}=\frac{c_n}{(n+2)(n+1)},\quad n=0,1,\cdots.$$

从而

$$\begin{aligned}c_{2k+1}&=\frac{1}{(2k+1)(2k)}c_{2k-1}=\frac{1}{(2k+1)(2k)}\cdot\frac{1}{(2k-1)(2k-2)}c_{2k-3}\\&=\cdots=\frac{1}{(2k+1)!}c_1,\quad k=1,\cdots.\end{aligned}$$

同理

$$c_{2k}=\frac{1}{(2k)!}c_0,\quad k=1,\cdots.$$

注意到 $\mathrm{e}^x=\sum\limits_{k=0}^{\infty}\dfrac{1}{k!}x^k$, 我们有

$$\begin{aligned}y(x)&=c_0\sum_{k=0}^{\infty}\frac{1}{(2k)!}x^{2k}+c_1\sum_{k=0}^{\infty}\frac{1}{(2k+1)!}x^{2k+1}\\&=c_0\frac{\mathrm{e}^x+\mathrm{e}^{-x}}{2}+c_1\frac{\mathrm{e}^x-\mathrm{e}^{-x}}{2}.\end{aligned}$$

(1) 显然 $y(0)=c_0=0$, 从而 $y(1)=c_1\dfrac{\mathrm{e}-\mathrm{e}^{-1}}{2}=1$, 于是 $c_1=\dfrac{2}{\mathrm{e}-\mathrm{e}^{-1}}$, 因此满足条件 (1) 的解为

$$y(x)=\frac{\mathrm{e}^x-\mathrm{e}^{-x}}{\mathrm{e}-\mathrm{e}^{-1}}.$$

(2) 显然 $y(0)=c_0=1$, 从而 $y(1)=\dfrac{\mathrm{e}+\mathrm{e}^{-1}}{2}+c_1\dfrac{\mathrm{e}-\mathrm{e}^{-1}}{2}=0$, 于是 $c_1=-\dfrac{\mathrm{e}+\mathrm{e}^{-1}}{\mathrm{e}-\mathrm{e}^{-1}}$, 因此满足条件 (2) 的解为

$$y(x)=\frac{\mathrm{e}^x+\mathrm{e}^{-x}}{2}-\frac{\mathrm{e}+\mathrm{e}^{-1}}{\mathrm{e}-\mathrm{e}^{-1}}\cdot\frac{\mathrm{e}^x-\mathrm{e}^{-x}}{2}=\frac{-\mathrm{e}^{-1}}{\mathrm{e}-\mathrm{e}^{-1}}\mathrm{e}^x+\frac{\mathrm{e}}{\mathrm{e}-\mathrm{e}^{-1}}\mathrm{e}^{-x}.\qquad\square$$

2. 求级数 $\sum\limits_{n=1}^{\infty}\dfrac{x^{n-1}}{n(n+1)}$ 的和.

解　记

$$\sum_{n=1}^{\infty}\frac{x^{n-1}}{n(n+1)}=\sum_{n=0}^{\infty}\frac{x^n}{(n+1)(n+2)}=S(x).$$

首先, 幂级数的收敛半径

$$R=\lim_{n\to\infty}\frac{\dfrac{1}{(n+1)(n+2)}}{\dfrac{1}{(n+2)(n+3)}}=1.$$

又易见幂级数在 $x=-1$ 和 $x=1$ 处都收敛, 故收敛区间为 $[-1,1]$. 于是

$$x^2S(x)=\sum_{n=0}^{\infty}\frac{x^{n+2}}{(n+1)(n+2)},\quad x\in[-1,1].$$

从而

$$\left(x^2S(x)\right)'=\sum_{n=0}^{\infty}\frac{x^{n+1}}{n+1},\quad x\in[-1,1).$$

进而

$$\left(x^2S(x)\right)''=\sum_{n=0}^{\infty}x^n=\frac{1}{1-x},\quad x\in(-1,1).$$

于是由

$$\left(x^2S(x)\right)'(0)=\sum_{n=0}^{\infty}\frac{0^{n+1}}{n+1}=0$$

可知

$$\left(x^2S(x)\right)'=\int_0^x\frac{1}{1-t}\mathrm{d}t=-\ln(1-x),\quad x\in(-1,1).$$

再由 $0^2S(0)=0$ 可知

$$x^2S(x)=-\int_0^x\ln(1-t)\mathrm{d}t=x+(1-x)\ln(1-x),\quad x\in(-1,1).$$

所以

$$S(x)=\frac{x+(1-x)\ln(1-x)}{x^2},\quad x\in(-1,1)\setminus\{0\}.$$

由 $S(x)$ 的连续性可知, $S(0)=\lim\limits_{x\to0}S(x)=\dfrac{1}{2}$, 同理可得 $S(1)=1$, $S(-1)=2\ln2-1$. 因此

$$S(x)=\begin{cases}\dfrac{x+(1-x)\ln(1-x)}{x^2}, & x\in[-1,1)\setminus\{0\},\\ \dfrac{1}{2}, & x=0,\\ 1, & x=1.\end{cases}$$

□

3. (1) 验证: 用级数形式给定的函数

$$J_n(x)=\sum_{k=0}^{\infty}\frac{(-1)^k}{k!(k+n)!}\left(\frac{x}{2}\right)^{2k+n}$$

是《讲义》例 5 中带有指标 $n\geqslant0$ 的贝塞尔方程的解.

(2) 验证: 《讲义》例 6 中的超几何级数给出超几何微分方程的解.

证　(1) 根据幂级数的分析性质, 对于 $n\geqslant2$, 我们有

$$J_n'(x)=\sum_{k=0}^{\infty}\frac{(-1)^k(2k+n)}{2k!(k+n)!}\left(\frac{x}{2}\right)^{2k+n-1},$$

进而

$$J_n''(x)=\sum_{k=0}^{\infty}\frac{(-1)^k(2k+n)(2k+n-1)}{4k!(k+n)!}\left(\frac{x}{2}\right)^{2k+n-2}.$$

于是

$$x^2J_n''(x)+xJ_n'(x)=\sum_{k=0}^{\infty}\frac{(-1)^k(2k+n)^2}{k!(k+n)!}\left(\frac{x}{2}\right)^{2k+n}.$$

因此

$$(x^2-n^2)J_n(x)=\sum_{k=0}^{\infty}\frac{(-1)^kx^2}{k!(k+n)!}\left(\frac{x}{2}\right)^{2k+n}-\sum_{k=0}^{\infty}\frac{(-1)^kn^2}{k!(k+n)!}\left(\frac{x}{2}\right)^{2k+n}$$
$$=-\frac{n^2}{n!}\left(\frac{x}{2}\right)^n+\sum_{k=1}^{\infty}(-1)^{k-1}\left(\frac{4}{(k-1)!(k+n-1)!}+\frac{n^2}{k!(k+n)!}\right)\left(\frac{x}{2}\right)^{2k+n}$$
$$=-\sum_{k=0}^{\infty}\frac{(-1)^k(2k+n)^2}{k!(k+n)!}\left(\frac{x}{2}\right)^{2k+n}=-\left(x^2J_n''(x)+xJ_n'(x)\right).$$

而对于 $n=1$, 我们有

$$J_1'(x)=\sum_{k=0}^{\infty}\frac{(-1)^k(2k+1)}{2k!(k+1)!}\left(\frac{x}{2}\right)^{2k},\quad J_1''(x)=\sum_{k=1}^{\infty}\frac{(-1)^k(2k+1)(2k)}{4k!(k+1)!}\left(\frac{x}{2}\right)^{2k-1}.$$

于是

$$x^2J_1''(x)+xJ_1'(x)=\frac{x}{2}+\sum_{k=1}^{\infty}\frac{(-1)^k(2k+1)^2}{k!(k+1)!}\left(\frac{x}{2}\right)^{2k+1}.$$

因此

$$(x^2-1^2)J_1(x)=-\frac{x}{2}-\sum_{k=1}^{\infty}\frac{(-1)^k(2k+1)^2}{k!(k+1)!}\left(\frac{x}{2}\right)^{2k+1}=-\left(x^2J_1''(x)+xJ_1'(x)\right).$$

综合以上结论和《讲义》例 5 可知, $J_n(x)$ 是指标 $n\geqslant 0$ 的贝塞尔方程的解.

(2) 超几何级数为

$$F(\alpha,\beta,\gamma,x)=1+\sum_{n=1}^{\infty}\frac{\alpha\cdots(\alpha+n-1)\beta\cdots(\beta+n-1)}{n!\gamma\cdots(\gamma+n-1)}x^n,\quad |x|<1,$$

我们来验证 F 满足超几何微分方程

$$x(x-1)y''-[\gamma-(\alpha+\beta+1)x]y'+\alpha\beta y=0.$$

经过直接计算, 我们有

$$F'=\sum_{n=1}^{\infty}\frac{\alpha\cdots(\alpha+n-1)\beta\cdots(\beta+n-1)}{(n-1)!\gamma\cdots(\gamma+n-1)}x^{n-1},$$

$$F'' = \sum_{n=2}^{\infty} \frac{\alpha\cdots(\alpha+n-1)\beta\cdots(\beta+n-1)}{(n-2)!\gamma\cdots(\gamma+n-1)} x^{n-2}.$$

于是

$$\begin{aligned}
&x^2F'' + (\alpha+\beta+1)xF' + \alpha\beta F \\
=& \sum_{n=2}^{\infty} n(n-1)\frac{\alpha\cdots(\alpha+n-1)\beta\cdots(\beta+n-1)}{n!\gamma\cdots(\gamma+n-1)} x^n \\
&+ \sum_{n=2}^{\infty} (\alpha+\beta+1)n\frac{\alpha\cdots(\alpha+n-1)\beta\cdots(\beta+n-1)}{n!\gamma\cdots(\gamma+n-1)} x^n + (\alpha+\beta+1)\frac{\alpha\beta}{\gamma}x \\
&+ \sum_{n=2}^{\infty} \alpha\beta\frac{\alpha\cdots(\alpha+n-1)\beta\cdots(\beta+n-1)}{n!\gamma\cdots(\gamma+n-1)} x^n + \alpha\beta\frac{\alpha\beta}{\gamma}x + \alpha\beta \\
=& \sum_{n=2}^{\infty} \frac{\alpha\cdots(\alpha+n)\beta\cdots(\beta+n)}{n!\gamma\cdots(\gamma+n-1)} x^n + \frac{\alpha(\alpha+1)\beta(\beta+1)}{\gamma}x + \alpha\beta.
\end{aligned}$$

另一方面, 我们有

$$\begin{aligned}
xF'' + \gamma F' =& \sum_{n=3}^{\infty} (n-1)\frac{\alpha\cdots(\alpha+n-1)\beta\cdots(\beta+n-1)}{(n-1)!\gamma\cdots(\gamma+n-1)} x^{n-1} \\
&+ \frac{\alpha(\alpha+1)\beta(\beta+1)}{\gamma(\gamma+1)}x + \sum_{n=3}^{\infty} \gamma\frac{\alpha\cdots(\alpha+n-1)\beta\cdots(\beta+n-1)}{(n-1)!\gamma\cdots(\gamma+n-1)} x^{n-1} \\
&+ \gamma\frac{\alpha(\alpha+1)\beta(\beta+1)}{\gamma(\gamma+1)}x + \gamma\frac{\alpha\beta}{\gamma} \\
=& \sum_{n=2}^{\infty} \frac{\alpha\cdots(\alpha+n)\beta\cdots(\beta+n)}{n!\gamma\cdots(\gamma+n-1)} x^n + \frac{\alpha(\alpha+1)\beta(\beta+1)}{\gamma}x + \alpha\beta,
\end{aligned}$$

因此 F 满足超几何微分方程. □

4. 导出下面对计算适用的第一和第二型全椭圆积分当 $0 < k < 1$ 时的展开式, 并说明理由:

(1)

$$K(k) = \int_0^{\pi/2} \frac{\mathrm{d}\varphi}{\sqrt{1-k^2\sin^2\varphi}} = \frac{\pi}{2}\left(1 + \sum_{n=1}^{\infty}\left(\frac{(2n-1)!!}{(2n)!!}\right)^2 k^{2n}\right).$$

(2)

$$E(k) = \int_0^{\pi/2} \sqrt{1-k^2\sin^2\varphi}\,\mathrm{d}\varphi = \frac{\pi}{2}\left(1 - \sum_{n=1}^{\infty}\left(\frac{(2n-1)!!}{(2n)!!}\right)^2 \frac{k^{2n}}{2n-1}\right).$$

解　(1) 当 $0<k<1$ 时, 由泰勒展开式, 我们有

$$\frac{1}{\sqrt{1-k^2\sin^2\varphi}}=1+\sum_{n=1}^{\infty}\frac{(2n-1)!!}{(2n)!!}k^{2n}(\sin\varphi)^{2n},$$

且右边的级数在 $\left[0,\frac{\pi}{2}\right]$ 上一致收敛. 于是由一致收敛级数的积分法和

$$\int_0^{\pi/2}(\sin\varphi)^{2n}\mathrm{d}\varphi=\frac{\pi}{2}\cdot\frac{(2n-1)!!}{(2n)!!}$$

这一事实可知

$$\begin{aligned}K(k)&=\int_0^{\pi/2}\frac{\mathrm{d}\varphi}{\sqrt{1-k^2\sin^2\varphi}}=\int_0^{\pi/2}\left(1+\sum_{n=1}^{\infty}\frac{(2n-1)!!}{(2n)!!}k^{2n}(\sin\varphi)^{2n}\right)\mathrm{d}\varphi\\&=\frac{\pi}{2}+\sum_{n=1}^{\infty}\frac{(2n-1)!!}{(2n)!!}k^{2n}\int_0^{\pi/2}(\sin\varphi)^{2n}\mathrm{d}\varphi\\&=\frac{\pi}{2}\left(1+\sum_{n=1}^{\infty}\left(\frac{(2n-1)!!}{(2n)!!}\right)^2k^{2n}\right).\end{aligned}$$

(2) 类似地, 易见

$$\sqrt{1-k^2\sin^2\varphi}=1-\sum_{n=1}^{\infty}\frac{(2n-1)!!}{(2n)!!}\frac{k^{2n}}{2n-1}(\sin\varphi)^{2n},$$

且右边的级数在 $\left[0,\frac{\pi}{2}\right]$ 上一致收敛. 于是由一致收敛级数的积分法可知

$$\begin{aligned}E(k)&=\int_0^{\pi/2}\sqrt{1-k^2\sin^2\varphi}\mathrm{d}\varphi=\int_0^{\pi/2}\left(1-\sum_{n=1}^{\infty}\frac{(2n-1)!!}{(2n)!!}\frac{k^{2n}}{2n-1}(\sin\varphi)^{2n}\right)\mathrm{d}\varphi\\&=\frac{\pi}{2}-\sum_{n=1}^{\infty}\frac{(2n-1)!!}{(2n)!!}\frac{k^{2n}}{2n-1}\int_0^{\pi/2}(\sin\varphi)^{2n}\mathrm{d}\varphi\\&=\frac{\pi}{2}\left(1-\sum_{n=1}^{\infty}\left(\frac{(2n-1)!!}{(2n)!!}\right)^2\frac{k^{2n}}{2n-1}\right).\end{aligned}$$

□

5. 求 (1) $\sum\limits_{k=0}^{n}r^k\mathrm{e}^{\mathrm{i}k\varphi}$;

(2) $\sum\limits_{k=0}^{n}r^k\cos k\varphi$;

(3) $\sum\limits_{k=0}^{n}r^k\sin k\varphi$.

证明当 $|r|<1$ 时:

(4) $\sum\limits_{k=0}^{\infty} r^k \mathrm{e}^{\mathrm{i}k\varphi} = \dfrac{1}{1 - r\cos\varphi - \mathrm{i}r\sin\varphi}$;

(5) $\dfrac{1}{2} + \sum\limits_{k=1}^{\infty} r^k \cos k\varphi = \dfrac{1}{2} \cdot \dfrac{1 - r^2}{1 - 2r\cos\varphi + r^2}$;

(6) $\sum\limits_{k=1}^{\infty} r^k \sin k\varphi = \dfrac{r\sin\varphi}{1 - 2r\cos\varphi + r^2}$.

用级数求和的阿贝尔方法验证:

(7) $\dfrac{1}{2} + \sum\limits_{k=1}^{\infty} \cos k\varphi = 0$, 如果 $\varphi \neq 2\pi n,\ n \in \mathbb{Z}$;

(8) $\sum\limits_{k=1}^{\infty} \sin k\varphi = \dfrac{1}{2}\cot\dfrac{\varphi}{2}$, 如果 $\varphi \neq 2\pi n,\ n \in \mathbb{Z}$.

解　(1)

$$\sum_{k=0}^{n} r^k \mathrm{e}^{\mathrm{i}k\varphi} = \begin{cases} n+1, & (r=1)\wedge(\varphi=0) \text{ 或 } (r=-1)\wedge(\varphi=\pi), \\ \dfrac{1 - r^{n+1}\mathrm{e}^{\mathrm{i}(n+1)\varphi}}{1 - r\mathrm{e}^{\mathrm{i}\varphi}}, & \text{其他情形}. \end{cases}$$

(2)

$$\begin{aligned} \sum_{k=0}^{n} r^k \cos k\varphi &= \frac{1}{2}\left(\sum_{k=0}^{n} r^k \mathrm{e}^{\mathrm{i}k\varphi} + \sum_{k=0}^{n} r^k \mathrm{e}^{-\mathrm{i}k\varphi}\right) \\ &= \begin{cases} n+1, & (r=1)\wedge(\varphi=0) \text{ 或 } (r=-1)\wedge(\varphi=\pi), \\ \dfrac{1}{2}\left(\dfrac{1 - r^{n+1}\mathrm{e}^{\mathrm{i}(n+1)\varphi}}{1 - r\mathrm{e}^{\mathrm{i}\varphi}} + \dfrac{1 - r^{n+1}\mathrm{e}^{-\mathrm{i}(n+1)\varphi}}{1 - r\mathrm{e}^{-\mathrm{i}\varphi}}\right), & \text{其他情形} \end{cases} \\ &= \begin{cases} n+1, & (r=1)\wedge(\varphi=0) \text{ 或 } (r=-1)\wedge(\varphi=\pi), \\ \dfrac{1 - r\cos\varphi - r^{n+1}\cos(n+1)\varphi + r^{n+2}\cos n\varphi}{1 - 2r\cos\varphi + r^2}, & \text{其他情形}. \end{cases} \end{aligned}$$

(3)

$$\begin{aligned} \sum_{k=0}^{n} r^k \sin k\varphi &= \frac{1}{2\mathrm{i}}\left(\sum_{k=0}^{n} r^k \mathrm{e}^{\mathrm{i}k\varphi} - \sum_{k=0}^{n} r^k \mathrm{e}^{-\mathrm{i}k\varphi}\right) \\ &= \begin{cases} 0, & (r=1)\wedge(\varphi=0) \text{ 或 } (r=-1)\wedge(\varphi=\pi), \\ \dfrac{1}{2\mathrm{i}}\left(\dfrac{1 - r^{n+1}\mathrm{e}^{\mathrm{i}(n+1)\varphi}}{1 - r\mathrm{e}^{\mathrm{i}\varphi}} - \frac{1 - r^{n+1}\mathrm{e}^{-\mathrm{i}(n+1)\varphi}}{1 - r\mathrm{e}^{-\mathrm{i}\varphi}}\right), & \text{其他情形} \end{cases} \\ &= \begin{cases} 0, & (r=1)\wedge(\varphi=0) \text{ 或 } (r=-1)\wedge(\varphi=\pi), \\ \dfrac{r\sin\varphi - r^{n+1}\sin(n+1)\varphi + r^{n+2}\sin n\varphi}{1 - 2r\cos\varphi + r^2}, & \text{其他情形}. \end{cases} \end{aligned}$$

对于任意的 $n \in \mathbb{N}$ (其中 $s_0 = 0$),

$$|s_n - s_{n-1}| \leqslant \frac{M}{n},$$

那么 $\lim\limits_{n\to\infty} s_n = A$. 我们采用反证法. 否则, 存在 $\varepsilon > 0$ (不妨假设 $\varepsilon < M$), 使得 $\forall i \in \mathbb{N}$ 存在 $n_i > i$, 使得 $|s_{n_i} - A| > \varepsilon$. 因为 $\lim\limits_{n\to\infty} \dfrac{s_1 + \cdots + s_n}{n} = A$, 所以存在 $N > 0$, 使得对任意的 $n > N$,

$$\left|\frac{s_1 + \cdots + s_n}{n} - A\right| < \frac{\varepsilon^2}{16M}.$$

选取 $p > N$ 并且 $p > 6\dfrac{M}{\varepsilon}$, 使得 $|s_p - A| > \varepsilon$. 不妨设 $s_p > A + \varepsilon$. 由于对任意的 $j \in \mathbb{N}$,

$$|s_{p+j} - s_{p+j-1}| \leqslant \frac{M}{p+j} < \frac{M}{p}.$$

因此, 我们有

$$s_p, s_{p+1}, \cdots, s_{p+[\frac{\varepsilon p}{2M}]} > A + \frac{\varepsilon}{2}.$$

于是

$$\begin{aligned}
\frac{1}{p + \left[\dfrac{\varepsilon p}{2M}\right]} \sum_{k=1}^{p+[\frac{\varepsilon p}{2M}]} s_k &= \frac{1}{p + \left[\dfrac{\varepsilon p}{2M}\right]} \left(\sum_{k=1}^{p} s_k + \sum_{k=p+1}^{p+[\frac{\varepsilon p}{2M}]} s_k\right) \\
&> \frac{1}{p + \left[\dfrac{\varepsilon p}{2M}\right]} \left(p\left(A - \frac{\varepsilon^2}{16M}\right) + \left[\frac{\varepsilon p}{2M}\right]\left(A + \frac{\varepsilon}{2}\right)\right) \\
&= A + \frac{1}{p + \left[\dfrac{\varepsilon p}{2M}\right]} \left(\left[\frac{\varepsilon p}{2M}\right]\frac{\varepsilon}{2} - \frac{\varepsilon^2 p}{16M}\right) > A + \frac{\varepsilon^2}{16M}.
\end{aligned}$$

这与

$$\frac{1}{p + \left[\dfrac{\varepsilon p}{2M}\right]} \sum_{k=1}^{p+[\frac{\varepsilon p}{2M}]} s_k < A + \frac{\varepsilon^2}{16M}$$

矛盾. 因此 $\lim\limits_{n\to\infty} s_n = A$, 即 $\sum\limits_{n=1}^{\infty} a_n = A$.

(2) 记 $b_0=0$, $b_n=a_1+2a_2+\cdots+na_n$, $n=1,2,\cdots$. 易见, $\forall x\in(0,1)$,

$$\begin{aligned}\sum_{n=1}^{\infty}a_nx^n&=\sum_{n=1}^{\infty}\frac{b_n-b_{n-1}}{n}x^n=\sum_{n=1}^{\infty}b_n\left(\frac{x^n}{n}-\frac{x^{n+1}}{n+1}\right)\\&=\sum_{n=1}^{\infty}b_n\left(\frac{x^n}{n}-\frac{x^n}{n+1}+\frac{x^n}{n+1}-\frac{x^{n+1}}{n+1}\right)\\&=\sum_{n=1}^{\infty}\frac{b_n}{n(n+1)}x^n+\sum_{n=1}^{\infty}\frac{b_n}{n+1}(x^n-x^{n+1}).\end{aligned}$$

由 $\lim\limits_{n\to\infty}\dfrac{b_n}{n}=0$ 易知 $\lim\limits_{n\to\infty}\dfrac{b_n}{n+1}=0$, 从而 $\forall\varepsilon>0$, 存在 $N\in\mathbb{N}$ 使得 $\forall n>N$, $\dfrac{|b_n|}{n+1}<\dfrac{\varepsilon}{2}$. 记

$$M_N=\max\left\{\frac{|b_1|}{1+1},\cdots,\frac{|b_N|}{N+1}\right\},$$

由 $x-x^{N+1}$ 在 $x=1$ 处的连续性可知, 存在 $\delta\in(0,1)$ 使得, $\forall x\in(1-\delta,1)$, $0<x-x^{N+1}<\dfrac{\varepsilon}{2M_N}$, 从而

$$\begin{aligned}\left|\sum_{n=1}^{\infty}\frac{b_n}{n+1}(x^n-x^{n+1})\right|&\leqslant\sum_{n=1}^{N}\frac{|b_n|}{n+1}(x^n-x^{n+1})+\sum_{n=N+1}^{\infty}\frac{|b_n|}{n+1}(x^n-x^{n+1})\\&<M_N\sum_{n=1}^{N}(x^n-x^{n+1})+\frac{\varepsilon}{2}\sum_{n=N+1}^{\infty}(x^n-x^{n+1})\\&=M_N(x-x^{N+1})+\frac{\varepsilon}{2}x^{N+1}<M_N\cdot\frac{\varepsilon}{2M_N}+\frac{\varepsilon}{2}\cdot1=\varepsilon,\end{aligned}$$

这就说明了

$$\lim_{x\to1-0}\sum_{n=1}^{\infty}\frac{b_n}{n+1}(x^n-x^{n+1})=0.$$

因此我们有

$$\lim_{x\to1-0}\sum_{n=1}^{\infty}\frac{b_n}{n(n+1)}x^n=\lim_{x\to1-0}\sum_{n=1}^{\infty}a_nx^n=A.$$

记

$$C(x)=\sum_{n=1}^{\infty}c_nx^n=\sum_{n=1}^{\infty}\frac{b_n}{n(n+1)}x^n,\quad x\in(0,1),$$

则有 $\lim\limits_{n\to\infty}C\left(1-\dfrac{1}{n}\right)=\lim\limits_{x\to1-0}C(x)=A$. 又由 $\lim\limits_{n\to\infty}nc_n=\lim\limits_{n\to\infty}\dfrac{b_n}{n+1}=0$ 可知

$$\lim_{n\to\infty}\frac{|c_1|+2|c_2|+\cdots+n|c_n|}{n}=0.$$

于是 $\forall\varepsilon>0$, 存在 $N_0\in\mathbb{N}$, 使得 $\forall n>N_0$,

$$\left|C\left(1-\frac{1}{n}\right)-A\right|<\frac{\varepsilon}{3},\quad n|c_n|<\frac{\varepsilon}{3},\quad \frac{|c_1|+2|c_2|+\cdots+n|c_n|}{n}<\frac{\varepsilon}{3}.$$

从而由不等式

$$(1-x^k)=(1-x)(1+x+\cdots+x^{k-1})\leqslant k(1-x),\quad k=1,2,\cdots,\quad x\in(0,1)$$

可知 $\forall n>N_0$,

$$\begin{aligned}\left|\sum_{k=1}^{n}c_k-A\right|&\leqslant\left|\sum_{k=1}^{n}c_k-\sum_{k=1}^{n}c_k\left(1-\frac{1}{n}\right)^k\right|+\left|-\sum_{k=n+1}^{\infty}c_k\left(1-\frac{1}{n}\right)^k\right|\\&\quad+\left|\sum_{k=1}^{\infty}c_k\left(1-\frac{1}{n}\right)^k-A\right|\\&\leqslant\sum_{k=1}^{n}|c_k|\cdot\left(1-\left(1-\frac{1}{n}\right)^k\right)+\frac{1}{n}\sum_{k=n+1}^{\infty}k|c_k|\left(1-\frac{1}{n}\right)^k\\&\quad+\left|C\left(1-\frac{1}{n}\right)-A\right|\\&\leqslant\sum_{k=1}^{n}|c_k|k\cdot\frac{1}{n}+\frac{1}{n}\cdot\frac{\varepsilon}{3}\sum_{k=0}^{\infty}\left(1-\frac{1}{n}\right)^k+\frac{\varepsilon}{3}\\&\leqslant\frac{\varepsilon}{3}+\frac{1}{n}\cdot\frac{\varepsilon}{3}\cdot\frac{1}{\frac{1}{n}}+\frac{\varepsilon}{3}=\varepsilon,\end{aligned}$$

这就证明了

$$\sum_{k=1}^{\infty}\frac{b_k}{k(k+1)}=\sum_{k=1}^{\infty}c_k=A.$$

因此

$$\begin{aligned}\sum_{n=1}^{\infty}a_n&=\lim_{n\to\infty}\sum_{k=1}^{n}a_k=\lim_{n\to\infty}\sum_{k=1}^{n}\frac{b_k-b_{k-1}}{k}\\&=\lim_{n\to\infty}\sum_{k=1}^{n}b_k\left(\frac{1}{k}-\frac{1}{k+1}\right)+\lim_{n\to\infty}\frac{b_n}{n+1}\\&=\sum_{k=1}^{\infty}\frac{b_k}{k(k+1)}+0=A.\end{aligned}$$

□

注　本题的 (1) 对于阿贝尔意义的收敛也成立, 也称为 Hardy-Littlewood-Tauber 定理. 根据习题 7 的结论, 级数的切萨罗意义下的和也是阿贝尔方法下的和. 因此, 本题的 (1) 也可以看成是 Hardy-Littlewood-Tauber 定理的推论.

9. (1) 试证: 如果 $f, f_n \in \mathcal{R}([a,b];\mathbb{R})$ 且当 $n\to\infty$ 时, 在 $[a,b]$ 上, 有 $f_n \rightrightarrows f$, 那么, 对于任意的 $\varepsilon>0$, 能找到这样的 $N\in\mathbb{N}$, 使对任何 $n>N$, 成立关系式

$$\left|\int_a^b (f-f_n)(x)\mathrm{d}x\right| < \varepsilon(b-a).$$

(2) 设 $f_n \in C^{(1)}([a,b];\mathbb{R}), n\in\mathbb{N}$, 试利用公式 $f_n(x)=f_n(x_0)+\displaystyle\int_{x_0}^x f_n'(t)\mathrm{d}t$ 证明: 如果在区间 $[a,b]$ 上, $f_n' \rightrightarrows \varphi$, 并且存在点 $x_0\in[a,b]$, 使序列 $\{f_n(x_0), n\in\mathbb{N}\}$ 收敛, 那么, 由函数 f_n 构成的序列 $\{f_n, n\in\mathbb{N}\}$ 在 $[a,b]$ 上一致收敛到某个函数 $f\in C^{(1)}([a,b];\mathbb{R})$, 而且 $f_n' \rightrightarrows f'=\varphi$.

证 (1) 由 $f_n \rightrightarrows f$ 可知, 对任意的 $\varepsilon>0$, 存在 $N\in\mathbb{N}$, 使得对任何 $n>N$ 以及 $x\in[a,b]$, 都有

$$|f(x)-f_n(x)|<\varepsilon.$$

因此

$$\left|\int_a^b (f-f_n)(x)\mathrm{d}x\right| \leqslant \int_a^b |f(x)-f_n(x)|\mathrm{d}x < \varepsilon(b-a).$$

(2) 由 $f_n' \rightrightarrows \varphi \in C([a,b];\mathbb{R})$ 可知, 对任意的 $\varepsilon>0$, 存在 $N_1\in\mathbb{N}$, 使得对任意的 $n>N_1$, $x\in[a,b]$, 都有

$$|f_n'(x)-\varphi(x)| < \frac{\varepsilon}{2(b-a)}.$$

于是, $\forall x\in[a,b]$,

$$\left|\int_{x_0}^x (f_n'-\varphi)(t)\mathrm{d}t\right| < \frac{\varepsilon}{2}.$$

又因为 $\{f_n(x_0), n\in\mathbb{N}\}$ 收敛, 所以存在 $N_2\in\mathbb{N}$, $A\in\mathbb{R}$, 使得对任意的 $n>N_2$, 有

$$|f_n(x_0)-A| < \frac{\varepsilon}{2}.$$

令 $N=\max\{N_1,N_2\}$, $f(x)=A+\displaystyle\int_{x_0}^x \varphi(t)\mathrm{d}t$. 则对任意的 $n>N$, $x\in[a,b]$, 我们有

$$\begin{aligned}|f_n(x)-f(x)| &= \left|f_n(x_0)-A+\int_{x_0}^x (f_n'-\varphi)(t)\mathrm{d}t\right| \\ &\leqslant |f_n(x_0)-A| + \left|\int_{x_0}^x (f_n'-\varphi)(t)\mathrm{d}t\right| < \varepsilon,\end{aligned}$$

从而 $f_n \rightrightarrows f$. 又易见 $f'(x)=\varphi(x)$ 且 $f\in C^{(1)}([a,b];\mathbb{R})$. □

13.4　连续函数空间的紧子集和稠密子集

一、知识点总结与补充

1. 阿尔泽拉–阿斯柯利定理

(1) 定义: 设 $\mathfrak{F}$ 是由定义在集合 X 上、取值于度量空间 Y 的一些函数 $f: X \to Y$ 构成的函数族, 其值集为 $V = \bigcup\{f(X) \mid f \in \mathfrak{F}\}$.

• (一致有界族) 称 $\mathfrak{F}$ 是在集 X 上一致有界的函数族, 如果 V 在 Y 中有界.

• (完全有界族) 称 $\mathfrak{F}$ 是完全有界的, 如果 $V \subset Y$ 完全有界 (亦即, 对于任意 $\varepsilon > 0$, 在 Y 中存在 V 的有限 ε-网).

• (等度连续族) 设 X 也是度量空间. 称 $\mathfrak{F}$ 是集 X 上等度连续的函数族, 如果对任意 $\varepsilon > 0$, 存在 $\delta > 0$, 使对 $x_1, x_2 \in X$, 只要 $d_X(x_1, x_2) < \delta$, 对任何函数 $f \in \mathfrak{F}$, 都有 $d_Y(f(x_1), f(x_2)) < \varepsilon$.

(2) 如果空间 Y 为 $\mathbb{R}, \mathbb{C}, \mathbb{R}^n, \mathbb{C}^m$ 或者一般的局部紧空间, 则 $\mathfrak{F}$ 的一致有界性等价于完全有界性.

(3) 设 $\{f_\alpha : [a,b] \to \mathbb{R}, \alpha \in A\}$ 是由一些可微函数构成的函数族. 如果 $\{f'_\alpha : \alpha \in A\}$ 是一致有界的, 那么 $\{f_\alpha : \alpha \in A\}$ 是等度连续的.

(4) 设 K, Y 是度量空间, 且 K 是紧的. 为使由连续函数 $f_n : K \to Y$ 构成的序列 $\{f_n, n \in \mathbb{N}\}$ 在 K 上一致收敛, 它必须完全有界且等度连续.

(5) **阿尔泽拉–阿斯柯利定理**　设 $\mathfrak{F}$ 是由定义在度量紧集 K 上而在完备度量空间 Y 中取值的函数 $f: K \to Y$ 构成的函数族. 为使 $\mathfrak{F}$ 中任一序列 $\{f_n \in \mathfrak{F}; n \in \mathbb{N}\}$ 都包含一致收敛的子序列, 必要且充分的条件是, 函数族 $\mathfrak{F}$ 完全有界且等度连续.

2. 度量空间 $C(K;Y)$

(1) 一致收敛性度量: 在紧集 K 上连续且在度量空间 Y 中取值的函数 $f: K \to Y$ 的集合 $C(K;Y)$ 的最自然的度量之一是下面的一致收敛性度量

$$d(f,g) = \max_{x \in K} d_Y(f(x), g(x)),$$

其中 $f, g \in C(K;Y)$.

(2) 具有一致收敛性度量的度量空间 $C(K;Y)$ 是完备的. 阿尔泽拉–阿斯柯利定理给出了度量空间 $C(K;Y)$ 中相对列紧子集的描述.

(3) **魏尔斯特拉斯逼近定理**　如果 $f \in C([a,b];\mathbb{C})$, 那么存在由多项式 $P_n : [a,b] \to \mathbb{C}$ 构成的序列 $\{P_n, n \in \mathbb{N}\}$, 使在 $[a,b]$ 上有 $P_n \rightrightarrows f$, 这时, 如果 $f \in C([a,b];\mathbb{R})$, 那么多项式能够从 $C([a,b];\mathbb{R})$ 中选取. 用几何语言表示, 这就是, 所有实系数多项式构成空间 $C([a,b];\mathbb{R})$ 中处处稠密的子集.

3. 斯通定理

(1) 定义: 设 $\mathfrak{F}$ 为定义在集合 X 上的实 (复) 值函数族.

• (代数) 称 $\mathfrak{F}$ 为 X 上的实 (复) 值函数代数, 如果从 $f, g \in \mathfrak{F}, \alpha \in \mathbb{R}$ ($\mathbb{C}$), 能得到

$$(f+g) \in \mathfrak{F};\quad (f \cdot g) \in \mathfrak{F};\quad (\alpha f) \in \mathfrak{F}.$$

• (分点族) 称 $\mathfrak{F}$ 能分离 X 的点, 如果对任意两点 $x_1, x_2 \in X, x_1 \neq x_2$, 能找到函数 $f \in \mathfrak{F}$, 使 $f(x_1) \neq f(x_2)$.

• (不消失族) 称 $\mathfrak{F}$ 是在集 X 上不消失的函数族, 如果对任一点 $x \in X$, 都能找到一个函数 $f_0 \in \mathfrak{F}$, 使得 $f_0(x) \neq 0$.

(2) **斯通定理** 设 A 是由定义在紧集 K 上的实连续函数构成的代数. 如果 A 分离 K 的点且在 K 上不消失, 那么 A 是空间 $C(K;\mathbb{R})$ 的处处稠密子集.

二、例题讲解

1. 给出函数族 $\mathfrak{F}$ 使得其满足下列条件:

(1) $\mathfrak{F}$ 是由连续函数构成并且是等度连续的函数族;

(2) $\mathfrak{F}$ 是由连续函数构成并且不是等度连续的函数族;

(3) $\mathfrak{F}$ 是由有界函数构成并且是一致有界的函数族;

(4) $\mathfrak{F}$ 是由有界函数构成并且不是一致有界的函数族.

解 (1) 考虑 $\mathfrak{F} = \left\{f_n(x) = x^n : n \in \mathbb{N}, x \in \left[0, \frac{1}{2}\right]\right\}$;

(2) 考虑 $\mathfrak{F} = \{f_n(x) = \sin nx : n \in \mathbb{N}, x \in [a, b]\}$;

(3) 考虑 $\mathfrak{F} = \{f_n(x) = \sin nx : n \in \mathbb{N}, x \in \mathbb{R}\}$;

(4) 考虑 $\mathfrak{F} = \{f_n(x) = nx : n \in \mathbb{N}, x \in [0, 1]\}$. □

2. (复斯通定理) 令 A 是定义在紧集 K 上 $C(K;\mathbb{C})$ 的子代数, 如果 $f \in A$ 蕴含 $\overline{f} \in A$, 并且 A 分离 K 的点且在 K 上不消失, 那么 A 是空间 $C(K;\mathbb{C})$ 的处处稠密子集.

证 令 $f \in A$. 那么, $\Re f = \frac{1}{2}(f + \overline{f}) \in A, \Im f = \frac{1}{2\mathrm{i}}(f - \overline{f}) \in A$. 记 $A_{\mathbb{R}}$ 为 A 的包含所有实值函数的子代数. 那么 $A_{\mathbb{R}}$ 分离 K 中的点, 并且在 K 上不消失. 于是由 (实) 斯通定理可知, $A_{\mathbb{R}}$ 在 $C(K;\mathbb{R})$ 中稠密. 又由于 $A = \{f + \mathrm{i}g : f, g \in A_{\mathbb{R}}\}$, 因此 A 在 $C(K;\mathbb{C}) = C(K;\mathbb{R}) + \mathrm{i}C(K;\mathbb{R})$ 中稠密. □

三、习题参考解答 (13.4 节)

1. 称由一些定义在度量空间 X 上、在度量空间 Y 中取值的函数 $f: X \to Y$ 构成的函数族 $\mathfrak{F}$ 为在点 $x_0 \in X$ 等度连续的函数族, 如果对任意的 $\varepsilon > 0$, 能找到 $\delta > 0$, 使对任何函数 $f \in \mathfrak{F}$, 能由关系式 $d_X(x_0, x) < \delta$ 推出 $d_Y(f(x_0), f(x)) < \varepsilon$.

(1) 试证: 如果由一些函数 $f: X \to Y$ 构成的族 $\mathfrak{F}$ 在点 $x_0 \in X$ 等度连续, 那么任何一个函数 $f \in \mathfrak{F}$ 在点 x_0 都是连续的, 但相反的断言是错误的.

(2) 试证: 如果由一些函数 $f: K \to Y$ 构成的族 $\mathfrak{F}$ 在紧集 K 的任何一点都是等度连续的, 那么在《讲义》定义 1 的意义下它在 K 上也是等度连续的.

(3) 试证: 如果度量空间 X 不是紧的, 那么从由一些函数 $f: X \to Y$ 构成的族 $\mathfrak{F}$ 在每点 $x \in X$ 等度连续还不能推出 $\mathfrak{F}$ 在 X 上等度连续. 根据这个理由, 如果函数族 $\mathfrak{F}$ 按《讲义》定义 1 在集合 X 上是等度连续的, 常称它为在集 X 上是一致等度连续的函数族. 因此, 函数族在点的等度连续性和在集上的一致等度连续性之间的关系就像集合 X 上的单个函数 $f: X \to Y$ 的连续性和一致连续性之间的关系一样.

(4) 设 $\omega(f; E)$ 是函数 $f: X \to Y$ 在集 $E \subset X$ 上的振幅, 而 $B(x, \delta)$ 是以点 $x \in X$ 为中心, 半径为 δ 的球. 试述, 下面写的是哪两个概念的定义:

$$\forall \varepsilon > 0, \exists \delta > 0, \forall f \in \mathfrak{F}, \omega(f; B(x, \delta)) < \varepsilon;$$
$$\forall \varepsilon > 0, \exists \delta > 0, \forall f \in \mathfrak{F}, \forall x \in X, \omega(f; B(x, \delta)) < \varepsilon.$$

(5) 举例说明, 如果 K 不是紧的, 一般来说阿尔泽拉–阿斯柯利定理不成立: 在 $\mathbb{R}$ 上构造一致有界且等度连续函数序列 $\{f_n, n \in \mathbb{N}\}$, 其中 $f_n(x) = \varphi(x + n)$. 从这个序列中不可能选出在 $\mathbb{R}$ 上一致收敛的子序列.

(6) 设 $\{f_n, n \in \mathbb{N}\}$ 是由函数 $f_n \in \mathcal{R}[a, b]$ 构成的一致有界序列. 设

$$F_n(x) = \int_a^x f_n(t)\mathrm{d}t \quad (a \leqslant x \leqslant b).$$

利用阿尔泽拉–阿斯柯利定理证明: 从序列 $\{F_n, n \in \mathbb{N}\}$ 中能够选出在区间 $[a, b]$ 上一致收敛的子序列.

证　(1) 根据等度连续的定义, 易见在点 x_0 等度连续函数族中的任意函数都在点 x_0 连续. 反之不成立, 因为每个 f 都是任意的, 不一定存在一致的 δ. 比如考虑连续函数族 $\{f_n(x) = nx : n \in \mathbb{N}, x \in [-1, 1]\}$. 取 $\varepsilon_0 = 1/2$, $\forall \delta > 0$, 显然存在 $n \in \mathbb{N}$ 使得 $\dfrac{1}{n} < \delta$, 于是 $d_X(0, 1/n) < \delta$, 但 $d_Y(f_n(0), f_n(1/n)) = 1 > \varepsilon_0$.

(2) 由于函数族 $\mathfrak{F}$ 在紧集 K 的任何一点都是等度连续的, 那么 $\forall \varepsilon > 0$, $\forall x_0 \in K$, 存在 $\delta_{x_0} > 0$, 使得对于任意的 $f \in \mathfrak{F}$, $d_X(x_0, x) < \delta_{x_0}$ 蕴含 $d_Y(f(x_0), f(x)) < \dfrac{\varepsilon}{2}$. 考虑 K 的开覆盖: $\{B(x_0; \delta_{x_0}) : x_0 \in K\}$, 那么存在有限的 $\{x_1, \cdots, x_n\} \subset K$, 使得 $\{B_i := B(x_i; \delta_{x_i}) : i = 1, \cdots, n\} =: \Delta$ 覆盖 K. 又类似于 6.1 节例题 15 可知, 存在勒贝格数 $\delta > 0$ 使得 $\forall x \in K$, 存在 $B_i \in \Delta$ 使得 $B(x; \delta) \subset B_i$. 于是对任

意的 $f \in \mathfrak{F}$, 对任意的 $x, y \in K$, 如果 $d_X(x,y) < \delta$, 则存在 $B_i \in \Delta$ 使得 $x, y \in B_i$, 因此

$$d_Y(f(x), f(y)) \leqslant d_Y(f(x_i), f(x)) + d_Y(f(x_i), f(y)) < \varepsilon,$$

即 $\mathfrak{F}$ 在紧集上也是等度连续的.

(3) 考虑 $f_n : (0, \infty) \to \mathbb{R}$, 定义为 $f_n(x) = \arctan nx$, 记 $\mathfrak{F} = \{f_n : n \in \mathbb{N}\}$. 那么我们知道 $\mathfrak{F}$ 在每点 $x \in (0, \infty)$ 等度连续但在集 $(0, \infty)$ 上不是一致等度连续的.

(4) $\forall \varepsilon > 0, \exists \delta > 0, \forall f \in \mathfrak{F}, \omega(f; B(x, \delta)) < \varepsilon$ 是在点 x 等度连续的定义.

$\forall \varepsilon > 0, \exists \delta > 0, \forall f \in \mathfrak{F}, \forall x \in X, \omega(f; B(x, \delta)) < \varepsilon$ 是一致等度连续的定义.

(5) 令 $\varphi(x) = \sin x$, 考虑函数族

$$\mathfrak{F} = \{f_n(x) = \sin(x + n); n \in \mathbb{N}\}.$$

那么 $\mathfrak{F}$ 是一致有界的, 这是因为对于任意的 $n \in \mathbb{N}$, $x \in \mathbb{R}$, 都有 $|f_n(x)| \leqslant 1$. 并且 $\mathfrak{F}$ 是等度连续的, 这是因为 $\{f_n'(x); n \in \mathbb{N}\}$ 是一致有界的. 但是从 $\{f_n\}$ 不能选取出子序列 $\{f_{n_i}\}$ 使得 $\{f_{n_i}\}$ 在 $\mathbb{R}$ 上一致收敛, 这是因为数列 $\{\sin n\}$ 是发散的, 并且任意子列都是发散的.

(6) 根据阿尔泽拉–阿斯柯利定理, 我们只需要证明 $\{F_n; n \in \mathbb{N}\}$ 是一致有界并且等度连续的. 首先, 因为 $\{f_n, n \in \mathbb{N}\}$ 是一致有界的, 所以存在常数 $C > 0$, 使得对于任意的 $n \in \mathbb{N}$, $x \in [a, b]$, 都有 $|f_n(x)| < C$. 于是

$$|F_n(x)| = \left| \int_a^x f_n(t)\mathrm{d}t \right| \leqslant \int_a^x |f_n(t)|\mathrm{d}t \leqslant C(x-a) \leqslant C(b-a) =: C',$$

即 $\{F_n; n \in \mathbb{N}\}$ 是一致有界的. 其次, 因为 $F_n'(x) = f_n(x)$, 所以 $\{F_n', n \in \mathbb{N}\}$ 是一致有界的, 于是 $\{F_n; n \in \mathbb{N}\}$ 是等度连续的. □

2. (1) 详细说明, 为什么在区间 $[a, b]$ 上任何一个分段线性的连续函数能够表成魏尔斯特拉斯定理证明中所指出的形如 $F_{\xi_1\xi_2}$ 的函数的线性组合.

(2) 常称量 $M_n = \displaystyle\int_a^b f(x)x^n\mathrm{d}x$ 为函数 $f : [a, b] \to \mathbb{C}$ 在区间 $[a, b]$ 上的 n 次矩. 试证: 如果 $f \in C([a, b]; \mathbb{C})$ 且对任何 $n \in \mathbb{N} \cup \{0\}$ 有 $M_n = 0$, 那么在 $[a, b]$ 上, $f(x) \equiv 0$.

证 (1) 根据 $F_{\xi_1\xi_2}$ 的定义, 我们有

$$F_{\xi_1\xi_2} = \begin{cases} 0, & x \in [a, \xi_1], \\ \dfrac{x - \xi_1}{\xi_2 - \xi_1}, & x \in [\xi_1, \xi_2], \\ 1, & x \in [\xi_2, b]. \end{cases}$$

对任意的分段线性的连续函数 f, 我们可以通过调节 ξ_1, ξ_2 的大小, 使得

$$c_1F_{\xi_1\xi_2} + c_2 = f|_{[\xi_1,\xi_2]}.$$

之后再在别的区间上利用这个原理就可以确定 F_{ξ_1,ξ_2} 的线性组合, 进而得到给定的 f.

(2) 根据魏尔斯特拉斯逼近定理, 存在多项式序列 $\{P_n(x)\}$ 使得 $P_n \rightrightarrows f$, $n\to\infty$. 于是 $f\cdot P_n \rightrightarrows f^2$. 又因为 $\forall n\in\mathbb{N}\cup\{0\}$, 都有 $M_n = \int_a^b f(x)x^n\mathrm{d}x = 0$, 所以我们有

$$\int_a^b f^2(x)\mathrm{d}x = \int_a^b \lim_{n\to\infty}(f(x)P_n(x))\,\mathrm{d}x = \lim_{n\to\infty}\int_a^b f(x)P_n(x)\mathrm{d}x = 0.$$

于是, $f(x)\equiv 0$. □

3. (1) 试证: 由函数对 $\{1,x^2\}$ 生成的代数在区间 $[-1,1]$ 上全体连续偶函数的集合中是稠密的.

(2) 对于由一个函数 $\{x\}$ 生成的代数与在区间 $[-1,1]$ 上全体连续奇函数的集合, 解答上述问题.

(3) 任何一个函数 $f\in C([0,\pi];\mathbb{C})$ 都能用函数对 $\{1,\mathrm{e}^{\mathrm{i}x}\}$ 生成的代数中的函数以任意精度一致逼近吗?

(4) 对 $f\in C([-\pi,\pi];\mathbb{C})$, 回答上述问题.

(5) 试证: 当且仅当 $f(-\pi)=f(\pi)$ 时, 上述问题的答案是肯定的.

(6) 如果 $[a,b]\subset(-\pi,\pi)$, 任何一个函数 $f\in C([a,b];\mathbb{C})$ 都能用函数系 $\{1,\cos x,\sin x,\cdots,\cos nx,\sin nx,\cdots\}$ 的线性组合一致逼近吗?

(7) 任何一个偶函数 $f\in C([-\pi,\pi];\mathbb{C})$ 都能用函数系 $\{1,\cos x,\cdots,\cos nx,\cdots\}$ 一致逼近吗?

(8) 设 $[a,b]$ 是直线 $\mathbb{R}$ 的任一闭区间, 试证: 由任何一个恒不为零的严格单调函数 $\varphi(x)$(例如 e^x) 在区间 $[a,b]$ 上生成的代数在 $C([a,b];\mathbb{R})$ 中是稠密的.

(9) 闭区间 $[a,b]\subset\mathbb{R}$ 处在什么位置时, 由函数 $\varphi(x)=x$ 生成的代数在 $C([a,b];\mathbb{R})$ 中稠密?

证　(1) 首先, 所有的多项式 $P(x)=a_0+a_2x^2+\cdots+a_{2n}x^{2n}$, $n\in\mathbb{N}$ 构成了由 $\{1,x^2\}$ 生成的代数. 对于任意偶函数 $f(x)\in C([-1,1];\mathbb{R})$, 根据魏尔斯特拉斯逼近定理, 存在多项式序列 $\{P_n(x)\}$, 使得 $P_n(x)\rightrightarrows f(x)$, $n\to\infty$. 那么 $P_n(-x)\rightrightarrows f(-x)$, 并且

$$\frac{P_n(x)+P_n(-x)}{2} \rightrightarrows \frac{f(x)+f(-x)}{2} = f(x).$$

易见 $\dfrac{P_n(x)+P_n(-x)}{2}$ 属于由 $\{1,x^2\}$ 生成的代数. 因此由函数对 $\{1,x^2\}$ 生成的代数在区间 $[-1,1]$ 上全体连续偶函数的集合中是稠密的.

(2) 只需要在 (1) 中考虑 $\dfrac{P_n(x)-P_n(-x)}{2}$ 即可.

(3) 可以. 由函数对 $\{1,\mathrm{e}^{\mathrm{i}x}\}$ 生成的代数为 $\{\mathrm{e}^{inx};n\in\mathbb{N}\cup\{0\}\}$ 的线性组合. 显然, $\{\mathrm{e}^{inx};n\in\mathbb{N}\cup\{0\}\}$ 能分离 $[0,\pi]$ 中的点, 并且 $\{\mathrm{e}^{inx};n\in\mathbb{N}\cup\{0\}\}$ 在 $[0,\pi]$ 上不消失. 由斯通定理可知, $\{1,\mathrm{e}^{\mathrm{i}x}\}$ 生成的代数在 $C([0,\pi];\mathbb{C})$ 中稠密. 即任何一个函数 $f\in C([0,\pi];\mathbb{C})$ 都能用函数对 $\{1,\mathrm{e}^{\mathrm{i}x}\}$ 生成的代数中的函数以任意精度一致逼近.

(4) 对于 $[-\pi,\pi]$ 是不成立的. 首先斯通定理不能用, 因为 $\{\mathrm{e}^{inx};n\in\mathbb{N}\cup\{0\}\}$ 不能分离 $[-\pi,\pi]$ 中的点. 其次, 由 e^{inx} 的周期可知, $\{1,\mathrm{e}^{\mathrm{i}x}\}$ 生成的代数中的函数 f 一定满足边界条件

$$f(-\pi)=f(\pi).$$

而一般的连续函数不一定满足这个边界条件. 因此, $f\in C([-\pi,\pi];\mathbb{C})$ 不一定能用函数对 $\{1,\mathrm{e}^{\mathrm{i}x}\}$ 生成的代数中的函数以任意精度一致逼近.

(5) 记

$$C_{\text{per}}([-\pi,\pi];\mathbb{C}):=\{f\in C([-\pi,\pi];\mathbb{C})|f(-\pi)=f(\pi)\},$$

并记 $S^1:=\{y=\mathrm{e}^{\mathrm{i}x}|x\in[-\pi,\pi)\}$. 考虑映射 $j:C_{\text{per}}([-\pi,\pi];\mathbb{C})\to C(S^1;\mathbb{C})$, 定义为 $j(f)=\tilde{f}$, $\tilde{f}(\mathrm{e}^{\mathrm{i}x})=f(x)$. 易见, j 是一个等距同构. 因为 $\{1,y\}$ 生成的代数分离紧集 S^1 的点并且在 S^1 上不消失, 所以由斯通定理可知, $\{1,y\}$ 生成的代数在 $C(S^1;\mathbb{C})$ 中稠密. 因此, $\{1,\mathrm{e}^{\mathrm{i}x}\}$ 生成的代数在 $C_{\text{per}}([-\pi,\pi];\mathbb{C})$ 中稠密.

(6) 易见 $\{1,\mathrm{e}^{\mathrm{i}x}\}$ 生成的代数为 $\{1,\cos x,\sin x,\cdots,\cos nx,\sin nx,\cdots\}$ 生成的代数的子代数. 类似于 (3) 还可知, 对任意的 $[a,b]\subset(-\pi,\pi)$, $\{1,\mathrm{e}^{\mathrm{i}x}\}$ 生成的代数在 $f\in C([a,b];\mathbb{C})$ 中稠密. 因此, $\{1,\cos x,\sin x,\cdots,\cos nx,\sin nx,\cdots\}$ 生成的代数在 $f\in C([a,b];\mathbb{C})$ 中稠密.

(7) 易见任意偶函数 $f\in C([-\pi,\pi];\mathbb{C})$ 都属于 $C_{\text{per}}([-\pi,\pi];\mathbb{C})$, 于是由 (5) 可知, $\{1,\mathrm{e}^{\mathrm{i}x}\}$ 生成的代数在 $C_{\text{per}}([-\pi,\pi];\mathbb{C})$ 中稠密. 因此, 对任意偶函数 $f\in C([-\pi,\pi];\mathbb{C})$, 存在 $P_n(x)=\sum\limits_{k=0}^{n}a_k\mathrm{e}^{\mathrm{i}kx}$, $a_k\in\mathbb{C}$, 使得 $P_n\rightrightarrows f$, $n\to\infty$. 那么当 $n\to\infty$ 时我们有

$$\frac{P_n(x)+P_n(-x)}{2}=\sum_{k=0}^{n}a_k\frac{\mathrm{e}^{\mathrm{i}kx}+\mathrm{e}^{-\mathrm{i}kx}}{2}=\sum_{k=0}^{n}a_k\cos kx\rightrightarrows\frac{f(x)+f(-x)}{2}=f(x).$$

即任何一个偶函数 $f \in C([-\pi,\pi];\mathbb{C})$ 都能用函数系 $\{1,\cos x,\cdots,\cos nx,\cdots\}$ 一致逼近.

(8) 根据斯通定理, 我们只需要验证由恒不为 0 的严格单调函数 $\varphi(x)$ 生成的代数分离 $[a,b]$ 的点并且在 $[a,b]$ 上不消失. 因为 φ 是严格单调的, 所以对于任意的 $x_1 \neq x_2$, 我们有 $\varphi(x_1) \neq \varphi(x_2)$. 又显然对于任意的 $x \in [a,b]$, $\varphi(x) \neq 0$, 因此其在 $[a,b]$ 上不消失.

(9) 对于满足 $0 \notin [a,b]$ 的闭区间, 易见 $\{x\}$ 生成的代数分离 $[a,b]$ 的点且在 $[a,b]$ 上不消失. 因此由斯通定理可知, $\{x\}$ 生成的代数在 $C([a,b];\mathbb{R})$ 中稠密. 而如果 $0 \in [a,b]$, 那么 $\{x\}$ 生成的代数中的每个函数都满足 $f(0)=0$, 从而其不可能在 $C([a,b];\mathbb{R})$ 中稠密. □

第 14 章　含参变量的积分

14.1　含参变量的常义积分

一、知识点总结与补充

1. 含参变量积分的概念

含参变量积分就是形如

$$F(t)=\int_{E_t} f(x,t)\mathrm{d}x$$

的积分. 其中 t 是参数, 它跑遍集合 T. 对每个 $t\in T$ 有相应的集合 E_t, 函数 $\varphi_t(x)=f(x,t)$ 在集合 E_t 上是常义可积的 (此时称 F 是含参变量的常义积分), 或广义可积的 (此时称 F 是含参变量的反常积分).

注　集合 T 可以是各种各样的, 但最重要的是空间 $\mathbb{R}$, $\mathbb{C}$, $\mathbb{R}^n$ 或 $\mathbb{C}^n$ 的子集. 当 $E_t\subset\mathbb{R}^m$, $m>1$ 时, 我们常称上述积分为含参变量重积分 (二重积分、三重积分等等).

2. 含参变量积分的连续性、微分法、积分法

(1) 基本假设:

$$\begin{cases}P=\{(x,y)\in\mathbb{R}^2: a\leqslant x\leqslant b,\ c\leqslant y\leqslant d\}=[a,b]\times[c,d],\\ f\in C(P;\mathbb{R}),\\ \alpha,\ \beta\in C([c,d];[a,b]).\end{cases}$$

(2) 关于含参变量积分 $F(y)=\displaystyle\int_a^b f(x,y)\mathrm{d}x$ 和 $\hat{F}(y)=\displaystyle\int_{\alpha(y)}^{\beta(y)} f(x,y)\mathrm{d}x$, 下述结论成立:

• (连续性) $F\in C([c,d];\mathbb{R})$ 及 $\hat{F}\in C([c,d];\mathbb{R})$.

• (微分法) 若 $f(x,y)$ 对 y 有连续偏导数, 则 $F\in C^1([c,d];\mathbb{R})$, 且如下莱布尼茨公式成立:

$$F'(y)=\int_a^b \frac{\partial f}{\partial y}(x,y)\mathrm{d}x;$$

若还假设 $\alpha,\beta\in C^1([c,d];[a,b]\subset\mathbb{R})$, 则 $\hat{F}\in C^1([c,d];\mathbb{R})$, 且

$$\hat{F}'(y)=f(\beta(y),y)\beta'(y)-f(\alpha(y),y)\alpha'(y)+\int_{\alpha(y)}^{\beta(y)}\frac{\partial f}{\partial y}(x,y)\mathrm{d}x.$$

• (积分法) $F\in\mathcal{R}[c,d]$, 且对 f 的累次积分与求积次序无关:

$$\int_c^d\Big(\int_a^b f(x,y)\mathrm{d}x\Big)\mathrm{d}y=\int_a^b\Big(\int_c^d f(x,y)\mathrm{d}y\Big)\mathrm{d}x.$$

(3) 如果取任何一个紧集 K 作为参变量 y 的取值的集合, 则在条件 $f\in C([a,b]\times K;\mathbb{R})$ 下, 上述含参变量积分的连续性仍然有效. 特别地, 由此可知, 如果 $f\in C([a,b]\times D;\mathbb{R})$, 其中 D 是 $\mathbb{R}^n$ 中的开集, 那么 $F\in C(D;\mathbb{R})$.

(4) 如果取任何一个线性赋范空间中的凸紧集代替区间 $[c,d]$, 上述莱布尼茨公式仍然有效. 显然这时还可认为, f 是在某个完备的向量赋范空间中取值. 特别地, 莱布尼茨公式既适用于复变量 $y\in\mathbb{C}$ 的复值函数 F, 也适用于向量参变量 $y=(y^1,\cdots,y^n)\in\mathbb{C}^n$ 的函数 $F(y)=F(y^1,\cdots,y^n)$.

3. 全椭圆积分

$$E(k)=\int_0^{\pi/2}\sqrt{1-k^2\sin^2\varphi}\mathrm{d}\varphi,\quad K(k)=\int_0^{\pi/2}\frac{\mathrm{d}\varphi}{\sqrt{1-k^2\sin^2\varphi}}$$

作为参变量 k (k 叫做相应的椭圆积分的模数, $0<k<1$) 的函数, 满足关系式

$$\frac{\mathrm{d}E}{\mathrm{d}k}=\frac{E-K}{k},\quad \frac{\mathrm{d}K}{\mathrm{d}k}=\frac{E}{k(1-k^2)}-\frac{K}{k}.$$

二、例题讲解

1. 设 $f(x)$ 在 $[0,1]$ 上连续, 研究 $F(t)=\displaystyle\int_0^1\frac{t}{x^2+t^2}f(x)\mathrm{d}x$ 的连续性.

证　显然, $\forall t\in(-\infty,+\infty)$ 函数 $F(t)$ 有定义. 又 $\forall t_0\in(0,+\infty)$, 因为二元函数 $g(x,t)=\dfrac{t}{x^2+t^2}f(x)$ 在 $[0,1]\times\left[\dfrac{t_0}{2},2t_0\right]$ 上连续, 所以 $F(t)$ 在点 t_0 处连续, 从而在 $(0,+\infty)$ 上连续. 同理, $F(t)$ 在 $(-\infty,0)$ 上连续.

下面讨论函数 $F(t)$ 在点 $t_0=0$ 处的连续性. 易见 $\forall t\in(0,+\infty)$,

$$F(t)=\int_0^1\frac{t}{x^2+t^2}f(x)\mathrm{d}x=\int_0^{t^{\frac{1}{3}}}\frac{t}{x^2+t^2}f(x)\mathrm{d}x+\int_{t^{\frac{1}{3}}}^1\frac{t}{x^2+t^2}f(x)\mathrm{d}x.$$

由积分中值定理可知, 存在 $\xi \in [0, t^{\frac{1}{3}}]$ 使得

$$\int_0^{t^{\frac{1}{3}}} \frac{t}{x^2+t^2} f(x)\mathrm{d}x = f(\xi)\int_0^{t^{\frac{1}{3}}} \frac{t}{x^2+t^2}\mathrm{d}x = f(\xi)\arctan t^{-\frac{2}{3}},$$

于是

$$\lim_{t\to+0}\int_0^{t^{\frac{1}{3}}} \frac{t}{x^2+t^2} f(x)\mathrm{d}x = f(0)\cdot\frac{\pi}{2}.$$

再由

$$\left|\int_{t^{\frac{1}{3}}}^1 \frac{t}{x^2+t^2} f(x)\mathrm{d}x\right| \leqslant \max_{x\in[0,1]}|f(x)|\cdot\frac{t}{t^{\frac{2}{3}}+t^2}$$

可知

$$\lim_{t\to+0}\int_{t^{\frac{1}{3}}}^1 \frac{t}{x^2+t^2} f(x)\mathrm{d}x = 0.$$

因此

$$\lim_{t\to+0} F(t) = \lim_{t\to+0}\int_0^1 \frac{t}{x^2+t^2} f(x)\mathrm{d}x = f(0)\cdot\frac{\pi}{2} + 0 = f(0)\cdot\frac{\pi}{2}.$$

同理可知

$$\lim_{t\to-0} F(t) = \lim_{t\to-0}\int_0^1 \frac{t}{x^2+t^2} f(x)\mathrm{d}x = -f(0)\cdot\frac{\pi}{2}.$$

故由 $F(0)=0$ 可知, 仅当 $f(0)=0$ 时 $F(t)$ 在点 $t_0=0$ 处连续. □

注　也可参见《讲义》第二卷 8.6 节习题 4.

2. 证明: $\forall t\in\mathbb{R}$, $\displaystyle\int_0^{2\pi} \mathrm{e}^{t\cos\theta}\cos(t\sin\theta)\mathrm{d}\theta = 2\pi$.

证　设

$$f(t) = \int_0^{2\pi} \mathrm{e}^{t\cos\theta}\cos(t\sin\theta)\mathrm{d}\theta, \quad t\in\mathbb{R}.$$

显然 $f(0)=2\pi$. 又由含参积分的微分法和格林公式可知

$$\begin{aligned}
f'(t) &= \int_0^{2\pi} \mathrm{e}^{t\cos\theta}\cos\theta\cos(t\sin\theta)\mathrm{d}\theta - \int_0^{2\pi} \mathrm{e}^{t\cos\theta}\sin(t\sin\theta)\sin\theta\mathrm{d}\theta \\
&= \oint\limits_{\substack{x^2+y^2=1\\ \text{逆时针方向}}} \mathrm{e}^{tx}\cos(ty)\mathrm{d}y + \mathrm{e}^{tx}\sin(ty)\mathrm{d}x \\
&= \iint\limits_{x^2+y^2\leqslant 1} \left[\frac{\partial}{\partial x}(\mathrm{e}^{tx}\cos(ty)) - \frac{\partial}{\partial y}(\mathrm{e}^{tx}\sin(ty))\right]\mathrm{d}x\mathrm{d}y \\
&= \iint\limits_{x^2+y^2\leqslant 1} 0\,\mathrm{d}x\mathrm{d}y = 0, \quad \forall t\in\mathbb{R},
\end{aligned}$$

因此 $f(t) \equiv f(0) = 2\pi$. □

3. 判断下面命题是否成立.

(1) 如果 $F(y) = \int_a^b f(x,y)\mathrm{d}x$ 是 $[c,d]$ 上的连续函数, 那么 $f \in C([a,b] \times [c,d];\mathbb{R})$.

(2) 如果 $f: [a,b] \times [c,d] \to \mathbb{R}$ 只在一点不连续, 那么 $F(y) = \int_a^b f(x,y)\mathrm{d}x$ 是 $[c,d]$ 上的连续函数.

证 (1) 不一定. 比如 $f(x,y) = \operatorname{sgn}(x-y)$, $(x,y) \in [0,1] \times [-1,2]$. 显然 $f \notin C([0,1] \times [-1,2];\mathbb{R})$. 又容易算得

$$F(y) = \int_0^1 f(x,y)\mathrm{d}x = \begin{cases} 1, & y \in [-1,0], \\ 1-2y, & y \in (0,1), \\ -1, & y \in [1,2]. \end{cases}$$

易见 $F: [-1,2] \to \mathbb{R}$ 是连续的.

(2) 不一定. 考虑

$$f(x,y) = \begin{cases} \dfrac{y}{x^2+y^2}, & (x,y) \in ([0,1] \times [0,1]) \backslash \{(0,0)\}, \\ 0, & (x,y) = (0,0). \end{cases}$$

易见 f 只在 $(x,y) = (0,0)$ 处不连续, 而

$$F(y) = \int_0^1 f(x,y)\mathrm{d}x = \begin{cases} \arctan \dfrac{1}{y}, & y \in (0,1], \\ 0, & y = 0 \end{cases}$$

在 $y = 0$ 处不连续. □

三、习题参考解答 (14.1 节)

1. (1) 试证: 如果 $f \in C(\mathbb{R};\mathbb{R})$, 那么函数 $F(x) = \dfrac{1}{2a}\int_{-a}^a f(x+t)\mathrm{d}t$ 在 $\mathbb{R}$ 上不仅连续而且可微.

(2) 求函数 $F(x)$ 的导数, 并证明 $F \in C^{(1)}(\mathbb{R};\mathbb{R})$.

证 显然 $g(t,x) = f(x+t) \in C\big([-a,a] \times \mathbb{R};\mathbb{R}\big)$, 所以由含参积分的连续性的注释可知 $F \in C(\mathbb{R};\mathbb{R})$. 又易见 $F(x) = \dfrac{1}{2a}\int_{x-a}^{x+a} f(t)\mathrm{d}t$, 从而由含参积分的微分

法可知 $F\in C^{(1)}(\mathbb{R};\mathbb{R})$, 且

$$F'(x)=\frac{1}{2a}\big(f(x+a)\cdot 1-f(x-a)\cdot 1\big)=\frac{f(x+a)-f(x-a)}{2a}.$$ □

2. 利用含参变量积分的微分法证明: 当 $|r|<1$ 时,

$$F(r)=\int_0^{\pi}\ln(1-2r\cos x+r^2)\mathrm{d}x=0.$$

证 当 $|r|<1$ 时, $1-2r\cos x+r^2\geqslant(1-|r|)^2>0$, 从而由含参变量积分的微分法和 13.3 节习题 5(5) 可知

$$\begin{aligned}F'(r)&=\int_0^{\pi}\frac{-2\cos x+2r}{1-2r\cos x+r^2}\mathrm{d}x\\&=\frac{1}{r}\int_0^{\pi}\left(1-2\cdot\frac{1}{2}\cdot\frac{1-r^2}{1-2r\cos x+r^2}\right)\mathrm{d}x\\&=\frac{1}{r}\int_0^{\pi}\left(1-2\Big(\frac{1}{2}+\sum_{k=1}^{\infty}r^k\cos kx\Big)\right)\mathrm{d}x\\&=-\frac{2}{r}\sum_{k=1}^{\infty}r^k\int_0^{\pi}\cos kx\mathrm{d}x=-\frac{2}{r}\sum_{k=1}^{\infty}r^k\cdot 0=0,\end{aligned}$$

因此 $F(r)\equiv F(0)=0$. □

3. 验证下面的函数满足《讲义》例 2 中所说的贝塞尔方程:

(1) $u=x^n\displaystyle\int_0^{\pi}\cos(x\cos\varphi)\sin^{2n}\varphi\mathrm{d}\varphi$;

(2) $J_n(x)=\dfrac{x^n}{(2n-1)!!\pi}\displaystyle\int_{-1}^{1}(1-t^2)^{n-\frac{1}{2}}\cos xt\mathrm{d}t$;

(3) 试证: 与不同的 $n\in\mathbb{N}$ 相对应的函数 J_n 满足关系 $J_{n+1}=J_{n-1}-2J_n'$.

证 (1) 由微分法可知

$$u'=nx^{n-1}\int_0^{\pi}\cos(x\cos\varphi)\sin^{2n}\varphi\mathrm{d}\varphi-x^n\int_0^{\pi}\sin(x\cos\varphi)\cos\varphi\sin^{2n}\varphi\mathrm{d}\varphi$$

和

$$\begin{aligned}u''=&n(n-1)x^{n-2}\int_0^{\pi}\cos(x\cos\varphi)\sin^{2n}\varphi\mathrm{d}\varphi\\&-2nx^{n-1}\int_0^{\pi}\sin(x\cos\varphi)\cos\varphi\sin^{2n}\varphi\mathrm{d}\varphi\\&-x^n\int_0^{\pi}\cos(x\cos\varphi)\cos^2\varphi\sin^{2n}\varphi\mathrm{d}\varphi.\end{aligned}$$

于是

$$
\begin{aligned}
&x^2u''+xu'+(x^2-n^2)u\\
=&\int_0^\pi \left(n(n-1)x^n-x^{n+2}\cos^2\varphi+nx^n+(x^2-n^2)x^n\right)\cos(x\cos\varphi)\sin^{2n}\varphi\mathrm{d}\varphi\\
&-\int_0^\pi \left(2nx^{n+1}+x^{n+1}\right)\sin(x\cos\varphi)\cos\varphi\sin^{2n}\varphi\mathrm{d}\varphi\\
=&\int_0^\pi \Big(x^{n+2}\sin^2\varphi\cos(x\cos\varphi)\sin^{2n}\varphi-(2n+1)x^{n+1}\sin(x\cos\varphi)\cos\varphi\sin^{2n}\varphi\Big)\mathrm{d}\varphi\\
=&-x^{n+1}\left(\sin(x\cos\varphi)\sin^{2n+1}\varphi\right)\Big|_0^\pi=0.
\end{aligned}
$$

(2) 由微分法可知

$$
J_n'(x)=\frac{nx^{n-1}}{(2n-1)!!\pi}\int_{-1}^1(1-t^2)^{n-\frac{1}{2}}\cos xt\mathrm{d}t-\frac{x^n}{(2n-1)!!\pi}\int_{-1}^1 t(1-t^2)^{n-\frac{1}{2}}\sin xt\mathrm{d}t
$$

和

$$
\begin{aligned}
J_n''(x)=&\frac{n(n-1)x^{n-2}}{(2n-1)!!\pi}\int_{-1}^1(1-t^2)^{n-\frac{1}{2}}\cos xt\mathrm{d}t\\
&-\frac{2nx^{n-1}}{(2n-1)!!\pi}\int_{-1}^1 t(1-t^2)^{n-\frac{1}{2}}\sin xt\mathrm{d}t\\
&-\frac{x^n}{(2n-1)!!\pi}\int_{-1}^1 t^2(1-t^2)^{n-\frac{1}{2}}\cos xt\mathrm{d}t.
\end{aligned}
$$

于是

$$
\begin{aligned}
&x^2J_n''+xJ_n''+(x^2-n^2)J_n\\
=&\frac{1}{(2n-1)!!\pi}\int_{-1}^1\left(n(n-1)x^n-x^{n+2}t^2+nx^n+(x^2-n^2)x^n\right)(1-t^2)^{n-\frac{1}{2}}\cos xt\mathrm{d}t\\
&-\frac{1}{(2n-1)!!\pi}\int_{-1}^1\left(2nx^{n+1}+x^{n+1}\right)t(1-t^2)^{n-\frac{1}{2}}\sin xt\mathrm{d}t\\
=&\frac{x^{n+1}}{(2n-1)!!\pi}\int_{-1}^1\Big(x(1-t^2)^{n+\frac{1}{2}}\cos xt-(2n+1)t(1-t^2)^{n-\frac{1}{2}}\sin xt\Big)\mathrm{d}t\\
=&\frac{x^{n+1}}{(2n-1)!!\pi}\left((1-t^2)^{n+\frac{1}{2}}\sin xt\right)\Big|_{-1}^1=0.
\end{aligned}
$$

(3) 由分部积分公式可得

$$
J_{n-1}-2J_n'=\frac{1}{\pi}\int_{-1}^1\left(\frac{x^{n-1}}{(2n-3)!!}(1-t^2)^{n-\frac{3}{2}}-\frac{2nx^{n-1}}{(2n-1)!!}(1-t^2)^{n-\frac{1}{2}}\right)\cos xt\mathrm{d}t
$$

$$
\begin{aligned}
&+\frac{1}{\pi}\int_{-1}^{1}\frac{2x^n}{(2n-1)!!}t(1-t^2)^{n-\frac{1}{2}}\sin xt\mathrm{d}t\\
=&\frac{x^{n-1}}{(2n-1)!!\pi}\bigg(\int_{-1}^{1}\left((2n-1)(1-t^2)^{n-\frac{3}{2}}-2n(1-t^2)^{n-\frac{1}{2}}\right)\cos xt\mathrm{d}t\\
&+\int_{-1}^{1}xt(1-t^2)^{n-\frac{1}{2}}\sin xt\mathrm{d}t+\int_{-1}^{1}xt(1-t^2)^{n-\frac{1}{2}}\sin xt\mathrm{d}t\bigg)\\
=&\frac{x^{n-1}}{(2n-1)!!\pi}\bigg(\int_{-1}^{1}\left((2n-1)(1-t^2)^{n-\frac{3}{2}}-2n(1-t^2)^{n-\frac{1}{2}}\right)\cos xt\mathrm{d}t\\
&-\int_{-1}^{1}t(1-t^2)^{n-\frac{1}{2}}\mathrm{d}\cos xt-\frac{x}{2n+1}\int_{-1}^{1}\sin xt\mathrm{d}(1-t^2)^{n+\frac{1}{2}}\bigg)\\
=&\frac{x^{n-1}}{(2n-1)!!\pi}\bigg(\int_{-1}^{1}\left((2n-1)(1-t^2)^{n-\frac{3}{2}}-2n(1-t^2)^{n-\frac{1}{2}}\right)\cos xt\mathrm{d}t\\
&+\int_{-1}^{1}(1-t^2)^{n-\frac{1}{2}}\cos xt\mathrm{d}t-\int_{-1}^{1}(2n-1)t^2(1-t^2)^{n-\frac{3}{2}}\cos xt\mathrm{d}t\\
&+\frac{x^2}{2n+1}\int_{-1}^{1}(1-t^2)^{n+\frac{1}{2}}\cos xt\mathrm{d}t\bigg)\\
=&\frac{x^{n+1}}{(2n+1)!!\pi}\int_{-1}^{1}(1-t^2)^{n+\frac{1}{2}}\cos xt\mathrm{d}t=J_{n+1}.
\end{aligned}
$$

□

4. 发展《讲义》例 3 并令 $\tilde{k}:=\sqrt{1-k^2}$, $\widetilde{E}(k):=E(\tilde{k})$, $\widetilde{K}(k):=K(\tilde{k})$. 试证明 (最早由勒让德给出):

(1) $\dfrac{\mathrm{d}}{\mathrm{d}k}(E\widetilde{K}+\widetilde{E}K-K\widetilde{K})=0$;

(2) $E\widetilde{K}+\widetilde{E}K-K\widetilde{K}=\dfrac{\pi}{2}$.

证 (1) 由 $\tilde{k}:=\sqrt{1-k^2}$ 可知

$$\frac{\mathrm{d}\tilde{k}}{\mathrm{d}k}=\frac{-k}{\sqrt{1-k^2}}=\frac{-k}{\tilde{k}}.$$

于是由例 3 中结论可得

$$
\begin{aligned}
&\frac{\mathrm{d}}{\mathrm{d}k}(E\widetilde{K}+\widetilde{E}K-K\widetilde{K})\\
=&\frac{\mathrm{d}E}{\mathrm{d}k}\widetilde{K}+E\frac{\mathrm{d}\widetilde{K}}{\mathrm{d}k}+\frac{\mathrm{d}\widetilde{E}}{\mathrm{d}k}K+\widetilde{E}\frac{\mathrm{d}K}{\mathrm{d}k}-\frac{\mathrm{d}K}{\mathrm{d}k}\widetilde{K}-K\frac{\mathrm{d}\widetilde{K}}{\mathrm{d}k}\\
=&E'\widetilde{K}+E(K'\circ\tilde{k})\frac{\mathrm{d}\tilde{k}}{\mathrm{d}k}+(E'\circ\tilde{k})\frac{\mathrm{d}\tilde{k}}{\mathrm{d}k}K+\widetilde{E}K'-K'\widetilde{K}-K(K'\circ\tilde{k})\frac{\mathrm{d}\tilde{k}}{\mathrm{d}k}\\
=&\frac{E-K}{k}\widetilde{K}+E\bigg(\frac{\widetilde{E}}{\tilde{k}(1-\tilde{k}^2)}-\frac{\widetilde{K}}{\tilde{k}}\bigg)\frac{-k}{\tilde{k}}+\frac{\widetilde{E}-\widetilde{K}}{\tilde{k}}\frac{-k}{\tilde{k}}K
\end{aligned}
$$

$$
\begin{aligned}
&+\widetilde{E}\left(\frac{E}{k(1-k^2)}-\frac{K}{k}\right)-\left(\frac{E}{k(1-k^2)}-\frac{K}{k}\right)\widetilde{K}-K\left(\frac{\widetilde{E}}{\tilde{k}(1-\tilde{k}^2)}-\frac{\widetilde{K}}{\tilde{k}}\right)\frac{-k}{\tilde{k}}\\
=&\frac{1}{k}E\widetilde{K}-\frac{1}{k}K\widetilde{K}-\frac{1}{k\tilde{k}^2}E\widetilde{E}+\frac{k}{\tilde{k}^2}E\widetilde{K}-\frac{k}{\tilde{k}^2}\widetilde{E}K+\frac{k}{\tilde{k}^2}K\widetilde{K}\\
&+\frac{1}{k\tilde{k}^2}E\widetilde{E}-\frac{1}{k}\widetilde{E}K-\frac{1}{k\tilde{k}^2}E\widetilde{K}+\frac{1}{k}K\widetilde{K}+\frac{1}{k\tilde{k}^2}\widetilde{E}K-\frac{k}{\tilde{k}^2}K\widetilde{K}\\
=&\left(\frac{1}{k}+\frac{k}{\tilde{k}^2}-\frac{1}{k\tilde{k}^2}\right)E\widetilde{K}+\left(-\frac{k}{\tilde{k}^2}-\frac{1}{k}+\frac{1}{k\tilde{k}^2}\right)\widetilde{E}K+0E\widetilde{E}+0K\widetilde{K}\\
=&0E\widetilde{K}+0\widetilde{E}K+0E\widetilde{E}+0K\widetilde{K}=0.
\end{aligned}
$$

(2) 由 (1) 可知 $E\widetilde{K}+\widetilde{E}K-K\widetilde{K}=\widetilde{E}K+(E-K)\widetilde{K}\equiv C$. 易见

$$
\lim_{k\to 0}\widetilde{E}=\lim_{\tilde{k}\to 1}\int_0^{\pi/2}\sqrt{1-\tilde{k}^2\sin^2\varphi}\,\mathrm{d}\varphi=\int_0^{\pi/2}\cos\varphi\mathrm{d}\varphi=1,
$$

且

$$
\lim_{k\to 0}K=\lim_{k\to 0}\int_0^{\pi/2}\frac{\mathrm{d}\varphi}{\sqrt{1-k^2\sin^2\varphi}}=\int_0^{\pi/2}\mathrm{d}\varphi=\frac{\pi}{2}.
$$

又由

$$
|\widetilde{K}|=\widetilde{K}=\int_0^{\pi/2}\frac{\mathrm{d}\varphi}{\sqrt{1-\tilde{k}^2\sin^2\varphi}}<\frac{\pi}{2}\cdot\frac{1}{\sqrt{1-\tilde{k}^2}}=\frac{\pi}{2}\cdot\frac{1}{k}
$$

和

$$
|E-K|=K-E=\int_0^{\pi/2}\frac{k^2\sin^2\varphi}{\sqrt{1-k^2\sin^2\varphi}}\mathrm{d}\varphi<\frac{\pi}{2}\cdot\frac{k^2}{\sqrt{1-k^2}}
$$

可知 $|(E-K)\widetilde{K}|<\dfrac{\pi^2}{4}\cdot\dfrac{k}{\sqrt{1-k^2}}$, 由此即得 $\lim\limits_{k\to 0}(E-K)\widetilde{K}=0$. 因此令 $k\to 0$ 即得 $\dfrac{\pi}{2}+0=C$, 从而 $C=\dfrac{\pi}{2}$. □

5. 代替积分 $F(y)=\displaystyle\int_a^b f(x,y)\mathrm{d}x$, 考虑积分

$$
\mathcal{F}(y)=\int_a^b f(x,y)g(x)\mathrm{d}x,
$$

其中 g 是区间 $[a,b]$ 上可积函数 $(g\in\mathcal{R}[a,b])$. 重复《讲义》命题 1 的证明, 可依次验证:

(1) 如果函数 f 满足命题 1 中 1° 的条件, 那么函数 $\mathcal{F}$ 在区间 $[c,d]$ 上连续 $(\mathcal{F}\in C[c,d])$.

(2) 如果函数 f 满足命题 1 中 2° 的条件, 那么函数 $\mathcal{F}$ 在区间 $[c,d]$ 上连续可微 ($\mathcal{F}\in C^{(1)}[c,d]$), 且

$$\mathcal{F}'(y)=\int_a^b\frac{\partial f}{\partial y}(x,y)g(x)\mathrm{d}x.$$

(3) 如果函数 f 满足命题 1 中 3° 的条件, 那么函数 $\mathcal{F}$ 在区间 $[c,d]$ 上可积 ($\mathcal{F}\in\mathcal{R}[c,d]$), 且

$$\int_c^d\mathcal{F}(y)\mathrm{d}y=\int_a^b\Big(\int_c^d f(x,y)g(x)\mathrm{d}y\Big)\mathrm{d}x.$$

证 由 $g\in\mathcal{R}[a,b]$ 可知 g 在 $[a,b]$ 上有界, 即存在 $M>0$ 使得 $|g(x)|\leqslant M$, $\forall x\in[a,b]$.

(1) 对每个 $y\in[c,d]$, 函数 $f(x,y)$ 关于 x 在 $[a,b]$ 上连续, 于是由 g 在 $[a,b]$ 上有界可知函数 $\varphi_y(x):=f(x,y)g(x)$ 在 $[a,b]$ 上可积. 任取 $y_0\in[c,d]$, 由 g 在 $[a,b]$ 上的有界性和 f 在紧集 $P=[a,b]\times[c,d]$ 上的一致连续性可知: 在 $[a,b]$ 上, 当 $y\in[c,d]$ 且 $y\to y_0$ 时, 有 $\varphi_y(x):=f(x,y)g(x)\rightrightarrows f(x,y_0)g(x)=:\varphi_{y_0}(x)$. 于是由关于积分号下取极限的定理可得

$$\mathcal{F}(y_0)=\int_a^b f(x,y_0)g(x)\mathrm{d}x=\lim_{y\to y_0}\int_a^b f(x,y)g(x)\mathrm{d}x=\lim_{y\to y_0}\mathcal{F}(y),$$

因此 $\mathcal{F}\in C[c,d]$.

(2) 任取 $y_0\in[c,d]$, 则由 g 在 $[a,b]$ 上的有界性可知, 当 $y_0+h\in[c,d]$ 时,

$$\begin{aligned}&\left|\mathcal{F}(y_0+h)-\mathcal{F}(y_0)-\Big(\int_a^b\frac{\partial f}{\partial y}(x,y_0)g(x)\mathrm{d}x\Big)h\right|\\=&\left|\int_a^b\Big(f(x,y_0+h)-f(x,y_0)-\frac{\partial f}{\partial y}(x,y_0)h\Big)g(x)\mathrm{d}x\right|\\\leqslant& M\int_a^b\left|f(x,y_0+h)-f(x,y_0)-\frac{\partial f}{\partial y}(x,y_0)h\right|\mathrm{d}x\\\leqslant& M\int_a^b\sup_{0<\theta<1}\left|\frac{\partial f}{\partial y}(x,y_0+\theta h)-\frac{\partial f}{\partial y}(x,y_0)\right|\mathrm{d}x\cdot|h|=:\varphi(y_0,h)|h|.\end{aligned}$$

又由条件 $\dfrac{\partial f}{\partial y}\in C(P;\mathbb{R})$ 可知, 在区间 $a\leqslant x\leqslant b$ 上, 当 $y\in[c,d]$ 且 $y\to y_0$ 时, 有 $\dfrac{\partial f}{\partial y}(x,y)\rightrightarrows\dfrac{\partial f}{\partial y}(x,y_0)$. 由此推出, 当 $h\to0$ 时, 有 $\varphi(y_0,h)\to0$. 因此,

$$\mathcal{F}'(y_0)=\int_a^b\frac{\partial f}{\partial y}(x,y_0)g(x)\mathrm{d}x.$$

再由 (1) 中结论可知 $\mathcal{F} \in C^{(1)}[c,d]$.

(3) 由 (1) 中结论可知 $\mathcal{F} \in \mathcal{R}[c,d]$. 考虑函数

$$\varphi(u) = \int_c^u \Big(\int_a^b f(x,y)g(x)\mathrm{d}x\Big)\mathrm{d}y, \quad \psi(u) = \int_a^b \Big(\int_c^u f(x,y)g(x)\mathrm{d}y\Big)\mathrm{d}x.$$

利用 (1) 中结论和积分关于上限的连续性可知 $\varphi, \psi \in C([c,d];\mathbb{R})$, 且 $\varphi'(u) = \int_a^b f(x,u)g(x)\mathrm{d}x$. 再由 (2) 中结论可知, 当 $u \in [c,d]$ 时, 有 $\psi'(u) = \int_a^b f(x,u)\cdot g(x)\mathrm{d}x$. 于是有 $\varphi'(u) = \psi'(u)$, 从而在区间 $[c,d]$ 上, $\varphi(u) = \psi(u) + C$. 再由 $\varphi(c) = \psi(c) = 0$ 可知 $\varphi(u) \equiv \psi(u)$, 特别地,

$$\int_c^d \mathcal{F}(y)\mathrm{d}y = \varphi(d) = \psi(d) = \int_a^b \Big(\int_c^d f(x,y)g(x)\mathrm{d}y\Big)\mathrm{d}x.$$

□

6. 泰勒公式和阿达马引理.

(1) 试证: 如果 f 是光滑函数且 $f(0) = 0$, 则 $f(x) = x\varphi(x)$, 其中 φ 是连续函数且 $\varphi(0) = f'(0)$.

(2) 试证: 如果 $f \in C^{(n)}$ 且 $f^{(k)}(0) = 0(k = 0, 1, \cdots, n-1)$, 则 $f(x) = x^n\varphi(x)$, 其中 φ 是连续函数且 $\varphi(0) = \dfrac{1}{n!}f^{(n)}(0)$.

(3) 设 f 是定义在零的邻域中的 $C^{(n)}$ 类函数. 试验证以下具阿达马余项的泰勒公式:

$$f(x) = f(0) + \frac{1}{1!}f'(0)x + \cdots + \frac{1}{(n-1)!}f^{(n-1)}(0)x^{n-1} + x^n\varphi(x),$$

其中 φ 是零的邻域中的连续函数, 且 $\varphi(0) = \dfrac{1}{n!}f^{(n)}(0)$.

(4) 把习题 (1)—(3) 的结果推广到 f 是多变量函数的情形. 试导出用多指标记号表示的基本泰勒公式:

$$f(x) = \sum_{|\alpha|=0}^{n-1} \frac{1}{\alpha!}D^\alpha f(0)x^\alpha + \sum_{|\alpha|=n} x^\alpha\varphi_\alpha(x),$$

并除了习题 (1)—(3) 中所述的结果之外, 补充证明, 当 $f \in C^{(n+p)}$ 时, 有 $\varphi_\alpha \in C^{(p)}$.

证　(1) 参见《讲义》第三卷 14.1 节例 1.

(2) 利用数学归纳法证明. 当 $n = 1$ 时, 由 (1) 可知命题成立. 假设命题对 $n-1$ 成立, 即当 $g \in C^{(n-1)}$ 且 $g^{(k)}(0) = 0(k = 0, 1, \cdots, n-2)$ 时有 $g(x) =$

$x^{n-1}\psi(x)$, 其中 ψ 是连续函数且 $\psi(0)=\dfrac{1}{(n-1)!}g^{(n-1)}(0)$. 于是当 $f\in C^{(n)}$ 且 $f^{(k)}(0)=0(k=0,1,\cdots,n-1)$ 时可见 $g=f'$ 满足 $n-1$ 时的条件, 故 $f'(x)=g(x)=x^{n-1}\psi(x)$, 其中 ψ 是连续函数且 $\psi(0)=\dfrac{1}{(n-1)!}g^{(n-1)}(0)=\dfrac{1}{(n-1)!}f^{(n)}(0)$. 因此

$$\begin{aligned}f(x)&=x\int_0^1 f'(tx)\mathrm{d}t=x\int_0^1(tx)^{n-1}\psi(tx)\mathrm{d}t\\&=x^n\int_0^1 t^{n-1}\psi(tx)\mathrm{d}t=:x^n\varphi(x).\end{aligned}$$

易见 $\varphi(x)=\displaystyle\int_0^1 t^{n-1}\psi(tx)\mathrm{d}t$ 是连续函数且

$$\varphi(0)=\int_0^1 t^{n-1}\psi(0)\mathrm{d}t=\frac{1}{n}\psi(0)=\frac{1}{n!}f^{(n)}(0).$$

(3) 记

$$F(x)=f(x)-\left(f(0)+\frac{1}{1!}f'(0)x+\cdots+\frac{1}{(n-1)!}f^{(n-1)}(0)x^{n-1}\right),$$

则易见在零的邻域中 $F\in C^{(n)}$ 且 $F^{(k)}(0)=0(k=0,1,\cdots,n-1)$. 于是由 (2) 可知 $F(x)=x^n\varphi(x)$, 其中 φ 是零的邻域中的连续函数且 $\varphi(0)=\dfrac{1}{n!}F^{(n)}(0)=\dfrac{1}{n!}f^{(n)}(0)$.

(4) 考虑多变量函数 $f(x)$, $x=(x^1,\cdots,x^m)$.

(i) 设 f 是光滑函数且 $f(0)=0$. 由《讲义》14.1 节例 1 和多指标记号的定义和性质可知

$$\begin{aligned}f(x)&=f(x^1,\cdots,x^m)=\sum_{i=1}^m x^i\int_0^1\frac{\partial f}{\partial x^i}(tx^1,\cdots,tx^m)\mathrm{d}t\\&=\sum_{|\alpha|=1}x^\alpha\int_0^1 D^\alpha f(tx)\mathrm{d}t.\end{aligned}$$

记

$$\varphi_\alpha(x)=\int_0^1 D^\alpha f(tx)\mathrm{d}t,$$

则 φ_α 是连续函数, $\varphi_\alpha(0)=D^\alpha f(0)$ 且

$$f(x)=\sum_{|\alpha|=1}x^\alpha\varphi_\alpha(x).$$

(ii) 设 $f \in C^{(n)}$ 且 $D^\alpha f(0)=0$, $|\alpha|=0,1,\cdots,n-1$. 我们利用数学归纳法来证明 $f(x)=\sum\limits_{|\alpha|=n} x^\alpha \varphi_\alpha(x)$, 其中 φ_α 是连续函数且 $\varphi_\alpha(0)=\dfrac{1}{n!}D^\alpha f(0)$.

当 $n=1$ 时, 由 (i) 可知命题成立. 假设命题对 $n-1$ 成立, 即当 $g \in C^{(n-1)}$ 且 $D^\beta g(0)=0(|\beta|=0,1,\cdots,n-2)$ 时有 $g(x)=\sum\limits_{|\beta|=n-1} x^\beta \psi_\beta(x)$, 其中 ψ_β 是连续函数且 $\psi_\beta(0)=\dfrac{1}{(n-1)!}D^\beta g(0)$. 于是当 $f \in C^{(n)}$ 且 $D^\alpha f(0)=0(|\alpha|=0,1,\cdots,n-1)$ 时可见, $\forall |\gamma|=1$, $g_\gamma=D^\gamma f$ 满足 $n-1$ 时的条件, 故 $D^\gamma f(x)=g_\gamma(x)=\sum\limits_{|\beta|=n-1} x^\beta \psi_{\gamma,\beta}(x)$, 其中 $\psi_{\gamma,\beta}$ 是连续函数且 $\psi_{\gamma,\beta}(0)=\dfrac{1}{(n-1)!}D^\beta g_\gamma(0)=\dfrac{1}{(n-1)!}D^{(\gamma+\beta)}f(0)$. 因此

$$
\begin{aligned}
f(x)&=\sum_{|\gamma|=1} x^\gamma \int_0^1 D^\gamma f(tx)\mathrm{d}t\\
&=\sum_{|\gamma|=1} x^\gamma \int_0^1 \sum_{|\beta|=n-1}(tx)^\beta \psi_{\gamma,\beta}(tx)\mathrm{d}t\\
&=\sum_{|\gamma+\beta|=n} x^{\gamma+\beta}\int_0^1 t^{n-1}\psi_{\gamma,\beta}(tx)\mathrm{d}t =: \sum_{|\alpha|=n} x^\alpha \varphi_\alpha(x).
\end{aligned}
$$

易见 $\varphi_\alpha(x)=\displaystyle\int_0^1 t^{n-1}\psi_{\gamma,\beta}(tx)\mathrm{d}t$ 是连续函数且

$$
\varphi_\alpha(0)=\int_0^1 t^{n-1}\psi_{\gamma,\beta}(0)\mathrm{d}t=\frac{1}{n}\psi_{\gamma,\beta}(0)=\frac{1}{n!}D^\alpha f(0).
$$

(iii) 设 f 是定义在零的邻域中的 $C^{(n)}$ 类函数. 记

$$
F(x)=f(x)-\sum_{|\alpha|=0}^{n-1}\frac{1}{\alpha!}D^\alpha f(0)x^\alpha,
$$

则易见在零的邻域中 $F \in C^{(n)}$ 且 $D^\alpha F(0)=0(|\alpha|=0,1,\cdots,n-1)$. 于是由 (ii) 可知 $F(x)=\sum\limits_{|\alpha|=n} x^\alpha\varphi_\alpha(x)$, 其中 φ_α 是连续函数且 $\varphi_\alpha(0)=\dfrac{1}{n!}D^\alpha F(0)=\dfrac{1}{n!}D^\alpha f(0)$.

此外, 当 $f \in C^{(n+p)}$ 时, 再次利用 (ii) 中的数学归纳法易见 $\varphi_\alpha \in C^{(p)}$. □

14.2 含参变量的反常积分

一、知识点总结与补充

1. 反常积分关于参数的一致收敛性

设对每个 $y \in Y$, 反常积分

$$F(y) = \int_a^\omega f(x,y)\mathrm{d}x$$

在区间 $[a,\omega) \subset \mathbb{R}$ 上收敛. 为确定起见, 将认为以积分上限为唯一奇点 (即或者 $\omega = +\infty$ 或者 f 作为 x 的函数在点 ω 的邻域内无界). 我们将这类函数的集合记作 $\mathcal{O}([a,\omega) \times Y)$.

(1) 一致收敛的定义: 如果对任何一个 $\varepsilon > 0$, 存在 ω 在集合 $[a,\omega)$ 中的邻域 $U_{[a,\omega)}(\omega)$, 对任何 $b \in U_{[a,\omega)}(\omega)$ 和任何 $y \in E \subset Y$, 积分 $F(y) = \displaystyle\int_a^\omega f(x,y)\mathrm{d}x$ 的余项有如下估计:

$$\left|\int_b^\omega f(x,y)\mathrm{d}x\right| < \varepsilon,$$

则称含参变量 $y \in Y$ 的反常积分 $F(y)$ 在集合 $E \subset Y$ 上一致收敛.

注 如果引进记号表示反常积分 $F(y)$ 的常义积分近似

$$F_b(y) := \int_a^b f(x,y)\mathrm{d}x,$$

则上述一致收敛的定义也能改述成与其等价的另一形式: 积分 $F(y)$ 在集合 $E \subset Y$ 上一致收敛即是

$$\text{当 } [a,\omega) \ni b \to \omega \text{ 时, 在 } E \text{ 上有 } F_b(y) \rightrightarrows F(y).$$

(2) 含参变量反常积分的一致收敛性与函数项级数的一致收敛性的联系: 设 $f \in \mathcal{O}([a,\omega) \times Y)$. $F(y)$ 在 Y 上一致收敛的充分必要条件为: 对任一趋于 ω 的递增数列 $\{A_n\}$ (其中 $A_1 = a$), 函数项级数

$$\sum_{n=1}^\infty \int_{A_n}^{A_{n+1}} f(x,y)\mathrm{d}x = \sum_{n=1}^\infty u_n(y)$$

在 Y 上一致收敛.

2. 含参变量反常积分的一致收敛性检验法

(1) 充分必要条件——柯西准则: 为了使得反常积分 $F(y)$ 在集合 $E \subset Y$ 上一致收敛, 必要且充分条件是, 对任何 $\varepsilon > 0$, 存在点 ω 的邻域 $U_{[a,\omega)}(\omega)$, 使对任何 $b_1, b_2 \in U_{[a,\omega)}(\omega)$ 和任何 $y \in E$ 都成立不等式

$$\left|\int_{b_1}^{b_2} f(x,y)\mathrm{d}x\right| < \varepsilon.$$

注　如果积分 $F(y)$ 中的函数 $f \in C([a,\omega)\times[c,d];\mathbb{R})$, 而积分 $F(y)$ 本身关于任何 $y\in(c,d)$ 收敛, 但在 $y=c$ 或 $y=d$ 发散, 那么, 它在区间 (c,d) 上, 以及其闭包含有发散点的任何一个集合 $E\subset(c,d)$ 上, 都不一致收敛.

(2) 充分条件——魏尔斯特拉斯检验法: 设函数 $f,g\in\mathcal{O}([a,\omega)\times Y)$. 如果对每个 $y\in Y$ 和任意的 $x\in[a,\omega)$, 有不等式

$$|f(x,y)| \leqslant g(x,y),$$

且积分 $\int_a^\omega g(x,y)\mathrm{d}x$ 在 Y 上一致收敛, 那么积分 $\int_a^\omega f(x,y)\mathrm{d}x$ 对每个 $y\in Y$ 都绝对收敛, 而且它在 Y 上一致收敛.

注　当函数 g 不依赖于参变量 y 时, 通常称为积分一致收敛性的魏尔斯特拉斯强函数检验法.

(3) 充分条件——阿贝尔–狄利克雷检验法: 设 $f,g\in\mathcal{O}([a,\omega)\times Y)$. 为使积分 $\int_a^\omega (f\cdot g)(x,y)\mathrm{d}x$ 在集合 Y 上一致收敛, 只要满足下面两对条件之一即可 (记 $g_y(x)=g(x,y):[a,\omega)\to\mathbb{R}$):

(α_1) $\exists M\in\mathbb{R}$, 使对任何 $b\in[a,\omega)$ 和任何 $y\in Y$ 成立 $\left|\int_a^b f(x,y)\mathrm{d}x\right| < M$,

(β_1) $\forall y\in Y$, 函数 $g_y(x)$ 在 $[a,\omega)$ 上单调, 且在 Y 上, $g_y(x)\rightrightarrows 0$ (当 $[a,\omega)\ni x\to\omega$ 时);

或者

(α_2) 积分 $\int_a^\omega f(x,y)\mathrm{d}x$ 在 Y 上一致收敛,

(β_2) $\forall y\in Y$, $g_y(x)$ 在 $[a,\omega)$ 上单调, 且 $\exists M\in\mathbb{R}$, 使 $\forall x\in[a,\omega)$, $\forall y\in Y$ 有 $|g(x,y)|<M$.

(4) 补充说明: 前述关于实值函数积分的结论对向量值函数的积分和复值函数的积分也是成立的. 这里只需指出, 在柯西准则中, 要补充假设, 被积函数值所在的向量空间是完备的 (对于 $\mathbb{R},\mathbb{C},\mathbb{R}^n,\mathbb{C}^n$ 这是成立的), 而在阿贝尔–狄利克雷检验法中, 应当认为乘积中被假设为单调函数的那个因子是实值的.

3. 反常积分号下取极限

(1) 定理: 设 $f\in\mathcal{O}([a,\omega)\times Y)$, $\mathcal{B}_Y$ 是 Y 中的基. 如果

- 对任何 $b\in(a,\omega)$, 在 $[a,b]$ 上关于基 $\mathcal{B}_Y$ 有 $f(x,y)\rightrightarrows\varphi(x)$;
- 积分 $\int_a^\omega f(x,y)\mathrm{d}x$ 在 Y 上一致收敛,

那么, 极限函数 φ 在 $[a,\omega)$ 上在反常意义下可积, 且成立等式

$$\lim_{\mathcal{B}_Y}\int_a^\omega f(x,y)\mathrm{d}x=\int_a^\omega \varphi(x)\mathrm{d}x.$$

(2) 图示:

$$\begin{array}{ccc}
F_b(y):=\displaystyle\int_a^b f(x,y)\mathrm{d}x & \overset{\substack{b\to\omega\\ b\in[a,\omega)}}{\rightrightarrows} & \displaystyle\int_a^\omega f(x,y)\mathrm{d}x=:F(y)\\
\Big\downarrow{\scriptstyle \mathcal{B}_Y} & & \Big\downarrow{\scriptstyle \mathcal{B}_Y}\\
\displaystyle\int_a^b \varphi(x)\mathrm{d}x & \xrightarrow[]{\substack{b\to\omega\\ b\in[a,\omega)}} & \displaystyle\int_a^\omega \varphi(x)\mathrm{d}x.
\end{array}$$

(3) 设对每个实参变量的值 $y\in Y\subset\mathbb{R}$, 实值函数 $f(x,y)$ 是非负的, 且在区间 $a\leqslant x<\omega$ 上连续. 如果

- $f(x,y)$ 随 y 的增加而单调增加, 在 $[a,\omega)$ 上趋于函数 $\varphi(x)$;
- $\varphi\in C([a,\omega);\mathbb{R})$;
- 积分 $\displaystyle\int_a^\omega \varphi(x)\mathrm{d}x$ 收敛,

那么等式 $\displaystyle\lim_{\mathcal{B}_Y}\int_a^\omega f(x,y)\mathrm{d}x=\int_a^\omega \varphi(x)\mathrm{d}x$ 成立.

4. 含参变量的反常积分的连续性、微分法、积分法

(1) 令 $Q=\{(x,y)\in\mathbb{R}^2: a\leqslant x<\omega\wedge c\leqslant y\leqslant d\}$. 假设函数 $f\in C(Q)$. 关于反常积分 $F(y)=\displaystyle\int_a^\omega f(x,y)\mathrm{d}x$ 有下述结论:

- (连续性) 若积分 $F(y)$ 在 $[c,d]$ 上一致收敛, 则函数 $F\in C([c,d])$.
- (微分法) 若积分 $F(y)$ 至少在一点 $y_0\in[c,d]$ 收敛, $f'_y(x,y)\in C(Q)$ 且积分 $\displaystyle\int_a^\omega f'_y(x,y)\mathrm{d}x$ 在 $[c,d]$ 上一致收敛, 则积分 $F(y)$ 在 $[c,d]$ 上一致收敛, 且函数 F 在 $[c,d]$ 上可微:

$$F'(y)=\int_a^\omega f'_y(x,y)\mathrm{d}x.$$

- (积分法) 若积分 $F(y)$ 在 $[c,d]$ 上一致收敛, 则函数 $F\in\mathcal{R}[c,d]$ 且有等式

$$\int_c^d\left(\int_a^\omega f(x,y)\mathrm{d}x\right)\mathrm{d}y=\int_a^\omega\left(\int_c^d f(x,y)\mathrm{d}y\right)\mathrm{d}x.$$

注　如果

– 函数 $f \in C(Q;\mathbb{R})$;

– $f(x,y)$ 在 Q 上非负;

– 积分 $F(y)=\int_a^{\omega} f(x,y)\mathrm{d}x$ 作为 y 的函数在区间 $[c,d]$ 上连续,

那么等式 $\int_c^d\left(\int_a^{\omega} f(x,y)\mathrm{d}x\right)\mathrm{d}y=\int_a^{\omega}\left(\int_c^d f(x,y)\mathrm{d}y\right)\mathrm{d}x$ 成立.

(2) 两个反常积分可交换次序的一个充分条件: 如果

• 函数 $f(x,y)$ 在集合 $\{(x,y)\in\mathbb{R}^2 : a\leqslant x<\omega \wedge c\leqslant y<\tilde{\omega}\}$ 上连续;

• 两个积分

$$F(y)=\int_a^{\omega} f(x,y)\mathrm{d}x,\quad \Phi(x)=\int_c^{\tilde{\omega}} f(x,y)\mathrm{d}y$$

中的第一个关于 y 在任何区间 $[c,d]\subset[c,\tilde{\omega})$ 上一致收敛, 而第二个关于 x 在任何区间 $[a,b]\subset[a,\omega)$ 上一致收敛;

• 两个累次积分

$$\int_c^{\tilde{\omega}}\mathrm{d}y\int_a^{\omega}|f|(x,y)\mathrm{d}x,\quad \int_a^{\omega}\mathrm{d}x\int_c^{\tilde{\omega}}|f|(x,y)\mathrm{d}y$$

中至少有一个存在,

那么, 成立等式

$$\int_c^{\tilde{\omega}}\mathrm{d}y\int_a^{\omega} f(x,y)\mathrm{d}x=\int_a^{\omega}\mathrm{d}x\int_c^{\tilde{\omega}} f(x,y)\mathrm{d}y.$$

注　如果

• 函数 $f(x,y)$ 在集合 $P=\{(x,y)\in\mathbb{R}^2 : a\leqslant x<\omega \wedge c\leqslant y<\tilde{\omega}\}$ 上连续;

• $f(x,y)$ 在 P 上非负;

• 两个积分

$$F(y)=\int_a^{\omega} f(x,y)\mathrm{d}x,\quad \Phi(x)=\int_c^{\tilde{\omega}} f(x,y)\mathrm{d}y$$

分别是区间 $[c,\tilde{\omega})$, $[a,\omega)$ 上的连续函数;

• 两个累次积分

$$\int_c^{\tilde{\omega}}\mathrm{d}y\int_a^{\omega} f(x,y)\mathrm{d}x,\quad \int_a^{\omega}\mathrm{d}x\int_c^{\tilde{\omega}} f(x,y)\mathrm{d}y$$

之中至少有一个存在,

那么另一个累次积分也存在, 并且它们相等.

5. 两个特殊积分的值

(1) 狄利克雷积分

$$\int_0^{+\infty}\frac{\sin x}{x}\mathrm{d}x=\frac{\pi}{2}.$$

注 利用变量替换易知 $\displaystyle\int_0^{+\infty}\frac{\sin\alpha x}{x}\mathrm{d}x=\frac{\pi}{2}\mathrm{sgn}\alpha.$

(2) 欧拉–泊松积分

$$\int_0^{+\infty}\mathrm{e}^{-x^2}\mathrm{d}x=\frac{\sqrt{\pi}}{2}.$$

注 利用变量替换易知 $\displaystyle\int_0^{+\infty}\mathrm{e}^{-\lambda x^2}\mathrm{d}x=\frac{\sqrt{\pi}}{2\sqrt{\lambda}}$, $\lambda>0$. 由此易得

$$\int_{-\infty}^{+\infty}\mathrm{e}^{-\pi x^2}\mathrm{d}x=1.$$

二、例题讲解

1. 求含参变量的反常积分 $\displaystyle\int_0^{+\infty}\frac{1}{x^2}\left(\mathrm{e}^{-\alpha x^2}-1\right)\mathrm{d}x$, $\alpha\geqslant 0$.

解 因为 $\displaystyle\lim_{x\to+0}\frac{1}{x^2}\left(\mathrm{e}^{-\alpha x^2}-1\right)=-\alpha$, 所以 $x=0$ 不是瑕点. 记

$$F(\alpha):=\int_0^{+\infty}\frac{1}{x^2}\left(\mathrm{e}^{-\alpha x^2}-1\right)\mathrm{d}x,\quad \alpha\geqslant 0.$$

于是由 $\displaystyle\left|\frac{1}{x^2}\left(\mathrm{e}^{-\alpha x^2}-1\right)\right|\leqslant\frac{1}{x^2}$, 反常积分 $\displaystyle\int_0^{+\infty}\mathrm{e}^{-\alpha x^2}\mathrm{d}x$ 在 $(0,+\infty)$ 中的内闭一致收敛性及含参变量的反常积分的微分法可知

$$F'(\alpha):=\int_0^{+\infty}\frac{1}{x^2}\cdot(-x^2)\cdot\mathrm{e}^{-\alpha x^2}\mathrm{d}x=-\int_0^{+\infty}\mathrm{e}^{-\alpha x^2}\mathrm{d}x=-\frac{\sqrt{\pi}}{2\sqrt{\alpha}},\quad \alpha>0.$$

所以

$$F(\alpha)=-\int\frac{\sqrt{\pi}}{2\sqrt{\alpha}}\mathrm{d}\alpha=-\sqrt{\alpha\pi}+c,\quad \alpha>0.$$

又由 $\displaystyle\lim_{\alpha\to+0}F(\alpha)=0$ 可知 $c=0$, 因此 $F(\alpha)=-\sqrt{\alpha\pi}$. □

2. 证明: 含参变量的反常积分 $\displaystyle\int_1^{+\infty}\mathrm{e}^{-\frac{1}{\alpha^2}\left(x-\frac{1}{\alpha}\right)^2}\mathrm{d}x$ 在 $(0,1]$ 上一致收敛, 但不能用魏尔斯特拉斯强函数检验法判断.

证　$\forall\varepsilon\in(0,\sqrt{\pi})$, 因为 $\int_0^{+\infty}\mathrm{e}^{-u^2}\mathrm{d}u$ 收敛, 所以 $\exists N_1>0$ 使得 $\forall N>N_1$, $\int_N^{+\infty}\mathrm{e}^{-u^2}\mathrm{d}u<\varepsilon$. 令 $N_2=N_1+\dfrac{\sqrt{\pi}}{\varepsilon}$, 则 $\forall M>N_2$, 显然 $M-\dfrac{\sqrt{\pi}}{\varepsilon}>N_1$, 于是

$$\int_{M-\frac{\sqrt{\pi}}{\varepsilon}}^{+\infty}\mathrm{e}^{-u^2}\mathrm{d}u<\varepsilon. \tag{$*$}$$

当 $\alpha\in\left(0,\dfrac{\varepsilon}{\sqrt{\pi}}\right)$ 时, 做变量替换 $u=\dfrac{1}{\alpha}\left(x-\dfrac{1}{\alpha}\right)$, 则

$$\left|\int_M^{+\infty}\mathrm{e}^{-\frac{1}{\alpha^2}(x-\frac{1}{\alpha})^2}\mathrm{d}x\right|=\alpha\int_{\frac{1}{\alpha}(M-\frac{1}{\alpha})}^{+\infty}\mathrm{e}^{-u^2}\mathrm{d}u\leqslant\alpha\int_{-\infty}^{+\infty}\mathrm{e}^{-u^2}\mathrm{d}u=\alpha\sqrt{\pi}<\varepsilon.$$

当 $\alpha\in\left[\dfrac{\varepsilon}{\sqrt{\pi}},1\right]$ 时, 由变量替换 $u=\dfrac{1}{\alpha}\left(x-\dfrac{1}{\alpha}\right)$ 和 $(*)$ 式可知

$$\left|\int_M^{+\infty}\mathrm{e}^{-\frac{1}{\alpha^2}(x-\frac{1}{\alpha})^2}\mathrm{d}x\right|=\alpha\int_{\frac{1}{\alpha}(M-\frac{1}{\alpha})}^{+\infty}\mathrm{e}^{-u^2}\mathrm{d}u\leqslant\int_{M-\frac{\sqrt{\pi}}{\varepsilon}}^{+\infty}\mathrm{e}^{-u^2}\mathrm{d}u<\varepsilon.$$

因此由一致收敛的定义可知 $\int_1^{+\infty}\mathrm{e}^{-\frac{1}{\alpha^2}(x-\frac{1}{\alpha})^2}\mathrm{d}x$ 在 $(0,1]$ 上一致收敛.

假设存在函数 $g(x)$ 使得

$$\left|\mathrm{e}^{-\frac{1}{\alpha^2}(x-\frac{1}{\alpha})^2}\right|\leqslant g(x),\quad(\alpha,x)\in(0,1]\times[1,+\infty)$$

且 $\int_1^{+\infty}g(x)\mathrm{d}x$ 收敛. $\forall x\in[1,+\infty)$, 取 $\alpha=\dfrac{1}{x}$, 则 $g(x)\geqslant1$, 这与 $\int_1^{+\infty}g(x)\mathrm{d}x$ 收敛矛盾. □

三、习题参考解答 (14.2 节)

1. 验证: 函数 $J_0(x)=\dfrac{1}{\pi}\int_0^1\dfrac{\cos xt}{\sqrt{1-t^2}}\mathrm{d}t$ 满足贝塞尔方程 $y''+\dfrac{1}{x}y'+y=0$.

证　显然 $f(t,x):=\dfrac{\cos xt}{\sqrt{1-t^2}},f'_x(t,x)=\dfrac{-t\sin xt}{\sqrt{1-t^2}}\in C([0,1)\times\mathbb{R})$. 又因为 $\left|\dfrac{-t\sin xt}{\sqrt{1-t^2}}\right|\leqslant\dfrac{t}{\sqrt{1-t^2}}$, 而 $\int_0^1\dfrac{t}{\sqrt{1-t^2}}\mathrm{d}t=1$, 所以由魏尔斯特拉斯强函数检验法可知 $\int_0^1f'_x(t,x)\mathrm{d}t$ 在任何有限区间 $[c,d]\subset\mathbb{R}$ 上一致收敛. 同理由 $\int_0^1\dfrac{1}{\sqrt{1-t^2}}\mathrm{d}t$ $=\arcsin1$ 和 $\int_0^1\dfrac{t^2}{\sqrt{1-t^2}}\mathrm{d}t=\dfrac{\pi}{4}$ 可知 $J_0(x)=\int_0^1f(t,x)\mathrm{d}t$ 和 $\int_0^1f''_x(t,x)\mathrm{d}t$ 也

在任何有限区间 $[c,d]\subset\mathbb{R}$ 上一致收敛. 于是由含参变量的反常积分的微分法可得

$$J_0'(x)=\frac{1}{\pi}\int_0^1\frac{-t\sin xt}{\sqrt{1-t^2}}\mathrm{d}t,\quad J_0''(x)=\frac{1}{\pi}\int_0^1\frac{-t^2\cos xt}{\sqrt{1-t^2}}\mathrm{d}t.$$

因此

$$\begin{aligned}y''+\frac{1}{x}y'+y&=\frac{1}{\pi}\int_0^1\frac{1}{\sqrt{1-t^2}}\left((-t^2\cos xt)+\frac{1}{x}(-t\sin xt)+\cos xt\right)\mathrm{d}t\\&=\frac{1}{\pi}\int_0^1\left(\sqrt{1-t^2}\cos xt+\frac{-t\sin xt}{x\sqrt{1-t^2}}\right)\mathrm{d}t\\&=\frac{1}{\pi}\int_0^1\frac{\mathrm{d}}{\mathrm{d}t}\left(\frac{1}{x}\sqrt{1-t^2}\sin xt\right)\mathrm{d}t\\&=\frac{1}{\pi}\left(\frac{1}{x}\sqrt{1-t^2}\sin xt\right)\Big|_{t=0}^{t=1}=0.\end{aligned}$$

□

2. (1) 根据等式 $\displaystyle\int_0^{+\infty}\frac{\mathrm{d}y}{x^2+y^2}=\frac{\pi}{2}\cdot\frac{1}{x}$, 证明:

$$\int_0^{+\infty}\frac{\mathrm{d}y}{(x^2+y^2)^n}=\frac{\pi}{2}\cdot\frac{(2n-3)!!}{(2n-2)!!}\cdot\frac{1}{x^{2n-1}}.$$

(2) 验证:

$$\int_0^{+\infty}\frac{\mathrm{d}y}{\left(1+\dfrac{y^2}{n}\right)^n}=\frac{\pi}{2}\cdot\frac{(2n-3)!!}{(2n-2)!!}\sqrt{n}.$$

(3) 证明: 当 $n\to+\infty$ 时, 在 $\mathbb{R}$ 上, $\left(1+\dfrac{y^2}{n}\right)^{-n}\searrow \mathrm{e}^{-y^2}$ 且

$$\lim_{n\to+\infty}\int_0^{+\infty}\frac{\mathrm{d}y}{\left(1+\dfrac{y^2}{n}\right)^n}=\int_0^{+\infty}\mathrm{e}^{-y^2}\mathrm{d}y.$$

(4) 试推证下面的沃利斯公式

$$\lim_{n\to+\infty}\frac{(2n-3)!!}{(2n-2)!!}\sqrt{n}=\frac{1}{\sqrt{\pi}}.$$

证 (1) 我们利用数学归纳法来证明结论. 首先, 由含参变量的反常积分的微分法可知

$$\int_0^{+\infty}(-1)\cdot\frac{1}{(x^2+y^2)^2}\cdot 2x\mathrm{d}y=\int_0^{+\infty}\frac{\mathrm{d}}{\mathrm{d}x}\left(\frac{1}{x^2+y^2}\right)\mathrm{d}y$$
$$=\frac{\mathrm{d}}{\mathrm{d}x}\left(\int_0^{+\infty}\frac{\mathrm{d}y}{x^2+y^2}\right)=\frac{\mathrm{d}}{\mathrm{d}x}\left(\frac{\pi}{2}\cdot\frac{1}{x}\right)=\frac{\pi}{2}\cdot(-1)\cdot\frac{1}{x^2}.$$

于是
$$\int_0^{+\infty}\frac{\mathrm{d}y}{(x^2+y^2)^2}=\frac{\pi}{2}\cdot\frac{1!!}{2!!}\cdot\frac{1}{x^3},$$
即当 $n=2$ 时结论成立. 假设结论对 $n\geqslant 2$ 成立, 则对 $n+1$, 再次利用含参变量的反常积分的微分法可得
$$\begin{aligned}&\int_0^{+\infty}(-1)\cdot n\cdot\frac{1}{(x^2+y^2)^{n+1}}\cdot 2x\mathrm{d}y=\int_0^{+\infty}\frac{\mathrm{d}}{\mathrm{d}x}\left(\frac{1}{(x^2+y^2)^n}\right)\mathrm{d}y\\&=\frac{\mathrm{d}}{\mathrm{d}x}\left(\int_0^{+\infty}\frac{\mathrm{d}y}{(x^2+y^2)^n}\right)=\frac{\mathrm{d}}{\mathrm{d}x}\left(\frac{\pi}{2}\cdot\frac{(2n-3)!!}{(2n-2)!!}\cdot\frac{1}{x^{2n-1}}\right)\\&=\frac{\pi}{2}\cdot\frac{(2n-3)!!}{(2n-2)!!}\cdot(-1)\cdot(2n-1)\cdot\frac{1}{x^{2n}}.\end{aligned}$$
于是
$$\int_0^{+\infty}\frac{\mathrm{d}y}{(x^2+y^2)^{n+1}}=\frac{\pi}{2}\cdot\frac{(2n-1)!!}{(2n)!!}\cdot\frac{1}{x^{2n+1}},$$
即结论对 $n+1$ 也成立. 因此结论对所有的 $n\in\mathbb{N}\backslash\{1\}$ 成立.

(2) 由 (1) 中结论可知
$$\begin{aligned}&\int_0^{+\infty}\frac{\mathrm{d}y}{(x^2+y^2)^n}\xlongequal{y=\frac{x}{\sqrt{n}}t}\int_0^{+\infty}\frac{\frac{x}{\sqrt{n}}\mathrm{d}t}{\left(x^2+x^2\cdot\dfrac{t^2}{n}\right)^n}=\frac{1}{\sqrt{n}}\cdot\frac{1}{x^{2n-1}}\int_0^{+\infty}\frac{\mathrm{d}t}{\left(1+\dfrac{t^2}{n}\right)^n}\\&=\frac{1}{\sqrt{n}}\cdot\frac{1}{x^{2n-1}}\int_0^{+\infty}\frac{\mathrm{d}y}{\left(1+\dfrac{y^2}{n}\right)^n}=\frac{\pi}{2}\cdot\frac{(2n-3)!!}{(2n-2)!!}\cdot\frac{1}{x^{2n-1}},\end{aligned}$$
因此
$$\int_0^{+\infty}\frac{\mathrm{d}y}{\left(1+\dfrac{y^2}{n}\right)^n}=\frac{\pi}{2}\cdot\frac{(2n-3)!!}{(2n-2)!!}\sqrt{n}.$$

(3) 记 $f(x)=\left(1+\dfrac{1}{x}\right)^{-x}$, $x>0$. 于是
$$f'(x)=\frac{\mathrm{d}}{\mathrm{d}x}\left(\mathrm{e}^{-x\ln(1+\frac{1}{x})}\right)=\mathrm{e}^{-x\ln(1+\frac{1}{x})}\left(-\ln\left(1+\frac{1}{x}\right)+\frac{\dfrac{1}{x}}{1+\dfrac{1}{x}}\right).$$
令 $g(t)=-\ln(1+t)+\dfrac{t}{1+t}$, $t>0$, 于是 $g'(t)=-\dfrac{t}{(1+t)^2}<0$, 因此易得 $g(t)<0$, $\forall t>0$. 由此可知 $f'(x)<0$, $\forall x>0$. 任意固定 $y\in\mathbb{R}$, 易见 $\left(1+\dfrac{y^2}{n}\right)^{-n}=$

$\left(f\left(\dfrac{n}{y^2}\right)\right)^{y^2}$ 关于 n 单调递减. 又易知

$$\lim_{n\to+\infty}\left(1+\frac{y^2}{n}\right)^{-n}=\lim_{n\to+\infty}\left(f\left(\frac{n}{y^2}\right)\right)^{y^2}\xlongequal{x=\frac{n}{y^2}}\left(\lim_{x\to+\infty}f(x)\right)^{y^2}=\mathrm{e}^{-y^2}.$$

由迪尼定理可知, $\left(1+\dfrac{y^2}{n}\right)^{-n}$ 在任何闭区间 $[a,b]\subset[0,+\infty)$ 上一致收敛于 e^{-y^2}. 又由在 $[0,+\infty)$ 上 $0\leqslant\left(1+\dfrac{y^2}{n}\right)^{-n}\leqslant\dfrac{1}{1+y^2}$ 和 $\displaystyle\int_0^{+\infty}\frac{\mathrm{d}y}{1+y^2}=\frac{\pi}{2}$ 并利用魏尔斯特拉斯强函数检验法可知 $\displaystyle\int_0^{+\infty}\left(1+\frac{y^2}{n}\right)^{-n}\mathrm{d}y$ 关于 n 一致收敛. 因此由反常积分号下取极限的定理即得

$$\lim_{n\to+\infty}\int_0^{+\infty}\frac{\mathrm{d}y}{\left(1+\dfrac{y^2}{n}\right)^n}=\int_0^{+\infty}\left(\lim_{n\to+\infty}\frac{1}{\left(1+\dfrac{y^2}{n}\right)^n}\right)\mathrm{d}y=\int_0^{+\infty}\mathrm{e}^{-y^2}\mathrm{d}y.$$

(4) 由 (2) 和 (3) 及欧拉–泊松积分可知

$$\lim_{n\to+\infty}\frac{(2n-3)!!}{(2n-2)!!}\sqrt{n}=\frac{2}{\pi}\cdot\lim_{n\to+\infty}\int_0^{+\infty}\frac{\mathrm{d}y}{\left(1+\dfrac{y^2}{n}\right)^n}=\frac{2}{\pi}\cdot\int_0^{+\infty}\mathrm{e}^{-y^2}\mathrm{d}y=\frac{1}{\sqrt{\pi}}.$$

□

3. 利用《讲义》14.2 节等式 (14.2.17), 证明:

(1) $\displaystyle\int_0^{+\infty}\mathrm{e}^{-x^2}\cos 2xy\mathrm{d}x=\frac{1}{2}\sqrt{\pi}\mathrm{e}^{-y^2}$;

(2) $\displaystyle\int_0^{+\infty}\mathrm{e}^{-x^2}\sin 2xy\mathrm{d}x=\mathrm{e}^{-y^2}\int_0^{y}\mathrm{e}^{t^2}\mathrm{d}t$.

证 (1) 记 $f(y):=\displaystyle\int_0^{+\infty}\mathrm{e}^{-x^2}\cos 2xy\mathrm{d}x$. 由含参变量的反常积分的微分法可知

$$\begin{aligned}f'(y)&=\int_0^{+\infty}\frac{\mathrm{d}}{\mathrm{d}y}(\mathrm{e}^{-x^2}\cos 2xy)\mathrm{d}x=-\int_0^{+\infty}2x\mathrm{e}^{-x^2}\sin 2xy\mathrm{d}x=\int_0^{+\infty}\sin 2xy\mathrm{d}\mathrm{e}^{-x^2}\\&=\mathrm{e}^{-x^2}\sin 2xy\Big|_0^{+\infty}-2y\int_0^{+\infty}\mathrm{e}^{-x^2}\cos 2xy\mathrm{d}x=-2yf(y).\end{aligned}$$

由此可见 $\dfrac{\mathrm{d}}{\mathrm{d}y}\left(\mathrm{e}^{y^2}f(y)\right)=0$, 于是 $f(y)=C\mathrm{e}^{-y^2}$. 又由欧拉–泊松积分可知 $f(0)=$

$\dfrac{\sqrt{\pi}}{2}$, 因此 $C=\dfrac{\sqrt{\pi}}{2}$, 从而 $f(y)=\dfrac{1}{2}\sqrt{\pi}\mathrm{e}^{-y^2}$.

(2) 记 $g(y):=\displaystyle\int_0^{+\infty}\mathrm{e}^{-x^2}\sin 2xy\mathrm{d}x$. 由含参变量的反常积分的微分法可知

$$\begin{aligned}g'(y)&=\int_0^{+\infty}\frac{\mathrm{d}}{\mathrm{d}y}(\mathrm{e}^{-x^2}\sin 2xy)\mathrm{d}x=\int_0^{+\infty}2x\mathrm{e}^{-x^2}\cos 2xy\mathrm{d}x=-\int_0^{+\infty}\cos 2xy\mathrm{d}\mathrm{e}^{-x^2}\\&=-\mathrm{e}^{-x^2}\cos 2xy\Big|_0^{+\infty}-2y\int_0^{+\infty}\mathrm{e}^{-x^2}\sin 2xy\mathrm{d}x=1-2yg(y).\end{aligned}$$

由此可见 $\dfrac{\mathrm{d}}{\mathrm{d}y}\left(\mathrm{e}^{y^2}g(y)\right)=\mathrm{e}^{y^2}$, 于是 $g(y)=\mathrm{e}^{-y^2}\left(C+\displaystyle\int_0^y\mathrm{e}^{t^2}\mathrm{d}t\right)$. 又显然 $g(0)=0$, 因此 $C=0$, 从而 $g(y)=\mathrm{e}^{-y^2}\displaystyle\int_0^y\mathrm{e}^{t^2}\mathrm{d}t$. □

4. 利用下式中的这两个积分作为参变量 t 的函数都满足方程 $y''+y=\dfrac{1}{t}$ 且当 $t\to+\infty$ 时趋于零的事实证明, 当 $t>0$ 时成立恒等式

$$\int_0^{+\infty}\frac{\mathrm{e}^{-tx}}{1+x^2}\mathrm{d}x=\int_t^{+\infty}\frac{\sin(x-t)}{x}\mathrm{d}x.$$

证 记

$$\varphi(t):=\int_0^{+\infty}\frac{\mathrm{e}^{-tx}}{1+x^2}\mathrm{d}x,\quad \psi(t):=\int_t^{+\infty}\frac{\sin(x-t)}{x}\mathrm{d}x,\quad t>0.$$

则由 $\varphi''+\varphi=\psi''+\psi=\dfrac{1}{t}$ 可知 $Z:=\varphi-\psi$ 满足 $Z''+Z=0$ 且 $\lim\limits_{t\to+\infty}Z(t)=0$. 由二阶常系数常微分方程 $Z''+Z=0$ 解得 $Z=c_1\cos t+c_2\sin t$, $c_1,c_2\in\mathbb{R}$. 再由 $\lim\limits_{t\to+\infty}Z(t)=0$ 可知 $c_1=c_2=0$, 于是 $Z\equiv 0$, $\forall t>0$, 从而结论成立. □

5. 试证:

$$\int_0^1K(k)\mathrm{d}k=\int_0^{\pi/2}\frac{\varphi}{\sin\varphi}\mathrm{d}\varphi\left(=2\int_0^1\frac{\arctan x}{x}\mathrm{d}x\right),$$

其中 $K(k)=\displaystyle\int_0^{\pi/2}\frac{\mathrm{d}\varphi}{\sqrt{1-k^2\sin^2\varphi}}$ 是第一类全椭圆积分.

证 显然 $f(k,\varphi):=\dfrac{1}{\sqrt{1-k^2\sin^2\varphi}}\in C([0,1)\times[0,\pi/2])$. 又因为 $\left|\dfrac{1}{\sqrt{1-k^2\sin^2\varphi}}\right|\leqslant\dfrac{1}{\sqrt{1-k^2}}$, 而 $\displaystyle\int_0^1\frac{1}{\sqrt{1-k^2}}\mathrm{d}k=\arcsin 1$, 所以由魏尔斯特拉斯

强函数检验法可知 $\int_0^1 \frac{1}{\sqrt{1-k^2\sin^2\varphi}}\mathrm{d}k$ 在 $[0,\pi/2]$ 上一致收敛且

$$\int_0^1 \frac{1}{\sqrt{1-k^2\sin^2\varphi}}\mathrm{d}k=\begin{cases}\dfrac{\varphi}{\sin\varphi}, & 0<\varphi\leqslant\dfrac{\pi}{2},\\ 1, & \varphi=0.\end{cases}$$

于是由含参变量的反常积分的积分法可得

$$\begin{aligned}\int_0^1 K(k)\mathrm{d}k&=\int_0^1\left(\int_0^{\pi/2}\frac{1}{\sqrt{1-k^2\sin^2\varphi}}\mathrm{d}\varphi\right)\mathrm{d}k\\&=\int_0^{\pi/2}\left(\int_0^1\frac{1}{\sqrt{1-k^2\sin^2\varphi}}\mathrm{d}k\right)\mathrm{d}\varphi\\&=\int_0^{\pi/2}\frac{\varphi}{\sin\varphi}\mathrm{d}\varphi\xlongequal{x=\tan\frac{\varphi}{2}}\int_0^1\frac{2\arctan x}{\dfrac{2x}{1+x^2}}\frac{2}{1+x^2}\mathrm{d}x\\&=2\int_0^1\frac{\arctan x}{x}\mathrm{d}x.\end{aligned}$$

□

6. (1) 设 $a>0,\ b>0$, 并利用等式

$$\int_0^{+\infty}\mathrm{d}x\int_a^b \mathrm{e}^{-xy}\mathrm{d}y=\int_0^{+\infty}\frac{\mathrm{e}^{-ax}-\mathrm{e}^{-bx}}{x}\mathrm{d}x,$$

计算它右端的积分.

(2) 设 $a>0,\ b>0$, 计算积分

$$\int_0^{+\infty}\frac{\mathrm{e}^{-ax}-\mathrm{e}^{-bx}}{x}\cos x\mathrm{d}x.$$

(3) 利用《讲义》14.2 节狄利克雷积分 (14.2.15) 和等式

$$\int_0^{+\infty}\frac{\mathrm{d}x}{x}\int_a^b \sin xy\mathrm{d}y=\int_0^{+\infty}\frac{\cos ax-\cos bx}{x^2}\mathrm{d}x,$$

计算该等式右端的积分.

证　(1) 不妨设 $0<a<b$. 显然 $\mathrm{e}^{-xy}\in C([0,+\infty)\times[a,b])$. 又由 $|\mathrm{e}^{-xy}|\leqslant \mathrm{e}^{-ax}$ 和魏尔斯特拉斯强函数检验法可知 $\int_0^{+\infty}\mathrm{e}^{-xy}\mathrm{d}x$ 关于 y 在 $[a,b]$ 上一致收

敛. 于是由含参变量的反常积分的积分法可得

$$\int_0^{+\infty}\frac{\mathrm{e}^{-ax}-\mathrm{e}^{-bx}}{x}\mathrm{d}x=\int_0^{+\infty}\mathrm{d}x\int_a^b\mathrm{e}^{-xy}\mathrm{d}y=\int_a^b\mathrm{d}y\int_0^{+\infty}\mathrm{e}^{-xy}\mathrm{d}x$$
$$=\int_a^b\frac{1}{y}\mathrm{d}y=\ln\frac{b}{a}.$$

(2) 类似于 (1) 可得

$$\int_0^{+\infty}\frac{\mathrm{e}^{-ax}-\mathrm{e}^{-bx}}{x}\cos x\mathrm{d}x=\int_0^{+\infty}\cos x\mathrm{d}x\int_a^b\mathrm{e}^{-xy}\mathrm{d}y$$
$$=\int_a^b\mathrm{d}y\int_0^{+\infty}\mathrm{e}^{-xy}\cos x\mathrm{d}x=\int_a^b\frac{y}{1+y^2}\mathrm{d}y=\frac{1}{2}\ln\frac{1+b^2}{1+a^2}.$$

(3) 类似地我们有

$$\int_0^{+\infty}\frac{\cos ax-\cos bx}{x^2}\mathrm{d}x=\int_0^{+\infty}\frac{\mathrm{d}x}{x}\int_a^b\sin xy\mathrm{d}y$$
$$=\int_a^b\mathrm{d}y\int_0^{+\infty}\frac{\sin xy}{x}\mathrm{d}x=\int_a^b\frac{\pi}{2}\mathrm{d}y=\frac{\pi}{2}(b-a).$$

□

7. (1) 试证: 当 $k>0$ 时

$$\int_0^{+\infty}\mathrm{e}^{-kt}\sin t\mathrm{d}t\int_0^{+\infty}\mathrm{e}^{-tu^2}\mathrm{d}u=\int_0^{+\infty}\mathrm{d}u\int_0^{+\infty}\mathrm{e}^{-(k+u^2)t}\sin t\mathrm{d}t.$$

(2) 利用《讲义》14.2 节欧拉–泊松积分 (14.2.17) 验证

$$\frac{1}{\sqrt{t}}=\frac{2}{\sqrt{\pi}}\int_0^{+\infty}\mathrm{e}^{-tu^2}\mathrm{d}u.$$

(3) 利用最后的等式和关系式

$$\int_0^{+\infty}\sin x^2\mathrm{d}x=\frac{1}{2}\int_0^{+\infty}\frac{\sin t}{\sqrt{t}}\mathrm{d}t,\quad \int_0^{+\infty}\cos x^2\mathrm{d}x=\frac{1}{2}\int_0^{+\infty}\frac{\cos t}{\sqrt{t}}\mathrm{d}t$$

得出菲涅耳积分

$$\int_0^{+\infty}\sin x^2\mathrm{d}x,\quad \int_0^{+\infty}\cos x^2\mathrm{d}x$$

的值$\left(\frac{1}{2}\sqrt{\frac{\pi}{2}}\right)$.

证　(1) 首先, 显然函数 $f(t,u):=\mathrm{e}^{-(k+u^2)t}\sin t$ 在 $[0,+\infty)\times[0,+\infty)$ 上连续. 其次, 由 $|f(t,u)|\leqslant\mathrm{e}^{-kt}$ 和魏尔斯特拉斯强函数检验法可知 $F(u)=$

$\int_0^{+\infty} f(t,u)\mathrm{d}t$ 关于 u 在 $[0,+\infty)$ 上一致收敛. 接下来, $\forall a>0$, 显然当 $t\in[a,+\infty)$ 时 $|f(t,u)|\leqslant \mathrm{e}^{-au^2}$, 于是由魏尔斯特拉斯强函数检验法可知 $\Phi(t)=\int_0^{+\infty} f(t,u)\mathrm{d}u$ 关于 t 在 $[a,+\infty)$ 上一致收敛. 此外, 由

$$\int_0^{+\infty} |f|(t,u)\mathrm{d}t\leqslant\int_0^{+\infty}\mathrm{e}^{-(k+u^2)t}\mathrm{d}t=\frac{1}{k+u^2}$$

可知累次积分 $\int_0^{+\infty}\mathrm{d}u\int_0^{+\infty}|f|(t,u)\mathrm{d}t$ 存在. 综上可知

$$\int_a^{+\infty}\mathrm{e}^{-kt}\sin t\mathrm{d}t\int_0^{+\infty}\mathrm{e}^{-tu^2}\mathrm{d}u=\int_0^{+\infty}\mathrm{d}u\int_a^{+\infty}\mathrm{e}^{-(k+u^2)t}\sin t\mathrm{d}t. \qquad (*)$$

记

$$H(u,a):=\int_a^{+\infty}\mathrm{e}^{-(k+u^2)t}\sin t\mathrm{d}t,\quad (u,a)\in[0,+\infty)\times[0,+\infty).$$

由 $|H(u,a)|\leqslant\int_0^{+\infty}\mathrm{e}^{-(k+u^2)t}\mathrm{d}t=\dfrac{1}{k+u^2}$ 和魏尔斯特拉斯强函数检验法可知积分 $\int_0^{+\infty}H(u,a)\mathrm{d}u$ 关于 a 在 $[0,+\infty)$ 上一致收敛. 又由

$$\sup_{u\in[0,+\infty)}|H(u,a)-H(u,0)|\leqslant\int_0^a\mathrm{e}^{-kt}\mathrm{d}t\leqslant a$$

可知 $H(u,a)$ 当 $a\to+0$ 时关于 $u\in[0,+\infty)$ 一致收敛于 $H(u,0)$. 因此由 $(*)$ 式和反常积分号下取极限的定理可知

$$\begin{aligned}&\int_0^{+\infty}\mathrm{e}^{-kt}\sin t\mathrm{d}t\int_0^{+\infty}\mathrm{e}^{-tu^2}\mathrm{d}u=\lim_{a\to+0}\int_a^{+\infty}\mathrm{e}^{-kt}\sin t\mathrm{d}t\int_0^{+\infty}\mathrm{e}^{-tu^2}\mathrm{d}u\\&=\lim_{a\to+0}\int_0^{+\infty}H(u,a)\mathrm{d}u=\int_0^{+\infty}\lim_{a\to+0}H(u,a)\mathrm{d}u\\&=\int_0^{+\infty}H(u,0)\mathrm{d}u=\int_0^{+\infty}\mathrm{d}u\int_0^{+\infty}\mathrm{e}^{-(k+u^2)t}\sin t\mathrm{d}t.\end{aligned}$$

(2) $\forall t>0$, 利用变量替换和欧拉–泊松积分可得

$$\frac{2}{\sqrt{\pi}}\int_0^{+\infty}\mathrm{e}^{-tu^2}\mathrm{d}u\xlongequal{x=u\sqrt{t}}\frac{2}{\sqrt{\pi}}\cdot\frac{1}{\sqrt{t}}\cdot\int_0^{+\infty}\mathrm{e}^{-x^2}\mathrm{d}x=\frac{2}{\sqrt{\pi}}\cdot\frac{1}{\sqrt{t}}\cdot\frac{\sqrt{\pi}}{2}=\frac{1}{\sqrt{t}}.$$

(3) 由 (2) 可知

$$G(k):=\int_0^{+\infty}\mathrm{e}^{-kt}\frac{\sin t}{\sqrt{t}}\mathrm{d}t=\frac{2}{\sqrt{\pi}}\cdot\int_0^{+\infty}\mathrm{e}^{-kt}\sin t\mathrm{d}t\int_0^{+\infty}\mathrm{e}^{-tu^2}\mathrm{d}u,\quad k\geqslant 0.$$

由阿贝尔–狄利克雷检验法可知 $G(k)$ 在 $[0,+\infty)$ 上一致收敛, 进而可知其在 $[0,+\infty)$ 上连续, 因此再由 (1) 可得

$$\begin{aligned}\int_0^{+\infty}\sin x^2\mathrm{d}x&=\frac{1}{2}\int_0^{+\infty}\frac{\sin t}{\sqrt{t}}\mathrm{d}t=\frac{1}{2}G(0)=\frac{1}{2}\lim_{k\to 0}G(k)\\&=\frac{1}{2}\cdot\frac{2}{\sqrt{\pi}}\cdot\lim_{k\to 0}\int_0^{+\infty}\mathrm{e}^{-kt}\sin t\mathrm{d}t\int_0^{+\infty}\mathrm{e}^{-tu^2}\mathrm{d}u\\&=\frac{1}{\sqrt{\pi}}\lim_{k\to 0}\int_0^{+\infty}\mathrm{d}u\int_0^{+\infty}\mathrm{e}^{-(k+u^2)t}\sin t\mathrm{d}t\\&=\frac{1}{\sqrt{\pi}}\lim_{k\to 0}\int_0^{+\infty}\frac{1}{1+(k+u^2)^2}\mathrm{d}u=\frac{1}{\sqrt{\pi}}\int_0^{+\infty}\frac{1}{1+u^4}\mathrm{d}u=\frac{1}{2}\sqrt{\frac{\pi}{2}}.\end{aligned}$$

同理可知

$$\begin{aligned}\int_0^{+\infty}\cos x^2\mathrm{d}x&=\frac{1}{2}\int_0^{+\infty}\frac{\cos t}{\sqrt{t}}\mathrm{d}t=\frac{1}{\sqrt{\pi}}\lim_{k\to 0}\int_0^{+\infty}\mathrm{d}u\int_0^{+\infty}\mathrm{e}^{-(k+u^2)t}\cos t\mathrm{d}t\\&=\frac{1}{\sqrt{\pi}}\lim_{k\to 0}\int_0^{+\infty}\frac{k+u^2}{1+(k+u^2)^2}\mathrm{d}u=\frac{1}{\sqrt{\pi}}\int_0^{+\infty}\frac{u^2}{1+u^4}\mathrm{d}u\\&\xlongequal{y=\frac{1}{u}}\frac{1}{\sqrt{\pi}}\int_0^{+\infty}\frac{1}{1+y^4}\mathrm{d}y=\frac{1}{2}\sqrt{\frac{\pi}{2}}.\end{aligned}$$

□

8. (1) 利用等式

$$\int_0^{+\infty}\frac{\sin x}{x}\mathrm{d}x=\int_0^{+\infty}\sin x\mathrm{d}x\int_0^{+\infty}\mathrm{e}^{-xy}\mathrm{d}y,$$

并根据累次积分交换积分次序的可能性, 重新求出《讲义》14.2 节例 13 中狄利克雷积分 (14.2.15) 的值.

(2) 试证: 当 $\alpha>0$, $\beta>0$ 时,

$$\int_0^{+\infty}\frac{\sin\alpha x}{x}\cos\beta x\mathrm{d}x=\begin{cases}\dfrac{\pi}{2}, & \beta<\alpha,\\ \dfrac{\pi}{4}, & \beta=\alpha,\\ 0, & \beta>\alpha.\end{cases}$$

这个积分通常称为狄利克雷间断因子.

(3) 设 $\alpha>0,\beta>0$, 验证等式

$$\int_0^{+\infty}\frac{\sin\alpha x}{x}\frac{\sin\beta x}{x}\mathrm{d}x=\begin{cases}\frac{\pi}{2}\beta, & \beta\leqslant\alpha,\\ \frac{\pi}{2}\alpha, & \beta\geqslant\alpha.\end{cases}$$

(4) 试证: 如果 $\alpha,\alpha_1,\cdots,\alpha_n$ 是正数, 且 $\alpha>\sum\limits_{i=1}^{n}\alpha_i$, 那么

$$\int_0^{+\infty}\frac{\sin\alpha x}{x}\frac{\sin\alpha_1 x}{x}\cdots\frac{\sin\alpha_n x}{x}\mathrm{d}x=\frac{\pi}{2}\alpha_1\alpha_2\cdots\alpha_n.$$

证 (1) 如果交换积分次序是可行的, 那么

$$\begin{aligned}\int_0^{+\infty}\frac{\sin x}{x}\mathrm{d}x&=\int_0^{+\infty}\sin x\mathrm{d}x\int_0^{+\infty}\mathrm{e}^{-xy}\mathrm{d}y\\&=\int_0^{+\infty}\mathrm{d}y\int_0^{+\infty}\mathrm{e}^{-xy}\sin x\mathrm{d}x=\int_0^{+\infty}\frac{1}{1+y^2}\mathrm{d}y=\frac{\pi}{2}.\end{aligned}$$

下面我们来证明交换积分次序的可行性. 任取 $0<a<A<+\infty$, 易见反常积分 $\int_0^{+\infty}\sin x\mathrm{e}^{-xy}\mathrm{d}y$ 关于 x 在 $[a,A]$ 上一致收敛, 于是

$$\begin{aligned}\int_a^A\frac{\sin x}{x}\mathrm{d}x&=\int_a^A\sin x\mathrm{d}x\int_0^{+\infty}\mathrm{e}^{-xy}\mathrm{d}y=\int_0^{+\infty}\mathrm{d}y\int_a^A\mathrm{e}^{-xy}\sin x\mathrm{d}x\\&=\int_0^{+\infty}\left(\frac{y\sin a+\cos a}{1+y^2}\mathrm{e}^{-ay}-\frac{y\sin A+\cos A}{1+y^2}\mathrm{e}^{-Ay}\right)\mathrm{d}y\\&=\sin a\int_0^{+\infty}\frac{y}{1+y^2}\mathrm{e}^{-ay}\mathrm{d}y+\cos a\int_0^{+\infty}\frac{1}{1+y^2}\mathrm{e}^{-ay}\mathrm{d}y\\&\quad-\sin A\int_0^{+\infty}\frac{y}{1+y^2}\mathrm{e}^{-Ay}\mathrm{d}y-\cos A\int_0^{+\infty}\frac{1}{1+y^2}\mathrm{e}^{-Ay}\mathrm{d}y.\end{aligned}$$

$\forall\varepsilon>0$, 显然存在 $y_0>0$ 使得

$$0<\int_0^{y_0}\frac{y}{1+y^2}\mathrm{e}^{-Ay}\mathrm{d}y<\int_0^{y_0}\frac{y}{1+y^2}\mathrm{d}y<\varepsilon.$$

又易见反常积分 $\int_{y_0}^{+\infty}\frac{y}{1+y^2}\mathrm{e}^{-Ay}\mathrm{d}y$ 关于 A 在任意 $[A_0,+\infty)\subset(0,+\infty)$ 上一致收敛, 且当 $A\to+\infty$ 时关于 y 在 $[y_0,+\infty)$ 上有 $\frac{y}{1+y^2}\mathrm{e}^{-Ay}\rightrightarrows 0$, 于是由反常积

14.3　欧拉积分

一、知识点总结与补充

1. 第一类欧拉积分——欧拉 β 函数

(1) 定义:

$$B(\alpha,\beta):=\int_0^1 x^{\alpha-1}(1-x)^{\beta-1}\mathrm{d}x \xlongequal{x=\frac{y}{1+y}} \int_0^{+\infty}\frac{y^{\alpha-1}}{(1+y)^{\alpha+\beta}}\mathrm{d}y.$$

(2) 定义域: $(0,\infty)\times(0,\infty)$.

(3) 对称性: $B(\alpha,\beta)=B(\beta,\alpha)$.

(4) 递推公式: $B(\alpha+1,\beta)=\dfrac{\alpha}{\alpha+\beta}B(\alpha,\beta)$, $B(\alpha,\beta+1)=\dfrac{\beta}{\alpha+\beta}B(\alpha,\beta)$.

注　当 $m,n\in\mathbb{N}$ 时, 有 $B(m,n)=\dfrac{(m-1)!(n-1)!}{(m+n-1)!}$.

2. 第二类欧拉积分——欧拉 Γ 函数

(1) 定义:

$$\Gamma(\alpha):=\int_0^{+\infty}x^{\alpha-1}\mathrm{e}^{-x}\mathrm{d}x \xlongequal{x=\ln\frac{1}{u}} \int_0^1 \ln^{\alpha-1}\left(\frac{1}{u}\right)\mathrm{d}u.$$

(2) 定义域: $(0,\infty)$.

(3) 光滑性和导数公式: Γ 函数是无限次可微的, 且

$$\Gamma^{(n)}(\alpha)=\int_0^{+\infty}x^{\alpha-1}\ln^n x\cdot\mathrm{e}^{-x}\mathrm{d}x.$$

(4) 递推公式: 若 $\alpha>0$, 则 $\Gamma(\alpha+1)=\alpha\Gamma(\alpha)$.

注　$\Gamma(1)=1$, 且当 $n\in\mathbb{N}$ 时, 有 $\Gamma(n+1)=n!$.

(5) 欧拉–高斯公式:

$$\Gamma(\alpha)=\lim_{n\to\infty}n^{\alpha}\cdot\frac{(n-1)!}{\alpha(\alpha+1)\cdot\cdots\cdot(\alpha+n-1)}.$$

(6) 余元公式: $\Gamma(\alpha)\Gamma(1-\alpha)=\dfrac{\pi}{\sin\pi\alpha}$, $0<\alpha<1$.

(7) 斯特林公式: $\forall\alpha>0$, 存在 $\theta(\alpha)\in(0,1)$, 使得 $\Gamma(\alpha+1)=\sqrt{2\pi\alpha}\left(\dfrac{\alpha}{\mathrm{e}}\right)^{\alpha}\mathrm{e}^{\frac{\theta(\alpha)}{12\alpha}}$.

3. β 函数和 Γ 函数的联系

$$B(\alpha,\beta)=\frac{\Gamma(\alpha)\cdot\Gamma(\beta)}{\Gamma(\alpha+\beta)}.$$

4. 一些例子

(1) 欧拉–泊松积分:

$$\int_0^{+\infty}\mathrm{e}^{-x^2}\mathrm{d}x=\frac{1}{2}\Gamma\left(\frac{1}{2}\right)=\frac{1}{2}\sqrt{\pi}.$$

(2)

$$\int_0^{\pi/2}\sin^{\alpha-1}\varphi\cos^{\beta-1}\varphi\mathrm{d}\varphi=\frac{1}{2}B\Big(\frac{\alpha}{2},\frac{\beta}{2}\Big).$$

(3)

$$\int_0^{\pi/2}\sin^{\alpha-1}\mathrm{d}\varphi=\int_0^{\pi/2}\cos^{\alpha-1}\varphi\mathrm{d}\varphi=\frac{\sqrt{\pi}}{2}\frac{\Gamma\left(\frac{\alpha}{2}\right)}{\Gamma\left(\frac{\alpha+1}{2}\right)}.$$

(4) $\mathbb{R}^n$ 中半径为 r 的 n 维球的体积公式:

$$V_n(r)=\frac{\pi^{n/2}}{\Gamma\left(\frac{n+2}{2}\right)}r^n=\frac{\pi^{n/2}}{\frac{n}{2}\Gamma\left(\frac{n}{2}\right)}r^n.$$

(5) 记 $\mathbb{R}^n$ 中半径为 r 的 n 维球的 $(n-1)$ 维球面的面积为 $S_{n-1}(r)$, 则由 $\mathrm{d}V_n(r)=S_{n-1}(r)\mathrm{d}r$ 可知 $S_{n-1}(r)=\dfrac{\mathrm{d}V_n}{\mathrm{d}r}(r)$, 因此可得

$$S_{n-1}(r)=\frac{2\pi^{n/2}}{\Gamma\left(\frac{n}{2}\right)}r^{n-1}.$$

二、例题讲解

1. 设平面 $x=0$, $y=0$, $z=0$ 与 $x+y+z=1$ 围成四面体 V. 证明:

$$\iiint\limits_V x^{a-1}y^{b-1}z^{c-1}\mathrm{d}x\mathrm{d}y\mathrm{d}z=\frac{\Gamma(a)\Gamma(b)\Gamma(c)}{(a+b+c)\Gamma(a+b+c)},\quad a,b,c>0.$$

证　由 β 函数和 Γ 函数的联系以及 Γ 函数的递推公式可知

$$\iiint\limits_V x^{a-1}y^{b-1}z^{c-1}\mathrm{d}x\mathrm{d}y\mathrm{d}z = \int_0^1 \mathrm{d}x\int_0^{1-x}\mathrm{d}y\int_0^{1-x-y}x^{a-1}y^{b-1}z^{c-1}\mathrm{d}z$$

$$= \frac{1}{c}\int_0^1 \mathrm{d}x\int_0^{1-x}x^{a-1}y^{b-1}(1-x-y)^c\mathrm{d}y$$

$$\xlongequal{y=(1-x)t} \frac{1}{c}\int_0^1 x^{a-1}(1-x)^{b+c}\mathrm{d}x\int_0^1 t^{b-1}(1-t)^c\mathrm{d}t$$

$$= \frac{1}{c}\cdot B(a,b+c+1)\cdot B(b,c+1) = \frac{1}{c}\cdot\frac{\Gamma(a)\Gamma(b+c+1)}{\Gamma(a+b+c+1)}\cdot\frac{\Gamma(b)\Gamma(c+1)}{\Gamma(b+c+1)}$$

$$= \frac{1}{c}\cdot\frac{\Gamma(a)\Gamma(b)\cdot c\Gamma(c)}{(a+b+c)\Gamma(a+b+c)} = \frac{\Gamma(a)\Gamma(b)\Gamma(c)}{(a+b+c)\Gamma(a+b+c)}.$$ □

2. 证明: 如果 $f:(0,\infty)\to\mathbb{R}$ 满足如下性质

(1) $f(x)>0$, $f(1)=1$;

(2) $f(x+1)=xf(x)$;

(3) $\ln f(x)$ 是 $(0,\infty)$ 上的凸函数,

那么 $f(x)=\Gamma(x)$, $x\in(0,\infty)$.

证　由 Γ 函数的递推公式可知, 我们只需要考虑 $x\in(0,1)$. 令 $\varphi(x)=\ln f(x)$, $x\in(0,\infty)$. 则 $\varphi(1)=\ln f(1)=\ln 1=0$,

$$\varphi(x+1)=\ln f(x+1)=\ln(xf(x))=\varphi(x)+\ln x,$$

且 φ 是凸函数. 于是当 $x\in(0,1)$ 时, $\forall n\in\mathbb{N}$, 我们有

$$\begin{aligned}\ln n=\varphi(n+1)-\varphi(n)&\leqslant\frac{\varphi(n+1+x)-\varphi(n+1)}{x}\\&\leqslant\varphi(n+2)-\varphi(n+1)=\ln(n+1).\end{aligned}$$

又易见 $\varphi(n+1+x)=\varphi(x)+\ln(x(x+1)\cdots(x+n))$, $\varphi(n+1)=\ln n!$, 因此

$$x\ln n\leqslant\varphi(x)+\ln(x(x+1)\cdots(x+n))-\ln n!\leqslant x\ln(n+1),$$

从而

$$\begin{aligned}0&\leqslant\varphi(x)-\ln\left(\frac{n!n^x}{x(x+1)\cdots(x+n)}\right)\\&=\varphi(x)+\ln(x(x+1)\cdots(x+n))-\ln n!-x\ln n\\&\leqslant x\ln(n+1)-x\ln n=x\ln\left(1+\frac{1}{n}\right).\end{aligned}$$

令 $n\to\infty$, 我们得到

$$\varphi(x)=\ln\left(\lim_{n\to\infty}\frac{n!n^x}{x(x+1)\cdots(x+n)}\right),$$

进而

$$f(x)=\mathrm{e}^{\varphi(x)}=\lim_{n\to\infty}\frac{n!n^x}{x(x+1)\cdots(x+n)}=\lim_{n\to\infty}\frac{n!(n+1)^x}{x(x+1)\cdots(x+n)}.$$

由欧拉–高斯公式可知 $f(x)=\Gamma(x)$, $x\in(0,\infty)$. □

三、习题参考解答 (14.3 节)

1. 证明:

(1) $B\left(\dfrac{1}{2},\dfrac{1}{2}\right)=\pi$;

(2) $B(\alpha,1-\alpha)=\displaystyle\int_0^{\infty}\frac{x^{\alpha-1}}{1+x}\mathrm{d}x$;

(3) $\dfrac{\partial B}{\partial\alpha}(\alpha,\beta)=\displaystyle\int_0^1 x^{\alpha-1}(1-x)^{\beta-1}\ln x\mathrm{d}x$;

(4) $\displaystyle\int_0^{+\infty}\frac{x^p\mathrm{d}x}{(a+bx^q)^r}=\frac{a^{-r}}{q}\left(\frac{a}{b}\right)^{\frac{p+1}{q}}B\left(\frac{p+1}{q},r-\frac{p+1}{q}\right)$;

(5) $\displaystyle\int_0^{+\infty}\frac{\mathrm{d}x}{1+x^n}=\frac{\pi}{n\sin\dfrac{\pi}{n}}$;

(6) $\displaystyle\int_0^{+\infty}\frac{\mathrm{d}x}{1+x^3}=\frac{2\pi}{3\sqrt{3}}$;

(7) $\displaystyle\int_0^{+\infty}\frac{x^{\alpha-1}\mathrm{d}x}{1+x}=\frac{\pi}{\sin\pi\alpha}\quad(0<\alpha<1)$;

(8) $\displaystyle\int_0^{+\infty}\frac{x^{\alpha-1}\ln^n x}{1+x}\mathrm{d}x=\frac{\mathrm{d}^n}{\mathrm{d}\alpha^n}\left(\frac{\pi}{\sin\pi\alpha}\right)(0<\alpha<1)$;

(9) 由极坐标方程 $r^n=a^n\cos n\varphi$ 给出的曲线的长度可用公式 $aB\left(\dfrac{1}{2},\dfrac{1}{2n}\right)$ 表示 ($n\in\mathbb{N}$, $a>0$).

证 (1) 由 β 函数和 Γ 函数的联系及 $\Gamma\left(\dfrac{1}{2}\right)=\sqrt{\pi}$ 和 $\Gamma(1)=1$ 可知

$$B\left(\frac{1}{2},\frac{1}{2}\right)=\frac{\Gamma\left(\dfrac{1}{2}\right)\Gamma\left(\dfrac{1}{2}\right)}{\Gamma(1)}=\pi.$$

(2) 由 β 函数的定义和变量替换可知

$$B(\alpha,1-\alpha)=\int_0^1 x^{\alpha-1}(1-x)^{-\alpha}\mathrm{d}x \xlongequal{x=\frac{y}{1+y}} \int_0^{+\infty}\frac{y^{\alpha-1}}{1+y}\mathrm{d}y=\int_0^{\infty}\frac{x^{\alpha-1}}{1+x}\mathrm{d}x.$$

(3) 首先我们来证明: 对任何固定的 $\beta>0$, 积分 $\int_0^1 x^{\alpha-1}(1-x)^{\beta-1}\ln x\mathrm{d}x$ 关于参变量 α 在每个区间 $[a,+\infty)\subset(0,+\infty)$ 上一致收敛. 事实上, 因为 $\alpha\geqslant a>0$, 那么由 $\lim\limits_{x\to+0}x^{a/2}\ln x=0$ 可知, 存在 $c_\beta\in(0,1)$, 使得当 $0<x\leqslant c_\beta$ 时,

$$|x^{\alpha-1}(1-x)^{\beta-1}\ln x|<x^{\frac{a}{2}-1}.$$

于是由一致收敛性的强函数检验法可知积分 $\int_0^{c_\beta}x^{\alpha-1}(1-x)^{\beta-1}\ln x\mathrm{d}x$ 关于 α 在区间 $[a,+\infty)$ 上一致收敛. 而当 $x\in[c_\beta,1)$ 时, 易见

$$|x^{\alpha-1}(1-x)^{\beta-1}\ln x|\leqslant|\ln c_\beta|\cdot x^{a-1}\cdot(1-x)^{\beta-1}.$$

于是类似地可知积分 $\int_{c_\beta}^1 x^{\alpha-1}(1-x)^{\beta-1}\ln x\mathrm{d}x$ 也关于 α 在区间 $[a,+\infty)$ 上一致收敛.

综上可知, 对任何固定的 $\beta>0$, 积分 $\int_0^1 x^{\alpha-1}(1-x)^{\beta-1}\ln x\mathrm{d}x$ 关于参变量 α 在任何区间 $[a,+\infty)\subset(0,+\infty)$ 上一致收敛. 因此由含参变量的反常积分的微分法可知

$$\begin{aligned}\frac{\partial B}{\partial\alpha}(\alpha,\beta)&=\frac{\partial}{\partial\alpha}\left(\int_0^1 x^{\alpha-1}(1-x)^{\beta-1}\mathrm{d}x\right)\\&=\int_0^1\frac{\partial}{\partial\alpha}\left(x^{\alpha-1}(1-x)^{\beta-1}\right)\mathrm{d}x=\int_0^1 x^{\alpha-1}(1-x)^{\beta-1}\ln x\mathrm{d}x.\end{aligned}$$

(4) 由 β 函数的等价定义 $B(\alpha,\beta)=\int_0^{+\infty}\frac{y^{\alpha-1}}{(1+y)^{\alpha+\beta}}\mathrm{d}y$ 可知

$$\begin{aligned}\int_0^{+\infty}\frac{x^p\mathrm{d}x}{(a+bx^q)^r}&=\int_0^{+\infty}\frac{x^p\mathrm{d}x}{a^r\left(1+\frac{b}{a}x^q\right)^r}\xlongequal{y=\frac{b}{a}x^q}\frac{a^{-r}}{q}\Big(\frac{a}{b}\Big)^{\frac{p+1}{q}}\int_0^{+\infty}\frac{y^{\frac{p+1}{q}-1}}{(1+y)^r}\mathrm{d}y\\&=\frac{a^{-r}}{q}\Big(\frac{a}{b}\Big)^{\frac{p+1}{q}}B\Big(\frac{p+1}{q},r-\frac{p+1}{q}\Big).\end{aligned}$$

(5) 由 β 函数的等价定义, β 函数和 Γ 函数的联系及余元公式可知

$$\begin{aligned}\int_0^{+\infty}\frac{\mathrm{d}x}{1+x^n}&\xlongequal{y=x^n}\frac{1}{n}\int_0^{+\infty}\frac{y^{\frac{1}{n}-1}}{1+y}\mathrm{d}y=\frac{1}{n}B\left(\frac{1}{n},1-\frac{1}{n}\right)\\&=\frac{1}{n}\frac{\Gamma\left(\frac{1}{n}\right)\Gamma\left(1-\frac{1}{n}\right)}{\Gamma(1)}=\frac{\pi}{n\sin\frac{\pi}{n}}.\end{aligned}$$

(6) 在 (5) 中取 $n=3$ 即得

$$\int_0^{+\infty}\frac{\mathrm{d}x}{1+x^3}=\frac{\pi}{3\sin\frac{\pi}{3}}=\frac{2\pi}{3\sqrt{3}}.$$

(7) 由 β 函数的等价定义, β 函数和 Γ 函数的联系及余元公式可知

$$\int_0^{+\infty}\frac{x^{\alpha-1}\mathrm{d}x}{1+x}=B(\alpha,1-\alpha)=\frac{\Gamma(\alpha)\Gamma(1-\alpha)}{\Gamma(1)}=\frac{\pi}{\sin\pi\alpha}.$$

(8) 首先我们来证明: 对任何固定的 $n\in\mathbb{N}$, 积分 $\displaystyle\int_0^{+\infty}\frac{x^{\alpha-1}\ln^n x}{1+x}\mathrm{d}x$ 关于参变量 α 在每个区间 $[a,b]\subset(0,1)$ 上一致收敛. 事实上, 因为 $0<a\leqslant\alpha$, 那么由 $\lim\limits_{x\to+0}x^{a/2}\ln^n x=0$ 可知, 存在 $c_n>0$, 使得当 $0<x\leqslant c_n$ 时,

$$\left|\frac{x^{\alpha-1}\ln^n x}{1+x}\right|<x^{\frac{a}{2}-1}.$$

于是由一致收敛性的强函数检验法可知积分 $\displaystyle\int_0^{c_n}\frac{x^{\alpha-1}\ln^n x}{1+x}\mathrm{d}x$ 关于 α 在区间 $[a,b]$ 上一致收敛. 又因为 $\alpha\leqslant b<1$, 那么当 $x\geqslant 1$ 时,

$$\left|\frac{x^{\alpha-1}\ln^n x}{1+x}\right|\leqslant x^{b-2}\ln^n x.$$

于是类似地可知积分 $\displaystyle\int_{c_n}^{+\infty}\frac{x^{\alpha-1}\ln^n x}{1+x}\mathrm{d}x$ 也关于 α 在区间 $[a,b]$ 上一致收敛.

综上可知, 对任何固定的 $n\in\mathbb{N}$, 积分 $\displaystyle\int_0^{+\infty}\frac{x^{\alpha-1}\ln^n x}{1+x}\mathrm{d}x$ 关于参变量 α 在任何区间 $[a,b]\subset(0,1)$ 上一致收敛. 因此由含参变量的反常积分的微分法和 (7) 可知

$$\frac{\mathrm{d}^n}{\mathrm{d}\alpha^n}\left(\frac{\pi}{\sin\pi\alpha}\right)=\frac{\mathrm{d}^n}{\mathrm{d}\alpha^n}\left(\int_0^{+\infty}\frac{x^{\alpha-1}}{1+x}\mathrm{d}x\right)=\int_0^{+\infty}\frac{\mathrm{d}^n}{\mathrm{d}\alpha^n}\left(\frac{x^{\alpha-1}}{1+x}\right)\mathrm{d}x$$

$$= \int_0^{+\infty} \frac{x^{\alpha-1}\ln^n x}{1+x}\mathrm{d}x.$$

(9) 在极坐标下容易求得, 弧微分

$$\mathrm{d}s = \sqrt{r^2(\varphi)+(r')^2(\varphi)}\mathrm{d}\varphi = a(\cos n\varphi)^{\frac{1}{n}-1}\mathrm{d}\varphi,$$

于是由曲线 $r^n = a^n\cos n\varphi$ 的几何特征和公式

$$\int_0^{\pi/2} \sin^{\alpha-1}\varphi\cos^{\beta-1}\varphi\mathrm{d}\varphi = \frac{1}{2}B\left(\frac{\alpha}{2},\frac{\beta}{2}\right)$$

可知其长度为

$$l = 2n\int_0^{\frac{\pi}{2n}} a(\cos n\varphi)^{\frac{1}{n}-1}\mathrm{d}\varphi \xlongequal{\theta=n\varphi} 2a\int_0^{\frac{\pi}{2}}(\cos\theta)^{\frac{1}{n}-1}\mathrm{d}\theta = aB\left(\frac{1}{2},\frac{1}{2n}\right). \qquad \square$$

2. 证明:

(1) $\Gamma(1)=\Gamma(2)$;

(2) Γ 函数的导数 Γ' 在某点 $x_0\in(1,2)$ 为零;

(3) 函数 Γ' 在区间 $(0,+\infty)$ 上是单调上升的;

(4) Γ 函数在区间 $(0,x_0]$ 上单调下降, 而在区间 $[x_0,+\infty)$ 上单调上升;

(5) 积分 $\displaystyle\int_0^1\left(\ln\frac{1}{u}\right)^{x-1}\ln\ln\frac{1}{u}\mathrm{d}u$ 当 $x=x_0$ 时等于零;

(6) $\Gamma(\alpha)\sim\dfrac{1}{\alpha}$, 当 $\alpha\to+0$ 时;

(7) $\displaystyle\lim_{n\to\infty}\int_0^{+\infty}\mathrm{e}^{-x^n}\mathrm{d}x = 1$.

证　(1) 由 Γ 函数的递推公式可得 $\Gamma(2)=\Gamma(1+1)=1\Gamma(1)=\Gamma(1)=1$.

(2) 由 (1) 和罗尔定理可知, 存在 $x_0\in(1,2)$ 使得 $\Gamma'(x_0)=0$.

(3) 由 $\Gamma''(\alpha)=\displaystyle\int_0^{+\infty}x^{\alpha-1}\ln^2 x\cdot\mathrm{e}^{-x}\mathrm{d}x>0$ 可知 Γ' 在区间 $(0,+\infty)$ 上是单调上升的.

(4) 由 (3) 和 $\Gamma'(x_0)=0$ 可知, 当 $x\in(0,x_0)$ 时 $\Gamma'<0$, 而当 $x\in(x_0,+\infty)$ 时 $\Gamma'>0$. 再由 Γ 函数的连续性可知其在区间 $(0,x_0]$ 上单调下降, 而在区间 $[x_0,+\infty)$ 上单调上升.

(5) 由变量替换和 Γ' 的表达式可知

$$\int_0^1\left(\ln\frac{1}{u}\right)^{x-1}\ln\ln\frac{1}{u}\mathrm{d}u \xlongequal{t=\ln\frac{1}{u}} \int_0^{+\infty}t^{x-1}\ln t\cdot\mathrm{e}^{-t}\mathrm{d}t = \Gamma'(x),$$

于是由 (2) 可知结论成立.

(6) 由 Γ 函数的递推公式可知, $\forall\alpha>0, \Gamma(\alpha)=\Gamma(\alpha+1)\cdot\dfrac{1}{\alpha}$, 又因为 $\lim\limits_{\alpha\to+0}\Gamma(\alpha+1)=\Gamma(1)=1$, 所以结论成立.

(7) 由 Γ 函数的定义和递推公式可得

$$\begin{aligned}\lim_{n\to\infty}\int_0^{+\infty}\mathrm{e}^{-x^n}\mathrm{d}x &\xlongequal{t=x^n}\lim_{n\to\infty}\frac{1}{n}\int_0^{+\infty}t^{\frac{1}{n}-1}\mathrm{e}^{-t}\mathrm{d}t\\&=\lim_{n\to\infty}\frac{1}{n}\Gamma\left(\frac{1}{n}\right)=\lim_{n\to\infty}\Gamma\left(\frac{1}{n}+1\right)=\Gamma(1)=1.\end{aligned}$$ □

3. 欧拉公式

$$E:=\prod_{k=1}^{n-1}\Gamma\left(\frac{k}{n}\right)=\frac{(2\pi)^{\frac{n-1}{2}}}{\sqrt{n}}.$$

(1) 证明:

$$E^2=\prod_{k=1}^{n-1}\Gamma\left(\frac{k}{n}\right)\Gamma\left(\frac{n-k}{n}\right).$$

(2) 验证:

$$E^2=\frac{\pi^{n-1}}{\sin\dfrac{\pi}{n}\sin 2\dfrac{\pi}{n}\cdot\cdots\cdot\sin(n-1)\dfrac{\pi}{n}}.$$

(3) 根据恒等式 $\dfrac{z^n-1}{z-1}=\prod\limits_{k=1}^{n-1}\left(z-\mathrm{e}^{\mathrm{i}\frac{2k\pi}{n}}\right)$, 当 $z\to1$ 时, 得到下面关系式

$$n=\prod_{k=1}^{n-1}\left(1-\mathrm{e}^{\mathrm{i}\frac{2k\pi}{n}}\right),$$

从它又得到关系式

$$n=2^{n-1}\prod_{k=1}^{n-1}\sin\frac{k\pi}{n}.$$

(4) 试利用最后的等式推出欧拉公式.

证　(1) 易见

$$E^2=\left(\prod_{k=1}^{n-1}\Gamma\left(\frac{k}{n}\right)\right)\cdot\left(\prod_{k=1}^{n-1}\Gamma\left(\frac{n-k}{n}\right)\right)=\prod_{k=1}^{n-1}\Gamma\left(\frac{k}{n}\right)\Gamma\left(\frac{n-k}{n}\right).$$

(2) 由 (1) 和余元公式可知

$$E^2=\prod_{k=1}^{n-1}\frac{\pi}{\sin k\dfrac{\pi}{n}}=\frac{\pi^{n-1}}{\sin\dfrac{\pi}{n}\sin 2\dfrac{\pi}{n}\cdot\cdots\cdot\sin(n-1)\dfrac{\pi}{n}}.$$

(3) 易见

$$n=\lim_{z\to1}(z^{n-1}+z^{n-2}+\cdots+z+1)=\lim_{z\to1}\frac{z^n-1}{z-1}$$
$$=\prod_{k=1}^{n-1}\lim_{z\to1}\left(z-\mathrm{e}^{\mathrm{i}\frac{2k\pi}{n}}\right)=\prod_{k=1}^{n-1}\left(1-\mathrm{e}^{\mathrm{i}\frac{2k\pi}{n}}\right).$$

于是

$$n=|n|=\prod_{k=1}^{n-1}\left|1-\mathrm{e}^{\mathrm{i}\frac{2k\pi}{n}}\right|=\prod_{k=1}^{n-1}\sqrt{\left(1-\cos\frac{2k\pi}{n}\right)^2+\left(\sin\frac{2k\pi}{n}\right)^2}$$
$$=\prod_{k=1}^{n-1}\sqrt{2\left(1-\cos\frac{2k\pi}{n}\right)}=\prod_{k=1}^{n-1}\left(2\sin\frac{k\pi}{n}\right)=2^{n-1}\prod_{k=1}^{n-1}\sin\frac{k\pi}{n}.$$

(4) 由 (2) 和 (3) 可知

$$E^2=\frac{\pi^{n-1}}{\prod\limits_{k=1}^{n-1}\sin\frac{k\pi}{n}}=\frac{\pi^{n-1}}{\frac{n}{2^{n-1}}}=\frac{(2\pi)^{n-1}}{n},$$

因此 $E=\dfrac{(2\pi)^{\frac{n-1}{2}}}{\sqrt{n}}$. □

4. 勒让德公式

$$\Gamma(\alpha)\Gamma\left(\alpha+\frac{1}{2}\right)=\frac{\sqrt{\pi}}{2^{2\alpha-1}}\Gamma(2\alpha).$$

(1) 证明:

$$B(\alpha,\alpha)=2\int_0^{1/2}\left(\frac{1}{4}-\left(\frac{1}{2}-x\right)^2\right)^{\alpha-1}\mathrm{d}x.$$

(2) 在上述积分中作变量替换, 证明: $B(\alpha,\alpha)=\dfrac{1}{2^{2\alpha-1}}B\left(\dfrac{1}{2},\alpha\right)$.

(3) 推出勒让德公式.

证　(1) 因为

$$\int_{\frac{1}{2}}^1 x^{\alpha-1}(1-x)^{\alpha-1}\mathrm{d}x\xlongequal{t=1-x}\int_0^{\frac{1}{2}}(1-t)^{\alpha-1}t^{\alpha-1}\mathrm{d}t=\int_0^{\frac{1}{2}}x^{\alpha-1}(1-x)^{\alpha-1}\mathrm{d}x,$$

所以

$$\begin{aligned}B(\alpha,\alpha)&=\int_0^1 x^{\alpha-1}(1-x)^{\alpha-1}\mathrm{d}x\\&=\int_0^{\frac12} x^{\alpha-1}(1-x)^{\alpha-1}\mathrm{d}x+\int_{\frac12}^1 x^{\alpha-1}(1-x)^{\alpha-1}\mathrm{d}x\\&=2\int_0^{\frac12} x^{\alpha-1}(1-x)^{\alpha-1}\mathrm{d}x=2\int_0^{\frac12}(x-x^2)^{\alpha-1}\mathrm{d}x\\&=2\int_0^{1/2}\left(\frac14-\left(\frac12-x\right)^2\right)^{\alpha-1}\mathrm{d}x.\end{aligned}$$

(2) 利用变量替换我们有

$$\begin{aligned}B(\alpha,\alpha)&=2\int_0^{1/2}\left(\frac14-\left(\frac12-x\right)^2\right)^{\alpha-1}\mathrm{d}x\\&\xlongequal{t=\frac14-(\frac12-x)^2}2\int_0^{\frac14}t^{\alpha-1}(1-4t)^{-\frac12}\mathrm{d}t\\&\xlongequal{y=4t}\frac{1}{2^{2\alpha-1}}\int_0^1 y^{\alpha-1}(1-y)^{\frac12-1}\mathrm{d}y\\&=\frac{1}{2^{2\alpha-1}}B\left(\alpha,\frac12\right)=\frac{1}{2^{2\alpha-1}}B\left(\frac12,\alpha\right).\end{aligned}$$

(3) 由 β 函数和 Γ 函数的联系及 (2) 可知

$$\frac{\Gamma(\alpha)\Gamma(\alpha)}{\Gamma(2\alpha)}=B(\alpha,\alpha)=\frac{1}{2^{2\alpha-1}}B\left(\frac12,\alpha\right)=\frac{1}{2^{2\alpha-1}}\cdot\frac{\Gamma\left(\frac12\right)\Gamma(\alpha)}{\Gamma\left(\alpha+\frac12\right)},$$

于是再由 $\Gamma\left(\frac12\right)=\sqrt{\pi}$ 我们可得

$$\Gamma(\alpha)\Gamma\left(\alpha+\frac12\right)=\frac{1}{2^{2\alpha-1}}\Gamma\left(\frac12\right)\Gamma(2\alpha)=\frac{\sqrt{\pi}}{2^{2\alpha-1}}\Gamma(2\alpha).$$ □

5. 仍然使用 14.1 节中习题 4 的记号, 试给出一个方法, 使借助欧拉积分能完成这个问题的第二部分, 也是更加奥妙的部分.

(1) 注意, 当 $k=\dfrac{1}{\sqrt2}$ 时, 将有 $\tilde{k}=k$, 且

$$\widetilde{E}=E=\int_0^{\pi/2}\sqrt{1-\frac12\sin^2\varphi}\,\mathrm{d}\varphi,\quad \widetilde{K}=K=\int_0^{\pi/2}\frac{\mathrm{d}\varphi}{\sqrt{1-\frac12\sin^2\varphi}}.$$

(2) 经过相应的变量替换, 由这些积分所归结成的形式推出, 当 $k=\dfrac{1}{\sqrt{2}}$ 时, 有

$$K=\frac{1}{2\sqrt{2}}B\left(\frac{1}{4},\frac{1}{2}\right),\quad 2E-K=\frac{1}{2\sqrt{2}}B\left(\frac{3}{4},\frac{1}{2}\right).$$

(3) 现在得到, 当 $k=\dfrac{1}{\sqrt{2}}$ 时, 有

$$E\widetilde{K}+\widetilde{E}K-K\widetilde{K}=\frac{\pi}{2}.$$

证 (1) 由记号和定义易见结论显然成立.

(2) 当 $k=\dfrac{1}{\sqrt{2}}$ 时, 由变量替换可得

$$K=\int_0^{\pi/2}\frac{\mathrm{d}\varphi}{\sqrt{1-\dfrac{1}{2}\sin^2\varphi}}\xlongequal{x=\frac{1}{2}\sin^2\varphi}\int_0^{\frac{1}{2}}(1-x)^{-\frac{1}{2}}(2x)^{-\frac{1}{2}}(1-2x)^{-\frac{1}{2}}\mathrm{d}x$$
$$\xlongequal{y=4(1-x)x}\frac{1}{2\sqrt{2}}\int_0^1 y^{-\frac{1}{2}}(1-y)^{-\frac{3}{4}}\mathrm{d}y=\frac{1}{2\sqrt{2}}B\left(\frac{1}{4},\frac{1}{2}\right).$$

类似地,

$$2E-K=\int_0^{\pi/2}\frac{1-\sin^2\varphi}{\sqrt{1-\dfrac{1}{2}\sin^2\varphi}}\mathrm{d}\varphi\xlongequal{x=\frac{1}{2}\sin^2\varphi}\int_0^{\frac{1}{2}}(1-x)^{-\frac{1}{2}}(2x)^{-\frac{1}{2}}(1-2x)^{\frac{1}{2}}\mathrm{d}x$$
$$\xlongequal{y=4(1-x)x}\frac{1}{2\sqrt{2}}\int_0^1 y^{-\frac{1}{2}}(1-y)^{-\frac{1}{4}}\mathrm{d}y=\frac{1}{2\sqrt{2}}B\left(\frac{3}{4},\frac{1}{2}\right).$$

(3) 当 $k=\dfrac{1}{\sqrt{2}}$ 时, 由 (1), (2), β 函数和 Γ 函数的联系, Γ 函数的递推公式及 $\Gamma\left(\dfrac{1}{2}\right)=\sqrt{\pi}$ 可知

$$E\widetilde{K}+\widetilde{E}K-K\widetilde{K}=2EK-K^2=K(2E-K)$$
$$=\frac{1}{2\sqrt{2}}B\left(\frac{1}{4},\frac{1}{2}\right)\cdot\frac{1}{2\sqrt{2}}B\left(\frac{3}{4},\frac{1}{2}\right)=\frac{1}{8}\frac{\Gamma\left(\dfrac{1}{4}\right)\Gamma\left(\dfrac{1}{2}\right)}{\Gamma\left(\dfrac{3}{4}\right)}\cdot\frac{\Gamma\left(\dfrac{3}{4}\right)\Gamma\left(\dfrac{1}{2}\right)}{\Gamma\left(\dfrac{1}{4}+1\right)}$$

$$=\frac{1}{8}\frac{\Gamma\left(\frac{1}{4}\right)\Gamma^2\left(\frac{1}{2}\right)}{\frac{1}{4}\Gamma\left(\frac{1}{4}\right)}=\frac{1}{2}\Gamma^2\left(\frac{1}{2}\right)=\frac{\pi}{2}.$$

□

6. 拉比积分 $\int_0^1 \ln\Gamma(x)\mathrm{d}x$. 证明:

(1) $\int_0^1 \ln\Gamma(x)\mathrm{d}x=\int_0^1 \ln\Gamma(1-x)\mathrm{d}x$;

(2) $\int_0^1 \ln\Gamma(x)\mathrm{d}x=\frac{1}{2}\ln\pi-\frac{1}{\pi}\int_0^{\pi/2}\ln\sin x\mathrm{d}x$;

(3) $\int_0^{\pi/2}\ln\sin x\mathrm{d}x=\int_0^{\pi/2}\ln\sin 2x\mathrm{d}x$;

(4) $\int_0^{\pi/2}\ln\sin x\mathrm{d}x=-\frac{\pi}{2}\ln 2$;

(5) $\int_0^1 \ln\Gamma(x)\mathrm{d}x=\ln\sqrt{2\pi}$.

证　(1) 由变量替换可知

$$\int_0^1 \ln\Gamma(x)\mathrm{d}x \xlongequal{x=1-t} \int_0^1 \ln\Gamma(1-t)\mathrm{d}t=\int_0^1 \ln\Gamma(1-x)\mathrm{d}x.$$

(2) 因为

$$\int_{\frac{\pi}{2}}^{\pi}\ln\sin t\mathrm{d}t \xlongequal{u=\pi-t} \int_0^{\frac{\pi}{2}}\ln\sin u\mathrm{d}u=\int_0^{\frac{\pi}{2}}\ln\sin t\mathrm{d}t,$$

所以由 (1) 和余元公式可知

$$\begin{aligned}\int_0^1 \ln\Gamma(x)\mathrm{d}x&=\frac{1}{2}\left(\int_0^1 \ln\Gamma(x)\mathrm{d}x+\int_0^1 \ln\Gamma(1-x)\mathrm{d}x\right)\\&=\frac{1}{2}\int_0^1 \ln\left(\Gamma(x)\Gamma(1-x)\right)\mathrm{d}x\\&=\frac{1}{2}\int_0^1 \ln\frac{\pi}{\sin\pi x}\mathrm{d}x=\frac{1}{2}\ln\pi-\frac{1}{2}\int_0^1 \ln\sin\pi x\mathrm{d}x\\&\xlongequal{t=\pi x}\frac{1}{2}\ln\pi-\frac{1}{2\pi}\int_0^{\pi}\ln\sin t\mathrm{d}t\\&=\frac{1}{2}\ln\pi-\frac{1}{2\pi}\int_0^{\frac{\pi}{2}}\ln\sin t\mathrm{d}t-\frac{1}{2\pi}\int_{\frac{\pi}{2}}^{\pi}\ln\sin t\mathrm{d}t\end{aligned}$$

$$= \frac{1}{2}\ln \pi - \frac{1}{\pi}\int_0^{\frac{\pi}{2}} \ln \sin x \mathrm{d}x.$$

(3) 由 (2) 中已证公式 $\int_{\frac{\pi}{2}}^{\pi} \ln \sin t \mathrm{d}t = \int_0^{\frac{\pi}{2}} \ln \sin t \mathrm{d}t$ 可知

$$\int_0^{\frac{\pi}{2}} \ln \sin 2x \mathrm{d}x \xlongequal{t=2x} \frac{1}{2}\int_0^{\pi} \ln \sin t \mathrm{d}t = \frac{1}{2}\int_0^{\frac{\pi}{2}} \ln \sin t \mathrm{d}t + \frac{1}{2}\int_{\frac{\pi}{2}}^{\pi} \ln \sin t \mathrm{d}t$$
$$= \int_0^{\frac{\pi}{2}} \ln \sin x \mathrm{d}x.$$

(4) 因为

$$\int_0^{\frac{\pi}{2}} \ln \cos x \mathrm{d}x \xlongequal{t=\frac{\pi}{2}-x} \int_0^{\frac{\pi}{2}} \ln \sin t \mathrm{d}t = \int_0^{\frac{\pi}{2}} \ln \sin x \mathrm{d}x,$$

所以由 (3) 可知

$$\int_0^{\frac{\pi}{2}} \ln \sin x \mathrm{d}x = \int_0^{\frac{\pi}{2}} \ln \sin 2x \mathrm{d}x = \int_0^{\frac{\pi}{2}} \ln(2\sin x \cos x) \mathrm{d}x$$
$$= \frac{\pi}{2}\ln 2 + \int_0^{\frac{\pi}{2}} \ln \sin x \mathrm{d}x + \int_0^{\frac{\pi}{2}} \ln \cos x \mathrm{d}x = \frac{\pi}{2}\ln 2 + 2\int_0^{\frac{\pi}{2}} \ln \sin x \mathrm{d}x,$$

于是

$$\int_0^{\frac{\pi}{2}} \ln \sin x \mathrm{d}x = -\frac{\pi}{2}\ln 2.$$

(5) 由 (2) 和 (4) 可知

$$\int_0^1 \ln \Gamma(x) \mathrm{d}x = \frac{1}{2}\ln \pi - \frac{1}{\pi}\int_0^{\frac{\pi}{2}} \ln \sin x \mathrm{d}x = \frac{1}{2}\ln \pi - \frac{1}{\pi}\cdot\left(-\frac{\pi}{2}\ln 2\right) = \ln \sqrt{2\pi}.$$

□

7. 利用等式

$$\frac{1}{x^s} = \frac{1}{\Gamma(s)}\int_0^{+\infty} y^{s-1}\mathrm{e}^{-xy}\mathrm{d}y$$

并根据交换相应的积分次序的可能性, 验证:

(1) $\displaystyle\int_0^{+\infty} \frac{\cos ax}{x^{\alpha}}\mathrm{d}x = \frac{\pi a^{\alpha-1}}{2\Gamma(\alpha)\cos\frac{\pi\alpha}{2}} \quad (0 < \alpha < 1);$

(2) $\displaystyle\int_0^{+\infty} \frac{\sin bx}{x^{\beta}}\mathrm{d}x = \frac{\pi b^{\beta-1}}{2\Gamma(\beta)\sin\frac{\pi\beta}{2}} \quad (0 < \beta < 2);$

(3) 现在再次计算狄利克雷积分 $\int_0^{+\infty}\frac{\sin x}{x}\mathrm{d}x$ 的值以及菲涅耳积分

$$\int_0^{+\infty}\cos x^2\mathrm{d}x \quad 和 \quad \int_0^{+\infty}\sin x^2\mathrm{d}x$$

的值.

证 (1) 交换积分次序并利用 β 函数和 Γ 函数的联系, $\Gamma(1)=1$ 及余元公式可得

$$\begin{aligned}
\int_0^{+\infty}\frac{\cos ax}{x^\alpha}\mathrm{d}x &= \frac{1}{\Gamma(\alpha)}\int_0^{+\infty}\cos ax\mathrm{d}x\int_0^{+\infty}y^{\alpha-1}\mathrm{e}^{-xy}\mathrm{d}y\\
&= \frac{1}{\Gamma(\alpha)}\int_0^{+\infty}y^{\alpha-1}\mathrm{d}y\int_0^{+\infty}\mathrm{e}^{-xy}\cos ax\mathrm{d}x\\
&= \frac{1}{\Gamma(\alpha)}\int_0^{+\infty}y^{\alpha-1}\frac{y}{a^2+y^2}\mathrm{d}y \xlongequal{y=a\tan t} \frac{a^{\alpha-1}}{\Gamma(\alpha)}\int_0^{\frac{\pi}{2}}\tan^\alpha t\mathrm{d}t\\
&= \frac{a^{\alpha-1}}{\Gamma(\alpha)}\int_0^{\frac{\pi}{2}}\sin^{\alpha+1-1}t\cos^{1-\alpha-1}t\mathrm{d}t = \frac{a^{\alpha-1}}{\Gamma(\alpha)}\cdot\frac{1}{2}B\left(\frac{\alpha+1}{2},\frac{1-\alpha}{2}\right)\\
&= \frac{a^{\alpha-1}}{2\Gamma(\alpha)}\cdot\frac{\Gamma\left(\frac{\alpha+1}{2}\right)\Gamma\left(\frac{1-\alpha}{2}\right)}{\Gamma(1)}\\
&= \frac{a^{\alpha-1}}{2\Gamma(\alpha)}\cdot\frac{\pi}{\sin\pi\frac{\alpha+1}{2}} = \frac{\pi a^{\alpha-1}}{2\Gamma(\alpha)\cos\frac{\pi\alpha}{2}}.
\end{aligned}$$

(2) 交换积分次序并利用 β 函数和 Γ 函数的联系, $\Gamma(1)=1$ 及余元公式可得

$$\begin{aligned}
\int_0^{+\infty}\frac{\sin bx}{x^\beta}\mathrm{d}x &= \frac{1}{\Gamma(\beta)}\int_0^{+\infty}\sin bx\mathrm{d}x\int_0^{+\infty}y^{\beta-1}\mathrm{e}^{-xy}\mathrm{d}y\\
&= \frac{1}{\Gamma(\beta)}\int_0^{+\infty}y^{\beta-1}\mathrm{d}y\int_0^{+\infty}\mathrm{e}^{-xy}\sin bx\mathrm{d}x\\
&= \frac{1}{\Gamma(\beta)}\int_0^{+\infty}y^{\beta-1}\frac{b}{b^2+y^2}\mathrm{d}y \xlongequal{y=b\tan t} \frac{b^{\beta-1}}{\Gamma(\beta)}\int_0^{\frac{\pi}{2}}\tan^{\beta-1}t\mathrm{d}t\\
&= \frac{b^{\beta-1}}{\Gamma(\beta)}\int_0^{\frac{\pi}{2}}\sin^{\beta-1}t\cos^{2-\beta-1}t\mathrm{d}t = \frac{b^{\beta-1}}{\Gamma(\beta)}\cdot\frac{1}{2}B\left(\frac{\beta}{2},\frac{2-\beta}{2}\right)\\
&= \frac{b^{\beta-1}}{2\Gamma(\beta)}\cdot\frac{\Gamma\left(\frac{\beta}{2}\right)\Gamma\left(\frac{2-\beta}{2}\right)}{\Gamma(1)} = \frac{\pi b^{\beta-1}}{2\Gamma(\beta)\sin\frac{\pi\beta}{2}}.
\end{aligned}$$

(3) 取 $b=1$, $\beta=1$ 即得 $\displaystyle\int_0^{+\infty}\frac{\sin x}{x}\mathrm{d}x=\frac{\pi}{2\Gamma(1)\sin\frac{\pi}{2}}=\frac{\pi}{2}$. 再取 $b=1$, $\beta=\frac{1}{2}$ 并利用 $\Gamma\left(\frac{1}{2}\right)=\sqrt{\pi}$ 可得

$$\int_0^{+\infty}\sin x^2\mathrm{d}x=\frac{1}{2}\int_0^{+\infty}\frac{\sin t}{\sqrt{t}}\mathrm{d}t=\frac{1}{2}\cdot\frac{\pi}{2\Gamma\left(\frac{1}{2}\right)\sin\frac{\pi}{4}}=\frac{1}{2}\sqrt{\frac{\pi}{2}}.$$

同理, 取 $a=1$, $\alpha=\frac{1}{2}$ 可得

$$\int_0^{+\infty}\cos x^2\mathrm{d}x=\frac{1}{2}\int_0^{+\infty}\frac{\cos t}{\sqrt{t}}\mathrm{d}t=\frac{1}{2}\cdot\frac{\pi}{2\Gamma\left(\frac{1}{2}\right)\cos\frac{\pi}{4}}=\frac{1}{2}\sqrt{\frac{\pi}{2}}.$$ □

8. 证明: 当 $\alpha>1$ 时

$$\int_0^{+\infty}\frac{x^{\alpha-1}}{\mathrm{e}^x-1}\mathrm{d}x=\Gamma(\alpha)\cdot\zeta(\alpha),$$

这里 $\zeta(\alpha)=\sum\limits_{n=1}^{\infty}\frac{1}{n^\alpha}$ 是黎曼 ζ 函数.

证　显然

$$\frac{1}{\mathrm{e}^x-1}=\frac{\mathrm{e}^{-x}}{1-\mathrm{e}^{-x}}=\sum_{n=1}^{\infty}\mathrm{e}^{-nx},\quad x>0.$$

于是对任何 $A>\varepsilon>0$, 我们有

$$\frac{x^{\alpha-1}}{\mathrm{e}^x-1}=\sum_{n=1}^{\infty}x^{\alpha-1}\mathrm{e}^{-nx},\quad x\in[\varepsilon,A].$$

从而由迪尼定理可知 $\sum\limits_{n=1}^{\infty}x^{\alpha-1}\mathrm{e}^{-nx}$ 关于 $x\in[\varepsilon,A]$ 一致收敛. 因此

$$\begin{aligned}\int_\varepsilon^A\frac{x^{\alpha-1}}{\mathrm{e}^x-1}\mathrm{d}x&=\int_\varepsilon^A\sum_{n=1}^{\infty}x^{\alpha-1}\mathrm{e}^{-nx}\mathrm{d}x=\sum_{n=1}^{\infty}\int_\varepsilon^A x^{\alpha-1}\mathrm{e}^{-nx}\mathrm{d}x\\&\xlongequal{y=nx}\sum_{n=1}^{\infty}\frac{1}{n^\alpha}\int_{n\varepsilon}^{nA}y^{\alpha-1}\mathrm{e}^{-y}\mathrm{d}y.\end{aligned}$$

又因为

$$\left|\frac{1}{n^\alpha}\int_{n\varepsilon}^{nA}y^{\alpha-1}\mathrm{e}^{-y}\mathrm{d}y\right|\leqslant\frac{1}{n^\alpha}\int_0^{+\infty}y^{\alpha-1}\mathrm{e}^{-y}\mathrm{d}y=\frac{1}{n^\alpha}\Gamma(\alpha),$$

而 $\sum\limits_{n=1}^{\infty}\dfrac{1}{n^\alpha}\Gamma(\alpha)$ 收敛于 $\zeta(\alpha)\cdot\Gamma(\alpha)$, 所以 $\sum\limits_{n=1}^{\infty}\dfrac{1}{n^\alpha}\displaystyle\int_{n\varepsilon}^{nA}y^{\alpha-1}\mathrm{e}^{-y}\mathrm{d}y$ 关于 ε, A 一致收敛, 因此

$$\begin{aligned}\int_0^{+\infty}\frac{x^{\alpha-1}}{\mathrm{e}^x-1}\mathrm{d}x &= \lim_{\substack{\varepsilon\to+0\\A\to+\infty}}\int_\varepsilon^A\frac{x^{\alpha-1}}{\mathrm{e}^x-1}\mathrm{d}x\\ &=\sum_{n=1}^{\infty}\frac{1}{n^\alpha}\lim_{\substack{\varepsilon\to+0\\A\to+\infty}}\int_{n\varepsilon}^{nA}y^{\alpha-1}\mathrm{e}^{-y}\mathrm{d}y\\ &=\sum_{n=1}^{\infty}\frac{1}{n^\alpha}\Gamma(\alpha)=\zeta(\alpha)\cdot\Gamma(\alpha).\end{aligned}$$

□

9. 高斯公式. 在《讲义》13.3 节例 6 中, 给出了由高斯用几何级数的和引进的函数

$$\Gamma(\alpha,\beta,\gamma,x):=1+\sum_{n=1}^{\infty}\frac{\alpha(\alpha+1)\cdots(\alpha+n-1)\beta(\beta+1)\cdots(\beta+n-1)}{n!\gamma(\gamma+1)\cdots(\gamma+n-1)}x^n.$$

可以证明下面的高斯公式成立:

$$\Gamma(\alpha,\beta,\gamma,1)=\frac{\Gamma(\gamma)\Gamma(\gamma-\alpha-\beta)}{\Gamma(\gamma-\alpha)\Gamma(\gamma-\beta)}.$$

(1) 把函数 $(1-tx)^{-\beta}$ 展开成级数, 证明: 当 $\alpha>0, \gamma-\alpha>0$, 且 $0<x<1$ 时, 积分

$$P(x)=\int_0^1 t^{\alpha-1}(1-t)^{\gamma-\alpha-1}(1-tx)^{-\beta}\mathrm{d}t$$

能表示成

$$P(x)=\sum_{n=0}^{\infty}P_nx^n$$

的形式, 其中

$$P_n=\frac{\beta(\beta+1)\cdots(\beta+n-1)}{n!}\cdot\frac{\Gamma(\alpha+n)\Gamma(\gamma-\alpha)}{\Gamma(\gamma+n)}.$$

(2) 证明:

$$P_n=\frac{\Gamma(\alpha)\Gamma(\gamma-\alpha)}{\Gamma(\gamma)}\cdot\frac{\alpha(\alpha+1)\cdots(\alpha+n-1)\beta(\beta+1)\cdots(\beta+n-1)}{n!\gamma(\gamma+1)\cdots(\gamma+n-1)}.$$

(3) 现在证明: 当 $\alpha>0, \gamma-\alpha>0$, 且 $0<x<1$ 时,

$$P(x)=\frac{\Gamma(\alpha)\Gamma(\gamma-\alpha)}{\Gamma(\gamma)}\cdot\Gamma(\alpha,\beta,\gamma,x).$$

(9) 由 (8) 可知

$$c=\frac{\left(\lim\limits_{n\to\infty}a_n\right)^2}{\lim\limits_{n\to\infty}a_{2n}}=\lim_{n\to\infty}\frac{(a_n)^2}{a_{2n}}=\lim_{n\to\infty}\frac{\dfrac{(n!)^2\mathrm{e}^{2n}}{n^{2(n+\frac{1}{2})}}}{\dfrac{(2n)!\mathrm{e}^{2n}}{(2n)^{2n+\frac{1}{2}}}}=\sqrt{2}\lim_{n\to\infty}\frac{(n!)^2 2^{2n}}{(2n)!}\cdot\frac{1}{\sqrt{n}}=\sqrt{2\pi}.$$

于是再由 (7) 即得斯特林公式.

(10) 由 (9) 可知 $n!\sim\sqrt{2\pi n}\left(\dfrac{n}{\mathrm{e}}\right)^n$, 当 $n\to\infty$ 时. 于是

$$\lim_{n\to\infty}\ln n!+n-\left(n+\frac{1}{2}\right)\ln n=\ln\sqrt{2\pi}.$$

因此由欧拉–高斯公式可知

$$\begin{aligned}
&\ln\Gamma(x)=\ln\lim_{n\to\infty}\frac{n^x n!}{x(x+1)\cdot\cdots\cdot(x+n)}=\lim_{n\to\infty}\ln\frac{n^x n!}{x(x+1)\cdot\cdots\cdot(x+n)}\\
=&\lim_{n\to\infty}(x\ln n+\ln n!-\ln x-\ln(x+1)-\cdots-\ln(x+n))\\
=&\lim_{n\to\infty}\left(\left(\ln n!+n-\left(n+\frac{1}{2}\right)\ln n\right)+\left(x-\frac{1}{2}\right)\ln x-\left(n+x+\frac{1}{2}\right)\ln\left(1+\frac{x}{n}\right)\right.\\
&+\left(\left(x+\frac{1}{2}\right)\ln(n+x)-\left(x+\frac{1}{2}\right)\ln x\right)-n\\
&\left.+\left(\sum_{j=1}^{n}(j\ln(j+x)-(j-1)\ln(j-1+x))-\sum_{j=1}^{n}\ln(j+x)\right)\right)\\
=&\lim_{n\to\infty}\left(\left(\ln n!+n-\left(n+\frac{1}{2}\right)\ln n\right)+\left(x-\frac{1}{2}\right)\ln x-x\ln\left(\left(1+\frac{x}{n}\right)^{\frac{n}{x}}\right)^{\frac{n+x+\frac{1}{2}}{n}}\right.\\
&\left.+\int_0^n\frac{x+\frac{1}{2}}{t+x}\mathrm{d}t-\int_0^n\frac{t+x}{t+x}\mathrm{d}t+\sum_{j=1}^{n}\int_{j-1}^{j}\frac{[t]}{t+x}\mathrm{d}t\right)\\
=&\ln\sqrt{2\pi}+\left(x-\frac{1}{2}\right)\ln x-x+\sum_{j=1}^{\infty}\int_{j-1}^{j}\frac{[t]-t+\frac{1}{2}}{t+x}\mathrm{d}t.
\end{aligned}$$

又因为 $\forall j=1,2,\cdots$,

$$\begin{aligned}\int_{j-1}^{j}\frac{[t]-t+\dfrac{1}{2}}{t+x}\mathrm{d}t&=\int_{j-1}^{j-\frac{1}{2}}\frac{j-\dfrac{1}{2}-t}{t+x}\mathrm{d}t+\int_{j-\frac{1}{2}}^{j}\frac{j-\dfrac{1}{2}-t}{t+x}\mathrm{d}t\\&=\int_{j-1}^{j-\frac{1}{2}}\frac{j-\dfrac{1}{2}-t}{t+x}\mathrm{d}t-\int_{j-1}^{j-\frac{1}{2}}\frac{j-\dfrac{1}{2}-t}{2j-1-t+x}\mathrm{d}t\\&=\int_{j-1}^{j-\frac{1}{2}}\frac{2\left(j-\dfrac{1}{2}-t\right)^2}{(t+x)(2j-1-t+x)}\mathrm{d}t>0,\end{aligned}$$

所以 $\forall M>0$, 当 $x\geqslant M$ 时,

$$\begin{aligned}&0<\sum_{j=1}^{\infty}\int_{j-1}^{j}\frac{j-\dfrac{1}{2}-t}{t+x}\mathrm{d}t\leqslant\sum_{j=1}^{\infty}\int_{j-1}^{j-\frac{1}{2}}\frac{2\left(j-\dfrac{1}{2}-t\right)^2}{(t+M)(2j-1-t+M)}\mathrm{d}t\\&=\sum_{j=1}^{\infty}\int_{j-1}^{j}\frac{j-\dfrac{1}{2}-t}{t+M}\mathrm{d}t<+\infty,\end{aligned}$$

从而

$$\lim_{x\to+\infty}\sum_{j=1}^{\infty}\int_{j-1}^{j}\frac{[t]-t+\dfrac{1}{2}}{t+x}\mathrm{d}t=\sum_{j=1}^{\infty}\int_{j-1}^{j}\lim_{x\to+\infty}\frac{[t]-t+\dfrac{1}{2}}{t+x}\mathrm{d}t=0.$$

因此

$$\begin{aligned}&\Gamma(x+1)=x\Gamma(x)=x\mathrm{e}^{\ln\Gamma(x)}\\&=x\exp\left(\ln\sqrt{2\pi}+\left(x-\frac{1}{2}\right)\ln x-x\right)\cdot\exp\left(\sum_{j=1}^{\infty}\int_{j-1}^{j}\frac{[t]-t+\dfrac{1}{2}}{t+x}\mathrm{d}t\right)\\&\sim x\exp\left(\ln\sqrt{2\pi}+\left(x-\frac{1}{2}\right)\ln x-x\right)=\sqrt{2\pi x}\left(\frac{x}{\mathrm{e}}\right)^x.\end{aligned}$$

□

11. 证明:

$$\Gamma(x)=\sum_{n=0}^{\infty}\frac{(-1)^n}{n+x}\cdot\frac{1}{n!}+\int_1^{\infty}t^{x-1}\mathrm{e}^{-t}\mathrm{d}t.$$

可用这个等式对除点 $0,-1,-2,\cdots$ 以外的复 $z\in\mathbb{C}$ 定义 $\Gamma(z)$.

证 当 $x\in\mathbb{R}$ 且 $x>0$ 时, 由魏尔斯特拉斯强函数检验法易知 $\mathrm{e}^{-t}=\sum\limits_{n=0}^{\infty}\dfrac{(-1)^nt^n}{n!}$ 关于 t 在区间 $[0,1]$ 上一致收敛, 于是

$$\int_0^1 t^{x-1}\mathrm{e}^{-t}\mathrm{d}t=\int_0^1 t^{x-1}\sum_{n=0}^{\infty}\frac{(-1)^nt^n}{n!}\mathrm{d}t=\sum_{n=0}^{\infty}\int_0^1 t^{x-1}\frac{(-1)^nt^n}{n!}\mathrm{d}t=\sum_{n=0}^{\infty}\frac{(-1)^n}{n+x}\cdot\frac{1}{n!}.$$

于是

$$\Gamma(x)=\int_0^1 t^{x-1}\mathrm{e}^{-t}\mathrm{d}t+\int_1^{\infty}t^{x-1}\mathrm{e}^{-t}\mathrm{d}t=\sum_{n=0}^{\infty}\frac{(-1)^n}{n+x}\cdot\frac{1}{n!}+\int_1^{\infty}t^{x-1}\mathrm{e}^{-t}\mathrm{d}t.$$

而对 $z\in\mathbb{C}\backslash\{0,-1,-2,\cdots\}$, 因为当 $n>|z|+1$ 时, $\left|\dfrac{(-1)^n}{n+z}\cdot\dfrac{1}{n!}\right|\leqslant\dfrac{1}{n!}$, 所以级数 $\sum\limits_{n=0}^{\infty}\dfrac{(-1)^n}{n+z}\cdot\dfrac{1}{n!}$ 绝对收敛. 又显然 $\displaystyle\int_1^{\infty}t^{z-1}\mathrm{e}^{-t}\mathrm{d}t$ 对任意的 $z\in\mathbb{C}$ 收敛, 因此 $\Gamma(z)$ 的定义是合理的. □

14.4 函数的卷积和广义函数的初步知识

一、知识点总结与补充

1. 卷积

(1) 定义: 由关系式

$$(u*v)(x):=\int_{\mathbb{R}}u(y)v(x-y)\mathrm{d}y$$

(假定对一切 $x\in\mathbb{R}$, 该式中的反常积分存在) 确定的函数 $u*v:\mathbb{R}\to\mathbb{C}$ 叫做函数 $u:\mathbb{R}\to\mathbb{C}$ 与 $v:\mathbb{R}\to\mathbb{C}$ 的卷积.

(2) 局部可积函数: 设 $f:G\to\mathbb{C}$ 是定义在开集 $G\subset\mathbb{R}$ 上的实或复函数. 如果每一点 $x\in G$ 都有邻域 $U(x)\subset G$, 使函数 $f|_{U(x)}$ 在 $U(x)$ 中可积, 则称函数 f 是 G 上的局部可积函数, 记所有如此的函数组成的集合为 $L_{\mathrm{loc}}(G):=\{f:$ f 是 G 上局部可积函数$\}$. 特别地, 令 $L_{\mathrm{loc}}=L_{\mathrm{loc}}(\mathbb{R})$, 则 $f\in L_{\mathrm{loc}}$ 当且仅当对任何区间 $[a,b]$, $f|_{[a,b]}\in\mathcal{R}[a,b]$.

(3) 支集: 集合 $\{x\in G:f(x)\neq 0\}$ 在 G 中的闭包叫做函数 f 的支集, 记作 $\mathrm{supp}f$. 称函数 f 是 G 中具有紧支集的函数, 如果 $\mathrm{supp}f$ 是 G 中的紧集.

(4) 一些记号: 通常把在 G 中具有直至 $m(0\leqslant m\leqslant\infty)$ 阶连续导数的函数 $f:G\to\mathbb{C}$ 的集合记作 $C^{(m)}(G)$, 而由具有紧支集的函数构成的它的子集用记号

$C_0^{(m)}(G)$ 表示, 在 $G=\mathbb{R}$ 的情况下, 通常代替 $C^{(m)}(\mathbb{R})$ 与 $C_0^{(m)}(\mathbb{R})$ 而简记作 $C^{(m)}$ 与 $C_0^{(m)}$.

(5) 卷积存在性的充分条件: 以下列举的三个条件中的每一个, 都是局部可积函数 $u:\mathbb{R}\to\mathbb{C}$ 与 $v:\mathbb{R}\to\mathbb{C}$ 的卷积 $u*v$ 存在的充分条件:

- 函数 $|u|^2$ 与 $|v|^2$ 在 $\mathbb{R}$ 上可积;
- 函数 $|u|,|v|$ 之一在 $\mathbb{R}$ 上可积, 而另一个在 $\mathbb{R}$ 上有界;
- 函数 u,v 之一具有紧支集.

(6) 卷积的对称性: 如果卷积 $u*v$ 存在, 那么卷积 $v*u$ 也存在, 且有等式 $u*v=v*u$.

(7) 卷积的保位移性: 设 T_{x_0} 是位移算子, 即 $(T_{x_0})f(x)=f(x-x_0)$. 如果函数 u 和 v 的卷积 $u*v$ 存在, 那么 $T_{x_0}(u*v)=T_{x_0}u*v=u*T_{x_0}v$.

(8) 卷积的微分法: 如果 $u\in L_{\text{loc}}$, $v\in C_0^{(m)}$ $(0\leqslant m\leqslant\infty)$, 则 $(u*v)\in C^{(m)}$, 而且 $D^k(u*v)=u*(D^kv)$, $k=0,1,\cdots,m$.

2. δ-型函数族和魏尔斯特拉斯逼近定理

(1) δ-型函数族的定义: 由依赖于参变量 $\alpha\in A$ 的函数 $\Delta_\alpha:\mathbb{R}\to\mathbb{R}$ 构成的函数族 $\{\Delta_\alpha,\alpha\in A\}$ 叫做 A 中关于基底 $\mathcal{B}$ 的 δ-型的或逼近单位的函数族, 如果它满足下面三个条件:

- 函数族中所有函数都是非负的 $(\Delta_\alpha(x)\geqslant 0)$;
- 对于函数族中任一函数 Δ_α, 有 $\displaystyle\int_{\mathbb{R}}\Delta_\alpha(x)\mathrm{d}x=1$;
- 对于点 $0\in\mathbb{R}$ 的任一邻域 U, 有 $\displaystyle\lim_{\mathcal{B}}\int_U\Delta_\alpha(x)\mathrm{d}x=1$.

注　第三个条件与 $\displaystyle\lim_{\mathcal{B}}\int_{\mathbb{R}\backslash U}\Delta_\alpha(x)\mathrm{d}x=0$ 等价.

(2) δ-型函数族的例子:

- 当 $\alpha>0$ 时由 “阶梯函数”

$$\delta_\alpha(t)=\begin{cases}\dfrac{1}{\alpha}, & 0\leqslant t\leqslant\alpha,\\ 0, & t<0\text{或}t>\alpha\end{cases}$$

构成的函数族当 $\alpha\to 0$ 时是 δ-型的.

- 设 $\varphi:\mathbb{R}\to\mathbb{R}$ 是 $\mathbb{R}$ 上的任意非负紧支可积函数且 $\displaystyle\int_{\mathbb{R}}\varphi(x)\mathrm{d}x=1$. 当 $\alpha>0$ 时由函数 $\Delta_\alpha(x)=\dfrac{1}{\alpha}\varphi\left(\dfrac{x}{\alpha}\right)$ 构成的函数族当 $\alpha\to 0$ 时是 δ-型的.

注　特别地, 可取

$$\varphi(x)=\begin{cases}k\cdot\exp\Big(-\dfrac{1}{1-x^2}\Big), & |x|<1,\\ 0, & |x|\geqslant 1,\end{cases}$$

其中系数 k 取得使 $\displaystyle\int_{\mathbb{R}}\varphi(x)\mathrm{d}x=1$.

- 函数序列

$$\Delta_n(x)=\begin{cases}\dfrac{(1-x^2)^n}{\displaystyle\int_{|x|<1}(1-x^2)^n\mathrm{d}x}, & |x|\leqslant 1,\\ 0, & |x|>1\end{cases}$$

当 $n\to\infty$ 时是 δ-型的.

- 函数序列

$$\Delta_n(x)=\begin{cases}\cos^{2n}x\Big/\displaystyle\int_{-\frac{\pi}{2}}^{\frac{\pi}{2}}\cos^{2n}x\mathrm{d}x, & |x|\leqslant\pi/2,\\ 0, & |x|>\pi/2\end{cases}$$

当 $n\to\infty$ 时是 δ-型的.

- 函数族 $\Delta_y(x)=\dfrac{1}{\pi}\cdot\dfrac{y}{x^2+y^2}$ 当 $y\to+0$ 时在 $\mathbb{R}$ 上是 δ-型的.
- 函数族 $\Delta_t(x)=\dfrac{1}{2\sqrt{\pi t}}\mathrm{e}^{-\frac{x^2}{4t}}$ 当 $t\to+0$ 时在 $\mathbb{R}$ 上是 δ-型的.

(3) 在集合上的一致连续性的定义: 给定函数 $f:G\to\mathbb{C}$ 和集合 $E\subset G$. 如果对任意的 $\varepsilon>0$, 都存在数 $\rho>0$, 使得

$$|f(x)-f(y)|<\varepsilon,\quad \forall x\in E, \forall y\in U_G^\rho(x)$$

($U_G^\rho(x)$ 记 x 在 G 中的 ρ-邻域), 则称 f 在集合 E 上一致连续.

注　特别地, 当 $E=G$ 时, 就回到了函数在其定义域上一致连续的定义.

(4) 设 $f:\mathbb{R}\to\mathbb{C}$ 是有界函数, 而 $\{\Delta_\alpha,\alpha\in A\}$ 当 $\alpha\to\omega$ 时是 δ-型函数族, 如果对任何 $\alpha\in A$, 卷积 $f*\Delta_\alpha$ 存在且函数 f 在集合 $E\subset\mathbb{R}$ 上一致连续, 那么在 E 上,

$$(f*\Delta_\alpha)(x)\rightrightarrows f(x),\quad \alpha\to\omega.$$

这就是说, 函数族 $f*\Delta_\alpha$ 在 f 一致连续的集合 E 上一致收敛到函数 f. 特别地, 如果 E 只由一个点 x 组成, f 在 E 上一致连续条件归结为函数 f 在点 x 的连续条件, 而且, 当 $\alpha\to\omega$ 时, $(f*\Delta_\alpha)(x)\to f(x)$.

(5) 任何一个在 $\mathbb{R}$ 上连续的具紧支集的函数能够用无限次可微的具紧支集的函数来一致逼近, 即函数族 $C_0^{(\infty)}$ 在上述意义下在 C_0 中处处稠密.

(6) 魏尔斯特拉斯逼近定理: 每一个在闭区间上连续的函数在这个区间上能够用代数多项式一致逼近.

注 对 $\mathbb{R}$ 中任何开集 G 和任何函数 $f \in C^{(m)}(G)$, 存在这样的多项式序列 $\{P_k\}$, 使对每个 $n \in \{0,1,\cdots,m\}$, 在任一紧集 $K \subset G$ 上, 当 $k \to \infty$ 时, 有 $P_k^{(n)} \rightrightarrows f^{(n)}$. 此外, 如果集合 G 还是有界的且 $f \in C^{(m)}(\overline{G})$, 那么在 $\overline{G}$ 上, 当 $k \to \infty$ 时, $P_k^{(n)} \rightrightarrows f^{(n)}$.

(7) 在 $\mathbb{R}$ 上任何以 2π 为周期的函数可以用形如 $T_n(x) = \sum\limits_{k=0}^{n}(a_k \cos kx + b_k \sin kx)$ 的三角多项式一致逼近.

(8) 设 $f:\mathbb{R}\to\mathbb{R}$ 是连续的有界函数, 考虑上半平面 $\mathbb{R}_+^2 = \{(x,y)\in\mathbb{R}^2 \mid y > 0\}$ 上的调和函数边值问题:

$$\begin{cases}\Delta u(x,y) = 0, \quad (x,y) \in \mathbb{R}_+^2,\\ u(x,0) = f(x).\end{cases}$$

关于半平面 $y > 0$ 的泊松积分

$$u(x,y) = \frac{1}{\pi}\int_{-\infty}^{+\infty} \frac{f(\xi)y}{(x-\xi)^2 + y^2}\mathrm{d}\xi$$

对任何 $x \in \mathbb{R}$ 和 $y > 0$ 有定义, 且在半平面 $\mathbb{R}_+^2$ 上是无穷次可微的有界调和函数. 当 $y \to 0$ 时, $u(x,y)$ 收敛到 $f(x)$, 于是泊松积分是调和函数边值问题的解.

(9) 设 $f:\mathbb{R}\to\mathbb{R}$ 是连续的有界函数, 考虑一维热传导方程的初值问题:

$$\begin{cases}\dfrac{\partial u}{\partial t} - \dfrac{\partial u^2}{\partial x^2} = 0, \quad (x,t) \in \mathbb{R}_+^2,\\ u(x,0) = f(x).\end{cases}$$

函数

$$u(x,t) = \frac{1}{2\sqrt{\pi t}}\int_{-\infty}^{+\infty} f(\xi)\mathrm{e}^{-\frac{(x-\xi)^2}{4t}}\mathrm{d}\xi,$$

当 $t > 0$ 时显然是无穷次可微的, 且是一维热传导方程初值问题的解.

3. 分布的初步概念

(1) 广义函数的定义: 设 P 是由函数构成的一个线性空间, 在 P 中定义了收敛性, 使之成为一个拓扑空间. 称此拓扑空间 P 为基本函数空间或测试函数空间. 称由 P 上所有的线性连续 (实或复) 泛函构成的线性空间 P' 为 P 上的广义函数空间或 P 上的分布空间. 并假定每个 $f \in P$ 产生一个泛函 $A_f = \langle f,\cdot\rangle \in P'$, 使

得映射 $f \mapsto A_f$ 是 P 到 P' 中的连续嵌入. P' 中的元叫广义函数或分布. 广义函数的收敛性如下定义:

$$P' \ni A_n \to A \in P' := \forall \varphi \in P(A_n(\varphi) \to A(\varphi)),$$

即泛函的弱 (逐点或点态) 收敛性.

注 用记号 $F(\varphi)$ 或 $\langle F, \varphi \rangle$ 表示广义函数 (分布) 在基本 (测试) 函数 φ 上的作用, 即 F 与 φ 的配对.

(2) 空间 $\mathcal{D}$ 与 $\mathcal{D}'$: 设 G 是 $\mathbb{R}$ 中任一开子集 (也可以是 $\mathbb{R}$), 在 $C_0^{(\infty)}(G;\mathbb{C})$ 中引入如下的收敛性: 称由函数 $\varphi_n \in C_0^{(\infty)}(G;\mathbb{C})$ 构成的序列 $\{\varphi_n\}$ 收敛于函数 $\varphi \in C_0^{(\infty)}(G;\mathbb{C})$, 如果存在紧集 $K \subset G$, 使得 $\forall n$, $\mathrm{supp}\varphi_n \subset K$, 并且在 $K \subset G$ 上 (从而也在 G 上), 对任何 $m = 0, 1, 2, \cdots$, 当 $n \to \infty$ 时, 有 $\varphi_n^{(m)} \rightrightarrows \varphi^{(m)}$. 通常把这样得到的具有给定收敛性的线性空间叫做 $\mathcal{D}(G)$, 当 $G = \mathbb{R}$ 时, 简记作 $\mathcal{D}$. 与这两个基本 (测试) 函数空间相对应的广义函数 (分布) 空间分别记作 $\mathcal{D}'(G)$ 和 $\mathcal{D}'$.

(3) 一些特殊的分布:

- 分布 $\delta \in \mathcal{D}'$ 是由下述关系式确定的:

$$\langle \delta, \varphi \rangle := \delta(\varphi) := \varphi(0), \quad \forall \varphi \in \mathcal{D}.$$

- 每个 $f \in L_{\mathrm{loc}}$ 都产生一个如下定义的分布 A_f:

$$\langle A_f, \varphi \rangle := \int_{\mathbb{R}} f(x)\varphi(x)\mathrm{d}x, \quad \forall \varphi \in \mathcal{D}.$$

习惯上, 仍记 A_f 为 f, $\forall f \in L_{\mathrm{loc}}$. 两个几乎处处相等的局部可积函数 (即属于同一等价类) 对应同一个分布. 在此意义下, 映射 $f \mapsto A_f$ 是从 L_{loc} 到 $\mathcal{D}'$ 的单射, 即 $L_{\mathrm{loc}} \subset \mathcal{D}'$.

- 正则分布: $F \in \mathcal{D}'(G)$ 称为正则分布, 或正则广义函数, 如果它能表成

$$F(\varphi) = \int_G f(x)\varphi(x)\mathrm{d}x, \quad \varphi \in \mathcal{D}(G),$$

其中 f 是 G 上的局部可积函数. 非正则的分布称为奇异分布, 或奇异广义函数.

注 按照这些定义, δ-函数是奇异广义函数, 而 L_{loc} 的函数产生正则分布.

(4) 分布与函数的乘积: 分布 $F \in \mathcal{D}'$ 与函数 $g \in C^{(\infty)}$ 的乘积 $F \cdot g \in \mathcal{D}'$ 由下述关系定义:

$$\langle F \cdot g, \varphi \rangle = \langle F, g \cdot \varphi \rangle.$$

(5) 广义函数的微分: 广义函数 $F \in \mathcal{D}'$ 的微分 $F' \in \mathcal{D}'$ 由下述关系确定:

$$\langle F', \varphi \rangle = -\langle F, \varphi' \rangle.$$

递推地定义 $F \in \mathcal{D}'$ 的高阶微分为: $F^{(n+1)} := (F^{(n)})'$.

(6) 广义函数的微分的例子:

• 如果 $f \in C^{(1)}$, 那么, f 在古典意义下的导数和 f 在分布理论中的导数 (自然, 是按照常规把古典函数等同于它对应的正则广义函数) 是一致的.

• 赫维赛德 (Heaviside) 函数

$$H(x) = \begin{cases} 0, & x < 0, \\ 1, & x \geqslant 0 \end{cases}$$

有时也被称为单位阶跃函数, 其分布导数为 $H' = \delta$.

• $\langle \delta^{(n)}, \varphi \rangle = (-1)^n \varphi^{(n)}(0),\ n \in \mathbb{N}$.

• 设函数 $f : \mathbb{R} \to \mathbb{C}$ 满足 $f \in C^{(1)}(\mathbb{R} \setminus \{0\}; \mathbb{C})$, 并在点 0 存在单侧极限 $f(-0)$, $f(+0)$. 用 $\sharp f(0)$ 表示函数在点 0 的跃度 $f(+0) - f(-0)$, f' 表示函数 f 在分布理论意义下的导数, 而 $\{f'\}$ 表示当 $x < 0$ 时和 $x > 0$ 时等于 f 的通常导数的那个函数所确定的正则分布.

如果 $f \in C^{(1)}(\mathbb{R}; \mathbb{C})$, 那么 $f' = \{f'\}$. 在一般情况下, 成立以下重要公式:

$$f' = \{f'\} + \sharp f(0) \cdot \delta.$$

如果函数 $f : \mathbb{R} \to \mathbb{C}$ 在区间 $x < 0$ 和 $x > 0$ 上存在直至 m 阶连续导数, 而且, 它们在点 $x = 0$ 都存在单侧极限, 那么

$$f^{(m)} = \{f^{(m)}\} + \sharp f(0) \cdot \delta^{(m-1)} + \sharp f'(0) \cdot \delta^{(m-2)} + \cdots + \sharp f^{(m-1)}(0) \cdot \delta.$$

(7) 广义函数微分运算的性质:

• 任何广义函数 $F \in \mathcal{D}'$ 是无穷次可微的, 且 $\langle F^{(m)}, \varphi \rangle = (-1)^m \langle F, \varphi^{(m)} \rangle$.

• 微分算子 $D : \mathcal{D}' \to \mathcal{D}'$ 是线性的.

• 如果 $F \in \mathcal{D}'$, $g \in C^{(\infty)}$, 那么 $(F \cdot g) \in \mathcal{D}'$ 且有莱布尼茨公式

$$(F \cdot g)^{(m)} = \sum_{k=0}^{m} \mathrm{C}_m^k F^{(k)} \cdot g^{(m-k)}.$$

• 微分算子 $D : \mathcal{D}' \to \mathcal{D}'$ 是连续的.

• 如果由局部可积函数 $f_k : \mathbb{R} \to \mathbb{C}$ 组成的级数 $\sum\limits_{k=1}^{\infty} f_k(x) = S(x)$ 在 $\mathbb{R}$ 的每个紧集上一致收敛, 那么在广义函数意义下它可以逐项微分任意次, 且由此得到的级数在 $\mathcal{D}'$ 中收敛.

(8) 基本解: 在算子 $A : \mathcal{D}' \to \mathcal{D}'$ 的作用下变为广义函数 $\delta \in \mathcal{D}'$, 亦即满足 $A(E) = \delta$ 的广义函数 $E \in \mathcal{D}'$, 叫做算子 A 的基本解或格林函数 (脉冲响应函数或影响函数).

二、例题讲解

1. 在 $\mathbb{R}$ 上, $\left\{f_j(x)=\frac{1}{\pi}\cdot\frac{\sin jx}{x}:j\in\mathbb{N}\right\}$ 是局部可积函数列, 从而可以看成正则广义函数列. 证明: 在 $\mathcal{D}'$ 中, $\lim\limits_{j\to\infty}f_j=\delta$.

证　$\forall\varphi\in\mathcal{D}$, 显然存在 $M_0>0$ 使得 $\mathrm{supp}\varphi\subset[-M_0,M_0]$. 因为 $\forall j\in\mathbb{N}$,

$$\lim_{M\to+\infty}\frac{1}{\pi}\int_{-M}^{M}\frac{\sin jx}{x}\mathrm{d}x=\lim_{M\to+\infty}\frac{1}{\pi}\int_{-M}^{M}\frac{\sin y}{y}\mathrm{d}y=\frac{1}{\pi}\int_{-\infty}^{+\infty}\frac{\sin y}{y}\mathrm{d}y=1,$$

所以 $\forall\varepsilon>0$, 存在 $M_1>M_0$ 使得 $\forall M>M_1$,

$$\left|\frac{1}{\pi}\int_{-M}^{M}\frac{\sin jx}{x}\mathrm{d}x-1\right|<\frac{\varepsilon}{2(|\varphi(0)|+1)}.$$

任意固定 $M>M_1$, 由黎曼引理可知, 存在 $N\in\mathbb{N}$ 使得 $\forall j>N$,

$$\frac{1}{\pi}\left|\int_{0}^{M}\frac{\varphi(x)+\varphi(-x)-2\varphi(0)}{x}\sin jx\mathrm{d}x\right|<\frac{\varepsilon}{2}.$$

因此当 $j>N$ 时,

$$\begin{aligned}&\big|\langle f_j,\varphi\rangle-\langle\delta,\varphi\rangle\big|=\big|\langle f_j,\varphi\rangle-\varphi(0)\big|\\=&\left|\frac{1}{\pi}\int_{-M}^{M}\frac{\sin jx}{x}\left(\varphi(x)-\varphi(0)\right)\mathrm{d}x+\varphi(0)\left(\frac{1}{\pi}\int_{-M}^{M}\frac{\sin jx}{x}\mathrm{d}x-1\right)\right|\\\leqslant&\frac{1}{\pi}\left|\int_{0}^{M}\frac{\varphi(x)+\varphi(-x)-2\varphi(0)}{x}\sin jx\mathrm{d}x\right|+\frac{|\varphi(0)|\varepsilon}{2(|\varphi(0)|+1)}<\frac{\varepsilon}{2}+\frac{\varepsilon}{2}=\varepsilon.\end{aligned}$$

这就证明了 $\lim\limits_{j\to\infty}f_j=\delta$. □

三、习题参考解答 (14.4 节)

1. (1) 验证卷积的结合律: $u*(v*w)=(u*v)*w$.

(2) 照例设 $\Gamma(\alpha)$ 是欧拉 Γ 函数, $H(x)$ 是赫维赛德函数, 令

$$H_\lambda^\alpha(x):=H(x)\frac{x^{\alpha-1}}{\Gamma(\alpha)}\mathrm{e}^{\lambda x},\quad\alpha>0,\quad\lambda\in\mathbb{C}.$$

证明: $H_\lambda^\alpha*H_\lambda^\beta=H_\lambda^{\alpha+\beta}$.

(3) 验证: 函数 $F=H(x)\dfrac{x^{n-1}}{(n-1)!}\mathrm{e}^{\lambda x}$ 是函数 $f=H(x)\mathrm{e}^{\lambda x}$ 的 n 次幂卷积, 即 $F=\underbrace{f*f*\cdots*f}_{n个}$.

证 (1) 利用变量替换和交换积分次序可得

$$\begin{aligned}(u*(v*w))(x)&=\int_{\mathbb{R}}u(y)(v*w)(x-y)\mathrm{d}y\\&=\int_{\mathbb{R}}u(y)\left(\int_{\mathbb{R}}v(t)w(x-y-t)\mathrm{d}t\right)\mathrm{d}y\\&\xlongequal{s=t+y}\int_{\mathbb{R}}u(y)\left(\int_{\mathbb{R}}v(s-y)w(x-s)\mathrm{d}s\right)\mathrm{d}y\\&=\int_{\mathbb{R}}\left(\int_{\mathbb{R}}u(y)v(s-y)\mathrm{d}y\right)w(x-s)\mathrm{d}s\\&=\int_{\mathbb{R}}(u*v)(s)w(x-s)\mathrm{d}s=((u*v)*w)(x).\end{aligned}$$

(2) 由 β 函数和 Γ 函数的联系可知

$$\begin{aligned}\left(H_\lambda^\alpha*H_\lambda^\beta\right)(x)&=\int_{-\infty}^{\infty}H(y)\frac{y^{\alpha-1}}{\Gamma(\alpha)}\mathrm{e}^{\lambda y}H(x-y)\frac{(x-y)^{\beta-1}}{\Gamma(\beta)}\mathrm{e}^{\lambda(x-y)}\mathrm{d}y\\&\xlongequal{y=tx}H(x)\frac{x^{\alpha+\beta-1}}{\Gamma(\alpha)\Gamma(\beta)}\mathrm{e}^{\lambda x}\int_0^1 t^{\alpha-1}(1-t)^{\beta-1}\mathrm{d}t\\&=H(x)\frac{x^{\alpha+\beta-1}}{\Gamma(\alpha)\Gamma(\beta)}\mathrm{e}^{\lambda x}B(\alpha,\beta)\\&=H(x)\frac{x^{\alpha+\beta-1}}{\Gamma(\alpha+\beta)}\mathrm{e}^{\lambda x}=H_\lambda^{\alpha+\beta}(x).\end{aligned}$$

(3) 显然 $f=H(x)\mathrm{e}^{\lambda x}=H_\lambda^1$, 于是由 (2) 可知 $f*f=H_\lambda^1*H_\lambda^1=H_\lambda^2$, 进而由数学归纳法可知

$$\underbrace{f*f*\cdots*f}_{n\text{个}}=H_\lambda^n=H(x)\frac{x^{n-1}}{\Gamma(n)}\mathrm{e}^{\lambda x}=H(x)\frac{x^{n-1}}{(n-1)!}\mathrm{e}^{\lambda x}=F.\qquad\square$$

2. 设随机变量 ξ 具有高斯正态分布密度 $G_\sigma(x)=\dfrac{1}{\sigma\sqrt{2\pi}}\mathrm{e}^{-\frac{x^2}{2\sigma^2}}(\sigma>0)$.

(1) 试对不同参数 σ 的值绘出函数 $G_\sigma(x)$ 的图像.

(2) 试证: ξ 的数学期望 (或平均值) $E\xi:=\displaystyle\int_{-\infty}^{\infty}xG_\sigma(x)\mathrm{d}x=0$.

(3) 试证: ξ 的均方差 (或标准差) $\sqrt{D\xi}:=\sqrt{E((\xi-E\xi)^2)}=\left(\displaystyle\int_{-\infty}^{\infty}(x-E\xi)^2\cdot G_\sigma(x)\mathrm{d}x\right)^{\frac12}=\left(\displaystyle\int_{-\infty}^{\infty}x^2G_\sigma(x)\mathrm{d}x\right)^{\frac12}=\sigma$.

(4) 在概率论中证明了, 两个独立的随机变量的和的概率分布密度等于它们的概率分布密度的卷积. 试证: $G_\alpha*G_\beta=G_{\sqrt{\alpha^2+\beta^2}}$.

(5) 设 $\xi_1, \xi_2, \cdots, \xi_n$ 是 n 个独立的具同一分布密度函数 $G_\sigma(x)$ 的随机变量 (例如, 同一个对象的 n 次独立的测量值). 试证: 它们的和 $\eta = \xi_1 + \cdots + \xi_n$ 的分布密度为 $G_{\sigma\sqrt{n}}(x)$. 特别地, 由此推出, 它们的算术平均值 $\xi = \dfrac{1}{n}\eta$ 的均方差 $\sqrt{D\xi} = \sigma/\sqrt{n}$.

解　(1) 图像见图 1:

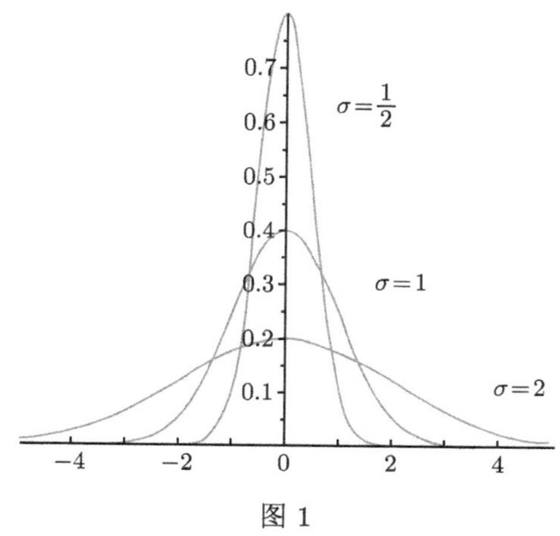

图 1

(2) 易见

$$E\xi = \int_{-\infty}^{\infty} x \frac{1}{\sigma\sqrt{2\pi}} \mathrm{e}^{-\frac{x^2}{2\sigma^2}} \mathrm{d}x = -\frac{\sigma}{\sqrt{2\pi}} \int_{-\infty}^{\infty} \mathrm{d}\Big(\mathrm{e}^{-\frac{x^2}{2\sigma^2}}\Big)$$
$$= -\frac{\sigma}{\sqrt{2\pi}} \mathrm{e}^{-\frac{x^2}{2\sigma^2}}\Big|_{-\infty}^{\infty} = 0 - 0 = 0.$$

(3) 由 (2) 和分部积分公式及欧拉–泊松积分可知

$$\sqrt{D\xi} = \left(\int_{-\infty}^{\infty} x^2 G_\sigma(x) \mathrm{d}x\right)^{\frac{1}{2}} = \left(\int_{-\infty}^{\infty} x^2 \frac{1}{\sigma\sqrt{2\pi}} \mathrm{e}^{-\frac{x^2}{2\sigma^2}} \mathrm{d}x\right)^{\frac{1}{2}}$$
$$= \left(-\frac{\sigma}{\sqrt{2\pi}} \int_{-\infty}^{\infty} x \mathrm{d}\Big(\mathrm{e}^{-\frac{x^2}{2\sigma^2}}\Big)\right)^{\frac{1}{2}}$$
$$= \left(-\frac{\sigma}{\sqrt{2\pi}} x \mathrm{e}^{-\frac{x^2}{2\sigma^2}}\Big|_{-\infty}^{\infty} + \frac{\sigma}{\sqrt{2\pi}} \int_{-\infty}^{\infty} \mathrm{e}^{-\frac{x^2}{2\sigma^2}} \mathrm{d}x\right)^{\frac{1}{2}}$$
$$= \left(0 + \sigma^2\right)^{\frac{1}{2}} = \sigma.$$

(4) 由欧拉–泊松积分可知

$$\begin{aligned}(G_\alpha * G_\beta)(x) &= \frac{1}{2\pi\alpha\beta}\int_{-\infty}^{\infty} \mathrm{e}^{-\frac{y^2}{2\alpha^2}-\frac{(x-y)^2}{2\beta^2}}\mathrm{d}y \\ &= \frac{1}{2\pi\alpha\beta}\mathrm{e}^{-\frac{x^2}{2(\alpha^2+\beta^2)}}\int_{-\infty}^{\infty} \mathrm{e}^{-\left(\frac{\sqrt{2(\alpha^2+\beta^2)}}{2\alpha\beta}y-\frac{\alpha}{\beta\sqrt{2(\alpha^2+\beta^2)}}x\right)^2}\mathrm{d}y \\ &= \frac{1}{2\pi\alpha\beta}\mathrm{e}^{-\frac{x^2}{2(\alpha^2+\beta^2)}}\cdot\frac{2\alpha\beta\sqrt{\pi}}{\sqrt{2(\alpha^2+\beta^2)}} \\ &= \frac{1}{\sqrt{2\pi}\sqrt{\alpha^2+\beta^2}}\mathrm{e}^{-\frac{x^2}{2\left(\sqrt{\alpha^2+\beta^2}\right)^2}} = G_{\sqrt{\alpha^2+\beta^2}}(x).\end{aligned}$$

(5) 由 (4) 和数学归纳法易得 $\eta=\xi_1+\cdots+\xi_n$ 的分布密度为 $G_{\sigma\sqrt{n}}(x)$. □

3. 称函数 $A(x)=\sum\limits_{n=0}^{\infty}a_nx^n$ 为数列 $a_0,a_1,\cdots$ 的生成函数. 给定两个数列 $\{a_k\}$, $\{b_k\}$. 如果认为当 $k<0$ 时, $a_k=b_k=0$, 那么, 自然地把 $\{a_k\}$ 与 $\{b_k\}$ 的卷积定义作 $\left\{c_k=\sum\limits_m a_mb_{k-m}\right\}$. 试证: 两个数列卷积的生成函数等于它们的生成函数的乘积.

证 首先, 由数列卷积的定义可知

$$c_k=\begin{cases}0, & k<0,\\ \sum\limits_{m=0}^{k}a_mb_{k-m}, & k\geqslant 0.\end{cases}$$

于是由幂级数的绝对收敛性可知

$$\begin{aligned}A(x)\cdot B(x) &= \left(\sum_{m=0}^{\infty}a_mx^m\right)\cdot\left(\sum_{n=0}^{\infty}b_nx^n\right)=\sum_{k=0}^{\infty}\left(\sum_{m+n=k}a_mx^m\cdot b_nx^n\right) \\ &= \sum_{k=0}^{\infty}\left(\sum_{m=0}^{k}a_mx^m\cdot b_{k-m}x^{k-m}\right)=\sum_{k=0}^{\infty}\left(\sum_{m=0}^{k}a_mb_{k-m}\right)x^k \\ &= \sum_{k=0}^{\infty}c_kx^k=C(x).\end{aligned}$$

□

4. (1) 试验证: 如果卷积 $u*v$ 有定义, 而函数 u,v 之中有一个是以 T 为周期的周期函数, 那么, $u*v$ 也是以 T 为周期的周期函数.

(2) 试证用三角多项式逼近连续周期函数的魏尔斯特拉斯定理 (参看《讲义》14.4 节注 5).

(3) 试证《讲义》14.4 节注 4 中指出的加强的魏尔斯特拉斯逼近定理.

证　(1) 设 u 以 T 为周期, 则

$$\begin{aligned}(u*v)(x+T)&=\int_{-\infty}^{\infty}u(y)v(x+T-y)\mathrm{d}y\\&\xlongequal{z=y-T}\int_{-\infty}^{\infty}u(z+T)v(x-z)\mathrm{d}z\\&=\int_{-\infty}^{\infty}u(z)v(x-z)\mathrm{d}z=(u*v)(x).\end{aligned}$$

(2) 设 f 是连续周期函数, 不妨设其周期为 π. 因为函数序列

$$\Delta_n(x)=\begin{cases}\cos^{2n}x\Big/\displaystyle\int_{-\frac{\pi}{2}}^{\frac{\pi}{2}}\cos^{2n}x\mathrm{d}x, & |x|\leqslant\pi/2,\\ 0, & |x|>\pi/2\end{cases}$$

当 $n\to\infty$ 时是 δ-型的, 所以由《讲义》14.4 节命题 5 可知, 在 $\mathbb{R}$ 上, 当 $n\to\infty$ 时, $f*\Delta_n\rightrightarrows f$. 记 $s_n=\left(\displaystyle\int_{-\frac{\pi}{2}}^{\frac{\pi}{2}}\cos^{2n}x\mathrm{d}x\right)^{-1}$, 由 f 的周期性可知

$$\begin{aligned}f*\Delta_n(x)&=\int_{-\infty}^{+\infty}f(y)\Delta_n(x-y)\mathrm{d}y=\int_{-\frac{\pi}{2}}^{\frac{\pi}{2}}f(y)s_n\cos^{2n}(x-y)\mathrm{d}y\\&=\int_{-\frac{\pi}{2}}^{\frac{\pi}{2}}f(y)s_n\left(\frac{\mathrm{e}^{\mathrm{i}(x-y)}+\mathrm{e}^{-\mathrm{i}(x-y)}}{2}\right)^{2n}\mathrm{d}y\\&=\int_{-\frac{\pi}{2}}^{\frac{\pi}{2}}f(y)\frac{s_n}{2^{2n}}\sum_{j=0}^{2n}\mathrm{C}_{2n}^{j}\mathrm{e}^{2(n-j)\mathrm{i}(x-y)}\mathrm{d}y\\&=\int_{-\frac{\pi}{2}}^{\frac{\pi}{2}}f(y)\frac{s_n}{2^{2n}}\left(\mathrm{C}_{2n}^{n}+2\sum_{j=0}^{n-1}\mathrm{C}_{2n}^{j}\cos\left(2(n-j)(x-y)\right)\right)\mathrm{d}y\\&=\int_{-\frac{\pi}{2}}^{\frac{\pi}{2}}f(y)\frac{s_n}{2^{2n}}\left(\mathrm{C}_{2n}^{n}+2\sum_{k=1}^{n}\mathrm{C}_{2n}^{n-k}\cos\left(2k(x-y)\right)\right)\mathrm{d}y\\&=\int_{-\frac{\pi}{2}}^{\frac{\pi}{2}}f(y)\frac{s_n}{2^{2n}}\left(\mathrm{C}_{2n}^{n}+2\sum_{k=1}^{n}\mathrm{C}_{2n}^{n-k}(\cos 2kx\cos 2ky+\sin 2kx\sin 2ky)\right)\mathrm{d}y\\&=\frac{s_n\mathrm{C}_{2n}^{n}}{2^{2n}}\int_{-\frac{\pi}{2}}^{\frac{\pi}{2}}f(y)\mathrm{d}y+\frac{s_n}{2^{2n-1}}\sum_{k=1}^{n}\mathrm{C}_{2n}^{n-k}\left(\int_{-\frac{\pi}{2}}^{\frac{\pi}{2}}f(y)\cos 2ky\mathrm{d}y\right)\cos 2kx\\&\quad+\frac{s_n}{2^{2n-1}}\sum_{k=1}^{n}\mathrm{C}_{2n}^{n-k}\left(\int_{-\frac{\pi}{2}}^{\frac{\pi}{2}}f(y)\sin 2ky\mathrm{d}y\right)\sin 2kx,\end{aligned}$$

从而 $f*\Delta_n$ 是形如 $\sum\limits_{k=0}^{n}(a_k\cos 2kx+b_k\sin 2kx)$ 的三角多项式, 于是结论成立.

(3) 由卷积的微分法和原魏尔斯特拉斯逼近定理易见加强的魏尔斯特拉斯逼近定理成立. □

5. (1) 设

$$\varphi(x) := \begin{cases} a \cdot \exp\left(\dfrac{1}{|x|^2-1}\right), & |x|<1, \\ 0, & |x| \geqslant 1, \end{cases}$$

其中常数 a 选得使 $\displaystyle\int_{\mathbb{R}} \varphi(x)\mathrm{d}x = 1$. 试验证: 当 $\alpha \to +0$ 时, 函数族 $\varphi_\alpha(x) = \dfrac{1}{\alpha}\varphi\left(\dfrac{x}{\alpha}\right)$ 是 $\mathbb{R}$ 上的 $C_0^{(\infty)}$ 类 δ-型函数族.

(2) 对任何区间 $I \subset \mathbb{R}$ 和任何 $\varepsilon > 0$, 构造具如下性质的 $C_0^{(\infty)}$ 类函数 $e(x)$: 在 $\mathbb{R}$ 上, $0 \leqslant e(x) \leqslant 1$; $e(x) = 1 \Leftrightarrow x \in I$; $\operatorname{supp} e \subset I_\varepsilon$, 其中 I_ε 是 $\mathbb{R}$ 上集合 I 的 ε-邻域. (试验证: 对应于 $\alpha > 0$, $e(x)$ 可以取为 $\chi_I * \varphi_\alpha$.)

(3) 试验证: 对任意的 $\varepsilon > 0$, 存在 $C_0^{(\infty)}$ 类中可数个函数 e_k 构成的组 $\{e_k\}$($\mathbb{R}$ 上的 ε-单位分解), 它具有下面的性质: $\forall k \in \mathbb{N}$, $\forall x \in \mathbb{R}(0 \leqslant e_k(x) \leqslant 1)$; 函数族 $\{e_k\}$ 中任一函数的支集 $\operatorname{supp} e_k$ 的直径不超过 $\varepsilon > 0$; 对任一点 $x \in \mathbb{R}$ 只属于有限个集合 $\operatorname{supp} e_k$; 在 $\mathbb{R}$ 上, $\sum\limits_k e_k(x) \equiv 1$.

(4) 试证: 对开集 $G \subset \mathbb{R}$ 上的任何开覆盖 $\{U_\gamma, \gamma \in \Gamma\}$ 和任何函数 $\varphi \in C^{(\infty)}(G)$, 存在由 $C_0^{(\infty)}$ 类中的函数 φ_k 组成的具有下面性质的函数序列 $\{\varphi_k, k \in \mathbb{N}\}$: $\forall k \in \mathbb{N}$, $\exists \gamma \in \Gamma(\operatorname{supp}\varphi_k \subset U_\gamma)$; 任意 $x \in G$, 只属于有限个集合 $\operatorname{supp}\varphi_k$; 在 G 上, $\sum\limits_k \varphi_k(x) = \varphi(x)$.

(5) 试证: 集合 $C_0^{(\infty)}(G)$, 作为广义函数的集合, 在正则广义函数集合 $C^{(\infty)}(G)$ 中处处稠密.

(6) 称广义函数 $F_1, F_2 \in \mathcal{D}'(G)$ 在开集 $U \subset G$ 上相等, 如果对任何 $\varphi \in \mathcal{D}(G)$, $\operatorname{supp}\varphi \subset U$, 恒满足等式 $\langle F_1, \varphi\rangle = \langle F_2, \varphi\rangle$. 称两个广义函数 F_1, F_2 在点 $x \in G$ 局部相等, 如果它们在点 x 的某个开邻域 $U(x) \subset G$ 上相等, 试证: $(F_1 = F_2) \Leftrightarrow$(在任一点 $x \in G$, 局部地有 $F_1 = F_2$).

证　(1) 首先, 易见函数族 $\varphi_\alpha(x)$ 是 $\mathbb{R}$ 上的 $C_0^{(\infty)}$ 类非负函数族. 又由 $\displaystyle\int_{\mathbb{R}} \varphi(x)\mathrm{d}x = 1$ 可知

$$\int_{\mathbb{R}} \varphi_\alpha(x)\mathrm{d}x = \frac{1}{\alpha}\int_{\mathbb{R}} \varphi\left(\frac{x}{\alpha}\right)\mathrm{d}x \xlongequal{x=\alpha y} \int_{\mathbb{R}} \varphi(y)\mathrm{d}y = 1.$$

对任意的 $\varepsilon>0$, 由 $\varphi(x)$ 的支集性质可知当 $\alpha\to+0$ 时,

$$\int_{\varepsilon}^{+\infty}\varphi_\alpha(x)\mathrm{d}x\xlongequal{x=\alpha y}\int_{\frac{\varepsilon}{\alpha}}^{+\infty}\varphi(y)\mathrm{d}y\to 0.$$

因此当 $\alpha\to+0$ 时, $\varphi_\alpha(x)$ 是 δ-型函数族.

(2) 令 $e=\chi_{I_{\varepsilon/3}}*\varphi_{\varepsilon/3}$, 则显然 $e\in C^{(\infty)}(\mathbb{R})$. 又由 $\mathrm{supp}\chi_{I_{\varepsilon/3}}=\overline{I_{\varepsilon/3}}\subset I_{\varepsilon/2}$ 和 $\mathrm{supp}\varphi_{\varepsilon/3}=\{y\in\mathbb{R}:|y|\leqslant\varepsilon/3\}$ 可知 $\mathrm{supp}e\subset I_{5\varepsilon/6}\subset I_\varepsilon$. 于是 $e\in C_0^{(\infty)}(I_\varepsilon)$. 又易见 $\forall x\in\mathbb{R}$,

$$0\leqslant e(x)=\int_{\mathbb{R}}\chi_{I_{\varepsilon/3}}(x-y)\varphi_{\varepsilon/3}(y)\mathrm{d}y\leqslant\int_{\mathbb{R}}1\cdot\varphi_{\varepsilon/3}(y)\mathrm{d}y=1.$$

此外, $\forall x\in I$, 因为 $\forall y\in\mathrm{supp}\varphi_{\varepsilon/3}$, $x-y\in I_{\varepsilon/3}$, 所以

$$e(x)=\int_{\mathbb{R}}\chi_{I_{\varepsilon/3}}(x-y)\varphi_{\varepsilon/3}(y)\mathrm{d}y=\int_{\mathbb{R}}1\cdot\varphi_{\varepsilon/3}(y)\mathrm{d}y=1.$$

最后, $\forall x\in I_\varepsilon\backslash I$, 显然存在长度大于零的区间 $I_x\subset\mathrm{supp}\varphi_{\varepsilon/3}$ 使得 $\forall y\in I_x$, $x-y\notin I_{\varepsilon/3}$, 于是

$$\begin{aligned}e(x)&=\int_{\mathrm{supp}\varphi_{\varepsilon/3}}\chi_{I_{\varepsilon/3}}(x-y)\varphi_{\varepsilon/3}(y)\mathrm{d}y\\&=\int_{I_x}0\cdot\varphi_{\varepsilon/3}(y)\mathrm{d}y+\int_{\mathrm{supp}\varphi_{\varepsilon/3}\backslash I_x}1\cdot\varphi_{\varepsilon/3}(y)\mathrm{d}y<\int_{\mathrm{supp}\varphi_{\varepsilon/3}}1\cdot\varphi_{\varepsilon/3}(y)\mathrm{d}y=1.\end{aligned}$$

综上可知, $e(x)$ 即满足要求.

(3) 对任意的 $\varepsilon>0$, 显然开区间族 $\left\{I_j:=\left(j\dfrac{\varepsilon}{6},(j+2)\dfrac{\varepsilon}{6}\right):j\in\mathbb{Z}\right\}$ 构成 $\mathbb{R}$ 的开覆盖. 由 (2) 可知, $\forall j\in\mathbb{Z}$, 存在函数 $\psi_j(x)\in C_0^{(\infty)}$ 满足: 在 $\mathbb{R}$ 上, $0\leqslant\psi_j(x)\leqslant 1$; $\psi_j(x)=1\Leftrightarrow x\in I_j$; $\mathrm{supp}\psi_j\subset I_{j,\varepsilon/3}=\left((j-2)\dfrac{\varepsilon}{6},(j+4)\dfrac{\varepsilon}{6}\right)$. 又易见任一 $x\in\mathbb{R}$ 只属于有限个开区间 $I_{j,\varepsilon/3}$. 记 $\lambda(x)=\sum\limits_{j\in\mathbb{Z}}\psi_j(x)$, $x\in\mathbb{R}$. 显然 $\forall x\in\mathbb{R}$, $1\leqslant\lambda(x)<+\infty$ 且 $\lambda(x)\in C_0^{(\infty)}$. 对 $k\in\mathbb{N}$, 令 $\alpha(k)=\dfrac{(-1)^k-1}{4}-\dfrac{(-1)^k}{2}k$, $e_k(x)=\dfrac{\psi_{\alpha(k)}(x)}{\lambda(x)}$, 则 $\{e_k\}_{k\in\mathbb{N}}$ 即满足要求.

(4) 记 $B_0:=\varnothing$, 对 $j\in\mathbb{N}$, 记 $B_j:=\left\{x\in G:|x|\leqslant j,\ d(x,\partial G)\geqslant\dfrac{1}{j}\right\}$, $G_j=B_j\backslash\mathring{B}_{j-1}$. 显然每个 G_j 都是紧集且 $G=\bigcup\limits_{j=1}^{\infty}G_j$. 定义开集族 $\mathcal{V}_1=\mathcal{V}_2=\{U_\gamma\cap\mathring{B}_3:$

$\gamma\in\Gamma\}$, $\mathcal{V}_j=\{U_\gamma\cap\mathring{B}_{j+1}\cap B_{j-2}^c:\gamma\in\Gamma\}$, $j\geqslant 3$. $\forall j\in\mathbb{N}$, 易见 $\mathcal{V}_j$ 是紧集 G_j 的开覆盖, 于是由有限覆盖定理和《讲义》9.2.6 小节命题 6 可知, 存在 G_j 的从属于 $\mathcal{V}_j$ 的有限 $C^{(\infty)}$ 类单位分解 E_j. 进而 $\forall x\in G$, 易见 $\lambda(x)=\sum\limits_{j=1}^{\infty}\sum\limits_{e\in E_j}e(x)$ 只包含有限个非零项且 $\lambda(x)>0$. 因此将可数函数族 $\left\{\dfrac{e(x)}{\lambda(x)}\varphi(x):e\in\bigcup\limits_{j=1}^{\infty}E_j\right\}$ 排成函数序列 $\{\varphi_k,k\in\mathbb{N}\}$ 即满足要求.

(5) 对 $j\in\mathbb{N}$, 记 $B_j:=\left\{x\in G:|x|\leqslant j,\ d(x,\partial G)\geqslant\dfrac{1}{j}\right\}$. 易见,

$$B_1\subset\mathring{B}_2\subset B_2\subset\cdots\subset\mathring{B}_j\subset B_j\subset\cdots,\quad\bigcup_{j=1}^{\infty}\mathring{B}_j=G.$$

类似于 (2) 可知, $\forall j\in\mathbb{N}$, 存在函数 $\eta_j\in C_0^{(\infty)}(G)$ 满足: 在 $\mathbb{R}$ 上, $0\leqslant\eta_j(x)\leqslant 1$; 在 B_j 的邻域上, $\eta_j(x)=1$; $\mathrm{supp}\eta_j\subset\mathring{B}_{j+1}$. 任取 $f\in C^{(\infty)}(G)$, 令 $f_j=\eta_jf$, $j\in\mathbb{N}$. 显然 $f_j\in C_0^{(\infty)}(G)$ 且 $\forall k\geqslant j$, 在 B_j 上, $f_k=\eta_kf=f$. 因此当 $j\to\infty$ 时, $f_j\to f$, 从而结论成立.

(6) 如果在 G 上 $F_1=F_2$, 则 $\forall\varphi\in\mathcal{D}(G)$, $\langle F_1,\varphi\rangle=\langle F_2,\varphi\rangle$. 对任一点 $x\in G$, 显然存在点 x 的开邻域 $U(x)\subset G$. 于是对任何 $\varphi\in\mathcal{D}(G)$, $\mathrm{supp}\varphi\subset U(x)$, 我们有 $\langle F_1,\varphi\rangle=\langle F_2,\varphi\rangle$, 因此在点 x 局部地有 $F_1=F_2$.

反之, 假设在任一点 $x\in G$, 局部地有 $F_1=F_2$, 即 $\forall x\in G$, 存在点 x 的开邻域 $U(x)\subset G$ 使得对任何 $\varphi_x\in\mathcal{D}(G)$, $\mathrm{supp}\varphi_x\subset U(x)$, 恒满足等式 $\langle F_1,\varphi_x\rangle=\langle F_2,\varphi_x\rangle$. 显然 $\{U(x),x\in G\}$ 构成开集 G 的开覆盖, 于是由 (4) 中结论可知, 对任何 $\varphi\in\mathcal{D}(G)$, 存在函数序列 $\{\varphi_k,k\in\mathbb{N}\}\subset\mathcal{D}(G)$ 使得: $\forall k\in\mathbb{N}$, $\exists x_k\in G$ 使得 $\mathrm{supp}\varphi_k\subset U(x_k)$; 任意 $x\in G$, 只属于有限个集合 $\mathrm{supp}\varphi_k$; 在 G 上, $\sum\limits_k\varphi_k(x)=\varphi(x)$. 因此由 $\mathrm{supp}\varphi$ 的紧性可知

$$\langle F_1,\varphi\rangle=\sum_k\langle F_1,\varphi_k(x)\rangle=\sum_k\langle F_2,\varphi_k(x)\rangle=\langle F_2,\varphi\rangle,$$

从而在 G 上, $F_1=F_2$. □

6. (1) 设

$$\varphi(x):=\begin{cases}\exp\left(\dfrac{1}{|x|^2-1}\right), & |x|<1,\\ 0, & |x|\geqslant 1.\end{cases}$$

试验证: 对 $\mathbb{R}$ 上任何局部可积函数 f, 当 $\varepsilon\to+0$ 时, 有 $\displaystyle\int_{\mathbb{R}}f(x)\varphi_\varepsilon(x)\mathrm{d}x\to 0$, 其中 $\varphi_\varepsilon(x)=\varphi\left(\dfrac{x}{\varepsilon}\right)$.

(2) 根据上面结果及 $\langle\delta,\varphi_\varepsilon\rangle=\varphi(0)\neq 0$, 试证: 广义函数 δ 不是正则的.

(3) 验证: 存在正则广义函数序列 (甚至 $C_0^{(\infty)}$ 类函数序列) 在 $\mathcal{D}'$ 中收敛于广义函数 δ. (实际上, 任何一个广义函数都是基本函数空间 $\mathcal{D}=C_0^{(\infty)}$ 中的函数列在 $\mathcal{D}'$ 中的收敛极限. 在这个意义下, 正则广义函数集合在 $\mathcal{D}'$ 中处处稠密, 正像有理数集 $\mathbb{Q}$ 在实数集 $\mathbb{R}$ 中处处稠密一样.)

证　(1) 当 $\varepsilon\in(0,1)$ 时, 易见

$$\left|\int_{\mathbb{R}}f(x)\varphi_\varepsilon(x)\mathrm{d}x\right|=\varepsilon\left|\int_{|y|<1}f(\varepsilon y)\varphi(y)\mathrm{d}y\right|\leqslant\varepsilon\int_{|y|<1}|f|(\varepsilon y)\mathrm{d}y\leqslant\left(2\sup_{|y|<1}|f|(y)\right)\varepsilon,$$

于是结论成立.

(2) 假设广义函数 δ 是正则的, 则存在 $\mathbb{R}$ 上局部可积函数 f 使得 $\langle\delta,\varphi\rangle=\int_{\mathbb{R}}f(x)\varphi(x)\mathrm{d}x,\ \forall\varphi\in\mathcal{D}$. 显然 (1) 中的 $\varphi_\varepsilon\in\mathcal{D}$, 所以由 (1) 可知, 当 $\varepsilon\to+0$ 时, $\langle\delta,\varphi_\varepsilon\rangle\to 0$, 这与 $\langle\delta,\varphi_\varepsilon\rangle=\varphi(0)\neq 0$ 矛盾. 因此广义函数 δ 不是正则的.

(3) 任取一个 $C_0^{(\infty)}$ 类 δ-型函数序列 $\{\Delta_k\}_{k\in\mathbb{N}}$. 于是 $\forall\varphi\in\mathcal{D}$, 由 $\int_{\mathbb{R}}\Delta_k(x)\mathrm{d}x=1$ 和积分第一中值定理可知存在 $\xi_k\in\left(-\frac{1}{k},\frac{1}{k}\right)$ 使得

$$\begin{aligned}&\left|\langle\Delta_k-\delta,\varphi\rangle\right|=\left|\langle\Delta_k,\varphi-\varphi(0)\rangle\right|\\&=\left|\int_{|x|<\frac{1}{k}}\Delta_k(x)(\varphi(x)-\varphi(0))\mathrm{d}x+\int_{|x|>\frac{1}{k}}\Delta_k(x)(\varphi(x)-\varphi(0))\mathrm{d}x\right|\\&\leqslant|\varphi(\xi_k)-\varphi(0)|\int_{|x|<\frac{1}{k}}\Delta_k(x)\mathrm{d}x+2\sup|\varphi|\int_{|x|>\frac{1}{k}}\Delta_k(x)\mathrm{d}x.\end{aligned}$$

当 $k\to\infty$ 时, 因为

$$\varphi(\xi_k)\to\varphi(0),\quad\int_{|x|<\frac{1}{k}}\Delta_k(x)\mathrm{d}x\to 1,\quad\int_{|x|>\frac{1}{k}}\Delta_k(x)\mathrm{d}x\to 0,$$

所以 $\langle\Delta_k-\delta,\varphi\rangle\to 0$, 从而结论成立. □

7. (1) 计算广义函数 $F\in\mathcal{D}'$ 在函数 $\varphi\in\mathcal{D}$ 的值 $\langle F,\varphi\rangle$, 如果, $F=\sin x\delta$; $F=2\cos x\delta$; $F=(1+x^2)\delta$.

(2) 试验证: 乘以函数 $\psi\in C^{(\infty)}$ 的运算 $F\mapsto\psi F$ 是 $\mathcal{D}'$ 中的连续运算.

(3) 试验证: 广义函数的线性运算在 $\mathcal{D}'$ 中是连续的.

解　(1) 由分布与函数的乘积的定义可知

$$\langle\sin x\delta,\varphi\rangle=\langle\delta,\sin x\varphi\rangle=\sin 0\cdot\varphi(0)=0,$$

$$\langle 2\cos x\delta,\varphi\rangle=\langle\delta,2\cos x\varphi\rangle=2\cos 0\cdot\varphi(0)=2\varphi(0),$$
$$\langle(1+x^2)\delta,\varphi\rangle=\langle\delta,(1+x^2)\varphi\rangle=(1+0^2)\cdot\varphi(0)=\varphi(0).$$

(2) 设在 $\mathcal{D}'$ 中 $F_n\to F$, 即 $\forall\varphi\in\mathcal{D}$, $\langle F_n,\varphi\rangle\to\langle F,\varphi\rangle$. 于是

$$\langle\psi F_n,\varphi\rangle=\langle F_n,\psi\varphi\rangle\to\langle F,\psi\varphi\rangle=\langle\psi F,\varphi\rangle,\quad\forall\varphi\in\mathcal{D},$$

即 $\mathcal{D}'\ni\psi F_n\to\psi F\in\mathcal{D}'$, 从而结论成立.

(3) 设 $\mathcal{D}'\times\mathcal{D}'\ni(F_{1,n},F_{2,n})\to(F_1,F_2)\in\mathcal{D}'\times\mathcal{D}'$, 即 $\forall\varphi\in\mathcal{D}$, $\langle F_{1,n},\varphi\rangle\to\langle F_1,\varphi\rangle$, $\langle F_{2,n},\varphi\rangle\to\langle F_2,\varphi\rangle$. 于是 $\forall\varphi\in\mathcal{D}$,

$$\langle\alpha F_{1,n}+\beta F_{2,n},\varphi\rangle=\alpha\langle F_{1,n},\varphi\rangle+\beta\langle F_{2,n},\varphi\rangle\to\alpha\langle F_1,\varphi\rangle+\beta\langle F_2,\varphi\rangle=\langle\alpha F_1+\beta F_2,\varphi\rangle,$$

即 $\mathcal{D}'\ni\alpha F_{1,n}+\beta F_{2,n}\to\alpha F_1+\beta F_2\in\mathcal{D}'$, 从而结论成立. □

8. (1) 试证: 如果 F 是由函数 $f(x)=\begin{cases}0, & x\leqslant 0\\ x, & x>0\end{cases}$ 产生的正则分布, 那么 $F'=H$, 其中 H 是对应于赫维赛德函数的分布.

(2) 计算: 对应于函数 $|x|$ 的分布的导数.

解 (1) 由广义函数的微分的定义可知, $\forall\varphi\in\mathcal{D}$,

$$\begin{aligned}\langle F',\varphi\rangle&=-\langle F,\varphi'\rangle=-\int_{-\infty}^{+\infty}f(x)\varphi'(x)\mathrm{d}x=-\int_0^{+\infty}x\mathrm{d}\varphi(x)\\&=-x\varphi(x)\Big|_0^{+\infty}+\int_0^{+\infty}\varphi(x)\mathrm{d}x=\int_0^{+\infty}\varphi(x)\mathrm{d}x\\&=\int_{-\infty}^{+\infty}H(x)\varphi(x)\mathrm{d}x=\langle H,\varphi\rangle,\end{aligned}$$

因此 $F'=H$.

(2) 易见 $|x|=f(x)+f(-x)$. 类似于 (1), $\forall\varphi\in\mathcal{D}$, 我们有

$$\begin{aligned}\langle|x|',\varphi\rangle&=-\langle|x|,\varphi'\rangle=-\int_{-\infty}^{+\infty}|x|\varphi'(x)\mathrm{d}x=\int_{-\infty}^0x\mathrm{d}\varphi(x)-\int_0^{+\infty}x\mathrm{d}\varphi(x)\\&=-\int_{-\infty}^0\varphi(x)\mathrm{d}x+\int_0^{+\infty}\varphi(x)\mathrm{d}x=\int_{-\infty}^{+\infty}\operatorname{sgn}x\cdot\varphi(x)\mathrm{d}x=\langle\operatorname{sgn}x,\varphi\rangle,\end{aligned}$$

因此 $|x|'=\operatorname{sgn}x=H(x)-H(-x)$. □

9. (1) 试验证以下 $\mathcal{D}'$ 中的极限是正确的:

$$\lim_{\alpha\to+0}\frac{\alpha}{x^2+\alpha^2}=\pi\delta;\quad\lim_{\alpha\to+0}\frac{\alpha x}{x^2+\alpha^2}=\pi x\delta;\quad\lim_{\alpha\to+0}\frac{x}{x^2+\alpha^2}=(\ln|x|)'.$$

(2) 试证: 如果 $f=f(x)$ 是 $\mathbb{R}$ 上局部可积函数, 而 $f_\varepsilon=f(x+\varepsilon)$, 那么在 $\mathcal{D}'$ 内, 当 $\varepsilon\to0$ 时, 有 $f_\varepsilon\to f$.

(3) 试证: 如果 $\{\Delta_\alpha\}$ 当 $\alpha\to0$ 时是 δ-型光滑函数族, 那么当 $\alpha\to0$ 时, $F_\alpha=\displaystyle\int_{-\infty}^{x}\Delta_\alpha(t)\mathrm{d}t\to H$, 其中 H 是对应于赫维赛德函数的广义函数.

证　(1) $\forall\varphi\in\mathcal{D}$, 我们有

$$\begin{aligned}\lim_{\alpha\to+0}\left\langle\frac{\alpha}{x^2+\alpha^2},\varphi\right\rangle&=\lim_{\alpha\to+0}\int_{-\infty}^{+\infty}\frac{\alpha}{x^2+\alpha^2}\varphi(x)\mathrm{d}x=\lim_{\alpha\to+0}\int_{-\infty}^{+\infty}\varphi(x)\mathrm{d}\Big(\arctan\frac{x}{\alpha}\Big)\\&=-\lim_{\alpha\to+0}\int_{-\infty}^{0}\arctan\frac{x}{\alpha}\mathrm{d}\varphi(x)-\lim_{\alpha\to+0}\int_{0}^{+\infty}\arctan\frac{x}{\alpha}\mathrm{d}\varphi(x)\\&=-\int_{-\infty}^{0}\Big(\lim_{\alpha\to+0}\arctan\frac{x}{\alpha}\Big)\mathrm{d}\varphi(x)-\int_{0}^{+\infty}\Big(\lim_{\alpha\to+0}\arctan\frac{x}{\alpha}\Big)\mathrm{d}\varphi(x)\\&=-\int_{-\infty}^{0}\Big(-\frac{\pi}{2}\Big)\mathrm{d}\varphi(x)-\int_{0}^{+\infty}\frac{\pi}{2}\mathrm{d}\varphi(x)\\&=\frac{\pi}{2}\varphi(x)\Big|_{-\infty}^{0}-\frac{\pi}{2}\varphi(x)\Big|_{0}^{+\infty}=\pi\varphi(0)=\langle\pi\delta,\varphi\rangle,\end{aligned}$$

因此 $\displaystyle\lim_{\alpha\to+0}\frac{\alpha}{x^2+\alpha^2}=\pi\delta$.

显然 $x\in C^{(\infty)}$, 因此由分布与函数的乘积的定义及已证结论可知, $\forall\varphi\in\mathcal{D}$,

$$\lim_{\alpha\to+0}\left\langle\frac{\alpha x}{x^2+\alpha^2},\varphi\right\rangle=\lim_{\alpha\to+0}\left\langle\frac{\alpha}{x^2+\alpha^2},x\varphi\right\rangle=\langle\pi\delta,x\varphi\rangle=\langle\pi x\delta,\varphi\rangle,$$

因此 $\displaystyle\lim_{\alpha\to+0}\frac{\alpha x}{x^2+\alpha^2}=\pi x\delta$.

$\forall\varphi\in\mathcal{D}$, 我们有

$$\begin{aligned}\lim_{\alpha\to+0}\left\langle\frac{x}{x^2+\alpha^2},\varphi\right\rangle&=\lim_{\alpha\to+0}\int_{-\infty}^{+\infty}\frac{x}{x^2+\alpha^2}\varphi(x)\mathrm{d}x\\&=\lim_{\alpha\to+0}\int_{-\infty}^{+\infty}\varphi(x)\mathrm{d}\left(\frac{\ln(x^2+\alpha^2)}{2}\right)\\&=-\lim_{\alpha\to+0}\int_{-\infty}^{+\infty}\frac{\ln(x^2+\alpha^2)}{2}\mathrm{d}\varphi(x)\\&=-\int_{-\infty}^{+\infty}\left(\lim_{\alpha\to+0}\frac{\ln(x^2+\alpha^2)}{2}\right)\mathrm{d}\varphi(x)\\&=-\int_{-\infty}^{+\infty}\ln|x|\mathrm{d}\varphi(x)=-\langle\ln|x|,\varphi'\rangle=\langle(\ln|x|)',\varphi\rangle,\end{aligned}$$

因此 $\displaystyle\lim_{\alpha\to+0}\frac{x}{x^2+\alpha^2}=(\ln|x|)'$.

(2) $\forall\varphi\in\mathcal{D}$, 我们有

$$\begin{aligned}\lim_{\varepsilon\to0}\langle f_\varepsilon,\varphi\rangle&=\lim_{\varepsilon\to0}\int_{-\infty}^{+\infty}f(x+\varepsilon)\varphi(x)\mathrm{d}x\xlongequal{y=x+\varepsilon}\lim_{\varepsilon\to0}\int_{-\infty}^{+\infty}f(y)\varphi(y-\varepsilon)\mathrm{d}y\\&=\int_{-\infty}^{+\infty}f(y)\lim_{\varepsilon\to0}\varphi(y-\varepsilon)\mathrm{d}y=\int_{-\infty}^{+\infty}f(y)\varphi(y)\mathrm{d}y=\langle f,\varphi\rangle,\end{aligned}$$

因此 $\lim\limits_{\varepsilon\to0}f_\varepsilon=f$.

(3) $\forall\varphi\in\mathcal{D}$, 我们有

$$\begin{aligned}\lim_{\alpha\to+0}\langle F_\alpha,\varphi\rangle=&\lim_{\alpha\to+0}\int_{-\infty}^{0}\left(\int_{-\infty}^{x}\Delta_\alpha(t)\mathrm{d}t\right)\varphi(x)\mathrm{d}x\\&+\lim_{\alpha\to+0}\int_{0}^{+\infty}\left(\int_{-\infty}^{x}\Delta_\alpha(t)\mathrm{d}t\right)\varphi(x)\mathrm{d}x\\=&\int_{-\infty}^{0}\left(\lim_{\alpha\to+0}\int_{-\infty}^{x}\Delta_\alpha(t)\mathrm{d}t\right)\varphi(x)\mathrm{d}x\\&+\int_{0}^{+\infty}\left(\lim_{\alpha\to+0}\int_{-\infty}^{x}\Delta_\alpha(t)\mathrm{d}t\right)\varphi(x)\mathrm{d}x\\=&\int_{-\infty}^{0}0\cdot\varphi(x)\mathrm{d}x+\int_{0}^{+\infty}1\cdot\varphi(x)\mathrm{d}x=\int_{-\infty}^{\infty}H(x)\varphi(x)\mathrm{d}x=\langle H,\varphi\rangle,\end{aligned}$$

因此 $\lim\limits_{\alpha\to+0}F_\alpha=H$. □

10. (1) 通常用 $\delta(x-a)$ 表示 "位移至 a 点的 δ-函数", 即按法则 $\langle\delta(x-a),\varphi\rangle=\varphi(a)$ 作用在函数 $\varphi\in\mathcal{D}$ 上的广义函数. 试证: 级数 $\sum\limits_{k\in\mathbb{Z}}\delta(x-k)$ 在 $\mathcal{D}'$ 中收敛.

(2) 求函数 $[x]$ 的导数, 其中 $[x]$ 是 x 的整数部分.

(3) 在 $\mathbb{R}$ 上以 2π 为周期的函数在区间 $(0,2\pi]$ 上用公式 $f|_{(0,2\pi]}(x)=\dfrac{1}{2}-\dfrac{x}{2\pi}$ 给出, 试验证: $f'=-\dfrac{1}{2\pi}+\sum\limits_{k\in\mathbb{Z}}\delta(x-2\pi k)$.

(4) 试验证: 当 $\varepsilon\to0$ 时, $\delta(x-\varepsilon)\to\delta(x)$.

(5) 像上面一样, 记移至点 ε 的 δ-函数为 $\delta(x-\varepsilon)$, 试用直接计算验证: $\dfrac{1}{\varepsilon}(\delta(x-\varepsilon)-\delta(x))\to-\delta'(x)=-\delta'(\varepsilon\to0)$.

(6) 根据上面的极限过程, 把 $-\delta'$ 解释为放在点 $x=0$ 的具电偶极矩 $+1$ 的电荷分布, 试验证: $\langle-\delta',1\rangle=0$ (偶极子的总电荷为零) 且 $\langle-\delta',x\rangle=1$ (它的矩实际上为 1).

(7) δ-函数的齐次性, 即 $\delta(\lambda x)=\lambda^{-1}\delta(x)$, 是它的一个重要性质. 试证之.

解 (1) $\forall\varphi\in\mathcal{D}$, 显然存在 $M,N\in\mathbb{N}$ 使得 $\mathrm{supp}\varphi\subset[-M,N]$, 于是 $\forall n>N$,

我们有

$$\left\langle \sum_{k=n}^{+\infty} \delta(x-k), \varphi \right\rangle = \sum_{k=n}^{+\infty} \langle \delta(x-k), \varphi \rangle = \sum_{k=n}^{+\infty} \varphi(k) = 0.$$

同理可知

$$\left\langle \sum_{k=-\infty}^{-m} \delta(x-k), \varphi \right\rangle = 0, \quad \forall m > M.$$

因此级数 $\sum\limits_{k\in\mathbb{Z}} \delta(x-k)$ 在 $\mathcal{D}'$ 中收敛.

(2) $\forall \varphi \in \mathcal{D}$, 由 (1) 可知

$$\begin{aligned}
\langle [x]', \varphi \rangle &= -\langle [x], \varphi' \rangle = -\sum_{k\in\mathbb{Z}} \int_k^{k+1} k\varphi'(x)\mathrm{d}x = -\sum_{k\in\mathbb{Z}} k\left(\varphi(k+1) - \varphi(k)\right) \\
&= -\sum_{k\in\mathbb{Z}} \left((k+1)\varphi(k+1) - k\varphi(k)\right) + \sum_{k\in\mathbb{Z}} \varphi(k+1) \\
&= \sum_{k\in\mathbb{Z}} \varphi(k) = \sum_{k\in\mathbb{Z}} \langle \delta(x-k), \varphi \rangle = \left\langle \sum_{k\in\mathbb{Z}} \delta(x-k), \varphi \right\rangle,
\end{aligned}$$

因此 $[x]' = \sum\limits_{k\in\mathbb{Z}} \delta(x-k)$.

(3) $\forall \varphi \in \mathcal{D}$, 易见

$$\begin{aligned}
\langle f', \varphi \rangle &= -\langle f, \varphi' \rangle = -\sum_{k\in\mathbb{Z}} \int_{2\pi k}^{2\pi(k+1)} \left(\frac{1}{2} - \frac{x - 2\pi k}{2\pi}\right) \varphi'(x)\mathrm{d}x \\
&= -\sum_{k\in\mathbb{Z}} \left(\frac{1}{2} - \frac{x-2\pi k}{2\pi}\right)\varphi(x)\Big|_{2\pi k}^{2\pi(k+1)} - \frac{1}{2\pi}\sum_{k\in\mathbb{Z}} \int_{2\pi k}^{2\pi(k+1)} \varphi(x)\mathrm{d}x \\
&= \frac{1}{2}\sum_{k\in\mathbb{Z}} \left(\varphi(2\pi(k+1)) + \varphi(2\pi k)\right) - \frac{1}{2\pi}\int_{-\infty}^{+\infty} \varphi(x)\mathrm{d}x \\
&= \sum_{k\in\mathbb{Z}} \varphi(2\pi k) - \frac{1}{2\pi}\int_{-\infty}^{+\infty} \varphi(x)\mathrm{d}x = \left\langle \sum_{k\in\mathbb{Z}} \delta(x - 2\pi k) - \frac{1}{2\pi}, \varphi \right\rangle,
\end{aligned}$$

因此 $f' = -\dfrac{1}{2\pi} + \sum\limits_{k\in\mathbb{Z}} \delta(x - 2\pi k)$.

(4) $\forall \varphi \in \mathcal{D}$, 易见

$$\lim_{\varepsilon\to 0} \langle \delta(x-\varepsilon), \varphi \rangle = \lim_{\varepsilon\to 0} \varphi(\varepsilon) = \varphi(0) = \langle \delta(x), \varphi \rangle,$$

因此 $\lim\limits_{\varepsilon\to 0} \delta(x-\varepsilon) = \delta(x)$.

(5) $\forall\varphi\in\mathcal{D}$, 易见

$$\lim_{\varepsilon\to 0}\left\langle\frac{1}{\varepsilon}\left(\delta(x-\varepsilon)-\delta(x)\right),\varphi\right\rangle=\lim_{\varepsilon\to 0}\frac{\varphi(\varepsilon)-\varphi(0)}{\varepsilon}=\varphi'(0)$$
$$=\langle\delta(x),\varphi'\rangle=-\langle\delta'(x),\varphi\rangle,$$

因此 $\lim\limits_{\varepsilon\to 0}\dfrac{1}{\varepsilon}\left(\delta(x-\varepsilon)-\delta(x)\right)=-\delta'(x)$.

(6) 由 (5) 可知

$$\langle-\delta',1\rangle=\lim_{\varepsilon\to 0}\left\langle\frac{1}{\varepsilon}\left(\delta(x-\varepsilon)-\delta(x)\right),1\right\rangle=\lim_{\varepsilon\to 0}\frac{1-1}{\varepsilon}=0,$$

且

$$\langle-\delta',x\rangle=\lim_{\varepsilon\to 0}\left\langle\frac{1}{\varepsilon}\left(\delta(x-\varepsilon)-\delta(x)\right),x\right\rangle=\lim_{\varepsilon\to 0}\frac{\varepsilon-0}{\varepsilon}=1.$$

(7) 由习题 6(3) 可知, 存在正则广义函数序列 δ_j, 使得当 $j\to\infty$ 时, $\delta_j\to\delta$. 于是 $\forall\varphi\in\mathcal{D}$, 我们有

$$\langle\delta(\lambda x),\varphi(x)\rangle=\lim_{j\to\infty}\langle\delta_j(\lambda x),\varphi(x)\rangle=\lim_{j\to\infty}\int_{-\infty}^{+\infty}\delta_j(\lambda x)\varphi(x)\mathrm{d}x$$
$$=\lambda^{-1}\lim_{j\to\infty}\int_{-\infty}^{+\infty}\delta_j(y)\varphi(y/\lambda)\mathrm{d}y=\lambda^{-1}\lim_{j\to\infty}\langle\delta_j(y),\varphi(y/\lambda)\rangle$$
$$=\lambda^{-1}\langle\delta(y),\varphi(y/\lambda)\rangle=\lambda^{-1}\varphi(0)=\lambda^{-1}\langle\delta(x),\varphi(x)\rangle.$$

因此 $\delta(\lambda x)=\lambda^{-1}\delta(x)$. □

11. 把由等式

$$\langle F,\varphi\rangle:=\mathrm{V.P.}\int_{-\infty}^{+\infty}\frac{\varphi(x)}{x}\mathrm{d}x\left(:=\lim_{\varepsilon\to+0}\left(\int_{-\infty}^{-\varepsilon}+\int_{\varepsilon}^{+\infty}\right)\frac{\varphi(x)}{x}\mathrm{d}x\right)$$

确定的广义函数记作 $\mathfrak{P}\dfrac{1}{x}$, 试证:

(1) $\left\langle\mathfrak{P}\dfrac{1}{x},\varphi\right\rangle=\displaystyle\int_0^{+\infty}\frac{\varphi(x)-\varphi(-x)}{x}\mathrm{d}x$.

(2) $(\ln|x|)'=\mathfrak{P}\dfrac{1}{x}$.

(3) $\left\langle\left(\mathfrak{P}\dfrac{1}{x}\right)',\varphi\right\rangle=-\displaystyle\int_0^{+\infty}\frac{\varphi(x)+\varphi(-x)-2\varphi(0)}{x^2}\mathrm{d}x$.

(4) $\dfrac{1}{x+\mathrm{i}0}:=\lim\limits_{y\to+0}\dfrac{1}{x+\mathrm{i}y}=-\mathrm{i}\pi\delta+\mathfrak{P}\dfrac{1}{x}$.

证　(1) 由广义函数 $\mathfrak{P}\frac{1}{x}$ 的定义和变量替换可知

$$
\begin{aligned}
\left\langle \mathfrak{P}\frac{1}{x},\varphi \right\rangle &= \lim_{\varepsilon\to+0}\left(\int_{-\infty}^{-\varepsilon}\frac{\varphi(x)}{x}\mathrm{d}x+\int_{\varepsilon}^{+\infty}\frac{\varphi(x)}{x}\mathrm{d}x\right)\\
&= \lim_{\varepsilon\to+0}\left(\int_{\varepsilon}^{+\infty}\frac{-\varphi(-x)}{x}\mathrm{d}x+\int_{\varepsilon}^{+\infty}\frac{\varphi(x)}{x}\mathrm{d}x\right)\\
&= \lim_{\varepsilon\to+0}\int_{\varepsilon}^{+\infty}\frac{\varphi(x)-\varphi(-x)}{x}\mathrm{d}x=\int_{0}^{+\infty}\frac{\varphi(x)-\varphi(-x)}{x}\mathrm{d}x.
\end{aligned}
$$

(2) $\forall\varphi\in\mathcal{D}$, 由变量替换、分部积分、(1) 和

$$
\lim_{\varepsilon\to+0}\ln|\varepsilon|\left(\varphi(\varepsilon)-\varphi(-\varepsilon)\right)=\lim_{\varepsilon\to+0}\varepsilon\ln|\varepsilon|\frac{\varphi(\varepsilon)-\varphi(-\varepsilon)}{\varepsilon}=0
$$

可知

$$
\begin{aligned}
\langle(\ln|x|)',\varphi\rangle &= -\langle\ln|x|,\varphi'\rangle=-\lim_{\varepsilon\to+0}\left(\int_{-\infty}^{-\varepsilon}\ln|x|\varphi'(x)\mathrm{d}x+\int_{\varepsilon}^{+\infty}\ln|x|\varphi'(x)\mathrm{d}x\right)\\
&= -\lim_{\varepsilon\to+0}\left(\int_{\varepsilon}^{+\infty}\ln|x|\varphi'(-x)\mathrm{d}x+\int_{\varepsilon}^{+\infty}\ln|x|\varphi'(x)\mathrm{d}x\right)\\
&= -\lim_{\varepsilon\to+0}\int_{\varepsilon}^{+\infty}\ln|x|\left(\varphi'(-x)+\varphi'(x)\right)\mathrm{d}x\\
&= -\lim_{\varepsilon\to+0}\int_{\varepsilon}^{+\infty}\ln|x|\mathrm{d}\left(\varphi(x)-\varphi(-x)\right)\\
&= \lim_{\varepsilon\to+0}\ln|\varepsilon|\left(\varphi(\varepsilon)-\varphi(-\varepsilon)\right)+\lim_{\varepsilon\to+0}\int_{\varepsilon}^{+\infty}\frac{\varphi(x)-\varphi(-x)}{x}\mathrm{d}x\\
&=0+\int_{0}^{+\infty}\frac{\varphi(x)-\varphi(-x)}{x}\mathrm{d}x=\left\langle\mathfrak{P}\frac{1}{x},\varphi\right\rangle.
\end{aligned}
$$

因此 $(\ln|x|)'=\mathfrak{P}\frac{1}{x}$.

(3) $\forall\varphi\in\mathcal{D}$, 由 (1)、分部积分和

$$
\lim_{\varepsilon\to+0}\frac{\varphi(\varepsilon)+\varphi(-\varepsilon)-2\varphi(0)}{\varepsilon}=\lim_{\varepsilon\to+0}\frac{\varphi(\varepsilon)-\varphi(0)}{\varepsilon}-\lim_{\varepsilon\to+0}\frac{\varphi(-\varepsilon)-\varphi(0)}{-\varepsilon}=0
$$

可知

$$\left\langle\left(\mathfrak{P}\frac{1}{x}\right)',\varphi\right\rangle=-\left\langle\mathfrak{P}\frac{1}{x},\varphi'\right\rangle=-\int_0^{+\infty}\frac{\varphi'(x)-\varphi'(-x)}{x}\mathrm{d}x$$
$$=-\lim_{\varepsilon\to+0}\int_\varepsilon^{+\infty}\frac{1}{x}\mathrm{d}\left(\varphi(x)+\varphi(-x)-2\varphi(0)\right)$$
$$=\lim_{\varepsilon\to+0}\frac{\varphi(\varepsilon)+\varphi(-\varepsilon)-2\varphi(0)}{\varepsilon}$$
$$-\lim_{\varepsilon\to+0}\int_\varepsilon^{+\infty}\frac{\varphi(x)+\varphi(-x)-2\varphi(0)}{x^2}\mathrm{d}x$$
$$=-\int_0^{+\infty}\frac{\varphi(x)+\varphi(-x)-2\varphi(0)}{x^2}\mathrm{d}x.$$

(4) 由 (2) 和习题 9(1) 可知

$$\frac{1}{x+\mathrm{i}0}:=\lim_{y\to+0}\frac{1}{x+\mathrm{i}y}=-\mathrm{i}\lim_{y\to+0}\frac{y}{x^2+y^2}+\lim_{y\to+0}\frac{x}{x^2+y^2}=-\mathrm{i}\pi\delta+\mathfrak{P}\frac{1}{x}.\quad\square$$

14.5　含参变量的重积分

一、知识点总结与补充

1. 含参变量的常义重积分

(1) 基本假设: 设 X 是 $\mathbb{R}^n$ 中的可测子集, 例如, 具光滑或分段光滑边界的有界区域, Y 是 $\mathbb{R}^m$ 的某个子集. 考虑含参变量 $y\in Y$ 的积分 $F(y)=\int_X f(x,y)\mathrm{d}x$, 这里假定函数 f 定义在 $X\times Y$ 上且对每个固定的 $y\in Y$ 在 X 上可积.

(2) 假设 $f\in C(X\times Y)$. 关于含参变量的常义重积分 $F(y)=\int_X f(x,y)\mathrm{d}x$, 下述结论成立:

• (连续性) 如果 $X\times Y$ 是 $\mathbb{R}^{n+m}$ 中的紧集, 那么 $F\in C(Y)$.

• (微分法) 如果 Y 是 $\mathbb{R}^m$ 中的区域, 且 $\dfrac{\partial f}{\partial y^i}\in C(X\times Y)$, 那么函数 F 在 Y 中关于变量 y^i 是可微的 (其中 $y=(y_1,\cdots,y^i,\cdots,y^m)$) 且

$$\frac{\partial F}{\partial y^i}(y)=\int_X\frac{\partial f}{\partial y^i}(x,y)\mathrm{d}x.$$

• (积分法) 如果 X 和 Y 分别是 $\mathbb{R}^n$ 和 $\mathbb{R}^m$ 中的可测紧集, 那么 $F\in C(Y)\subset\mathcal{R}(Y)$ 且

$$\int_Y F(y)\mathrm{d}y:=\int_Y\mathrm{d}y\int_X f(x,y)\mathrm{d}x=\int_X\mathrm{d}x\int_Y f(x,y)\mathrm{d}y.$$

注 这里的函数 f 可以是在任何一个赋范向量空间 Z 中取值的. 重要的特殊情形是 Z 为 $\mathbb{R}, \mathbb{C}, \mathbb{R}^n$ 或 $\mathbb{C}^n$.

2. 含参变量的反常重积分

(1) 一致收敛性: 设 $F(y)=\displaystyle\int_X f(x,y)\mathrm{d}x$ 是对每个 $y\in Y$ 都收敛的反常积分. 设 X_ε 是从集合 X 中挖去积分奇异点集的 ε-邻域后得到的集合. 记 $F_\varepsilon(y)=\displaystyle\int_{X_\varepsilon} f(x,y)\mathrm{d}x$. 如果在 Y 上当 $\varepsilon\to+0$ 时, 有 $F_\varepsilon(y)\rightrightarrows F(y)$, 我们就说积分 $F(y)=\displaystyle\int_X f(x,y)\mathrm{d}x$ 在集合 Y 上一致收敛.

(2) 如果积分 $F(y)=\displaystyle\int_X f(x,y)\mathrm{d}x$ 中的函数 f 满足估计式 $|f(x,y)|\leqslant\dfrac{M}{|x-y|^\alpha}$, 其中 $M\in\mathbb{R}, x\in X\subset\mathbb{R}^n$, $y\in Y\subset\mathbb{R}^n$ 且 $\alpha<n$, 那么积分 $F(y)=\displaystyle\int_X f(x,y)\mathrm{d}x$ 在 Y 上一致收敛.

(3) 考虑下述积分

$$F(y)=\int_X K(y-\varphi(x))\psi(x,y)\mathrm{d}x,$$

其中 X 是 $\mathbb{R}^n$ 中的有界可测区域; 变量 y 跑遍区域 $Y\subset\mathbb{R}^m$, 且 $n\leqslant m$. 假设

• $\varphi: X\to\mathbb{R}^m$ 是光滑映射, 满足 $\operatorname{rank}\varphi'(x)=n$, $\|\varphi'(x)\|\geqslant c>0$, 即 φ 给出 n 维参数曲面. 更准确地说, 是 $\mathbb{R}^m$ 中的 n-道路;

• $K\in C(\mathbb{R}^m\setminus\{0\};\mathbb{R})$, 而在 $z=0$ 附近它可能无界;

• $\psi: X\times Y\to\mathbb{R}$ 是有界连续函数, 且 $\forall y\in Y$, 积分 $F(y)=\displaystyle\int_X K(y-\varphi(x))\psi(x,y)\mathrm{d}x$ (一般说来是反常积分) 存在.

若积分 $F(y)=\displaystyle\int_X K(y-\varphi(x))\psi(x,y)\mathrm{d}x$ 在 Y 上一致收敛, 那么 $F\in C(Y;\mathbb{R})$. 如果补充假设: 函数 ψ 不依赖于参变量 y, 且 $K\in C^{(1)}(\mathbb{R}^m\setminus\{0\};\mathbb{R})$, 那么当积分 $\displaystyle\int_X \frac{\partial K}{\partial y^i}(y-\varphi(x))\psi(x)\mathrm{d}x$ 在集合 $y\in Y$ 上一致收敛时, 能断定函数 F 具有连续偏导数, 并有

$$\frac{\partial F}{\partial y^i}(y)=\int_X \frac{\partial K}{\partial y^i}(y-\varphi(x))\psi(x)\mathrm{d}x.$$

3. 高维情形的卷积、基本解和广义函数

(1) $\mathbb{R}^n$ 中的卷积: 定义在 $\mathbb{R}^n$ 上的实值或复值函数 u 与 v 的卷积 $u*v$ 用下

述关系式给出:

$$(u*v)(x):=\int_{\mathbb{R}^n}u(y)v(x-y)\mathrm{d}y.$$

(2) 函数族

$$\Delta_t(x):=\frac{1}{(2a\sqrt{\pi t})^n}\mathrm{e}^{-\frac{|x|^2}{4a^2t}},\quad a>0,$$

当 $t\to+0$ 时在 $\mathbb{R}^n$ 上是 δ-型的, 于是这些函数作为 $\mathbb{R}^n$ 中的正则分布, 当 $t\to+0$ 时, 在 $\mathcal{D}'$ 中收敛到 $\mathbb{R}^n$ 中的 δ-函数.

(3) 下面的广义函数 δ_S 是 δ-函数的推广:

$$\langle\delta_S,\varphi\rangle:=\int_S\varphi(x)\mathrm{d}\sigma,\quad\forall\varphi\in\mathcal{D}.$$

分布 δ_S 与分布 δ 一样也不是正则广义函数. 如果 $\mu\in\mathcal{D}$, 那么 $\mu\delta_S$ 是按以下规律确定的广义函数:

$$\langle\mu\delta_S,\varphi\rangle=\int_S\varphi(x)\mu(x)\mathrm{d}\sigma.$$

如果函数 $\mu(x)$ 仅在曲面 S 上有定义, 那么该等式可以看作广义函数 $\mu\delta_S$ 的定义, 这样引入的广义函数按自然的类比叫做曲面 S 上具有密度 μ 的单层分布.

(4) 设 S 是 $\mathbb{R}^n$ 中光滑的 $(n-1)$ 维子流形, 即 S 是光滑超曲面. 假设定义在 $\mathbb{R}^n\setminus S$ 上的函数 f 是无穷次可微的, 而且它的所有偏导数对每个点 $x\in S$ 当从曲面 S 的任何一侧 (局部) 趋近于 x 时的极限都存在, 两侧极限之差是所考察的偏导数在点 x 的跃度 $\sharp\dfrac{\partial f}{\partial x^i}$, 它对应着在 x 点穿过 S 的方向 (指从曲面的一侧到另一侧). 当这个方向改变时, 跃度改变符号, 这样一来, 如果约定, 譬如, 用曲面的法线方向给出穿过曲面的方向, 则可把跃度看成定向曲面上的函数.

如果把 f 看作广义函数, 那么在广义函数微分法意义下, 有以下重要公式:

$$\frac{\partial f}{\partial x^i}=\left\{\frac{\partial f}{\partial x^i}\right\}+(\sharp f)_S\cos\alpha_i\delta_S,$$

其中 $(\sharp f)_S$ 是函数 f 在点 $x\in S$ 处沿任何一个 (两个可能方向中的一个) 单位法向量 $\boldsymbol{n}$ 上的跃度; $\cos\alpha_i$ 是 $\boldsymbol{n}$ 在轴 x^i 上的射影 (即 $\boldsymbol{n}=(\cos\alpha_1,\cdots,\cos\alpha_n)$).

注 1　如果在任一点 $x\in S$ 函数 f 的跃度 $(\sharp f)_S$ 有定义, 在 S 外存在偏导数 $\dfrac{\partial f}{\partial x^i}$, 而且 $\dfrac{\partial f}{\partial x^i}$ 在 $\mathbb{R}^n$ 上局部可积 (至少局部广义可积), $\left\{\dfrac{\partial f}{\partial x^i}\right\}$ 是它产生的正则广义函数, 则上述公式仍然成立.

注 2　当 $\cos\alpha_i=0$ 时就令 $(\sharp f)_S\cos\alpha_i$ 等于零, 于是上述公式可以认为总是正确的. 此外, 该公式对于分片光滑曲面也是对的.

(5) 拉普拉斯算子 $\Delta = \operatorname{div}\operatorname{grad}$ 的基本解:

• 在 $\mathbb{R}^2$ 中, $\Delta\left(\frac{1}{2\pi}\ln|x|\right) = \delta$;

• 在 $\mathbb{R}^n(n>2)$ 中, $\Delta\left(-\frac{1}{(n-2)\sigma_n}\cdot\frac{1}{|x|^{n-2}}\right) = \delta$, 这里 $\sigma_n = \frac{2\pi^{n/2}}{\Gamma(n/2)}$ 是 $\mathbb{R}^n$ 中单位球面的面积.

(6) 热传导算子 $\frac{\partial}{\partial t} - a^2\Delta\ (a>0)$ 的基本解:

$$E(x,t) = \frac{H(t)}{(2a\sqrt{\pi t})^n}\mathrm{e}^{-\frac{|x|^2}{4a^2t}},$$

其中 $x\in\mathbb{R}^n$, $t\in\mathbb{R}$, H 是赫维赛德函数. 即

$$\left(\frac{\partial}{\partial t} - a^2\Delta\right)E = \delta,$$

其中 Δ 是 $\mathbb{R}^n$ 中对 x 的拉普拉斯算子, $\delta = \delta(x,t)$ 是 $\mathbb{R}_x^n\times\mathbb{R}_t = \mathbb{R}^{n+1}$ 中的 δ-函数.

(7) 弦振动算子 (一维波动算子) $\square_a := \frac{\partial^2}{\partial t^2} - a^2\frac{\partial^2}{\partial x^2}\ (a>0)$ 的基本解: $E(x,t) = \frac{1}{2a}H(at-|x|)$, 其中 $x\in\mathbb{R}_x$, $t\in\mathbb{R}_t$, H 是赫维赛德函数.

(8) 如果已知算子 A 的基本解 E (换言之, $AE=\delta$), 则可以把方程 $Au=f$ 的解 u 表示成卷积 $u = f*E$ 的形式.

• 弦振动方程 (一维波动方程) $\square_a u = \frac{\partial^2 u}{\partial t^2} - a^2\frac{\partial^2 u}{\partial x^2} = f$ 的解:

$$u(x,t) = \frac{1}{2a}\int_0^t \mathrm{d}\tau\int_{x-a(t-\tau)}^{x+a(t-\tau)} f(\xi,\tau)\mathrm{d}\xi.$$

• 热传导方程 $\frac{\partial u}{\partial t} - \Delta u = f$ 的解:

$$u(x,t) = \int_0^t \mathrm{d}\tau\int_{\mathbb{R}^n}\frac{f(\xi,\tau)}{(2a\sqrt{\pi(t-\tau)})^n}\mathrm{e}^{-\frac{|x-\xi|^2}{4a^2(t-\tau)}}\mathrm{d}\xi.$$

• 热传导方程初值问题

$$\begin{cases}\frac{\partial u}{\partial t} - a^2\Delta u = 0, & t>0,\\ u(x,0) = \varphi(x)\end{cases}$$

的解:

$$u(x,t)=\int_{\mathbb{R}^n}\frac{\varphi(\xi)}{(2a\sqrt{\pi t})^n}\mathrm{e}^{-\frac{|x-\xi|^2}{4a^2t}}\mathrm{d}\xi.$$

(9) 三维泊松方程 $\Delta u=f$ 的解:

$$u(x)=-\frac{1}{4\pi}\int_{\mathbb{R}^3}\frac{f(\xi)}{|x-\xi|}\mathrm{d}\xi.$$

二、例题讲解

1. (1) 验证: 函数 $u(x,t)=g(x-t\boldsymbol{b})+\int_0^t f(x+(s-t)\boldsymbol{b},s)\mathrm{d}s$ 满足如下输运方程

$$\begin{cases} u_t+\boldsymbol{b}\cdot Du=f, & x\in\mathbb{R}^n,\ t>0,\\ u=g, & x\in\mathbb{R}^n,\ t=0,\end{cases}\tag{$*$}$$

其中 $u_t=\dfrac{\partial u}{\partial t}$, $Du=\left(\dfrac{\partial u}{\partial x^1},\cdots,\dfrac{\partial u}{\partial x^n}\right)$, $\boldsymbol{b}=(\boldsymbol{b}^1,\cdots,\boldsymbol{b}^n)$, $f\in C^{(1)}(\mathbb{R}^n\times(0,\infty);\mathbb{R})$, $g\in C^{(1)}(\mathbb{R}^n;\mathbb{R})$.

(2) 证明: 如果 $u(x,t)$ 是输运方程 (T) 的解, 那么 $u(x,t)$ 一定有如下形式

$$u(x,t)=g(x-t\boldsymbol{b})+\int_0^t f(x+(s-t)\boldsymbol{b},s)\mathrm{d}s.$$

证 (1) 易见 $u(x,0)=g(x)$, 且

$$u_t(x,t)=-\boldsymbol{b}\cdot Dg(x-t\boldsymbol{b})+f(x,t)-\int_0^t\boldsymbol{b}\cdot Df(x+(s-t)\boldsymbol{b},s)\mathrm{d}s,$$

$$\boldsymbol{b}\cdot Du(x,t)=\boldsymbol{b}\cdot Dg(x-t\boldsymbol{b})+\int_0^t\boldsymbol{b}\cdot Df(x+(s-t)\boldsymbol{b},s)\mathrm{d}s.$$

因此, $u(x,t)=g(x-t\boldsymbol{b})+\int_0^t f(x+(s-t)\boldsymbol{b},s)\mathrm{d}s$ 满足输运方程 $(*)$.

(2) 令 $z(s)=u(x+s\boldsymbol{b},t+s)$, 则

$$\dot{z}(s)=\boldsymbol{b}\cdot Du(x+s\boldsymbol{b},t+s)+u_t(x+s\boldsymbol{b},t+s)=f(x+s\boldsymbol{b},t+s).$$

于是

$$u(x,t)-g(x-t\boldsymbol{b})=\int_{-t}^0\dot{z}(s)\mathrm{d}s=\int_{-t}^0 f(x+s\boldsymbol{b},t+s)\mathrm{d}s=\int_0^t f(x+(s-t)\boldsymbol{b},s)\mathrm{d}s,$$

因此

$$u(x,t)=g(x-t\boldsymbol{b})+\int_0^t f(x+(s-t)\boldsymbol{b},s)\mathrm{d}s.$$

□

三、习题参考解答 (14.5 节)

1. (1) 证明: 对任何集合 $M \subset \mathbb{R}^n$ 和任何 $\varepsilon > 0$, 可以构造函数 $f \in C^{(\infty)}(\mathbb{R}^n;\mathbb{R})$. 同时满足以下三个条件: $\forall x \in \mathbb{R}^n (0 \leqslant f(x) \leqslant 1)$; $\forall x \in M (f(x) = 1)$; $\operatorname{supp} f \subset M_\varepsilon$. (其中 M_ε 是集合 M 的 ε-邻域.)

(2) 证明: 对 $\mathbb{R}^n$ 中任一闭集 M, 存在非负函数 $f \in C^{(\infty)}(\mathbb{R}^n;\mathbb{R})$, 使得 $(f(x) = 0) \Leftrightarrow (x \in M)$.

证　(1) 引入 $\mathbb{R}^n$ 中 $C_0^{(\infty)}$ 函数

$$\varphi(x) := \begin{cases} \dfrac{\exp\left(-\dfrac{1}{1-|x|^2}\right)}{\displaystyle\int_{|x|<1} \exp\left(-\dfrac{1}{1-|x|^2}\right) \mathrm{d}x}, & |x| < 1, \\ 0, & |x| \geqslant 1. \end{cases}$$

记 $\varphi_\alpha(x) := \dfrac{1}{\alpha^n}\varphi\left(\dfrac{x}{\alpha}\right)$, $\alpha > 0$, 则易见 $\varphi_\alpha(x) \in C_0^{(\infty)}$ 且 $\displaystyle\int_{\mathbb{R}^n} \varphi_\alpha(x)\mathrm{d}x = 1$. 考虑特征函数

$$\chi_{M_{\varepsilon/3}}(x) = \begin{cases} 1, & x \in M_{\varepsilon/3}, \\ 0, & x \in \mathbb{R}^n \backslash M_{\varepsilon/3}. \end{cases}$$

令 $f = \chi_{M_{\varepsilon/3}} * \varphi_{\varepsilon/3}$, 则显然 $f \in C^{(\infty)}(\mathbb{R}^n;\mathbb{R})$. 又由 $\operatorname{supp}\chi_{M_{\varepsilon/3}} = \overline{M_{\varepsilon/3}} \subset M_{\varepsilon/2}$ 和 $\operatorname{supp}\varphi_{\varepsilon/3} = \{y \in \mathbb{R}^n : |y| \leqslant \varepsilon/3\}$ 可知 $\operatorname{supp} f \subset M_{5\varepsilon/6} \subset M_\varepsilon$. 又易见 $\forall x \in \mathbb{R}^n$,

$$0 \leqslant f(x) = \int_{\mathbb{R}^n} \chi_{M_{\varepsilon/3}}(x-y)\varphi_{\varepsilon/3}(y)\mathrm{d}y \leqslant \int_{\mathbb{R}^n} 1 \cdot \varphi_{\varepsilon/3}(y)\mathrm{d}y = 1.$$

此外, $\forall x \in M$, 因为 $\forall y \in \operatorname{supp}\varphi_{\varepsilon/3}$, $x - y \in M_{\varepsilon/3}$, 所以

$$f(x) = \int_{\mathbb{R}^n} \chi_{M_{\varepsilon/3}}(x-y)\varphi_{\varepsilon/3}(y)\mathrm{d}y = \int_{\mathbb{R}^n} 1 \cdot \varphi_{\varepsilon/3}(y)\mathrm{d}y = 1.$$

综上可知, $f(x)$ 即满足要求.

(2) 考虑 (1) 中的 $C^{(\infty)}(\mathbb{R}^n;\mathbb{R})$ 函数 $g = \chi_{M_{\varepsilon/3}} * \varphi_{\varepsilon/3}$, 则 g 满足: $\forall x \in \mathbb{R}^n$, $0 \leqslant g(x) \leqslant 1$; $\forall x \in M$, $g(x) = 1$; $\forall x \in \mathbb{R}^n \backslash M_\varepsilon$, $g(x) = 0$. 此外, $\forall x \in M_\varepsilon \backslash M$, 因为 M 是闭集, 所以存在测度大于零的集合 $M_x \subset \operatorname{supp}\varphi_{\varepsilon/3}$ 使得 $\forall y \in M_x$, $x - y \notin M_{\varepsilon/3}$, 于是

$$\begin{aligned} g(x) &= \int_{\operatorname{supp}\varphi_{\varepsilon/3}} \chi_{M_{\varepsilon/3}}(x-y)\varphi_{\varepsilon/3}(y)\mathrm{d}y \\ &= \int_{M_x} 0 \cdot \varphi_{\varepsilon/3}(y)\mathrm{d}y + \int_{\operatorname{supp}\varphi_{\varepsilon/3} \backslash M_x} 1 \cdot \varphi_{\varepsilon/3}(y)\mathrm{d}y < \int_{\operatorname{supp}\varphi_{\varepsilon/3}} 1 \cdot \varphi_{\varepsilon/3}(y)\mathrm{d}y = 1. \end{aligned}$$

现在, 令 $f(x)=1-g(x)$, 则易见 f 即满足要求. □

2. (1) 把 14.4 节的习题 5 和习题 6 推广到任意维空间 $\mathbb{R}^n$ 的情形.

(2) 验证: 广义函数 δ_S (单层) 不是正则的.

证 (1) 在 14.4 节的习题 5 和习题 6 中, 我们将积分区域从 $\mathbb{R}$ 换为 $\mathbb{R}^n$, 可以类似证明相应的结论. 比如令

$$\varphi(x):=\begin{cases}\exp\left(\dfrac{1}{|x|^2-1}\right), & |x|<1,\\ 0, & |x|\geqslant 1.\end{cases}$$

那么对 $\mathbb{R}^n$ 上任何局部可积函数 f, 我们有

$$\lim_{\varepsilon\to+0}\int_{\mathbb{R}^n}f(x)\varphi_\varepsilon(x)\mathrm{d}x=0.$$

这是因为当 $\varepsilon\in(0,1)$ 时, 易见

$$\begin{aligned}\left|\int_{\mathbb{R}^n}f(x)\varphi_\varepsilon(x)\mathrm{d}x\right|&=\varepsilon^n\left|\int_{|y|<1}f(\varepsilon y)\varphi(y)\mathrm{d}y\right|\\&\leqslant\varepsilon^n\int_{|y|<1}|f|(\varepsilon y)\mathrm{d}y\leqslant\nu_n\left(\sup_{|y|<1}|f|(y)\right)\varepsilon^n,\end{aligned}$$

其中 $\nu_n=\dfrac{\pi^{n/2}}{\Gamma\left(\dfrac{n}{2}+1\right)}$ 为 n 维单位球的体积. 于是结论成立.

(2) 假设广义函数 δ_S 是正则的, 则存在 $\mathbb{R}^n$ 上局部可积函数 f 使得 $\langle\delta_S,\varphi\rangle=\displaystyle\int_{\mathbb{R}^n}f(x)\varphi(x)\mathrm{d}x$, $\forall\varphi\in\mathcal{D}$. 通过选取 φ 使得 $\operatorname{supp}\varphi\subset\mathbb{R}^n\backslash S$, 我们有 $\operatorname{supp}f\subset S$. 由于 S 是 $\mathbb{R}^n$ 中的零测集, 而 f 是 $\mathbb{R}^n$ 上的局部可积函数, 于是 f 几乎处处为 0. 从而导致矛盾. 因此广义函数 δ_S 不是正则的. □

注 显然 (1) 中的 $\varphi_\varepsilon\in\mathcal{D}$, 所以由 (1) 可知, 当 $\varepsilon\to+0$ 时, $\langle\delta_S,\varphi_\varepsilon\rangle=\displaystyle\int_{\mathbb{R}^n}f(x)\varphi_\varepsilon(x)\mathrm{d}x\to 0$. 然而 $\langle\delta_S,\varphi_\varepsilon\rangle=\displaystyle\int_S\varphi_\varepsilon(x)\mathrm{d}\sigma\nrightarrow 0$, 所以不能像 14.4 节习题 6(2) 一样得不到矛盾.

3. 利用卷积证明下面的魏尔斯特拉斯逼近定理的变体.

(1) 任何一个在 n 维紧区间 $I\subset\mathbb{R}^n$ 上的连续函数 $f:I\to\mathbb{R}$ 能够在 I 上用 n 个变量的代数多项式一致逼近.

(2) 如果把 I 换成任一紧集 $K\subset\mathbb{R}^n$ 并假定 $f\in C(K;\mathbb{C})$, 上述断言仍然正确.

(3) 对 $\mathbb{R}^n$ 中任一开集 G 和任何函数 $f\in C^{(m)}(G;\mathbb{R})$, 存在由 n 个变量的代数多项式 P_k 构成的序列 $\{P_k\}$, 使得对任一多维指标 $\alpha:=(\alpha_1,\cdots,\alpha_n)$, $|\alpha|\leqslant m$, 在每个紧集 $K\subset G$ 上当 $k\to\infty$ 时, $P_k^{(\alpha)}\rightrightarrows f^{(\alpha)}$.

(4) 如果 G 是 $\mathbb{R}^n$ 中的有界开集, $f\in C^{(\infty)}(\overline{G};\mathbb{R})$, 那么存在由 n 个变量的代数多项式 P_k 组成的序列 $\{P_k\}$, 对任何 $\alpha=(\alpha_1,\cdots,\alpha_n)$, 在 $\overline{G}$ 上, 当 $k\to\infty$ 时, $P_k^{(\alpha)}\rightrightarrows f^{(\alpha)}$.

(5) 任何一个关于变量 $x^1,\cdots,x^n$ 分别具有周期 $T_1,\cdots,T_n$ 的函数 $f\in C(\mathbb{R}^n;\mathbb{R})$, 在 $\mathbb{R}^n$ 中能够用关于相应的变量分别具有同样的周期 $T_1,\cdots,T_n$ 的三角多项式一致逼近.

证　(1) 考虑函数序列 $\{\Delta_m:\mathbb{R}^n\to\mathbb{R},m\in\mathbb{N}\}$, 其中

$$\Delta_m(x)=\begin{cases}\dfrac{(1-|x|^2)^m}{p_m}, & |x|\leqslant 1,\\ 0, & |x|>1,\end{cases}$$

这里 $p_m=\displaystyle\int_{|x|\leqslant 1}(1-|x|^2)^m\mathrm{d}x$. 显然 $\Delta_m(x)\geqslant 0$, $\displaystyle\int_{\mathbb{R}^n}\Delta_m(x)\mathrm{d}x=1$. 又对任意的 $\varepsilon\in(0,1]$, 我们有

$$0\leqslant\int_{\varepsilon<|x|<1}(1-|x|^2)^m\mathrm{d}x\leqslant\int_{\varepsilon<|x|<1}(1-\varepsilon^2)^m\mathrm{d}x\leqslant(1-\varepsilon^2)^m V_n(1),$$

这里 $V_n(1)$ 表示 n 维单位球的体积. 此外, 我们还有

$$\begin{aligned}p_m&=\int_{|x|\leqslant 1}(1-|x|^2)^m\mathrm{d}x\geqslant\int_{|x|\leqslant 1}(1-|x|)^m\mathrm{d}x=B(n,m+1)S_{n-1}(1)\\&=\frac{(n-1)!m!}{(n+m)!}S_{n-1}(1)\geqslant\frac{(n-1)!}{(n+m)^n}S_{n-1}(1),\end{aligned}$$

这里 $S_{n-1}(1)$ 表示 $n-1$ 维单位球面的面积. 因此 $\displaystyle\int_{\varepsilon<|x|<1}\Delta_m(x)\mathrm{d}x\to 0$, $m\to\infty$, 从而 $\{\Delta_m,m\in\mathbb{N}\}$ 是 δ-型函数族.

$\forall f\in C(I;\mathbb{R})$, 类似于一维情形, 不妨假设 $I\subset\{x\in\mathbb{R}^n:|x|<1\}$, 于是可以将 f 延拓为 $\mathbb{R}^n$ 上且支集包含于 $\{x\in\mathbb{R}^n:|x|\leqslant 1\}$ 的连续函数, 仍记为 f, 那么在 I 上, $(f*\Delta_m)(x)\rightrightarrows f(x)$, $m\to\infty$. 而当 $x\in I$ 时

$$\begin{aligned}f*\Delta_m(x)&=\int_{|x|\leqslant 1}f(y)\Delta_m(x-y)\mathrm{d}y=\int_{|x|\leqslant 1}f(y)(1-|x-y|^2)^m p_m^{-1}\mathrm{d}y\\&=\int_{|x|\leqslant 1}f(y)\sum_{0\leqslant k_1+\cdots+k_n\leqslant 2m}a_{k_1,\cdots,k_n}(m,y)(x^1)^{k_1}\cdots(x^n)^{k_n}\mathrm{d}y\\&=\sum_{0\leqslant k_1+\cdots+k_n\leqslant 2m}\left(\int_{|x|\leqslant 1}a_{k_1,\cdots,k_n}(m,y)f(y)\mathrm{d}y\right)(x^1)^{k_1}\cdots(x^n)^{k_n}.\end{aligned}$$

最后的表达式是 $2m$ 次代数多项式 $P_{2m}(x^1,\cdots,x^n)$, 因此 $\{f*\Delta_m\}$ 是一个多项式序列. 这就证明了 n 维紧区间上连续函数可以用代数多项式一致逼近.

(2) 只需要在上面证明中稍作修改, 就可以证明把 I 换成任一紧集 K, K 上的连续函数可以用 n 个变量的代数多项式一致逼近.

(3) 类似于 (1), 先将开集 G 上的 $C^{(m)}$ 类函数 f 延拓为 $\mathbb{R}^n$ 上的 $C^{(m)}$ 类函数并仍记为 f. 考虑序列 $\{(f*\Delta_k)(x),k\in\mathbb{N}\}$, 类似于 (1) 的证明, 我们可知, $P_k=f*\Delta_k$ 是 n 个变量的代数多项式, 且在任意的紧集 $K\subset G$ 上, 对任一多维指标 $\alpha=(\alpha_1,\cdots,\alpha_n)$, $|\alpha|\leqslant m$, 都有 $(f^{(\alpha)}*\Delta_k)(x)\rightrightarrows f^{(\alpha)}(x)$, $k\to\infty$. 于是

$$P_k^{(\alpha)}(x)=D^{(\alpha)}(f*\Delta_k)(x)=(f^{(\alpha)}*\Delta_k)(x)\rightrightarrows f^{(\alpha)}(x),\quad k\to\infty.$$

(4) 如果 G 是 $\mathbb{R}^n$ 中的有界开集, 那么 $\overline{G}$ 是 $\mathbb{R}^n$ 中的紧集, 类似于 (2) 的结果, 可取 $P_k=f*\Delta_k$, 再根据 (3) 的讨论, 我们可知对任何 $\alpha=(\alpha_1,\cdots,\alpha_n)$, 在 $\overline{G}$ 上, 当 $k\to\infty$ 时, $P_k^{(\alpha)}\rightrightarrows f^{(\alpha)}$.

(5) 记 $T=[-T_1/2,T_1/2]\times\cdots\times[-T_n/2,T_n/2]$. 考虑函数序列

$$\Delta_m(x)=\begin{cases}\dfrac{\cos^{2m}\left(\dfrac{\pi x'}{T_1}\right)\cdots\cos^{2m}\left(\dfrac{\pi x^n}{T_n}\right)}{\displaystyle\int_T\cos^{2m}\left(\dfrac{\pi x'}{T_1}\right)\cdots\cos^{2m}\left(\dfrac{\pi x^n}{T_n}\right)\mathrm{d}x}, & x\in T,\\ 0, & x\notin T.\end{cases}$$

易见 $\Delta_m(x)\geqslant 0$, $\displaystyle\int_{\mathbb{R}^n}\Delta_m(x)\mathrm{d}x=1$. 又由一维情形的结果可知

$$\int_0^{T_k/2}\cos^{2m}\left(\frac{\pi x^k}{T_k}\right)\mathrm{d}x_k=\frac{T_k}{\pi}\int_0^{\pi/2}\cos^{2m}y^k\mathrm{d}y_k>\frac{\Gamma(1/2)T_k}{2\pi m},$$

且对任何 $\varepsilon\in(0,\min\{T_1,\cdots,T_n\}/2)$,

$$\int_\varepsilon^{T_k/2}\cos^{2m}\left(\frac{\pi x^k}{T_k}\right)\mathrm{d}x_k=\frac{T_k}{\pi}\int_{\pi\varepsilon/T_k}^{\pi/2}\cos^{2m}y_k\mathrm{d}y^k\leqslant\frac{T_k}{2}\cos^{2m}\left(\frac{\pi\varepsilon}{T_k}\right).$$

因此 $\displaystyle\lim_{m\to\infty}\int_{|x|\geqslant\varepsilon}\Delta_m(x)\mathrm{d}x=0$, 从而 $\{\Delta_m,m\in\mathbb{N}\}$ 是 δ-型函数族. 于是, 在 $\mathbb{R}^n$ 上, 当 $m\to\infty$ 时, $f*\Delta_m\rightrightarrows f$. 类似于 14.4 节习题 4(2) 的证明, 我们还可知 $f*\Delta_m$ 是关于相应的变量分别具有同样的周期 $T_1,\cdots,T_n$ 的三角多项式, 从而结论成立. □

4. 试验证以下广义函数理论意义下的等式.

(1) $\Delta E=\delta$, 如果

$$E(x)=\begin{cases}\dfrac{1}{2\pi}\ln|x|, & x\in\mathbb{R}^2,\\ -\dfrac{\Gamma\left(\dfrac{n}{2}\right)}{2\pi^{n/2}(n-2)}|x|^{-(n-2)}, & x\in\mathbb{R}^n, n>2.\end{cases}$$

(2) $(\Delta+k^2)E=\delta$, 如果

$$E(x)=-\frac{\mathrm{e}^{\mathrm{i}k|x|}}{4\pi|x|}\quad 或\quad E(x)=-\frac{\mathrm{e}^{-\mathrm{i}k|x|}}{4\pi|x|},\quad x\in\mathbb{R}^3.$$

(3) $\Box_a E=\delta$, 其中 $\Box_a=\dfrac{\partial^2}{\partial t^2}-a^2\left[\left(\dfrac{\partial}{\partial x^1}\right)^2+\cdots+\left(\dfrac{\partial}{\partial x^n}\right)^2\right]$. 而

$$E(x,t)=\frac{H(at-|x|)}{2\pi a\sqrt{a^2t^2-|x|^2}},\quad x\in\mathbb{R}^2,\ t\in\mathbb{R},$$

或

$$E(x,t)=\frac{H(t)}{4\pi a^2 t}\delta_{S_{at}}\equiv\frac{H(t)}{2\pi a}\delta(a^2t^2-|x|^2),\quad x\in\mathbb{R}^3,\ t\in\mathbb{R},$$

其中 $H(t)$ 是赫维赛德函数, $S_{at}=\{x\in\mathbb{R}^3\,|\,|x|=at\}$ 是球面, $a>0$.

(4) 利用上面的结果, 把具微分算子 A 的方程 $Au=f$ 的解 u 表成卷积 $f*E$ 的形式. 例如, 假定函数 f 连续, 试验证所得到的含参变量积分确实满足方程 $Au=f$.

证　(1) 当 $n=2$ 时, 易见 $\forall x\neq 0$, $\Delta E=\dfrac{1}{2\pi}\Delta(\ln|x|)=0$. 于是 $\forall\varphi\in\mathcal{D}$, 由反常积分的定义、格林公式、高斯定理和积分中值定理可知

$$\begin{aligned}\langle\Delta E,\varphi\rangle&=\langle E,\Delta\varphi\rangle=\int_{\mathbb{R}^2}\frac{1}{2\pi}\ln|x|\Delta\varphi\mathrm{d}x=\frac{1}{2\pi}\lim_{\varepsilon\to+0}\int_{|x|>\varepsilon}\ln|x|\Delta\varphi(x)\mathrm{d}x\\&=\frac{1}{2\pi}\lim_{\varepsilon\to+0}\left(\int_{|x|>\varepsilon}\Delta(\ln|x|)\varphi(x)\mathrm{d}x\right.\\&\quad\left.+\int_{|x|=\varepsilon}\left(\ln|x|\frac{\partial\varphi(x)}{\partial\boldsymbol{n}}-\varphi(x)\frac{\partial\ln|x|}{\partial\boldsymbol{n}}\right)\mathrm{d}\sigma\right)\\&=\frac{1}{2\pi}\lim_{\varepsilon\to+0}\left(0+\int_{|x|=\varepsilon}\left(\ln|x|\frac{\partial\varphi(x)}{\partial\boldsymbol{n}}-\varphi(x)\frac{x\cdot\boldsymbol{n}}{|x|^2}\right)\mathrm{d}\sigma\right)\\&=\frac{1}{2\pi}\lim_{\varepsilon\to+0}\left(\ln\varepsilon\int_{|x|=\varepsilon}\frac{\partial\varphi(x)}{\partial\boldsymbol{n}}\mathrm{d}\sigma+\frac{1}{\varepsilon}\int_{|x|=\varepsilon}\varphi(x)\mathrm{d}\sigma\right)\end{aligned}$$

$$=\frac{1}{2\pi}\lim_{\varepsilon\to+0}\left(-\ln\varepsilon\int_{|x|\leqslant\varepsilon}\Delta\varphi(x)\mathrm{d}x+\frac{1}{\varepsilon}\int_{|x|=\varepsilon}\varphi(x)\mathrm{d}\sigma\right)$$
$$=\frac{1}{2\pi}\left(0+2\pi\varphi(0)\right)=\varphi(0)=\langle\delta,\varphi\rangle,$$

因此 $\Delta E=\delta$.

当 $n>2$ 时, 易见 $\forall x\neq 0$, $\Delta E=-\dfrac{\Gamma\left(\frac{n}{2}\right)}{2\pi^{n/2}(n-2)}\Delta\left(|x|^{-(n-2)}\right)=0$. 于是 $\forall\varphi\in\mathcal{D}$, 由反常积分的定义、格林公式、高斯定理和积分中值定理可知

$$\langle\Delta E,\varphi\rangle=\langle E,\Delta\varphi\rangle=-\frac{\Gamma\left(\frac{n}{2}\right)}{2\pi^{n/2}(n-2)}\lim_{\varepsilon\to+0}\int_{|x|>\varepsilon}|x|^{-(n-2)}\Delta\varphi(x)\mathrm{d}x$$
$$=-\frac{\Gamma\left(\frac{n}{2}\right)}{2\pi^{n/2}(n-2)}\lim_{\varepsilon\to+0}\left(0+\int_{|x|=\varepsilon}\left(|x|^{-(n-2)}\frac{\partial\varphi(x)}{\partial\boldsymbol{n}}+(n-2)\varphi(x)\frac{x\cdot\boldsymbol{n}}{|x|^n}\right)\mathrm{d}\sigma\right)$$
$$=-\frac{\Gamma\left(\frac{n}{2}\right)}{2\pi^{n/2}(n-2)}\lim_{\varepsilon\to+0}\left(\frac{1}{\varepsilon^{n-2}}\int_{|x|=\varepsilon}\frac{\partial\varphi(x)}{\partial\boldsymbol{n}}\mathrm{d}\sigma-(n-2)\frac{1}{\varepsilon^{n-1}}\int_{|x|=\varepsilon}\varphi(x)\mathrm{d}\sigma\right)$$
$$=-\frac{\Gamma\left(\frac{n}{2}\right)}{2\pi^{n/2}(n-2)}\lim_{\varepsilon\to+0}\left(-\frac{1}{\varepsilon^{n-2}}\int_{|x|\leqslant\varepsilon}\Delta\varphi(x)\mathrm{d}x-(n-2)\frac{1}{\varepsilon^{n-1}}\int_{|x|=\varepsilon}\varphi(x)\mathrm{d}\sigma\right)$$
$$=-\frac{\Gamma\left(\frac{n}{2}\right)}{2\pi^{n/2}(n-2)}\left(0-(n-2)\frac{2\pi^{n/2}}{\Gamma\left(\frac{n}{2}\right)}\varphi(0)\right)=\varphi(0)=\langle\delta,\varphi\rangle,$$

因此 $\Delta E=\delta$.

(2) 当 $E(x)=-\dfrac{\mathrm{e}^{\mathrm{i}k|x|}}{4\pi|x|}$ 时, 易见 $\forall x\neq 0$, $(\Delta+k^2)E=0$. 于是 $\forall\varphi\in\mathcal{D}$, 由反常积分的定义、格林公式、高斯定理和积分中值定理可知

$$\langle(\Delta+k^2)E,\varphi\rangle=\langle E,(\Delta+k^2)\varphi\rangle=-\frac{1}{4\pi}\lim_{\varepsilon\to+0}\int_{|x|>\varepsilon}\frac{\mathrm{e}^{\mathrm{i}k|x|}}{|x|}(\Delta+k^2)\varphi(x)\mathrm{d}x$$
$$=-\frac{1}{4\pi}\lim_{\varepsilon\to+0}\left(0+\int_{|x|=\varepsilon}\left(\frac{\mathrm{e}^{\mathrm{i}k|x|}}{|x|}\frac{\partial\varphi(x)}{\partial\boldsymbol{n}}-\varphi(x)\frac{\mathrm{e}^{\mathrm{i}k|x|}(\mathrm{i}k|x|-1)x\cdot\boldsymbol{n}}{|x|^3}\right)\mathrm{d}\sigma\right)$$
$$=-\frac{1}{4\pi}\lim_{\varepsilon\to+0}\left(\frac{\mathrm{e}^{\mathrm{i}k\varepsilon}}{\varepsilon}\int_{|x|=\varepsilon}\frac{\partial\varphi(x)}{\partial\boldsymbol{n}}\mathrm{d}\sigma+\frac{\mathrm{e}^{\mathrm{i}k\varepsilon}(\mathrm{i}k\varepsilon-1)}{\varepsilon^2}\int_{|x|=\varepsilon}\varphi(x)\mathrm{d}\sigma\right)$$
$$=-\frac{1}{4\pi}\lim_{\varepsilon\to+0}\left(-\frac{\mathrm{e}^{\mathrm{i}k\varepsilon}}{\varepsilon}\int_{|x|\leqslant\varepsilon}\Delta\varphi(x)\mathrm{d}x+\frac{\mathrm{e}^{\mathrm{i}k\varepsilon}(\mathrm{i}k\varepsilon-1)}{\varepsilon^2}\int_{|x|=\varepsilon}\varphi(x)\mathrm{d}\sigma\right)$$
$$=-\frac{1}{4\pi}\Big(0-4\pi\varphi(0)\Big)=\varphi(0)=\langle\delta,\varphi\rangle,$$

因此 $(\Delta+k^2)E=\delta$. 当 $E(x)=-\dfrac{\mathrm{e}^{-\mathrm{i}k|x|}}{4\pi|x|}$ 时, 易见结论仍然成立.

(3) 当 $x\in\mathbb{R}^3$ 时, $\forall\varphi\in\mathcal{D}(\mathbb{R}_x^3\times\mathbb{R}_t=\mathbb{R}^4)$, 利用球坐标可知

$$\begin{aligned}
&\left\langle\frac{H(t)}{2\pi a}\delta(a^2t^2-|x|^2),\varphi\right\rangle\\
=&\frac{1}{2\pi a}\int_0^{+\infty}\mathrm{d}t\int_0^{2\pi}\mathrm{d}\phi\int_{-\frac{\pi}{2}}^{\frac{\pi}{2}}\frac{at}{2}\varphi(at\cos\theta\cos\phi,at\cos\theta\sin\phi,at\sin\theta,t)\cos\theta\mathrm{d}\theta\\
=&\frac{1}{4\pi a^2}\int_0^{+\infty}\mathrm{d}t\int_0^{2\pi}\mathrm{d}\phi\int_{-\frac{\pi}{2}}^{\frac{\pi}{2}}\frac{1}{t}\varphi(at\cos\theta\cos\phi,at\cos\theta\sin\phi,at\sin\theta,t)\cdot(at)^2\cos\theta\mathrm{d}\theta\\
=&\frac{1}{4\pi a^2}\int_0^{+\infty}\frac{1}{t}\mathrm{d}t\int_{S_{at}}\varphi(x,t)\mathrm{d}\sigma=\left\langle\frac{H(t)}{4\pi a^2t}\delta_{S_{at}},\varphi\right\rangle.
\end{aligned}$$

记

$$\begin{aligned}
\overline{\varphi}(r,t)&=\frac{1}{4\pi r^2}\int_{S_r}\varphi\mathrm{d}\sigma\\
&=\frac{1}{4\pi}\int_0^{2\pi}\mathrm{d}\phi\int_{-\frac{\pi}{2}}^{\frac{\pi}{2}}\varphi(r\cos\theta\cos\phi,r\cos\theta\sin\phi,r\sin\theta,t)\cos\theta\mathrm{d}\theta,
\end{aligned}$$

则由球坐标系下的公式

$$\Delta\psi=\frac{1}{r^2}\frac{\partial}{\partial r}\left(r^2\frac{\partial\psi}{\partial r}\right)+\frac{1}{r^2\cos^2\theta}\frac{\partial^2\psi}{\partial\phi^2}+\frac{1}{r^2\cos\theta}\frac{\partial}{\partial\theta}\left(\cos\theta\frac{\partial\psi}{\partial\theta}\right)$$

易知

$$\overline{\frac{\partial^2\varphi}{\partial t^2}}=\frac{\partial^2\overline{\varphi}}{\partial t^2},\quad \overline{\Delta\varphi}=\Delta\left(\overline{\varphi}\right)=\frac{1}{r^2}\frac{\partial}{\partial r}\left(r^2\frac{\partial\overline{\varphi}}{\partial r}\right)=\frac{\partial^2\overline{\varphi}}{\partial r^2}+\frac{2}{r}\frac{\partial\overline{\varphi}}{\partial r},$$

从而

$$\overline{\Box_a\varphi}=\Box_a\overline{\varphi}=\frac{\partial^2\overline{\varphi}}{\partial t^2}-a^2\frac{\partial^2\overline{\varphi}}{\partial r^2}-\frac{2a^2}{r}\frac{\partial\overline{\varphi}}{\partial r}.$$

于是

$$\begin{aligned}
&\langle\Box_aE,\varphi\rangle=\langle E,\Box_a\varphi\rangle=\int_0^{+\infty}t\mathrm{d}t\frac{1}{4\pi(at)^2}\int_{S_{at}}\Box_a\varphi\mathrm{d}\sigma=\int_0^{+\infty}t\overline{\Box_a\varphi}(at,t)\mathrm{d}t\\
=&\int_0^{+\infty}t\Box_a\overline{\varphi}(at,t)\mathrm{d}t=\int_0^{+\infty}t\left(\frac{\partial^2\overline{\varphi}}{\partial t^2}-a^2\frac{\partial^2\overline{\varphi}}{\partial r^2}-\frac{2a^2}{r}\frac{\partial\overline{\varphi}}{\partial r}\right)\bigg|_{(r,t)=(at,t)}\mathrm{d}t\\
=&\frac{1}{a^2}\int_0^{+\infty}\left[\left(\frac{\partial^2}{\partial t^2}-a^2\frac{\partial^2}{\partial r^2}\right)(ar\overline{\varphi}(r,t))\right]\bigg|_{(r,t)=(at,t)}\mathrm{d}t\\
=&\frac{1}{a^2}\int_0^{+\infty}\left[\left(\frac{\partial}{\partial t}+a\frac{\partial}{\partial r}\right)\left(\frac{\partial}{\partial t}-a\frac{\partial}{\partial r}\right)(ar\overline{\varphi}(r,t))\right]\bigg|_{(r,t)=(at,t)}\mathrm{d}t
\end{aligned}$$

$$
\begin{aligned}
&=\frac{1}{a^2}\int_0^{+\infty}\frac{\mathrm{d}}{\mathrm{d}t}\left\{\left[\left(\frac{\partial}{\partial t}-a\frac{\partial}{\partial r}\right)(ar\overline{\varphi}(r,t))\right]\Big|_{(r,t)=(at,t)}\right\}\mathrm{d}t\\
&=-\frac{1}{a^2}\left[\left(\frac{\partial}{\partial t}-a\frac{\partial}{\partial r}\right)(ar\overline{\varphi}(r,t))\right]\Big|_{(r,t)=(0,0)}\\
&=-\frac{1}{a^2}\left(ar\frac{\partial\overline{\varphi}}{\partial t}-a^2\overline{\varphi}-a^2r\frac{\partial\overline{\varphi}}{\partial r}\right)\Big|_{(r,t)=(0,0)}\\
&=\overline{\varphi}(0,0)=\varphi(0,0,0,0)=\langle\delta,\varphi\rangle,
\end{aligned}
$$

因此 $\Box_a E=\delta$.

当 $x\in\mathbb{R}^2$ 时, $\forall\varphi\in\mathcal{D}(\mathbb{R}_x^2\times\mathbb{R}_t=\mathbb{R}^3)$, 记 $\widetilde{\varphi}(x,z,t)=\varphi(x,t)$, $z\in\mathbb{R}$, 则易见

$$
\Box_a\varphi=\frac{\partial^2\widetilde{\varphi}}{\partial t^2}-a^2\left[\left(\frac{\partial}{\partial x^1}\right)^2+\left(\frac{\partial}{\partial x^2}\right)^2+\left(\frac{\partial}{\partial z}\right)^2\right]\widetilde{\varphi}=:\widetilde{\Box}_a\widetilde{\varphi}.
$$

于是由三维情形的结论可知

$$
\begin{aligned}
&\langle\Box_a E,\varphi\rangle=\langle E,\Box_a\varphi\rangle=\frac{1}{2\pi a}\int_0^{+\infty}\mathrm{d}t\int_{|x|\leqslant at}\frac{\Box_a\varphi(x,t)}{\sqrt{a^2t^2-|x|^2}}\mathrm{d}x\\
=&\frac{1}{4\pi a}\int_0^{+\infty}\mathrm{d}t\frac{1}{at}\left(\int_{z=\sqrt{a^2t^2-|x|^2}}\widetilde{\Box}_a\widetilde{\varphi}\mathrm{d}\sigma+\int_{z=-\sqrt{a^2t^2-|x|^2}}\widetilde{\Box}_a\widetilde{\varphi}\mathrm{d}\sigma\right)\\
=&\int_0^{+\infty}t\mathrm{d}t\frac{1}{4\pi(at)^2}\int_{\sqrt{|x|^2+z^2}=at}\widetilde{\Box}_a\widetilde{\varphi}\mathrm{d}\sigma=\widetilde{\varphi}(0,0,0)=\varphi(0,0)=\langle\delta,\varphi\rangle,
\end{aligned}
$$

因此 $\Box_a E=\delta$.

(4) 略. □

第 15 章　傅里叶级数与傅里叶变换

15.1　一些与傅里叶级数有关的一般概念

一、知识点总结与补充

1. 内积空间的有关结果

(1) 基本记号: ϕ 表示 $\mathbb{R}$, $\mathbb{C}$ (或任一数域), X 表示域 ϕ 上的线性空间. 对于子集 $F \subset X$, 令 $L(F)$ 表示 F 在 X 中的线性包 (由 F 生成的线性子空间):

$$x \in L(F) \Longleftrightarrow x = \sum_{i \in I_x} a_i x_i, \quad \text{其中 } I_x \text{ 是有限指标集}, x_i \in F, a_i \in \phi.$$

(2) 正交的定义: 设 $X = (X, \langle \cdot, \cdot \rangle)$ 是内积空间.

- 向量 $x, y \in X$ 叫做 (关于 $\langle \cdot, \cdot \rangle$) 正交的, 如果 $\langle x, y \rangle = 0$.
- 向量组 $\{x_k; k \in K\}$ 叫做正交的, 如果它的 (对应于不同足码的) 向量是两两正交的.
- 称向量组 (系) $\{e_k; k \in K\}$ 为规范化正交组 (系)(或规格化正交组 (系)), 如果对于任何指标 $i, j \in K$, 成立关系式 $\langle e_i, e_j \rangle = \delta_{ij}$. 这里 δ_{ij} 是克罗内克记号, 亦即

$$\delta_{ij} = \begin{cases} 1, & i = j, \\ 0, & i \neq j. \end{cases}$$

(3) 线性无关的定义: 称线性空间中的一个向量组是线性无关的, 若其每一个有限子组都是线性无关的.

(4) 正交化: 对于内积空间 X 中的任一线性无关组 $\{\psi_1, \psi_2, \cdots\}$, 必有一规范正交组 $\{\varphi_1, \varphi_2, \cdots\}$ 使得 $L(\psi_1, \psi_2, \cdots) = L(\varphi_1, \varphi_2, \cdots)$.

(5) 内积的性质: 把内积视为函数 $\langle \cdot, \cdot \rangle : X^2 \to \phi$, 那么,

- 函数 $(x, y) \mapsto \langle x, y \rangle$ 是变元 (x, y) 的连续函数;
- 如果 $x = \sum\limits_{i=1}^{\infty} x_i$, 则 $\langle x, y \rangle = \sum\limits_{i=1}^{\infty} \langle x_i, y \rangle$;
- 如果 $e_1, e_2, \cdots$ 是 X 中的规范正交向量组, $x = \sum\limits_{i=1}^{\infty} x^i e_i$, $y = \sum\limits_{i=1}^{\infty} y^i e_i$, 则 $\langle x, y \rangle = \sum\limits_{i=1}^{\infty} x^i \bar{y}^i$.

(6) **毕达哥拉斯定理**

- 设 $\{x_i\}$ 是一组彼此正交的向量, 而 $x = \sum\limits_i x_i$, 则 $\|x\|^2 = \sum\limits_i \|x_i\|^2$.
- 如果 $\{e_i\}$ 是规范正交向量组, 而 $x = \sum\limits_i x^i e_i$, 则 $\|x\|^2 = \sum\limits_i |x^i|^2$.

2. 傅里叶系数和傅里叶级数

(1) 定义: 设 $\{l_i\}$ 是内积空间 $X = (X, \langle\cdot,\cdot\rangle)$ 中的正交向量组. 称数 $\left\{\dfrac{\langle x, l_i\rangle}{\langle l_i, l_i\rangle}\right\}$ 为向量 $x \in X$ 在正交系 $\{l_i\}$ 下的傅里叶系数. 称对应的级数 $\sum\limits_{k=1}^{\infty} \dfrac{\langle x, l_k\rangle}{\langle l_k, l_k\rangle} l_k$ 为 x 关于正交系 $\{l_k\}$ 的傅里叶级数, 记作 $x \sim \sum\limits_{k=1}^{\infty} \dfrac{\langle x, l_k\rangle}{\langle l_k, l_k\rangle} l_k$ (如果 $\{l_k\}$ 是有限组, 则傅里叶级数就化为有限和).

注　当 $\{e_k\}$ 是 X 中的规范正交系时, $x \in X$ 关于正交系 $\{e_k\}$ 的傅里叶级数可简单地写成 $x \sim \sum\limits_{k=1}^{\infty} \langle x, e_k\rangle e_k$.

(2) 垂线引理和贝塞尔不等式: 设 $\{l_k\}$ 是内积空间 $X = (X, \langle\cdot,\cdot\rangle)$ 的一组 (有限多个或可数多个) 非零的相互正交的向量, 且向量 $x \in X$ 关于 $\{l_k\}$ 的傅里叶级数收敛于向量 $x_l \in X$. 那么:

- 垂线引理: 向量 $h = x - x_l$ 必正交于 x_l; 其次, h 正交于由向量系 $\{l_k\}$ 生成的线性空间及其在 X 中的闭包.

注　$\|x\|^2 = \|x_l\|^2 + \|h\|^2$.

- 贝塞尔不等式: $\sum\limits_k \dfrac{|\langle x, l_k\rangle|^2}{\langle l_k, l_k\rangle} = \|x_l\|^2 \leqslant \|x\|^2$.

注　对于规范正交向量系 $\{e_k\}$, 贝塞尔不等式变得特别简单: $\sum\limits_k |\langle x, e_k\rangle|^2 \leqslant \|x\|^2$.

(3) 完备空间中傅里叶级数的收敛性: 设 X 是完备内积空间, $\{e_k\} \subset X$ 是规范正交系. 则 $\forall x \in X$ 的傅里叶级数 $\sum\limits_k x^k e_k = \sum\limits_k \langle x, e_k\rangle e_k$ 收敛.

注　收敛性对关于任意正交系下的傅里叶级数都是成立的.

(4) 傅里叶系数的极值性质: 设向量 $x \in X$ 关于规范正交系 $\{e_k\}$ 的傅里叶级数 $\sum\limits_k x^k e_k = \sum\limits_k \langle x, e_k\rangle e_k$ 收敛于 $x_e \in X$, 则

$$\|x - x_e\| \leqslant \|x - y\|, \quad \forall y \in L(e_k),$$

换言之, x_e 是 $L(e_k)$ 中最近似于向量 x 的. 而且该式中的等号仅在 $y = x_e$ 时成立.

(5) 完全性的定义: 赋范空间 X 中的向量组 $\{x_\alpha; \alpha \in A\}$ 叫做关于集合 $E \subset X$ 是完全的 (或在 E 中完全), 如果 $E \subset \overline{L(x_\alpha)}$, 即: $\forall x \in E$, $\forall \varepsilon > 0$, 存在 $y \in L(x_\alpha)$ 使得 $\|y - x\|_X < \varepsilon$.

(6) 正交系完全性条件: 设 X 是具内积 $\langle\cdot,\cdot\rangle$ 的线性空间, 而 $l_1, l_2, \cdots, l_n, \cdots$ 是 X 中有限或可数多个非零的相互正交的向量. 那么, 以下诸条件彼此等价:

- 向量组 $\{l_k\}$ 关于集合 $E \subset X$ 完全;
- 对任何向量 $x \in E \subset X$ 成立 (傅里叶级数) 展开式 $x = \sum\limits_k \dfrac{\langle x, l_k\rangle}{\langle l_k, l_k\rangle} l_k$;

注 对于规范正交系 $\{e_k\}$, 傅里叶级数展开式有特别简单的形式: $x = \sum\limits_k \langle x, e_k\rangle e_k$.

- 对任何向量 $x \in E \subset X$ 成立 (帕塞瓦尔) 等式 $\|x\|^2 = \sum\limits_k \dfrac{|\langle x, l_k\rangle|^2}{\langle l_k, l_k\rangle}$.

注 1 对于规范正交系 $\{e_k\}$, 帕塞瓦尔等式有特别简单的形式: $\|x\|^2 = \sum\limits_k |\langle x, e_k\rangle|^2$.

注 2 从帕塞瓦尔等式可推出正交系关于集合 $E \subset X$ 完全的如下简单必要条件: 在 E 中不存在非零的与该正交系中的向量都正交的向量.

(7) 命题: 设 X 是具内积 $\langle\cdot,\cdot\rangle$ 的线性空间, 而 $x_1, x_2, \cdots$ 是 X 中的线性无关向量组. 为使向量组 $\{x_k\}$ 在 X 中是完全的,

- 必须在 X 中不存在非零的与 $\{x_k\}$ 中所有向量都正交的向量;
- 在 X 是完备空间的情形 (即是 Hilbert 空间的情形), 只需在 X 中不存在非零的与 $\{x_k\}$ 中所有向量都正交的向量.

(8) 空间的基的定义: 称线性赋范空间 X 的向量组 $x_1, x_2, \cdots, x_n, \cdots$ 是空间的 (Schauder) 基, 如果它的任何有限子组中的向量线性无关, 而且, 任意向量 $x \in X$ 都能表示成 $x = \sum\limits_k \alpha_k x_k$ 的形式, 其中 α_k 是取自 X 的数域中的系数, 而收敛性是依空间 X 中的范数收敛, 即 $\lim\limits_{n\to+\infty} \left\|x - \sum\limits_{k=1}^{n} \alpha_k x_k\right\| = 0$.

注 1 对于线性空间 X, 我们称子集 $B \subset X$ 是一组 Hamel 基, 如果 B 是线性无关集并且对任意 $x \in X$, $x = \sum\limits_{k\in F} \alpha_k x_k$, 其中 F 是有限集合, α_k 是取自 X 的数域中的系数, $x_k \in B$.

注 2 由 Zorn 引理, 我们知道任何向量空间都有 Hamel 基, 但不一定有 Schauder 基. 由 Baire 纲定理, Banach 空间的 Hamel 基要么是有限多, 要么是不可数多. 而对于 Schauder 基, X 上有一组 Schauder 基等价于 X 是可分的, 即 X 包含一个可数的稠密子集.

(9) 在有限维空间 X 中, 向量组在 X 中的完全性等价于该向量组是 X 的基.

(10) 完备的内积空间 (即 Hilbert 空间) 中的任一完全正交系可作成它的一个基. 任一可分的 Hilbert 空间必有规范正交基. 一般而言, 当线性赋范空间不完备时, 它的完全向量组未必可作成基.

3. 正交函数组的一些例子

(1) 线性空间 $\mathcal{R}_2(X;\phi)$, 它是集合 $X\subset\mathbb{R}^n$ 上的局部可积, 且其模的平方也在 X 上 (在常义或反常积分意义下) 可积的函数的空间. 我们引进内积如下:

$$\langle f,g\rangle := \int_X (f\cdot\bar{g})(x)\mathrm{d}x,\quad \phi=\mathbb{C};$$
$$\langle f,g\rangle := \int_X (f\cdot g)(x)\mathrm{d}x,\quad \phi=\mathbb{R}.$$

而 $L^2(X;\phi)=\mathcal{R}_2(X;\phi)/\sim$ 成为 Hilbert 空间, 这里 $f\sim g$ 如果 $\int_X|f(x)-g(x)|\mathrm{d}x=0\ \forall\, f,g\in\mathcal{R}_2(X;\phi)$ (换言之, 集 $\{x\in X\mid f(x)\neq g(x)\}$ 的测度为零, 即 f 和 g 几乎处处相等, 记作 $f=g$ a.e. X).

(2) 三角函数组: 三角函数组及其规范化

$$T_{\mathbb{R}}=\{1,\cos nx,\sin nx;n\in\mathbb{N}\}\quad 及\quad \tilde{T}_{\mathbb{R}}=\left\{\frac{1}{\sqrt{2\pi}},\frac{1}{\sqrt{\pi}}\cos nx,\frac{1}{\sqrt{\pi}}\sin nx;n\in\mathbb{N}\right\}$$

是 $L^2([-\pi,\pi];\mathbb{R})$ 中的正交组, 而指数函数组 (三角函数组的复形式) 及其规范化

$$T_{\mathbb{C}}=\{\mathrm{e}^{\mathrm{i}nx};n\in\mathbb{Z}\}\quad 及\quad \tilde{T}_{\mathbb{C}}=\left\{\frac{1}{\sqrt{2\pi}}\mathrm{e}^{\mathrm{i}nx};n\in\mathbb{Z}\right\}$$

是 $L^2([-\pi,\pi];\mathbb{C})$ 中的正交组.

注 1 函数组 $T_{l\mathbb{C}}=\{\mathrm{e}^{\mathrm{i}\frac{\pi}{l}nx};n\in\mathbb{Z}\}$ 及其规范化 $\tilde{T}_{l\mathbb{C}}=\left\{\frac{1}{\sqrt{2l}}\mathrm{e}^{\mathrm{i}\frac{\pi}{l}nx};n\in\mathbb{Z}\right\}$ 在 $L^2([-l,l];\mathbb{C})$ 中是正交的, 而函数组

$$T_{l\mathbb{R}}=\left\{1,\cos\frac{\pi}{l}nx,\sin\frac{\pi}{l}nx;n\in\mathbb{N}\right\}$$

及其规范化

$$\tilde{T}_{l\mathbb{R}}=\left\{\frac{1}{\sqrt{2l}},\frac{1}{\sqrt{l}}\cos\frac{\pi}{l}nx,\frac{1}{\sqrt{l}}\sin\frac{\pi}{l}nx;n\in\mathbb{N}\right\}$$

在 $L^2([-l,l];\mathbb{R})$ 中是正交的.

注 2 因为 $L^2=L^2([-l,l];\phi)$ 是完备的, 所以三角函数系 $\tilde{T}_{l\phi}$ 在 L^2 中是完全的, 从而作成 L^2 的一组基.

(3) 微分方程的特征函数: 考虑方程

$$\left(\frac{\mathrm{d}^2}{\mathrm{d}x^2}+q(x)\right)u(x)=\lambda u(x),$$

这里 $q\in C^{(\infty)}([a,b];\mathbb{R})$, 而 λ 是数值系数. 假设 $C^{(2)}([a,b];\mathbb{R})$ 类函数 $u_1,u_2,\cdots$ 在区间 $[a,b]$ 的端点等于零, 而它们的每一个都满足系数 λ 取相应的值 $\lambda_1,\lambda_2,\cdots$ 时的上边给定的方程. 则当 $\lambda_i\neq\lambda_j$ 时, 函数 u_i,u_j 在 $[a,b]$ 上正交.

(4) 对称算子的特征函数: 设 Z 是一个线性空间, 其中定义了内积 $\langle\cdot,\cdot\rangle$, 而 E 是 Z 的且在 Z 中稠密的子空间 (可以与 Z 重合). 称线性算子 $A: E\to Z$ 是对称的, 如果任意的向量 $x,y\in E$ 都满足等式 $\langle Ax,y\rangle=\langle x,Ay\rangle$; 称满足 $A\varphi=\lambda\varphi$ 的 $\lambda\in\mathbb{R}$ 为 A 的特征值、$\varphi\in E$ 为 (对应的) 特征向量. 则对称算子的与不同的特征值对应的特征向量必正交.

注　作用在 $C^{(2)}([a,b];\mathbb{R})$ 中在区间 $[a,b]$ 的端点为 0 的那一类函数所构成的函数空间上的算子 $A=\left(\dfrac{\mathrm{d}^2}{\mathrm{d}x^2}+q(x)\right)$ 是对称的.

(5) 勒让德正交多项式: $L^2([-1,1];\mathbb{R})$ 中的线性无关组 $\{1,x,x^2,\cdots\}$ 的正交化产生所谓勒让德正交多项式 (罗德里格斯公式): $P_n(x)=\dfrac{1}{2^n n!}\dfrac{\mathrm{d}^n(x^2-1)^n}{\mathrm{d}x^n}$. 正交规范化勒让德多项式的形式是 $\hat{P}_n(x)=\sqrt{\dfrac{2n+1}{2}}P_n(x)$, $n=0,1,2,\cdots$.

(6) 完全而非基的无关组的例子: 以 $E=C([-1,1];\mathbb{R})\subset L^2([-1,1];\mathbb{R})$ 表示 $[-1,1]$ 上的实值连续函数的集合装备 L^2-内积产生的内积空间. 考虑其中的线性无关向量组 $1,x,x^2,\cdots$. 则这个向量组在空间 E 中是完全的, 但它不构成 E 的基.

二、例题讲解

1. 设函数序列 $\{y_n(x)\}$ 满足方程

$$\frac{\mathrm{d}}{\mathrm{d}x}\left[p(x)\frac{\mathrm{d}y_n}{\mathrm{d}x}\right]+\lambda_n y_n=0\quad(\forall x\in[a,b],\ n=1,2,\cdots)$$

(其中 $n\neq m$ 时 $\lambda_n\neq\lambda_m$) 及边界条件 $y_n(a)=y_n(b)=0$. 证明: $\{y_n(x)\}$ 在 $[a,b]$ 上为正交系.

证　因为

$$\lambda_n y_n=-\frac{\mathrm{d}}{\mathrm{d}x}\left[p(x)\frac{\mathrm{d}y_n}{\mathrm{d}x}\right],$$

所以

$$\begin{aligned}\lambda_n\int_a^b y_n y_m\mathrm{d}x&=\int_a^b\lambda_n y_n y_m\mathrm{d}x=-\int_a^b\left(\frac{\mathrm{d}}{\mathrm{d}x}\left[p(x)\frac{\mathrm{d}y_n}{\mathrm{d}x}\right]\right)y_m\mathrm{d}x\\&=-p(x)\frac{\mathrm{d}y_n}{\mathrm{d}x}y_m\bigg|_a^b+\int_a^b p(x)\frac{\mathrm{d}y_n}{\mathrm{d}x}\frac{\mathrm{d}y_m}{\mathrm{d}x}\mathrm{d}x=\int_a^b p(x)\frac{\mathrm{d}y_n}{\mathrm{d}x}\frac{\mathrm{d}y_m}{\mathrm{d}x}\mathrm{d}x.\end{aligned}$$

由对称性可知

$$\lambda_m\int_a^b y_n y_m\mathrm{d}x=\int_a^b p(x)\frac{\mathrm{d}y_n}{\mathrm{d}x}\frac{\mathrm{d}y_m}{\mathrm{d}x}\mathrm{d}x.$$

于是我们有

$$(\lambda_n-\lambda_m)\int_a^b y_n y_m\mathrm{d}x=0.$$

又因为当 $n \neq m$ 时 $\lambda_n \neq \lambda_m$, 所以

$$\int_a^b y_n y_m \mathrm{d}x = 0.$$

这就证明了 $\{y_n(x)\}$ 在 $[a,b]$ 上为正交系. □

2. 设 X 是一个 Hilbert 空间, $\{e_k\}$ 是 X 上的一组规范正交基, 若 $\{x_k\}$ 是一列向量使得

$$\sum_k \|x_k - e_k\|^2 < 1.$$

证明: $L(\{x_k\})$ 在 X 中稠密.

证 只需证明 $\overline{L(\{x_k\})}^{\perp} = 0$. 若不然, 则存在 $v \neq 0$, 使得对任意 k 都有 $\langle v, x_k \rangle = 0$. 我们不妨假定 $\|v\| = 1$. 由 $v = \sum\limits_k \langle v, e_k \rangle e_k$ 和帕塞瓦尔等式可得 $\|v\|^2 = \sum\limits_k |\langle v, e_k \rangle|^2$. 另一方面, 我们有

$$|\langle v, e_k \rangle| = |\langle v, x_k - e_k \rangle| \leqslant \|v\| \cdot \|x_k - e_k\| = \|x_k - e_k\|.$$

因此, $1 = \|v\|^2 \leqslant \sum\limits_k \|x_k - e_k\|^2 < 1$, 矛盾. □

三、*习题参考解答* (15.1 节)

1. (1) 设 $C[a,b]$ 是定义在区间 $[a,b]$ 上的一切连续函数所构成的线性空间, 其中定义了在该区间上函数的一致收敛性度量, 而 $C_2[a,b]$ 还是这个线性空间, 但其中定义了在该区间上函数的均方差度量 $\left(\text{即 } d(f,g) = \sqrt{\int_a^b |f-g|^2(x)\mathrm{d}x}\right)$. 试证: 函数在 $C[a,b]$ 中的收敛性蕴含它们在 $C_2[a,b]$ 中的收敛性, 但逆命题不成立, 而且空间 $C_2[a,b]$ 不完备, 这与空间 $C[a,b]$ 不同.

(2) 说明为什么函数系 $\{1, x, x^2, \cdots\}$ 线性无关且在 $C_2[a,b]$ 中完全, 但不是这个空间的基底.

(3) 说明勒让德多项式为什么是 $C_2[-1,1]$ 的一个完全正交系, 且是该空间的基底.

(4) 求出 $\sin \pi x$ 在区间 $[-1,1]$ 按勒让德多项式系的傅里叶展开的前四项.

(5) 试证: 第 n 个勒让德多项式在 $C_2[-1,1]$ 中的范数 $\|P_n\|$ 的平方等于

$$\frac{2}{2n+1}\left(= (-1)^n \frac{(n+1)(n+2)\cdots 2n}{n!2^{2n}} \int_{-1}^1 (x^2-1)^n \mathrm{d}x \right).$$

(6) 试证: 在一切最高次项的系数等于 1 的 n 次多项式中, 勒让德多项式 $\widetilde{P}_n(x)$, 按区间 $[-1,1]$ 上的平均意义, 偏离零最小.

(7) 说明为什么任意函数 $f \in C_2([-1,1];\mathbb{C})$ 都满足等式

$$\int_{-1}^{1} |f|^2(x)\mathrm{d}x = \sum_{n=0}^{\infty}\left(n+\frac{1}{2}\right)\left|\int_{-1}^{1} f(x)P_n(x)\mathrm{d}x\right|^2,$$

这里 $\{P_0, P_1, \cdots\}$ 是勒让德多项式系.

证　(1) 由

$$d(f,g) = \sqrt{\int_a^b |f-g|^2(x)\mathrm{d}x} \leqslant \max_{x\in[a,b]} |f(x)-g(x)| \cdot \sqrt{b-a}$$

可知函数在 $C[a,b]$ 中的收敛性蕴含它们在 $C_2[a,b]$ 中的收敛性. 对 $n \in \mathbb{N}$, 令

$$f_n(x) = \begin{cases} -1, & a \leqslant x \leqslant \dfrac{a+b}{2} - \dfrac{1}{n}, \\ n\left(x - \dfrac{a+b}{2}\right), & \dfrac{a+b}{2} - \dfrac{1}{n} < x < \dfrac{a+b}{2} + \dfrac{1}{n}, \\ 1, & \dfrac{a+b}{2} + \dfrac{1}{n} \leqslant x \leqslant b. \end{cases}$$

则易见 $\{f_n(x)\}_{n\in\mathbb{N}}$ 在 $C[a,b]$ 中不收敛, 而在 $C_2[a,b]$ 中收敛但其极限函数不属于 $C_2[a,b]$. 于是空间 $C_2[a,b]$ 不完备. 而空间 $C[a,b]$ 的完备性的证明可参见《讲义》6.1.2 小节.

(2) 参见《讲义》15.1 节例 7. 首先, 对于任意的 $m \neq n$, 如果 $a_1x^m + a_2x^n = 0$, 那么易见 $a_1 = a_2 = 0$, 于是 $\{1, x, x^2, \cdots\}$ 是线性无关的. 又对于任意的 $f \in C_2[a,b]$, 根据魏尔斯特拉斯定理, 存在多项式 $P(x)$, 使得 $\max\limits_{x\in[a,b]} |f(x)-P(x)| < \varepsilon$, 于是 $d(f,P) < \varepsilon\sqrt{b-a}$, 从而函数系 $\{1, x, x^2, \cdots\}$ 是完全的, 因此 $C_2[a,b] \subset \overline{L(\{x^k\}_{k=0}^{\infty})}$. 如果 $\{1, x, x^2, \cdots\}$ 是 $C_2[a,b]$ 的一组基, 那么任意连续函数在 $[a,b]$ 上都可以写成 $\sum\limits_{k\geqslant 0} a_kx^k$ 的形式, 然而不光滑的函数是做不到的, 比如 $f(x) = \left|x - \dfrac{a+b}{2}\right|$. 这是因为 Schauder 基的逼近是需要固定系数的逼近, 而完全性不要求固定系数.

(3) 正交性的证明参见《讲义》15.1 节例 6. 又易见, 对 $n = 0, 1, 2, \cdots$, 勒让德多项式 $P_n(x)$ 是首项系数为 $\dfrac{(2n)!}{2^n(n!)^2}$ 的 n 次多项式, 于是

$$\begin{pmatrix} P_0(x) \\ P_1(x) \\ \vdots \\ P_n(x) \end{pmatrix} = \begin{pmatrix} a_{00} & 0 & \cdots & 0 \\ a_{10} & a_{11} & \cdots & 0 \\ \vdots & \vdots & \ddots & \vdots \\ a_{n0} & a_{n1} & \cdots & a_{nn} \end{pmatrix} \begin{pmatrix} 1 \\ x \\ \vdots \\ x^n \end{pmatrix},$$

其中 $a_{kk} = \dfrac{(2k)!}{2^k(k!)^2}$, $k = 0, 1, \cdots, n$. 显然下三角矩阵 $A := (a_{kj})$ 的行列式为 $\det A = \prod\limits_{k=0}^{n} a_{kk} \neq 0$, 因此 A 可逆, 从而可知

$$L(P_0(x), P_1(x), \cdots, P_n(x)) = L(1, x, \cdots, x^n).$$

进而由 (2) 可知, 勒让德多项式系也在 $C_2[a,b]$ 中完全, 从而是该空间的基底.

(4) 前四个勒让德多项式为

$$\begin{aligned}
&P_0(x) = 1, \quad P_1(x) = x, \quad P_2(x) = \frac{3}{2}x^2 - \frac{1}{2} = \frac{3}{2}\left(x^2 - \frac{1}{3}\right), \\
&P_3(x) = \frac{5}{2}x^3 - \frac{3}{2}x = \frac{5}{2}\left(x^3 - \frac{3}{5}x\right).
\end{aligned}$$

于是

$$\begin{aligned}
\langle \sin \pi x, P_0(x) \rangle &= \int_{-1}^{1} \sin \pi x \cdot 1 \mathrm{d}x = 0, \\
\langle \sin \pi x, P_1(x) \rangle &= \int_{-1}^{1} \sin \pi x \cdot x \mathrm{d}x = \frac{2}{\pi}, \\
\langle \sin \pi x, P_2(x) \rangle &= \int_{-1}^{1} \sin \pi x \cdot \frac{3}{2}\left(x^2 - \frac{1}{3}\right) \mathrm{d}x = 0, \\
\langle \sin \pi x, P_3(x) \rangle &= \int_{-1}^{1} \sin \pi x \cdot \frac{5}{2}\left(x^3 - \frac{3}{5}x\right) \mathrm{d}x = \frac{2\pi^2 - 30}{\pi^3}.
\end{aligned}$$

又易得

$$\begin{aligned}
\langle P_1(x), P_1(x) \rangle &= \int_{-1}^{1} x^2 \mathrm{d}x = \frac{2}{3}, \\
\langle P_3(x), P_3(x) \rangle &= \int_{-1}^{1} \frac{25}{4}\left(x^3 - \frac{3}{5}x\right)^2 \mathrm{d}x = \frac{2}{7},
\end{aligned}$$

因此 $\sin \pi x$ 在区间 $[-1, 1]$ 按勒让德多项式系的傅里叶展开的前四项分别为

$$0, \quad \frac{3}{\pi}x, \quad 0, \quad \frac{35\pi^2 - 525}{2\pi^3}\left(x^3 - \frac{3}{5}x\right).$$

(5) 易见对 $k = 0, 1, \cdots, n-1$,

$$\left.\frac{\mathrm{d}^k (x^2-1)^n}{\mathrm{d}x^k}\right|_{x=1} = \left.\frac{\mathrm{d}^k (x^2-1)^n}{\mathrm{d}x^k}\right|_{x=-1} = 0.$$

于是由分部积分及 $\Gamma(n+1)=n!$ 和 $\Gamma\left(n+1+\dfrac{1}{2}\right)=\dfrac{(2n+1)!!\sqrt{\pi}}{2^{n+1}}$ 可得

$$
\begin{aligned}
\|P_n\|^2&=\int_{-1}^{1}P_n(x)P_n(x)\mathrm{d}x=\frac{1}{2^{2n}(n!)^2}\int_{-1}^{1}\frac{\mathrm{d}^n(x^2-1)^n}{\mathrm{d}x^n}\cdot\frac{\mathrm{d}^n(x^2-1)^n}{\mathrm{d}x^n}\mathrm{d}x\\
&=(-1)^n\frac{1}{2^{2n}(n!)^2}\int_{-1}^{1}\frac{\mathrm{d}^{2n}(x^2-1)^n}{\mathrm{d}x^{2n}}\cdot(x^2-1)^n\mathrm{d}x\\
&=(-1)^n\frac{1}{2^{2n}(n!)^2}\int_{-1}^{1}(2n)!\cdot(x^2-1)^n\mathrm{d}x\\
&=(-1)^n\frac{(n+1)(n+2)\cdots 2n}{n!2^{2n}}\int_{-1}^{1}(x^2-1)^n\mathrm{d}x\\
&=(-1)^n\frac{(n+1)(n+2)\cdots 2n}{n!2^{2n}}2(-1)^n\int_{0}^{\frac{\pi}{2}}\cos^{2n+1}t\mathrm{d}t\\
&=(-1)^n\frac{(n+1)(n+2)\cdots 2n}{n!2^{2n}}2(-1)^n\cdot\frac{\sqrt{\pi}}{2}\frac{\Gamma(n+1)}{\Gamma\left(n+1+\dfrac{1}{2}\right)}=\frac{2}{2n+1}.
\end{aligned}
$$

(6) 当 $n=0$ 时, 结论显然成立. 现在假设 $n\in\mathbb{N}$. 因为勒让德多项式系 $\{\widetilde{P}_j(x):j=0,1,\cdots\}$ 是 $C_2[-1,1]$ 中的完全正交系, 所以

$$
-x^n=\sum_{j=0}^{n}\frac{\langle -x^n,\widetilde{P}_j(x)\rangle}{\|\widetilde{P}_j(x)\|^2}\widetilde{P}_j(x),
$$

于是 $-x^n$ 关于正交系 $\{\widetilde{P}_0(x),\widetilde{P}_1(x),\cdots,\widetilde{P}_{n-1}(x)\}$ 的傅里叶级数为

$$
\begin{aligned}
&\sum_{j=0}^{n-1}\frac{\langle -x^n,\widetilde{P}_j(x)\rangle}{\|\widetilde{P}_j(x)\|^2}\widetilde{P}_j(x)=-x^n+\frac{\langle x^n,\widetilde{P}_n(x)\rangle}{\|\widetilde{P}_n(x)\|^2}\widetilde{P}_n(x)\\
=&-x^n+\frac{\langle \widetilde{P}_n(x),\widetilde{P}_n(x)\rangle}{\|\widetilde{P}_n(x)\|^2}\widetilde{P}_n(x)=-x^n+\widetilde{P}_n(x).
\end{aligned}
$$

因此由傅里叶系数的极值性质可知, 对任何 $n-1$ 次多项式

$$
Q_{n-1}(x)\in L(\widetilde{P}_0(x),\widetilde{P}_1(x),\cdots,\widetilde{P}_{n-1}(x)),
$$

我们有

$$
\begin{aligned}
&\|x^n+Q_{n-1}(x)-0\|=\|Q_{n-1}(x)-(-x^n)\|\\
\geqslant&\|-x^n+\widetilde{P}_n(x)-(-x^n))\|=\|\widetilde{P}_n(x)-0\|,
\end{aligned}
$$

从而结论成立.

(7) 由 (3) 可知帕塞瓦尔等式成立, 于是再利用 (5) 即得

$$\int_{-1}^{1}|f|^2(x)\mathrm{d}x=\|f\|^2=\sum_{n=0}^{\infty}\frac{\left|\displaystyle\int_{-1}^{1}f(x)P_n(x)\mathrm{d}x\right|^2}{\|P_n\|^2}$$

$$=\sum_{n=0}^{\infty}\left(n+\frac{1}{2}\right)\left|\int_{-1}^{1}f(x)P_n(x)\mathrm{d}x\right|^2. \qquad \square$$

2. 带权的正交性.

(1) 设 $p_0,p_1,\cdots,p_n$ 是区域 D 中的连续正函数. 试验证公式

$$\langle f,g\rangle=\sum_{k=0}^{n}\int_D p_k(x)f^{(k)}(x)\overline{g}^{(k)}(x)\mathrm{d}x$$

在 $C^{(n)}(D;\mathbb{C})$ 中给出一个内积.

(2) 试证: 当把 $\mathcal{R}(D;\mathbb{C})$ 中两个仅在零测集上不同的函数等同后, 借助 D 中的正连续函数 p 可引入如下内积

$$\langle f,g\rangle=\int_D p(x)f(x)\overline{g}(x)\mathrm{d}x.$$

这时称 p 是权函数. 如果 $\langle f,g\rangle=0$, 则称函数 f 和 g 以 p 为权正交.

(3) 设 $\varphi:D\to G$ 是区域 $D\subset\mathbb{R}^n$ 到区域 $G\subset\mathbb{R}^n$ 上的微分同胚, 又设 $\{u_k(y),k\in\mathbb{N}\}$ 是在标准内积 (15.1.7) 或 (15.1.8) 的意义下定义在 G 中的正交函数系. 试建立区域 D 中定义的以 $p(x)=|\det\varphi'(x)|$ 为权的正交函数系, 以及区域 D 中定义的通常内积意义下的正交函数系.

(4) 试证: 函数系 $\{e_{m,n}(x,y)=\mathrm{e}^{\mathrm{i}(mx+ny)};\,m,n\in\mathbb{N}\}$ 在矩形 $I=\{(x,y)\in\mathbb{R}^2\mid|x|\leqslant\pi\wedge|y|\leqslant\pi\}$ 上正交.

(5) 试做一个函数系, 使它在二维环面 $T^2\subset\mathbb{R}^3$ 上正交. 这里的环面 T^2 是用《讲义》第二卷 9.2 节的例 4 中指出的参数方程给出的. 这时, 函数 f 和 g 在环面上的内积理解为曲面积分 $\displaystyle\int_{T^2}f\overline{g}\mathrm{d}\sigma$.

证 (1) 首先, 显然 $\forall f\in C^{(n)}(D;\mathbb{C})$,

$$\langle f,f\rangle=\sum_{k=0}^{n}\int_D p_k(x)|f^{(k)}|^2(x)\mathrm{d}x\geqslant 0$$

且

$$\langle f,f\rangle=0\Leftrightarrow f\equiv 0.$$

又显然 $\forall f,g\in C^{(n)}(D;\mathbb{C})$,

$$\overline{\langle g,f\rangle}=\sum_{k=0}^{n}\int_D p_k(x)\overline{g}^{(k)}(x)f^{(k)}(x)\mathrm{d}x=\langle f,g\rangle.$$

此外, $\forall f,g\in C^{(n)}(D;\mathbb{C})$, $\lambda\in\mathbb{C}$, 易见

$$\langle\lambda f,g\rangle=\lambda\sum_{k=0}^{n}\int_D p_k(x)f^{(k)}(x)\overline{g}^{(k)}(x)\mathrm{d}x=\lambda\langle f,g\rangle.$$

现在, $\forall f,g,h\in C^{(n)}(D;\mathbb{C})$, 我们还有

$$\begin{aligned}\langle f+g,h\rangle&=\sum_{k=0}^{n}\int_D p_k(x)\big(f^{(k)}(x)+g^{(k)}(x)\big)\overline{h}^{(k)}(x)\mathrm{d}x\\&=\sum_{k=0}^{n}\int_D p_k(x)f^{(k)}(x)\overline{h}^{(k)}(x)\mathrm{d}x+\sum_{k=0}^{n}\int_D p_k(x)g^{(k)}(x)\overline{h}^{(k)}(x)\mathrm{d}x\\&=\langle f,h\rangle+\langle g,h\rangle.\end{aligned}$$

综上可知, 公式

$$\langle f,g\rangle=\sum_{k=0}^{n}\int_D p_k(x)f^{(k)}(x)\overline{g}^{(k)}(x)\mathrm{d}x$$

在 $C^{(n)}(D;\mathbb{C})$ 中给出一个内积.

(2) 类似于 (1) 可见只需验证: $\langle f,f\rangle=0\Leftrightarrow f$ 仅在零测集上不等于零. 而由

$$\langle f,f\rangle=\int_D p(x)|f|^2(x)\mathrm{d}x$$

可知该结论显然成立.

注　与之前证明的区别有两点. 首先, 此形式在商空间上是非退化的, 这是因为 $\langle f,f\rangle=0$ 意味着 f 仅在某个零测集上可能非 0, 而这样的元素在商空间内是 0 的等价类. 其次, 要验证这个形式是良定义的, 这是因为连续函数在紧集上有上下界.

(3) $\forall k,j\in\mathbb{N}$, $k\neq j$, 由

$$0=\langle u_k,u_j\rangle=\int_G u_k(y)\overline{u_j}(y)\mathrm{d}y=\int_D|\det\varphi'(x)|u_k(\varphi(x))\overline{u_j}(\varphi(x))\mathrm{d}x$$

可知 $\{u_k(\varphi(x)),k\in\mathbb{N}\}$ 是区域 D 中定义的以 $p(x)=|\det\varphi'(x)|$ 为权的正交函数系, 而 $\{\sqrt{|\det\varphi'(x)|}u_k(\varphi(x)),k\in\mathbb{N}\}$ 是区域 D 中定义的通常内积意义下的正交函数系.

(4) 由

$$\langle e_{m,n}, e_{k,j}\rangle = \iint_I \mathrm{e}^{\mathrm{i}(mx+ny)}\mathrm{e}^{-\mathrm{i}(kx+jy)}\mathrm{d}x\mathrm{d}y = \int_{-\pi}^{\pi}\mathrm{e}^{\mathrm{i}(m-k)x}\mathrm{d}x\int_{-\pi}^{\pi}\mathrm{e}^{\mathrm{i}(n-j)y}\mathrm{d}y$$

及 $\{\mathrm{e}^{\mathrm{i}lz};\, l\in\mathbb{N}\}$ 在 $L^2([-\pi,\pi];\mathbb{C})$ 中的正交性可知结论成立.

(5) 对于环面 T^2 $(0<a<b)$:

$$\begin{cases} x=(b+a\cos\psi)\cos\varphi,\\ y=(b+a\cos\psi)\sin\varphi,\\ z=a\sin\psi, \end{cases}$$

我们有

$$\int_{T^2} f\overline{g}\mathrm{d}\sigma = a\int_{-\pi}^{\pi}\int_{-\pi}^{\pi}(b+a\cos\psi)f\overline{g}\mathrm{d}\varphi\mathrm{d}\psi.$$

因此由 (4) 可知, 参数形式函数系 $\left\{\dfrac{1}{\sqrt{b+a\cos\psi}}\mathrm{e}^{\mathrm{i}(m\varphi+n\psi)};\, m,n\in\mathbb{N}\right\}$ 即满足要求. □

注 为了使函数空间是良定义的, 这里需要区域是紧区域或者对函数空间加对应范数有限的要求.

3. 作为特征函数的勒让德多项式.

(1) 利用《讲义》例 6 中的勒让德多项式 $P_n(x)$ 的表达式以及等式 $(x^2-1)^n=(x-1)^n(x+1)^n$, 证明 $P_n(1)=1$.

(2) 对等式 $(x^2-1)\dfrac{\mathrm{d}}{\mathrm{d}x}(x^2-1)^n=2nx(x^2-1)^n$ 求微分, 试证 $P_n(x)$ 满足方程

$$(x^2-1)\cdot P_n''(x)+2x\cdot P_n'(x)-n(n+1)P_n(x)=0.$$

(3) 试验证算子

$$A:=(x^2-1)\frac{\mathrm{d}^2}{\mathrm{d}x^2}+2x\frac{\mathrm{d}}{\mathrm{d}x}=\frac{\mathrm{d}}{\mathrm{d}x}\left[(x^2-1)\frac{\mathrm{d}}{\mathrm{d}x}\right]$$

在空间 $C^{(2)}[-1,1]\subset\mathcal{R}_2[-1,1]$ 上的对称性, 并根据关系式 $A(P_n)=n(n+1)P_n$ 说明勒让德多项式的正交性.

(4) 试利用系 $\{1,x,x^2,\cdots\}$ 在 $C^{(2)}[-1,1]$ 中的完全性证明: 算子 A 的与特征值 $\lambda=n(n+1)$ 对应的特征空间的维数不超过 1.

(5) 试证: 算子 $A=\dfrac{\mathrm{d}}{\mathrm{d}x}\left[(x^2-1)\dfrac{\mathrm{d}}{\mathrm{d}x}\right]$ 在 $C^{(2)}[-1,1]$ 中没有不包含在勒让德多项式系 $\{P_0(x),\ P_1(x),\cdots\}$ 中的特征函数, 也没有与一切数 $n(n+1)(n=0,1,2,\cdots)$ 不同的特征值.

证　(1) 因为对 $k=0,1,\cdots,n-1$, $\left.\dfrac{\mathrm{d}^k(x-1)^n}{\mathrm{d}x^k}\right|_{x=1}=0$, 所以

$$\begin{aligned}P_n(1)&=\frac{1}{2^n n!}\left.\frac{\mathrm{d}^n[(x-1)^n(x+1)^n]}{\mathrm{d}x^n}\right|_{x=1}\\&=\frac{1}{2^n n!}\left(\left.\frac{\mathrm{d}^n(x-1)^n}{\mathrm{d}x^n}\cdot(x+1)^n\right|_{x=1}+\sum_{k=0}^{n-1}\mathrm{C}_n^k\left.\frac{\mathrm{d}^k(x-1)^n}{\mathrm{d}x^k}\cdot\frac{\mathrm{d}^{n-k}(x+1)^n}{\mathrm{d}x^{n-k}}\right|_{x=1}\right)\\&=\frac{1}{2^n n!}(n!\cdot 2^n+0)=1.\end{aligned}$$

(2) 对等式 $(x^2-1)\dfrac{\mathrm{d}}{\mathrm{d}x}(x^2-1)^n=2nx(x^2-1)^n$ 求 $n+1$ 阶微分可得

$$\begin{aligned}&(x^2-1)\frac{\mathrm{d}^{n+2}(x^2-1)^n}{\mathrm{d}x^{n+2}}+\mathrm{C}_{n+1}^1\frac{\mathrm{d}(x^2-1)}{\mathrm{d}x}\frac{\mathrm{d}^{n+1}(x^2-1)^n}{\mathrm{d}x^{n+1}}\\&+\mathrm{C}_{n+1}^2\frac{\mathrm{d}^2(x^2-1)}{\mathrm{d}x^2}\frac{\mathrm{d}^n(x^2-1)^n}{\mathrm{d}x^n}\\=&(x^2-1)2^n n!P_n''(x)+2x(n+1)2^n n!P_n'(x)+n(n+1)2^n n!P_n(x)\\=&2nx\frac{\mathrm{d}^{n+1}(x^2-1)^n}{\mathrm{d}x^{n+1}}+\mathrm{C}_{n+1}^1\frac{\mathrm{d}(2nx)}{\mathrm{d}x}\frac{\mathrm{d}^n(x^2-1)^n}{\mathrm{d}x^n}\\=&2nx2^n n!P_n'(x)+2n(n+1)2^n n!P_n(x),\end{aligned}$$

由此可知

$$(x^2-1)\cdot P_n''(x)+2x\cdot P_n'(x)-n(n+1)P_n(x)=0.$$

(3) $\forall f,g\in C^{(2)}[-1,1]\subset\mathcal{R}_2[-1,1]$, 由分部积分可得

$$\begin{aligned}\langle Af,g\rangle&=\int_{-1}^1\frac{\mathrm{d}}{\mathrm{d}x}\left[(x^2-1)\frac{\mathrm{d}f(x)}{\mathrm{d}x}\right]\cdot\overline{g}(x)\mathrm{d}x=-\int_{-1}^1\left[(x^2-1)\frac{\mathrm{d}f(x)}{\mathrm{d}x}\right]\cdot\frac{\mathrm{d}\overline{g}(x)}{\mathrm{d}x}\mathrm{d}x\\&=-\int_{-1}^1\frac{\mathrm{d}f(x)}{\mathrm{d}x}\cdot\left[(x^2-1)\frac{\mathrm{d}\overline{g}(x)}{\mathrm{d}x}\right]\mathrm{d}x=\int_{-1}^1 f(x)\frac{\mathrm{d}}{\mathrm{d}x}\left[(x^2-1)\frac{\mathrm{d}\overline{g}(x)}{\mathrm{d}x}\right]\mathrm{d}x\\&=\int_{-1}^1 f(x)\overline{\frac{\mathrm{d}}{\mathrm{d}x}\left[(x^2-1)\frac{\mathrm{d}g(x)}{\mathrm{d}x}\right]}\mathrm{d}x=\langle f,Ag\rangle,\end{aligned}$$

于是算子 A 在空间 $C^{(2)}[-1,1]\subset\mathcal{R}_2[-1,1]$ 上是对称的. 于是对 $m,n=0,1,\cdots$, 我们有

$$m(m+1)\langle P_m,P_n\rangle=\langle A(P_m),P_n\rangle=\langle P_m,A(P_n)\rangle=n(n+1)\langle P_m,P_n\rangle,$$

于是

$$(m-n)(m+n+1)\langle P_m,P_n\rangle=0,$$

由此即得勒让德多项式的正交性.

(4) 考虑 $F(x) \in C^{(2)}[-1,1]$, 使得 $F(x)$ 满足 $A(F) = \lambda F$, 这里 $\lambda = n(n+1)$. 根据 $\{1, x, x^2, \cdots\}$ 在 $C^{(2)}[-1,1]$ 中的完全性以及勒让德多项式为其正交化向量组, 我们有 $F(x) = \sum\limits_k c_k P_k(x)$, 这里 c_k 为只依赖 k 的常数. 于是

$$\sum_k c_k k(k+1) P_k = \sum_k c_k A(P_k) = A(F) = \lambda F = \sum_k c_k n(n+1) P_k.$$

因此, 对于 $k \neq n$, 我们有 $c_k = 0$, 从而 $F(x) = CP_n(x)$. 这意味着算子 A 的与特征值 λ 对应的特征空间的维数为 1.

(5) 假设 $u \in C^{(2)}[-1,1]$ 是算子 A 的与特征值 λ 对应的特征函数. 根据 A 在此空间上的对称性, $\forall n \in \mathbb{N} \cup \{0\}$, 我们有

$$\lambda \langle u, P_n \rangle = \langle Au, P_n \rangle = \langle u, AP_n \rangle = n(n+1) \langle u, P_n \rangle,$$

从而 $(\lambda - n(n+1)) \langle u, P_n \rangle = 0$. 如果 $\forall n \in \mathbb{N} \cup \{0\}$, $\lambda \neq n(n+1)$, 那么我们有 $\langle u, P_n \rangle = 0$. 于是由习题 1(7) 可知

$$\int_{-1}^{1} |u|^2(x) \mathrm{d}x = \sum_{n=0}^{\infty} \left(n + \frac{1}{2}\right) \left| \int_{-1}^{1} u(x) P_n(x) \mathrm{d}x \right|^2 = 0,$$

从而 $u \equiv 0$. 因此, 算子 A 在 $C^{(2)}[-1,1]$ 中没有与 $n(n+1)$ 不同的特征值. 再由 (4) 中结论可知, 算子 A 也没有不包含在勒让德多项式系中的特征函数. □

4. 球函数.

(1) 在求解 $\mathbb{R}^3$ 中许多问题 (例如, 与拉普拉斯方程 $\Delta u = 0$ 有关的位势理论问题) 时, 常寻求由它的特解构成的级数形式的解. 方程 $\Delta u = 0$ 的 n 次齐次多项式特解 $S_n(x, y, z)$ 叫做调和多项式. 显然, 在球坐标系 (r, φ, θ) 中, 调和多项式具有 $r^n Y_n(\theta, \varphi)$ 的形式. 这样产生的 $Y_n(\theta, \varphi)$ 只依赖于球面坐标 $0 \leqslant \theta \leqslant \pi$, $0 \leqslant \varphi \leqslant 2\pi$, 叫做球函数. ($Y_n$ 由条件 $\Delta S_n = 0$ 确定, 是具 $(2n+1)$ 个自由系数、两个自变量的三角多项式.)

试利用格林公式证明: 当 $m \neq n$ 时, 函数 Y_m, Y_n 在 $\mathbb{R}^3$ 中的单位球面上正交 (在内积 $\langle Y_m, Y_n \rangle = \iint Y_m \cdot Y_n \mathrm{d}\sigma$ 意义下, 该曲面积分是展布在球面 $r = 1$ 上的).

(2) 从勒让德多项式出发还能引进多项式 $P_{n,m}(x) = (1 - x^2)^{m/2} \cdot \dfrac{\mathrm{d}^m P_n}{\mathrm{d}x^m}(x)$, $m = 1, 2, \cdots, n$, 考察函数

$$P_n(\cos\theta), \quad P_{n,m}(\cos\theta) \cos m\varphi, \quad P_{n,m}(\cos\theta) \sin m\varphi. \tag{$*$}$$

我们发现, 指标为 n 的任意球函数 $Y_n(\theta,\varphi)$ 是这些函数的线性组合. 试利用这个事实, 并注意三角函数系的正交性, 证明: 函数系 $(*)$ 是由指标是 n 的球函数构成的 $(2n+1)$ 维空间的一个正交基.

证 (1) 对 $n=0,1,\cdots$, 由 $\Delta S_n=0$ 可得球面坐标下的关系式:

$$\frac{\partial^2 Y_n}{\partial\varphi^2}+\sin\theta\frac{\partial}{\partial\theta}\left(\sin\theta\frac{\partial Y_n}{\partial\theta}\right)+n(n+1)\sin^2\theta Y_n=0.$$

于是当 $n\neq 0$ 时

$$n(n+1)Y_n\cdot\sin\theta=-\left[\frac{\partial}{\partial\theta}\left(\sin\theta\frac{\partial Y_n}{\partial\theta}\right)-\frac{\partial}{\partial\varphi}\left(\frac{-1}{\sin\theta}\frac{\partial Y_n}{\partial\varphi}\right)\right].$$

因此 $\forall m=0,1,\cdots$, 利用格林公式我们有

$$\begin{aligned}
&n(n+1)\langle Y_m,Y_n\rangle\\
=&n(n+1)\iint Y_m\cdot Y_n\mathrm{d}\sigma\\
=&\iint_{[0,\pi]\times[0,2\pi]}Y_m\cdot n(n+1)Y_n\cdot\sin\theta\mathrm{d}\theta\mathrm{d}\varphi\\
=&-\iint_{[0,\pi]\times[0,2\pi]}\left[Y_m\cdot\frac{\partial}{\partial\theta}\left(\sin\theta\frac{\partial Y_n}{\partial\theta}\right)-Y_m\cdot\frac{\partial}{\partial\varphi}\left(\frac{-1}{\sin\theta}\frac{\partial Y_n}{\partial\varphi}\right)\right]\mathrm{d}\theta\mathrm{d}\varphi\\
=&\iint_{[0,\pi]\times[0,2\pi]}\left[\frac{\partial Y_m}{\partial\theta}\cdot\left(\sin\theta\frac{\partial Y_n}{\partial\theta}\right)-\frac{\partial Y_m}{\partial\varphi}\cdot\left(\frac{-1}{\sin\theta}\frac{\partial Y_n}{\partial\varphi}\right)\right]\mathrm{d}\theta\mathrm{d}\varphi\\
=&\iint_{[0,\pi]\times[0,2\pi]}\left[\frac{\partial Y_n}{\partial\theta}\cdot\left(\sin\theta\frac{\partial Y_m}{\partial\theta}\right)-\frac{\partial Y_n}{\partial\varphi}\cdot\left(\frac{-1}{\sin\theta}\frac{\partial Y_m}{\partial\varphi}\right)\right]\mathrm{d}\theta\mathrm{d}\varphi\\
=&-\iint_{[0,\pi]\times[0,2\pi]}\left[Y_n\cdot\frac{\partial}{\partial\theta}\left(\sin\theta\frac{\partial Y_m}{\partial\theta}\right)-Y_n\cdot\frac{\partial}{\partial\varphi}\left(\frac{-1}{\sin\theta}\frac{\partial Y_m}{\partial\varphi}\right)\right]\mathrm{d}\theta\mathrm{d}\varphi\\
=&\begin{cases}m(m+1)\displaystyle\iint_{[0,\pi]\times[0,2\pi]}Y_n\cdot Y_m\cdot\sin\theta\mathrm{d}\theta\mathrm{d}\varphi=m(m+1)\langle Y_m,Y_n\rangle, & m\in\mathbb{N},\\ 0, & m=0.\end{cases}
\end{aligned}$$

由此可知当 $m\neq n$ 时, 函数 Y_m, Y_n 在 $\mathbb{R}^3$ 中的单位球面上正交.

(2) 当 $n\neq j$ 时, 易见

$$\iint_{[0,\pi]\times[0,2\pi]}P_n(\cos\theta)P_j(\cos\theta)\cdot\sin\theta\mathrm{d}\theta\mathrm{d}\varphi=2\pi\int_{-1}^{1}P_n(x)P_j(x)\mathrm{d}x=0.$$

当 $m \leqslant n < j$ 时, 对任何 $i \leqslant n+m$, 易见

$$\int_{-1}^{1} x^i \cdot \frac{\mathrm{d}^m P_j}{\mathrm{d}x^m}(x)\mathrm{d}x = \frac{1}{2^j j!}\int_{-1}^{1} x^i \cdot \frac{\mathrm{d}^{j+m}(x^2-1)^j}{\mathrm{d}x^{j+m}}\mathrm{d}x$$
$$= (-1)^{i+1}\frac{1}{2^j j!}\int_{-1}^{1}\frac{\mathrm{d}^{i+1}x^i}{\mathrm{d}x^{i+1}} \cdot \frac{\mathrm{d}^{j+m-i-1}(x^2-1)^j}{\mathrm{d}x^{j+m-i-1}}\mathrm{d}x = 0.$$

又因为 $(1-x^2)^m \cdot \dfrac{\mathrm{d}^m P_n}{\mathrm{d}x^m}(x)$ 可表示为多项式 $1, x, \cdots, x^{n+m}$ 的线性组合, 所以

$$\int_{-1}^{1}(1-x^2)^m \cdot \frac{\mathrm{d}^m P_n}{\mathrm{d}x^m}(x) \cdot \frac{\mathrm{d}^m P_j}{\mathrm{d}x^m}(x)\mathrm{d}x = 0,$$

于是再由三角函数系的正交性可知当 $n \neq j$ 或 $m \neq k$ 时, 我们有

$$\iint_{[0,\pi]\times[0,2\pi]} P_{n,m}(\cos\theta)\cos m\varphi \cdot P_{j,k}(\cos\theta)\cos k\varphi \cdot \sin\theta\mathrm{d}\theta\mathrm{d}\varphi$$
$$= \int_{-1}^{1}(1-x^2)^{m/2} \cdot \frac{\mathrm{d}^m P_n}{\mathrm{d}x^m}(x) \cdot (1-x^2)^{k/2} \cdot \frac{\mathrm{d}^k P_j}{\mathrm{d}x^k}(x)\mathrm{d}x \int_0^{2\pi}\cos m\varphi\cos k\varphi\mathrm{d}\varphi = 0.$$

同理可知当 $n \neq j$ 或 $m \neq k$ 时, 我们还有

$$\iint_{[0,\pi]\times[0,2\pi]} P_{n,m}(\cos\theta)\sin m\varphi \cdot P_{j,k}(\cos\theta)\sin k\varphi \cdot \sin\theta\mathrm{d}\theta\mathrm{d}\varphi = 0.$$

又显然对任何 n, j, m, k, 我们都有

$$\iint_{[0,\pi]\times[0,2\pi]} P_n(\cos\theta) \cdot P_{j,k}(\cos\theta)\cos k\varphi \cdot \sin\theta\mathrm{d}\theta\mathrm{d}\varphi = 0,$$
$$\iint_{[0,\pi]\times[0,2\pi]} P_n(\cos\theta) \cdot P_{j,k}(\cos\theta)\sin k\varphi \cdot \sin\theta\mathrm{d}\theta\mathrm{d}\varphi = 0,$$
$$\iint_{[0,\pi]\times[0,2\pi]} P_{n,m}(\cos\theta)\cos m\varphi \cdot P_{j,k}(\cos\theta)\sin k\varphi \cdot \sin\theta\mathrm{d}\theta\mathrm{d}\varphi = 0.$$

综上可知结论成立. □

5. 埃尔米特多项式. 在量子力学中当研究线性振荡器方程时, 必须考察具有内积 $\langle f, g\rangle = \displaystyle\int_{-\infty}^{+\infty} f\overline{g}\mathrm{d}x$ 的函数类 $C^{(2)}(\mathbb{R}) \subset \mathcal{R}_2(\mathbb{R};\mathbb{C})$ 以及特殊函数 $H_n(x) = (-1)^n \mathrm{e}^{x^2}\dfrac{\mathrm{d}^n}{\mathrm{d}x^n}(\mathrm{e}^{-x^2})$, $n = 0, 1, 2, \cdots$.

(1) 试证: $H_0(x) = 1$, $H_1(x) = 2x$, $H_2(x) = 4x^2 - 2$.

(2) 试证: $H_n(x)$ 是 n 次多项式. 函数系 $\{H_0(x), H_1(x), \cdots\}$ 叫埃尔米特多项式系.

(3) 试验证: 函数 $H_n(x)$ 满足方程 $H_n''(x)-2xH_n'(x)+2nH_n(x)=0$.

(4) 函数 $\psi_n(x)=\mathrm{e}^{-\frac{x^2}{2}}H_n(x)$ 叫埃尔米特函数. 试证: $\psi_n''(x)+(2n+1-x^2)\psi_n(x)=0$, 且当 $x\to\infty$ 时有 $\psi_n(x)\to 0$.

(5) 试验证: 当 $m\neq n$ 时有 $\displaystyle\int_{-\infty}^{+\infty}\psi_n\psi_m\mathrm{d}x=0$.

(6) 试证: 埃尔米特多项式在 $\mathbb{R}$ 上以 e^{-x^2} 为权正交.

证 (1) 由定义易见

$$
\begin{aligned}
&H_0(x)=(-1)^0\mathrm{e}^{x^2}\cdot\mathrm{e}^{-x^2}=1,\\
&H_1(x)=(-1)^1\mathrm{e}^{x^2}\frac{\mathrm{d}}{\mathrm{d}x}\big(\mathrm{e}^{-x^2}\big)=(-1)^1\mathrm{e}^{x^2}\cdot\big(-2x\mathrm{e}^{-x^2}\big)=2x,\\
&H_2(x)=(-1)^2\mathrm{e}^{x^2}\frac{\mathrm{d}^2}{\mathrm{d}x^2}\big(\mathrm{e}^{-x^2}\big)=(-1)^2\mathrm{e}^{x^2}\cdot\big(-2\mathrm{e}^{-x^2}+(-2x)^2\mathrm{e}^{-x^2}\big)=4x^2-2.
\end{aligned}
$$

(2) 我们利用数学归纳法来证明 $H_n(x)$ 是 n 次多项式. 首先由 (1) 可知, 当 $n=0$ 时, 结论成立. 假设结论对 n 成立, 往证结论对 $n+1$ 也成立. 事实上, 由

$$
\begin{aligned}
H_{n+1}(x)&=(-1)^{n+1}\mathrm{e}^{x^2}\frac{\mathrm{d}}{\mathrm{d}x}\left(\frac{\mathrm{d}^n}{\mathrm{d}x^n}\big(\mathrm{e}^{-x^2}\big)\right)=(-1)^{n+1}\mathrm{e}^{x^2}\frac{\mathrm{d}}{\mathrm{d}x}\big((-1)^nH_n(x)\mathrm{e}^{-x^2}\big)\\
&=-\mathrm{e}^{x^2}\big(H_n'(x)\mathrm{e}^{-x^2}-2xH_n(x)\mathrm{e}^{-x^2}\big)=2xH_n(x)-H_n'(x)
\end{aligned}
$$

可知 $H_{n+1}(x)$ 是 $n+1$ 次多项式. 这里, 我们同时也证明了如下递推关系式:

$$
H_{n+1}(x)=2xH_n(x)-H_n'(x),\quad \forall n\in\mathbb{N}\cup\{0\}.
$$

(3) 我们首先利用数学归纳法来证明: $\forall n\in\mathbb{N}$,

$$
H_n'(x)=2nH_{n-1}(x). \tag{$*$}
$$

由 (1) 可知当 $n=1$ 时, $(*)$ 式成立. 假设 $(*)$ 式对 n 成立, 则 $H_n''(x)=2nH_{n-1}'(x)$, 于是由 (2) 中递推关系式可知

$$
\begin{aligned}
H_{n+1}'(x)&=\frac{\mathrm{d}}{\mathrm{d}x}\big(2xH_n(x)-H_n'(x)\big)\\
&=2H_n(x)+2xH_n'(x)-H_n''(x)\\
&=2H_n(x)+2x\cdot 2nH_{n-1}(x)-2nH_{n-1}'(x)\\
&=2H_n(x)+2n\big(2xH_{n-1}(x)-H_{n-1}'(x)\big)\\
&=2H_n(x)+2nH_n(x)\\
&=2(n+1)H_n(x),
\end{aligned}
$$

即 (*) 式对 $n+1$ 也成立. 因此由 (*) 式和 (2) 中递推关系式可知, $\forall n \in \mathbb{N} \cup \{0\}$,

$$2(n+1)H_n(x) = H'_{n+1}(x) = \frac{\mathrm{d}}{\mathrm{d}x}\big(2xH_n(x) - H'_n(x)\big) = 2H_n(x) + 2xH'_n(x) - H''_n(x),$$

由此可得微分方程 $H''_n(x) - 2xH'_n(x) + 2nH_n(x) = 0$.

(4) 由埃尔米特函数的定义和 (3) 可知

$$\begin{aligned}
&\psi''_n(x) + (2n+1-x^2)\psi_n(x) \\
=& \frac{\mathrm{d}}{\mathrm{d}x}\big(-x\mathrm{e}^{-\frac{x^2}{2}}H_n(x) + \mathrm{e}^{-\frac{x^2}{2}}H'_n(x)\big) + (2n+1-x^2)\mathrm{e}^{-\frac{x^2}{2}}H_n(x) \\
=& \big((x^2-1)\mathrm{e}^{-\frac{x^2}{2}}H_n(x) - 2x\mathrm{e}^{-\frac{x^2}{2}}H'_n(x) + \mathrm{e}^{-\frac{x^2}{2}}H''_n(x)\big) + (2n+1-x^2)\mathrm{e}^{-\frac{x^2}{2}}H_n(x) \\
=& \mathrm{e}^{-\frac{x^2}{2}}\big(2nH_n(x) - 2xH'_n(x) + H''_n(x)\big) = 0.
\end{aligned}$$

又由 (2) 可知当 $x \to \infty$ 时有 $\psi_n(x) \to 0$.

(5) 当 $m \neq n$ 时, 由分部积分法和 (4) 可知

$$\begin{aligned}
0 &= \int_{-\infty}^{+\infty} \big(\psi''_n(x)\psi_m(x) - \psi''_m(x)\psi_n(x)\big)\mathrm{d}x \\
&= \int_{-\infty}^{+\infty} \big((2m+1-x^2) - (2n+1-x^2)\big)\psi_n(x)\psi_m(x)\mathrm{d}x \\
&= 2(m-n)\int_{-\infty}^{+\infty} \psi_n(x)\psi_m(x)\mathrm{d}x,
\end{aligned}$$

由此即得 $\displaystyle\int_{-\infty}^{+\infty} \psi_n\psi_m\mathrm{d}x = 0$.

(6) 由埃尔米特函数的定义和 (5) 可知, 当 $m \neq n$ 时,

$$\int_{-\infty}^{+\infty} H_n(x)H_m(x)\mathrm{e}^{-x^2}\mathrm{d}x = \int_{-\infty}^{+\infty} \psi_n(x)\psi_m(x)\mathrm{d}x = 0,$$

从而埃尔米特多项式在 $\mathbb{R}$ 上以 e^{-x^2} 为权正交. □

6. 切比雪夫–拉盖尔多项式 $\{L_n(x); n = 0,1,2,\cdots\}$ 可用公式 $L_n(x) := \mathrm{e}^x\dfrac{\mathrm{d}^n(x^n\mathrm{e}^{-x})}{\mathrm{d}x^n}$ 定义. 试验证:

(1) $L_n(x)$ 是 n 次多项式;

(2) 函数 $L_n(x)$ 满足方程 $xL''_n(x) + (1-x)L'_n(x) + nL_n(x) = 0$;

(3) 切比雪夫–拉盖尔多项式系 $\{L_n; n = 0,1,2,\cdots\}$ 在半直线 $[0,+\infty)$ 上以 e^{-x} 为权正交.

证 (1) 我们利用数学归纳法来证明 $L_n(x)$ 是 n 次多项式. 首先, 当 $n=0$ 时, $L_0(x) = 1$, 于是结论成立. 假设结论对 n 成立, 往证结论对 $n+1$ 也成立. 事

实上, 由

$$\begin{aligned}L_{n+1}(x)&=\mathrm{e}^x\frac{\mathrm{d}^{n+1}}{\mathrm{d}x^{n+1}}(x\cdot x^n\mathrm{e}^{-x})\\&=\mathrm{e}^x\left(x\frac{\mathrm{d}}{\mathrm{d}x}\left(\frac{\mathrm{d}^n}{\mathrm{d}x^n}(x^n\mathrm{e}^{-x})\right)+(n+1)\frac{\mathrm{d}^n}{\mathrm{d}x^n}(x^n\mathrm{e}^{-x})\right)\\&=\mathrm{e}^x\left(x\frac{\mathrm{d}}{\mathrm{d}x}(\mathrm{e}^{-x}L_n(x))+(n+1)\mathrm{e}^{-x}L_n(x)\right)\\&=\mathrm{e}^x(-x\mathrm{e}^{-x}L_n(x)+x\mathrm{e}^{-x}L_n'(x)+(n+1)\mathrm{e}^{-x}L_n(x))\\&=(n+1-x)L_n(x)+xL_n'(x)\end{aligned}$$

可知 $L_{n+1}(x)$ 是 $n+1$ 次多项式. 这里, 我们同时也证明了如下递推关系式:

$$L_{n+1}(x)=(n+1-x)L_n(x)+xL_n'(x),\quad \forall n\in\mathbb{N}\cup\{0\}.$$

(2) 我们首先利用数学归纳法来证明: $\forall n\in\mathbb{N}\cup\{0\}$,

$$\frac{\mathrm{d}}{\mathrm{d}x}\big(xL_n'(x)\big)=xL_n'(x)-nL_n(x).\tag{$*$}$$

由 $L_0(x)=1$ 易见当 $n=0$ 时, $(*)$ 式成立. 假设 $(*)$ 式对 n 成立, 则由 (1) 中递推关系式可知

$$\begin{aligned}xL_{n+1}'(x)&=x\frac{\mathrm{d}}{\mathrm{d}x}((n+1-x)L_n(x)+xL_n'(x))\\&=-xL_n(x)+(n+1-x)xL_n'(x)+x\big(xL_n'(x)-nL_n(x)\big)\\&=-(n+1)xL_n(x)+(n+1)xL_n'(x),\end{aligned}$$

于是

$$\begin{aligned}&\frac{\mathrm{d}}{\mathrm{d}x}\big(xL_{n+1}'(x)\big)\\&=-(n+1)\frac{\mathrm{d}}{\mathrm{d}x}\big(xL_n(x)\big)+(n+1)\frac{\mathrm{d}}{\mathrm{d}x}\big(xL_n'(x)\big)\\&=-(n+1)L_n(x)-(n+1)xL_n'(x)+(n+1)\big(xL_n'(x)-nL_n(x)\big)\\&=\big[-(n+1)xL_n(x)+(n+1)xL_n'(x)\big]-(n+1)\big[(n+1-x)L_n(x)+xL_n'(x)\big]\\&=xL_{n+1}'(x)-(n+1)L_{n+1}(x),\end{aligned}$$

即 $(*)$ 式对 $n+1$ 也成立. 因此由 $(*)$ 式可知, $\forall n\in\mathbb{N}\cup\{0\}$,

$$L_n'(x)+xL_n''(x)=xL_n'(x)-nL_n(x),$$

由此可得微分方程 $xL_n''(x)+(1-x)L_n'(x)+nL_n(x)=0$.

(3) 由分部积分法和 (1), (2) 可知

$$\begin{aligned}
&n\int_0^{+\infty}L_n(x)L_m(x)\mathrm{e}^{-x}\mathrm{d}x\\
=&\int_0^{+\infty}\big(-xL_n''(x)-(1-x)L_n'(x)\big)L_m(x)\mathrm{e}^{-x}\mathrm{d}x\\
=&\int_0^{+\infty}L_n'(x)\big(xL_m(x)\mathrm{e}^{-x}\big)'-(1-x)L_n'(x)L_m(x)\mathrm{e}^{-x}\mathrm{d}x\\
=&\int_0^{+\infty}L_n'(x)\big((1-x)L_m(x)\mathrm{e}^{-x}+xL_m'(x)\mathrm{e}^{-x}\big)-(1-x)L_n'(x)L_m(x)\mathrm{e}^{-x}\mathrm{d}x\\
=&\int_0^{+\infty}xL_n'(x)L_m'(x)\mathrm{e}^{-x}\mathrm{d}x,
\end{aligned}$$

由对称性可知

$$m\int_0^{+\infty}L_m(x)L_n(x)\mathrm{e}^{-x}\mathrm{d}x=\int_0^{+\infty}xL_m'(x)L_n'(x)\mathrm{e}^{-x}\mathrm{d}x.$$

于是

$$(n-m)\int_0^{+\infty}L_n(x)L_m(x)\mathrm{e}^{-x}\mathrm{d}x=0,$$

因此当 $m\neq n$ 时, 我们有 $\displaystyle\int_0^{+\infty}L_n(x)L_m(x)\mathrm{e}^{-x}\mathrm{d}x=0$, 即切比雪夫–拉盖尔多项式系在半直线 $[0,+\infty)$ 上以 e^{-x} 为权正交. □

7. 切比雪夫多项式 $\{T_0(x)\equiv 1, T_n(x)=2^{1-n}\cos n(\arccos x);\ n\in\mathbb{N}\}$ 当 $|x|<1$ 时可由公式

$$T_n(x)=\frac{(-2)^n n!}{(2n)!}\sqrt{1-x^2}\frac{\mathrm{d}^n}{\mathrm{d}x^n}(1-x^2)^{n-\frac{1}{2}}$$

给出. 试证:

(1) $T_n(x)$ 是 n 次多项式.

(2) $T_n(x)$ 满足方程 $(1-x^2)T_n''(x)-xT_n'(x)+n^2T_n(x)=0$.

(3) 切比雪夫多项式系 $\{T_n;\ n=0,1,2,\cdots\}$ 在开区间 $(-1,1)$ 上以 $p(x)=\dfrac{1}{\sqrt{1-x^2}}$ 为权正交.

证 (1) 由公式 $\cos(n\theta\pm\theta)=\cos n\theta\cos\theta\mp\sin n\theta\sin\theta$ 易见, 当 $n\geqslant 2$ 时

$$2^{n+1-1}T_{n+1}(x)+2^{n-1-1}T_{n-1}(x)=2x2^{n-1}T_n(x),$$

从而可得如下递推关系式

$$T_{n+1}(x) = xT_n(x) - \frac{1}{4}T_{n-1}(x).$$

因此再由 $T_0(x) \equiv 1$, $T_1(x) = x$, $T_2(x) = x^2 - \dfrac{1}{2}$ 及数学归纳法即可知 $T_n(x)$ 是 n 次多项式.

(2) 首先, 由 (1) 中递推关系式可知, $\forall n \geqslant 2$,

$$\begin{aligned}
(1-x^2)T_n'(x) &= 2^{1-n}(1-x^2)\sin n(\arccos x)\cdot\frac{n}{\sqrt{1-x^2}}\\
&= n2^{1-n}\sin n(\arccos x)\sin(\arccos x)\\
&= n2^{-n}\big(\cos(n-1)(\arccos x) - \cos(n+1)(\arccos x)\big)\\
&= \frac{1}{4}nT_{n-1}(x) - nT_{n+1}(x)\\
&= -nxT_n(x) + \frac{1}{2}nT_{n-1}(x). \qquad (*)
\end{aligned}$$

接下来我们利用数学归纳法来证明: $\forall n \in \mathbb{N}\cup\{0\}$,

$$\frac{\mathrm{d}}{\mathrm{d}x}\big((1-x^2)T_n'(x)\big) = -xT_n'(x) - n^2T_n(x). \qquad (**)$$

易见当 $n = 0, 1, 2$ 时, $(**)$ 式成立. 假设 $(**)$ 式对 $n-1$ 和 n (其中 $n \geqslant 2$) 都成立, 则由 (1) 中递推关系式可知

$$\begin{aligned}
(1-x^2)T_{n+1}'(x) &= (1-x^2)\frac{\mathrm{d}}{\mathrm{d}x}\Big(xT_n(x) - \frac{1}{4}T_{n-1}(x)\Big)\\
&= (1-x^2)\Big[T_n(x) + xT_n'(x) - \frac{1}{4}T_{n-1}'(x)\Big]\\
&= (1-x^2)T_n(x) + x(1-x^2)T_n'(x) - \frac{1}{4}(1-x^2)T_{n-1}'(x),
\end{aligned}$$

于是由归纳假设和 $(*)$ 式可得

$$\begin{aligned}
&\frac{\mathrm{d}}{\mathrm{d}x}\big((1-x^2)T_{n+1}'(x)\big)\\
=&-2xT_n(x) + (1-x^2)T_n'(x) + (1-x^2)T_n'(x) + x\frac{\mathrm{d}}{\mathrm{d}x}\big((1-x^2)T_n'(x)\big)\\
&-\frac{1}{4}\frac{\mathrm{d}}{\mathrm{d}x}\big((1-x^2)T_{n-1}'(x)\big)\\
=&-2xT_n(x) + 2\Big(-nxT_n(x) + \frac{1}{2}nT_{n-1}(x)\Big) - x^2T_n'(x) - n^2xT_n(x)
\end{aligned}$$

$$
\begin{aligned}
&+\frac{1}{4}xT'_{n-1}(x)+\frac{1}{4}(n-1)^2T_{n-1}(x)\\
=&-x\left[T_n(x)+xT'_n(x)-\frac{1}{4}T'_{n-1}(x)\right]-(n+1)^2\left[xT_n(x)-\frac{1}{4}T_{n-1}(x)\right]\\
=&-xT'_{n+1}(x)-(n+1)^2T_{n+1}(x),
\end{aligned}
$$

即 $(**)$ 式对 $n+1$ 也成立. 因此由 $(**)$ 式可知, $\forall n\in\mathbb{N}\cup\{0\}$,

$$-2xT'_n(x)+(1-x^2)T''_n(x)=-xT'_n(x)-n^2T_n(x),$$

由此可得微分方程 $(1-x^2)T''_n(x)-xT'_n(x)+n^2T_n(x)=0$.

(3) 由分部积分法和 (1), (2) 可知

$$
\begin{aligned}
&n^2\int_{-1}^{1}T_n(x)T_m(x)p(x)\mathrm{d}x\\
=&\int_{-1}^{1}\big(-(1-x^2)T''_n(x)+xT'_n(x)\big)T_m(x)\frac{1}{\sqrt{1-x^2}}\mathrm{d}x\\
=&\int_{-1}^{1}T'_n(x)\big(T_m(x)\sqrt{1-x^2}\big)'+xT'_n(x)T_m(x)\frac{1}{\sqrt{1-x^2}}\mathrm{d}x\\
=&\int_{-1}^{1}T'_n(x)\left(T'_m(x)\sqrt{1-x^2}-xT_m(x)\frac{1}{\sqrt{1-x^2}}\right)+xT'_n(x)T_m(x)\frac{1}{\sqrt{1-x^2}}\mathrm{d}x\\
=&\int_{-1}^{1}T'_n(x)T'_m(x)\sqrt{1-x^2}\mathrm{d}x,
\end{aligned}
$$

由对称性可知

$$m^2\int_{-1}^{1}T_m(x)T_n(x)p(x)\mathrm{d}x=\int_{-1}^{1}T'_m(x)T'_n(x)\sqrt{1-x^2}\mathrm{d}x.$$

于是

$$(n^2-m^2)\int_{-1}^{1}T_n(x)T_m(x)p(x)\mathrm{d}x=0,$$

因此当 $m\neq n$ 时, 我们有 $\displaystyle\int_{-1}^{1}T_n(x)T_m(x)p(x)\mathrm{d}x=0$, 即切比雪夫多项式系在开区间 $(-1,1)$ 上以 $p(x)=\dfrac{1}{\sqrt{1-x^2}}$ 为权正交. □

8. (1) 在概率论和函数论中遇到下述拉德马赫函数系 $\{\psi_n(x)=\varphi(2^nx)\,;\,n=0,1,2,\cdots\}$, 这里 $\varphi(t)=\operatorname{sgn}(\sin 2\pi t)$. 试验证: 它是区间 $[0,1]$ 上的一个正交系.

(2) 哈尔函数系 $\{\chi_{n,k}(x)\}$, 其中 $n=0,1,2,\cdots$; 而 $k=1,2,2^2,\cdots$, 由关系式

$$\chi_{n,k}(x)=\begin{cases}1, & \dfrac{2k-2}{2^{n+1}}<x<\dfrac{2k-1}{2^{n+1}},\\ -1, & \dfrac{2k-1}{2^{n+1}}<x<\dfrac{2k}{2^{n+1}},\\ 0, & \text{在其他 } [0,1] \text{ 的点}\end{cases}$$

给出. 试验证哈尔函数系在区间 $[0,1]$ 上的正交性.

证　(1) 显然 $\forall n\in\{0,1,2,\cdots\}$, $\psi_n(x)=\varphi(2^n x)$ 是区间 $[0,1]$ 上周期为 $\dfrac{1}{2^n}$ 的周期函数且

$$\psi_n(x)=\operatorname{sgn}(\sin 2^{n+1}\pi t)=\begin{cases}1, & \dfrac{2k-2}{2^{n+1}}<x<\dfrac{2k-1}{2^{n+1}},\ k=1,2,\cdots,2^n,\\ -1, & \dfrac{2k-1}{2^{n+1}}<x<\dfrac{2k}{2^{n+1}},\ k=1,2,\cdots,2^n,\\ 0, & \text{在其他 } [0,1] \text{ 的点}.\end{cases}$$

对任何 $m,n\in\{0,1,2,\cdots\}$, 当 $m<n$ 时, 易见

$$\frac{\frac{1}{2^{m+1}}}{\frac{1}{2^n}}=2^{n-m-1}\in\mathbb{N},$$

于是

$$\begin{aligned}I_{m,n}:&=\int_0^1\psi_m(x)\psi_n(x)\mathrm{d}x\\ &=\int_0^1\operatorname{sgn}(\sin 2^{m+1}\pi t)\operatorname{sgn}(\sin 2^{n+1}\pi t)\mathrm{d}x\\ &=\frac{1}{\frac{1}{2^m}}\left(\int_0^{\frac{1}{2^{m+1}}}\operatorname{sgn}(\sin 2^{n+1}\pi t)\mathrm{d}x-\int_{\frac{1}{2^{m+1}}}^{\frac{1}{2^m}}\operatorname{sgn}(\sin 2^{n+1}\pi t)\mathrm{d}x\right)\\ &=2^m\left(\frac{\frac{1}{2^{m+1}}}{\frac{1}{2^n}}\left(\int_0^{\frac{1}{2^{n+1}}}\mathrm{d}x-\int_{\frac{1}{2^{n+1}}}^{\frac{1}{2^n}}\mathrm{d}x\right)-\frac{\frac{1}{2^{m+1}}}{\frac{1}{2^n}}\left(\int_0^{\frac{1}{2^{n+1}}}\mathrm{d}x-\int_{\frac{1}{2^{n+1}}}^{\frac{1}{2^n}}\mathrm{d}x\right)\right)\\ &=0.\end{aligned}$$

因此结论成立.

(2) 易见, $\forall n\in\{0,1,2,\cdots\}$, 我们有 $k\leqslant 2^n$. 记 $A_{n,k}:=\{x\in[0,1]:\chi_{n,k}(x)\neq 0\}$. 下面我们分情况来讨论.

• 当 $m=n\in\{0,1,2,\cdots\}$, 而 $j,k\in\{1,2,2^2,\cdots,2^n\}$ 且 $j<k$ 时. 因为

$$\frac{2j}{2^{n+1}}\leqslant\frac{2k-2}{2^{n+1}},$$

所以 $A_{n,j}\cap A_{n,k}=\varnothing$, 于是 $\chi_{n,j}$ 与 $\chi_{n,k}$ 正交.

• 当 $m,n\in\{0,1,2,\cdots\}$, 且 $m<n$, 而 $j=k\in\{1,2,2^2,\cdots,2^m\}$ 时. 显然, $2^{n-m-1}\in\mathbb{N}$. 如果 $k\neq 1$, 则

$$\frac{2k}{2^{n+1}}\leqslant\frac{2k-2}{2^{m+1}},$$

于是 $A_{m,k}\cap A_{n,k}=\varnothing$, 因此 $\chi_{m,k}$ 与 $\chi_{n,k}$ 正交. 又因为

$$\begin{aligned}\int_0^1\chi_{m,1}(x)\chi_{n,1}(x)\mathrm{d}x&=\int_0^{\frac{1}{2^{m+1}}}\chi_{n,1}(x)\mathrm{d}x-\int_{\frac{1}{2^{m+1}}}^{\frac{1}{2^m}}\chi_{n,1}(x)\mathrm{d}x\\&=\left(\int_0^{\frac{1}{2^{n+1}}}\mathrm{d}x-\int_{\frac{1}{2^{n+1}}}^{\frac{1}{2^n}}\mathrm{d}x\right)-\left(\int_0^{\frac{1}{2^{n+1}}}\mathrm{d}x-\int_{\frac{1}{2^{n+1}}}^{\frac{1}{2^n}}\mathrm{d}x\right)=0,\end{aligned}$$

所以 $\chi_{m,1}$ 与 $\chi_{n,1}$ 也正交.

• 当 $m,n\in\{0,1,2,\cdots\}$, 且 $m<n$, 而 $j\in\{1,2,2^2,\cdots,2^m\}$, $k\in\{1,2,2^2,\cdots,2^n\}$ 且 $j>k$ 时. 因为

$$\frac{2k}{2^{n+1}}\leqslant\frac{2j-2}{2^{m+1}},$$

所以 $A_{m,j}\cap A_{n,k}=\varnothing$, 于是 $\chi_{m,j}$ 与 $\chi_{n,k}$ 正交.

• 当 $m,n\in\{0,1,2,\cdots\}$, 且 $m<n$, 而 $j\in\{1,2,2^2,\cdots,2^m\}$, $k\in\{1,2,2^2,\cdots,2^n\}$ 且 $j<k$ 时. 如果

$$\frac{2j}{2^{m+1}}\leqslant\frac{2k-2}{2^{n+1}}\quad\text{或者}\quad\frac{2k}{2^{n+1}}\leqslant\frac{2j-2}{2^{m+1}},$$

则 $A_{m,j}\cap A_{n,k}=\varnothing$, 于是 $\chi_{m,j}$ 与 $\chi_{n,k}$ 正交. 如果

$$\left[\frac{2k-2}{2^{n+1}},\frac{2k}{2^{n+1}}\right]\subset\left[\frac{2j-2}{2^{m+1}},\frac{2j}{2^{m+1}}\right],$$

则必有

$$\left[\frac{2k-2}{2^{n+1}},\frac{2k}{2^{n+1}}\right]\subset\left[\frac{2j-2}{2^{m+1}},\frac{2j-1}{2^{m+1}}\right]\quad\text{或者}\quad\left[\frac{2k-2}{2^{n+1}},\frac{2k}{2^{n+1}}\right]\subset\left[\frac{2j-1}{2^{m+1}},\frac{2j}{2^{m+1}}\right],$$

于是有

$$\int_0^1 \chi_{m,j}(x)\chi_{n,k}(x)\mathrm{d}x = \pm\int_0^1 \chi_{n,k}(x)\mathrm{d}x = 0,$$

因此也有 $\chi_{m,j}$ 与 $\chi_{n,k}$ 正交. □

9. 利用傅里叶系数的极值性质和格拉姆定理证明: 线性无关向量组的格拉姆行列式不等于零.

证　假定在 X 中任意给定了一组线性无关的向量 $x_1,\cdots,x_n$. 用正交化方法能构造一个规范化正交组 $e_1,\cdots,e_n$, 使得 $L := L(e_k) = L(x_k)$. 任意给定 $x\in X$, 根据傅里叶系数的极值性质可得, 存在唯一的向量 $x_l\in L$ 使 $\|x-x_l\| = \min\limits_{y\in L}\|x-y\|$. 由于向量 $h = x - x_l$ 与 L 正交, 从等式 $x_l + h = x$ 得到未知向量 x_l 关于向量组 $x_1,\cdots,x_n$ 的展开式 $x_l = \sum\limits_{k=1}^{n}\alpha^k x_k$ 的系数 $\alpha_1,\cdots,\alpha_n$ 所满足的方程组如下:

$$\begin{cases}\langle x_1,x_1\rangle\alpha_1+\cdots+\langle x_n,x_1\rangle\alpha_n = \langle x,x_1\rangle,\\ \cdots\cdots\\ \langle x_1,x_n\rangle\alpha_1+\cdots+\langle x_n,x_n\rangle\alpha_n = \langle x,x_n\rangle.\end{cases}$$

这个方程组的解的存在性和唯一性从 x_l 的存在性和唯一性推出. 根据格拉姆定理, 由此得到, 这个方程组的行列式 (格拉姆行列式) 不等于零. □

15.2　傅里叶三角级数

一、知识点总结与补充

1. 三角级数和傅里叶三角级数

(1) 经典的三角级数是形如 $\dfrac{a_0}{2}+\sum\limits_{k=1}^{\infty}a_k\cos kx+b_k\sin kx$ 的级数, 它是以三角函数系 $T_{\mathbb{R}}$ 为基础得到的. 其系数 $\{a_0,a_k,b_k;k\in\mathbb{N}\}$ 是实数或复数.

(2) n 次三角多项式是三角级数的部分和:

$$T_n(x) = \frac{a_0}{2}+\sum_{k=1}^{n}a_k\cos kx+b_k\sin kx.$$

(3) 傅里叶三角级数: 对于函数 f, 如果 f 的傅里叶系数:

$$a_k = a_k(f) = \frac{1}{\pi}\int_{-\pi}^{\pi}f(x)\cos kx\mathrm{d}x,\quad k=0,1,2,\cdots,$$

$$b_k = b_k(f) = \frac{1}{\pi}\int_{-\pi}^{\pi}f(x)\sin kx\mathrm{d}x,\quad k=1,2,\cdots$$

有意义, 则与 f 相对应的三角级数

$$f \sim \frac{a_0(f)}{2} + \sum_{k=1}^{\infty} a_k(f)\cos kx + b_k(f)\sin kx$$

叫做函数 f 的傅里叶三角级数.

(4) 复形式: $f \sim \sum\limits_{k=-\infty}^{\infty} c_k \mathrm{e}^{\mathrm{i}kx}$, 这里

$$c_k = \begin{cases} \dfrac{1}{2}(a_k - \mathrm{i}b_k), & k > 0, \\ \dfrac{1}{2}a_0, & k = 0, \\ \dfrac{1}{2}(a_{-k} + \mathrm{i}b_{-k}), & k < 0, \end{cases}$$

即

$$c_k = c_k(f) = \frac{1}{2\pi}\int_{-\pi}^{\pi} f(x)\mathrm{e}^{-\mathrm{i}kx}\mathrm{d}x, \quad k \in \mathbb{Z}.$$

(5) 一般周期 ($T = 2l$):

- 实形式:

$$f \sim \frac{a_{l,0}(f)}{2} + \sum_{n=1}^{\infty} a_{l,n}(f)\cos\frac{n\pi}{l}x + b_{l,n}(f)\sin\frac{n\pi}{l}x,$$

这里

$$a_{l,n} = a_{l,n}(f) = \frac{1}{l}\int_{-l}^{l} f(x)\cos\frac{n\pi}{l}x\mathrm{d}x, \quad n = 0, 1, 2, \cdots,$$

$$b_{l,n} = b_{l,n}(f) = \frac{1}{l}\int_{-l}^{l} f(x)\sin\frac{n\pi}{l}x\mathrm{d}x, \quad n = 1, 2, \cdots.$$

- 复形式: $f \sim \sum\limits_{n=-\infty}^{\infty} c_{l,n}\mathrm{e}^{\mathrm{i}\frac{n\pi}{l}x}$, 这里

$$c_{l,n} = c_{l,n}(f) = \frac{1}{2l}\int_{-l}^{l} f(x)\mathrm{e}^{-\mathrm{i}\frac{n\pi}{l}x}\mathrm{d}x, \quad n \in \mathbb{Z}.$$

(6) 贝塞尔不等式: 对任何函数 $f \in L^2[-\pi, \pi]$ 都成立贝塞尔不等式

$$\frac{|a_0(f)|^2}{2} + \sum_{k=1}^{\infty} |a_k(f)|^2 + |b_k(f)|^2 \leqslant \frac{1}{\pi}\int_{-\pi}^{\pi} |f|^2(x)\mathrm{d}x.$$

2. 傅里叶 (三角) 级数的收敛性

(1) 逐点收敛的三角级数未必平均收敛, 但一致收敛的三角级数必平均收敛.

(2) 一些记号: 设 $S_n(x) = \dfrac{a_0(f)}{2} + \sum\limits_{k=1}^{n} a_k(f)\cos kx + b_k(f)\sin kx$ 是函数 $f \in L^2[-\pi,\pi]$ 的傅里叶级数的前 n 项部分和. S_n 对 f 的偏离既可用空间 $L^2[-\pi,\pi]$ 的距离 (即 S_n 和 f 在区间 $[-\pi,\pi]$ 上的均方差)

$$\|f - S_n\| = \sqrt{\int_{-\pi}^{\pi} |f - S_n|^2(x)\mathrm{d}x}$$

来度量, 又可按在这个区间上的逐点收敛意义度量.

注　部分和的复形式: $S_n(x) = \sum\limits_{k=-n}^{n} c_k \mathrm{e}^{\mathrm{i}kx}$.

(3) 傅里叶三角级数的平均收敛性: 任意函数 $f \in \mathcal{R}_2([-\pi,\pi];\mathbb{C})$ 的傅里叶级数在平均意义下收敛于它自己, 即

$$f(x) \xlongequal{\mathcal{R}_2} \frac{a_0(f)}{2} + \sum_{k=1}^{\infty} a_k(f)\cos kx + b_k(f)\sin kx,$$

并且成立帕塞瓦尔等式

$$\frac{1}{\pi}\int_{-\pi}^{\pi} |f|^2(x)\mathrm{d}x = \frac{|a_0(f)|^2}{2} + \sum_{k=1}^{\infty} |a_k(f)|^2 + |b_k(f)|^2.$$

注　复形式: 对于任何 $f \in \mathcal{R}_2([-\pi,\pi];\mathbb{C})$, 有

$$f(x) \xlongequal{\mathcal{R}_2} \sum_{k=-\infty}^{\infty} c_k(f)\mathrm{e}^{\mathrm{i}kx}$$

和

$$\frac{1}{2\pi}\|f\|^2 = \sum_{k=-\infty}^{\infty} |c_k(f)|^2.$$

(4) 傅里叶级数的逐点收敛性: 任意函数 $f \in L^2[-\pi,\pi]$ (譬如连续函数) 的傅里叶级数必在区间 $[-\pi,\pi]$ 中几乎处处收敛.

3. 傅里叶三角级数的逐点收敛性

(1) 傅里叶级数部分和的积分表示: 假设 f 是 $\mathbb{R}$ 上的 2π-周期函数或从闭区间 $[-\pi,\pi]$ 周期延拓到 $\mathbb{R}$ 上生成的函数, 则关于傅里叶级数的部分和有积分表示

$$\begin{aligned} S_n(x) &= \frac{1}{2\pi}\int_{-\pi}^{\pi} f(t)D_n(x-t)\mathrm{d}t \\ &= \frac{1}{2\pi}\int_{0}^{\pi} \big[f(x-t) + f(x+t)\big]\, D_n(t)\mathrm{d}t, \end{aligned}$$

这里

$$D_n(t) := \sum_{k=-n}^{n} \mathrm{e}^{\mathrm{i}kt} = \frac{\sin\left(n+\dfrac{1}{2}\right)t}{\sin\dfrac{1}{2}t}$$

称为狄利克雷核, 其中规定当分数的分母变成零时, $D_n(t) = 2n+1$. 狄利克雷核是 2π-周期偶函数, 且

$$\frac{1}{2\pi}\int_{-\pi}^{\pi} D_n(u)\mathrm{d}u = \frac{1}{\pi}\int_{0}^{\pi} D_n(u)\mathrm{d}u = 1.$$

(2) 黎曼引理: 如果局部可积函数 $f:(\omega_1,\omega_2)\to\mathbb{R}$ 在区间 (ω_1,ω_2) 上 (至少在反常积分意义下) 绝对可积, 则

$$\int_{\omega_1}^{\omega_2} f(x)\mathrm{e}^{\mathrm{i}\lambda x}\mathrm{d}x \to 0, \quad \lambda\to\infty,\ \lambda\in\mathbb{R}.$$

于是当 $\mathbb{R}\ni\lambda\to\infty$ 时, 有

$$\int_{\omega_1}^{\omega_2} f(x)\cos\lambda x\mathrm{d}x \to 0 \quad 和 \quad \int_{\omega_1}^{\omega_2} f(x)\sin\lambda x\mathrm{d}x \to 0.$$

注 黎曼引理对复值函数 $f:(\omega_1,\omega_2)\to\mathbb{C}$ 也是成立的.

(3) 如果函数 f 满足黎曼引理的条件, 那么当 $0<\delta\leqslant\pi$ 时, 我们有

$$S_n(x) = \frac{1}{2\pi}\int_{0}^{\delta}[f(x-t)+f(x+t)]\frac{\sin\left(n+\dfrac{1}{2}\right)t}{\sin\dfrac{1}{2}t}\mathrm{d}t + o(1), \quad n\to\infty.$$

(4) 局部化原理: 设 f 和 g 是区间 $(-\pi,\pi)$ 上的实值或复值局部可积且 (至少在反常积分意义下) 绝对可积的函数. 如果 f 和 g 在点 $x_0\in(-\pi,\pi)$ 的一个小邻域中相等, 则它们的傅里叶级数

$$f(x)\sim\sum_{k=-\infty}^{\infty} c_k(f)\mathrm{e}^{\mathrm{i}kx}, \quad g(x)\sim\sum_{k=-\infty}^{\infty} c_k(g)\mathrm{e}^{\mathrm{i}kx}$$

在 x_0 点同时收敛或同时发散, 而且当收敛时, 它们的和相等 (虽然未必等于值 $f(x_0)=g(x_0)$).

(5) 迪尼条件: 称定义在点 $x\in\mathbb{R}$ 的空心邻域上的函数 $f:\mathring{U}(x)\to\mathbb{C}$ 在点 x 处满足迪尼条件, 如果

- 在点 x 存在以下两个单侧极限:

$$f(x_-) = \lim_{t\to+0} f(x-t), \quad f(x_+) = \lim_{t\to+0} f(x+t);$$

- 积分

$$\int_{+0}\frac{[f(x-t)-f(x_-)]+[f(x+t)-f(x_+)]}{t}\mathrm{d}t$$

绝对收敛 $\left(\text{指的是对某个 } \varepsilon>0 \text{ 积分 } \int_0^{\varepsilon} \text{绝对收敛}\right)$.

(6) 赫尔德条件: 如果 f 是定义在 $U(x)$ 内的连续函数, 它在 x 点满足赫尔德条件

$$|f(x+t)-f(x)|\leqslant M|t|^{\alpha},$$

其中 $0<\alpha\leqslant 1$, $M>0$, 那么函数 f 在 x 点满足迪尼条件.

如果定义在点 x 的空心邻域 $\mathring{U}(x)$ 中的连续函数 f 有单侧极限 $f(x_-), f(x_+)$, 且满足单侧赫尔德条件

$$|f(x+t)-f(x_+)|\leqslant Mt^{\alpha},\quad |f(x-t)-f(x_-)|\leqslant Mt^{\alpha},$$

其中 $t>0$, $0<\alpha\leqslant 1$, $M>0$, 则函数 f 也满足迪尼条件.

(7) 分段连续函数与分段连续可微函数: 称实值或复值函数 f 是区间 $[a,b]$ 上的分段连续函数, 如果存在该区间中有限的一组点 $a=x_0<x_1<\cdots<x_n=b$, 使函数 f 在每个开区间 $(x_{j-1},x_j)(j=1,\cdots,n)$ 中有定义、连续, 而且在端点处有单侧极限. 称在给定区间上具有分段连续导数的函数为这个区间上的分段连续可微函数.

(8) 傅里叶级数在一点收敛的充分条件: 设 $f:\mathbb{R}\to\mathbb{C}$ 是 2π-周期函数, 在区间 $[-\pi,\pi]$ 上绝对可积. 如果函数 f 在点 $x\in\mathbb{R}$ 满足迪尼条件, 则它的傅里叶级数在点 x 收敛, 且

$$\sum_{k=-\infty}^{\infty}c_k(f)\mathrm{e}^{\mathrm{i}kx}=\frac{f(x_-)+f(x_+)}{2}.$$

(9) 费耶定理: 设 $f:\mathbb{R}\to\mathbb{C}$ 是 2π-周期且在 $[-\pi,\pi]$ 上绝对可积的函数, 记 $\sigma_n(x):=\dfrac{S_0(x)+\cdots+S_n(x)}{n+1}$.

- 如果在集合 $E\subset\mathbb{R}$ 上函数 f 一致连续, 则

$$\sigma_n(x)\rightrightarrows f(x),\quad \text{在} E \text{上当} n\to\infty \text{时};$$

- 如果 $f\in C(\mathbb{R};\mathbb{C})$, 则

$$\sigma_n(x)\rightrightarrows f(x),\quad \text{在} \mathbb{R} \text{上当} n\to\infty \text{时};$$

- 如果 f 在点 $x\in\mathbb{R}$ 连续, 则

$$\sigma_n(x)\to f(x),\quad \text{当} n\to\infty \text{时}.$$

(10) 傅里叶级数部分和的算术平均的积分表示:

$$\sigma_n(x) = \frac{1}{2\pi}\int_{-\pi}^{\pi} f(x-t)\mathfrak{F}_n(t)\mathrm{d}t,$$

这里

$$\mathfrak{F}_n(t) = \frac{1}{n+1}[D_0(t)+\cdots+D_n(t)] = \frac{\sin^2\dfrac{n+1}{2}t}{(n+1)\sin^2\dfrac{1}{2}t} \geqslant 0$$

叫费耶核, 准确地说, 叫第 n 个费耶核. 费耶核是光滑的 2π-周期函数, 它的值, 当最后分数的分母为零时, 等于 $n+1$.

注　由函数

$$\Delta_n(x) = \begin{cases} \dfrac{1}{2\pi}\mathfrak{F}_n(x), & |x| \leqslant \pi, \\ 0, & |x| > \pi \end{cases}$$

构成的序列是 $\mathbb{R}$ 上的 δ-型函数序列.

(11) 三角多项式逼近的魏尔斯特拉斯定理: 如果函数 $f:[-\pi,\pi]\to\mathbb{C}$ 在区间 $[-\pi,\pi]$ 上连续且 $f(-\pi)=f(\pi)$, 则这个函数在区间 $[-\pi,\pi]$ 上可以用三角多项式以任意精度一致逼近.

(12) 如果函数 f 在点 x 连续, 则它的傅里叶级数或者在该点发散, 或者在该点收敛于 $f(x)$.

4. 函数的光滑性和傅里叶系数的下降速度

(1) 傅里叶级数的可微性: 如果连续函数 $f\in C([-\pi,\pi];\mathbb{C})$ 在区间 $[-\pi,\pi]$ 的两个端点取值相等 ($f(-\pi)=f(\pi)$), 且在 $[-\pi,\pi]$ 上分段连续可微, 则它的导数的傅里叶级数 $f'\sim\sum\limits_{k=-\infty}^{\infty}c_k(f')\mathrm{e}^{\mathrm{i}kx}$ 可以由函数本身的傅里叶级数 $f\sim\sum\limits_{k=-\infty}^{\infty}c_k(f)\mathrm{e}^{\mathrm{i}kx}$ 形式地进行微分得到, 亦即 $c_k(f')=\mathrm{i}kc_k(f)$, $k\in\mathbb{Z}$.

注　$a_k(f')=kb_k(f)$, $b_k(f')=-ka_k(f)$, $k=0,1,2,\cdots$.

(2) 函数的光滑性与傅里叶系数下降速度的联系: 设 $f\in C^{(m-1)}([-\pi,\pi];\mathbb{C})$ 且 $f^{(j)}(-\pi)=f^{(j)}(\pi)$, $j=0,1,\cdots,m-1$. 如果函数 f 在区间 $[-\pi,\pi]$ 上有 m 阶分段连续导数, 则成立

$$c_k(f^{(m)}) = (\mathrm{i}k)^m c_k(f), \quad k\in\mathbb{Z}$$

和

$$|c_k(f)| = \frac{\gamma_k}{|k|^m} = o\left(\frac{1}{|k|^m}\right), \quad k\to\infty,\ k\in\mathbb{Z},$$

而且 $\sum\limits_{k=-\infty}^{\infty}\gamma_k^2<\infty$.

注　由于 $a_k(f)=c_k(f)+c_{-k}(f)$, $b_k(f)=\mathrm{i}(c_k(f)-c_{-k}(f))$, 所以有

$$|a_k(f)|=\frac{\alpha_k}{k^m},\quad |b_k(f)|=\frac{\beta_k}{k^m},\quad k\in\mathbb{N},$$

这里 $\sum\limits_{k=1}^{\infty}\alpha_k^2<\infty$ 和 $\sum\limits_{k=1}^{\infty}\beta_k^2<\infty$, 并且可以认为 $\alpha_k=\beta_k=\gamma_k+\gamma_{-k}$.

(3) 函数的光滑性和它的傅里叶级数的收敛速度: 如果函数 $f:[-\pi,\pi]\to\mathbb{C}$ 满足

- $f\in C^{(m-1)}[-\pi,\pi]$, $m\in\mathbb{N}$;
- $f^{(j)}(-\pi)=f^{(j)}(\pi)$, $j=0,1,\cdots,m-1$;
- 在 $[-\pi,\pi]$ 上 f 有 $m\geqslant 1$ 阶分段连续导数 $f^{(m)}$,

则函数 f 的傅里叶级数在区间 $[-\pi,\pi]$ 上绝对且一致收敛于 f, 而且傅里叶级数前 n 项和 $S_n(x)$ 对 $f(x)$ 的偏离, 在整个区间 $[-\pi,\pi]$ 上满足估计

$$|f(x)-S_n(x)|\leqslant\frac{\varepsilon_n}{n^{m-1/2}},$$

这里 $\{\varepsilon_n\}$ 是趋于零的正数序列.

(4) 傅里叶级数的积分法: 如果函数 $f:[-\pi,\pi]\to\mathbb{C}$ 分段连续, 则对应 $f(x)\sim\sum\limits_{k=-\infty}^{\infty}c_k(f)\mathrm{e}^{\mathrm{i}kx}$ 经过积分后化作等式

$$\int_0^x f(t)\mathrm{d}t=c_0(f)x+\sum_{-\infty}^{\infty}{}'\frac{c_k(f)}{\mathrm{i}k}(\mathrm{e}^{\mathrm{i}kx}-1),$$

这里撇 “$'$” 表示在和中没有 $k=0$ 那一项; 求和按对称部分和 $\sum\limits_{k=-n}^{n}{}'$ 进行, 而且级数在区间 $[-\pi,\pi]$ 上一致收敛.

5. 三角函数系的完全性

(1) 完全性定理: $\forall f\in\mathcal{R}_2[-\pi,\pi]$ 都能用下述任一函数系平均逼近:

- 支集在 $(-\pi,\pi)$ 中且在 $[-\pi,\pi]$ 上黎曼可积的函数;
- 支集在 $[-\pi,\pi]$ 中的分段常数函数;
- 支集在 $[-\pi,\pi]$ 中的连续分段线性函数;
- 三角多项式.

(2) 内积和帕塞瓦尔等式: 记 $L^2([-\pi,\pi];\mathbb{C})$ 中的内积 $\langle f,g\rangle=\int_{-\pi}^{\pi}f(x)\bar{g}(x)\mathrm{d}x$. 对 $L^2([-\pi,\pi];\mathbb{C})$ 中的任意两个函数 f 和 g, 等式

$$\frac{1}{\pi}\langle f,g\rangle=\frac{a_0(f)\bar{a}_0(g)}{2}+\sum_{k=1}^{\infty}a_k(f)\bar{a}_k(g)+b_k(f)\bar{b}_k(g)$$

或它的另一种写法

$$\frac{1}{2\pi}\langle f,g\rangle=\sum_{k=-\infty}^{\infty}c_k(f)\bar{c}_k(g)$$

都成立. 特别地, 当 $f=g$ 时, 成立以下两个彼此等价的经典的帕塞瓦尔等式:

$$\frac{1}{\pi}\|f\|^2=\frac{|a_0(f)|}{2}+\sum_{k=1}^{\infty}|a_k(f)|^2+|b_k(f)|^2,$$

$$\frac{1}{2\pi}\|f\|^2=\sum_{k=-\infty}^{\infty}|c_k(f)|^2.$$

(3) 傅里叶级数的唯一性: 设 f 和 g 是 $\mathcal{R}_2[-\pi,\pi]$ 中的函数. 那么,

• 如果三角级数

$$\frac{a_0}{2}+\sum_{k=1}^{\infty}a_k\cos kx+b_k\sin kx\left(=\sum_{k=-\infty}^{\infty}c_k\mathrm{e}^{\mathrm{i}kx}\right)$$

在区间 $[-\pi,\pi]$ 上平均收敛于 f, 则它是 f 的傅里叶级数;

• 如果函数 f 和 g 有同一的傅里叶级数, 则它们在区间 $[-\pi,\pi]$ 上几乎处处相等, 即 $f=g$ 在 $\mathcal{R}_2[-\pi,\pi]$ 中.

(4) $\tilde{T}_\phi$ 既是 $L^2([-\pi,\pi];\phi)$ 的规范正交基, 又是 $C_{\text{per}}([-\pi,\pi];\phi)$ 的 (Schauder) 基. 这里

$$C_{\text{per}}([-\pi,\pi];\phi):=\{f\in C([-\pi,\pi];\phi)\mid f(-\pi)=f(\pi)\}.$$

6. 等周不等式

n 维欧几里得空间 $E^n(n\geqslant 2)$ 中一区域的体积 V 和包围该区域的 $(n-1)$ 维超曲面的面积 F 之间有如下等周不等式

$$n^n v_n V^{n-1}\leqslant F^n,$$

这里 v_n 是 E^n 中 n 维单位球的体积. 等周不等式中的等号只对球成立.

二、例题讲解

1. 求函数 $f(x)=x\sin x,\ x\in[-\pi,\pi]$ 的傅里叶三角级数.

证　由习题 1(4) 和公式 $2\sin\alpha\sin\beta=\cos(\alpha-\beta)-\cos(\alpha+\beta)$ 可知, $\forall x\in[-\pi,\pi]$,

$$x\sin x=\sum_{n=1}^{\infty}\frac{(-1)^{n-1}}{n}2\sin nx\sin x=\sum_{n=1}^{\infty}\frac{(-1)^{n-1}}{n}(\cos(n-1)x-\cos(n+1)x)$$

$$=\sum_{n=0}^{\infty}\frac{(-1)^n}{n+1}\cos nx-\sum_{n=2}^{\infty}\frac{(-1)^n}{n-1}\cos nx=2\sum_{n=2}^{\infty}\frac{(-1)^{n+1}}{n^2-1}\cos nx+1-\frac{\cos x}{2}.$$

□

2. 证明: 如果 $f(x)\sim\frac{a_0}{2}+\sum\limits_{n=1}^{\infty}(a_n\cos nx+b_n\sin nx)$, 那么

$$f(x)\sin x\sim\frac{b_1}{2}+\sum_{n=1}^{\infty}\left(\frac{b_{n+1}-b_{n-1}}{2}\cos nx+\frac{a_{n-1}-a_{n+1}}{2}\sin nx\right).$$

证　类似于例题 1, 我们有

$$\begin{aligned}f(x)\sin x\sim&\frac{a_0}{2}\sin x+\sum_{n=1}^{\infty}\frac{a_n}{2}(\sin(n+1)x-\sin(n-1)x)\\&+\sum_{n=1}^{\infty}\frac{b_n}{2}(\cos(n-1)x-\cos(n+1)x).\end{aligned}$$

因此,

$$f(x)\sin x\sim\frac{\alpha_0}{2}+\sum_{n=1}^{\infty}(\alpha_n\cos nx+\beta_n\sin nx),$$

其中, $\alpha_0=\frac{1}{\pi}\int_{-\pi}^{\pi}f(x)\sin x\mathrm{d}x=b_1$, 并且 (记 $b_0=0$) $\forall n\in\mathbb{N}$,

$$\begin{aligned}\alpha_n&=\frac{1}{\pi}\int_{-\pi}^{\pi}f(x)\sin x\cos nx\mathrm{d}x=\frac{1}{2}(b_{n+1}-b_{n-1}),\\\beta_n&=\frac{1}{\pi}\int_{-\pi}^{\pi}f(x)\sin x\sin nx\mathrm{d}x=\frac{1}{2}(a_{n-1}-a_{n+1}).\end{aligned}$$

□

3. 设 $\alpha\neq\mathbb{Z}$. 证明:

$$\cos\alpha x=\frac{2}{\pi}\sin\alpha\pi\cdot\left(\frac{1}{2\alpha}+\sum_{n=1}^{\infty}(-1)^n\cdot\frac{\alpha\cdot\cos nx}{\alpha^2-n^2}\right),\quad|x|\leqslant\pi.$$

证　因为 $\cos\alpha x$ 是偶函数, 所以其傅里叶三角级数的系数为 $a_0=\frac{2}{\pi}\frac{\sin\alpha\pi}{\alpha}$, 且 $\forall n\in\mathbb{N}$, $b_n=0$,

$$\begin{aligned}a_n&=\frac{1}{\pi}\int_{-\pi}^{\pi}\cos\alpha x\cdot\cos nx\mathrm{d}x=\frac{2}{\pi}\int_{0}^{\pi}\cos\alpha x\cdot\cos nx\mathrm{d}x\\&=\frac{1}{\pi}\int_{0}^{\pi}\cos(\alpha+n)x+\cos(\alpha-n)x\mathrm{d}x\end{aligned}$$

$$= \frac{1}{\pi}\left(\frac{\sin(\alpha+n)x}{\alpha+n}\bigg|_0^{\pi} + \frac{\sin(\alpha-n)x}{\alpha-n}\bigg|_0^{\pi}\right) = \frac{2}{\pi}\cdot\frac{(-1)^n\alpha}{\alpha^2-n^2}\cdot\sin\alpha\pi.$$

因此, $\cos\alpha x = \frac{2}{\pi}\sin\alpha\pi\cdot\left(\frac{1}{2\alpha}+\sum\limits_{n=1}^{\infty}(-1)^n\cdot\frac{\alpha\cdot\cos nx}{\alpha^2-n^2}\right)$, $|x|\leqslant\pi$. □

注 类似地, 对 $\alpha\neq\mathbb{Z}$, 我们有 $\sin\alpha x = \frac{2}{\pi}\sin\alpha\pi\sum\limits_{n=1}^{\infty}(-1)^n\cdot\frac{n\cdot\sin nx}{\alpha^2-n^2}$, $|x|<\pi$.

4. 证明: 对 $x\notin\mathbb{Z}\pi := \{k\pi : k\in\mathbb{Z}\}$, 我们有

(1) $\frac{1}{\sin x} = \frac{1}{x}+\sum\limits_{n=1}^{\infty}(-1)^n\left(\frac{1}{x-n\pi}+\frac{1}{x+n\pi}\right)$,

(2) $\cot x = \frac{1}{x}+\sum\limits_{n=1}^{\infty}\left(\frac{1}{x-n\pi}+\frac{1}{x+n\pi}\right)$,

(3) $\tan x = -\frac{2}{2x-\pi}-\sum\limits_{n=1}^{\infty}\left(\frac{1}{x-\frac{2n+1}{2}\pi}+\frac{1}{x+\frac{2n-1}{2}\pi}\right)$.

证 由例题 3 可知

$$\frac{\pi}{2}\cdot\frac{\cos\alpha y}{\sin\alpha\pi} = \frac{1}{2\alpha}+\sum_{n=1}^{\infty}(-1)^n\cdot\frac{\alpha\cdot\cos ny}{\alpha^2-n^2},\quad |y|\leqslant\pi.$$

(1) 令 $y=0$, 我们有

$$\frac{1}{\sin\alpha\pi} = \frac{1}{\alpha\pi}+\sum_{n=1}^{\infty}(-1)^n\frac{2\alpha\pi}{(\alpha\pi)^2-(n\pi)^2}.$$

根据 α 的任意性, 我们取 $x=\alpha\pi$, 因此

$$\frac{1}{\sin x} = \frac{1}{x}+\sum_{n=1}^{\infty}(-1)^n\frac{2x}{x^2-(n\pi)^2} = \frac{1}{x}+\sum_{n=1}^{\infty}(-1)^n\left(\frac{1}{x-n\pi}+\frac{1}{x+n\pi}\right).$$

(2) 令 $x=\pi$, 我们有

$$\cot\alpha\pi = \frac{1}{\alpha\pi}+\sum_{n=1}^{\infty}\frac{2\alpha\pi}{(\alpha\pi)^2-(n\pi)^2},$$

根据 α 的任意性, 我们取 $x=\alpha\pi$, 因此

$$\cot x = \frac{1}{x}+\sum_{n=1}^{\infty}\frac{2x}{x^2-(n\pi)^2} = \frac{1}{x}+\sum_{n=1}^{\infty}\left(\frac{1}{x-n\pi}+\frac{1}{x+n\pi}\right).$$

(3) 根据 $\tan x = -\cot\left(x-\frac{\pi}{2}\right)$, 我们可以得到

$$\tan x = -\frac{2}{2x-\pi}-\sum_{n=1}^{\infty}\left(\frac{1}{x-\frac{2n+1}{2}\pi}+\frac{1}{x+\frac{2n-1}{2}\pi}\right).$$ □

5. 设 $f(x)$ 是以 2π 为周期的函数, a_n, b_n 为其傅里叶系数. 存在 $\alpha \in (0,1]$ 使得 $f(x)$ 满足赫尔德条件: $|f(x)-f(y)| \leqslant L|x-y|^{\alpha}$, 其中 L 为正常数. 试证:

(1) $a_n = \dfrac{1}{2\pi}\displaystyle\int_{-\pi}^{\pi}\left[f(x)-f\left(x+\dfrac{\pi}{n}\right)\right]\cos nx\mathrm{d}x$;

(2) $a_n = O\left(\dfrac{1}{n^{\alpha}}\right)$, $b_n = O\left(\dfrac{1}{n^{\alpha}}\right)$, $n\to\infty$.

证 (1) 因为

$$
\begin{aligned}
a_n &= \frac{1}{\pi}\int_{-\pi}^{\pi} f(x)\cos nx\mathrm{d}x = \frac{1}{\pi}\int_{-\pi-\frac{\pi}{n}}^{\pi-\frac{\pi}{n}} f\left(t+\frac{\pi}{n}\right)\cos n\left(t+\frac{\pi}{n}\right)\mathrm{d}t \\
&= -\frac{1}{\pi}\int_{-\pi-\frac{\pi}{n}}^{\pi-\frac{\pi}{n}} f\left(t+\frac{\pi}{n}\right)\cos nt\mathrm{d}t = -\frac{1}{\pi}\int_{-\pi}^{\pi} f\left(x+\frac{\pi}{n}\right)\cos nx\mathrm{d}x,
\end{aligned}
$$

所以

$$
a_n = \frac{1}{2}(a_n+a_n) = \frac{1}{2\pi}\int_{-\pi}^{\pi}\left[f(x)-f\left(x+\frac{\pi}{n}\right)\right]\cos nx\mathrm{d}x.
$$

(2) 由 (1) 可知

$$
\begin{aligned}
|a_n| &\leqslant \frac{1}{2\pi}\int_{-\pi}^{\pi}\left|f(x)-f\left(x+\frac{\pi}{n}\right)\right||\cos(nx)|\mathrm{d}x \\
&\leqslant \frac{1}{2\pi}L\left(\frac{\pi}{n}\right)^{\alpha}\int_{-\pi}^{\pi}\mathrm{d}x = L\left(\frac{\pi}{n}\right)^{\alpha},
\end{aligned}
$$

于是 $a_n = O\left(\dfrac{1}{n^{\alpha}}\right)$, 同理可得 $b_n = O\left(\dfrac{1}{n^{\alpha}}\right)$. □

6. 设 $f(x)$ 在 $[a,b]$ 上可积. 证明:

$$
\lim_{n\to\infty}\int_a^b f(x)|\sin(nx)|\mathrm{d}x = \frac{2}{\pi}\int_a^b f(x)\mathrm{d}x.
$$

证 易见 $|\sin x|$ 有一致收敛的傅里叶展开式:

$$
|\sin x| = \frac{2}{\pi} - \frac{4}{\pi}\sum_{k=1}^{\infty}\frac{\cos 2kx}{(2k)^2-1}, \quad x\in(-\infty,\infty).
$$

由 $f(x)$ 在 $[a,b]$ 上可积可知 f 有界, 即存在 $M>0$ 使得 $\forall x\in[a,b]$, $|f(x)|\leqslant M$, 从而可得一致收敛级数:

$$
f(x)|\sin nx| = \frac{2}{\pi}f(x) - \frac{4}{\pi}\sum_{k=1}^{\infty}f(x)\frac{\cos 2knx}{(2k)^2-1}, \quad x\in[a,b].
$$

于是

$$\int_a^b f(x)|\sin(nx)|\mathrm{d}x = \frac{2}{\pi}\int_a^b f(x)\mathrm{d}x - \frac{4}{\pi}\sum_{k=1}^{\infty}\frac{1}{(2k)^2-1}\int_a^b f(x)\cos 2knx\mathrm{d}x,$$

再由

$$\left|\frac{1}{(2k)^2-1}\int_a^b f(x)\cos 2knx\mathrm{d}x\right| \leqslant \frac{M(b-a)}{4k^2-1}$$

可知该等式右边的级数关于 n 一致收敛. 令 $n\to\infty$ 并利用黎曼引理可得

$$\begin{aligned}
&\lim_{n\to\infty}\int_a^b f(x)|\sin(nx)|\mathrm{d}x\\
=&\frac{2}{\pi}\int_a^b f(x)\mathrm{d}x - \frac{4}{\pi}\sum_{k=1}^{\infty}\frac{1}{(2k)^2-1}\lim_{n\to\infty}\int_a^b f(x)\cos 2knx\mathrm{d}x\\
=&\frac{2}{\pi}\int_a^b f(x)\mathrm{d}x - \frac{4}{\pi}\sum_{k=1}^{\infty}0\\
=&\frac{2}{\pi}\int_a^b f(x)\mathrm{d}x.
\end{aligned}$$

□

7. 设 2π-周期函数 f 于 $(0,2\pi)$ 上单调有界, $b_n=b_n(f)$. 证明:
(1) 如果 f 单调递减, 则 $b_n\geqslant 0$, $n=1,2,\cdots$;
(2) 如果 f 单调递增, 则 $b_n\leqslant 0$, $n=1,2,\cdots$.
证 我们只给出 (1) 的证明, (2) 的证明是类似的.
因为 f 于 $(0,2\pi)$ 上单调递减且有界, 所以

$$\begin{aligned}
b_n&=\frac{1}{\pi}\int_0^{2\pi} f(x)\sin nx\mathrm{d}x=\frac{1}{n\pi}\int_0^{2n\pi} f\left(\frac{t}{n}\right)\sin t\mathrm{d}t\\
&=\frac{1}{n\pi}\sum_{k=1}^{n}\left(\int_{2(k-1)\pi}^{(2k-1)\pi} f\left(\frac{t}{n}\right)\sin t\mathrm{d}t+\int_{(2k-1)\pi}^{2k\pi} f\left(\frac{t}{n}\right)\sin t\mathrm{d}t\right)\\
&=\frac{1}{n\pi}\sum_{k=1}^{n}\left(\int_{2(k-1)\pi}^{(2k-1)\pi} f\left(\frac{t}{n}\right)\sin t\mathrm{d}t+\int_{2(k-1)\pi}^{(2k-1)\pi} f\left(\frac{s+\pi}{n}\right)\sin(s+\pi)\mathrm{d}s\right)\\
&=\frac{1}{n\pi}\sum_{k=1}^{n}\int_{2(k-1)\pi}^{(2k-1)\pi}\left(f\left(\frac{t}{n}\right)-f\left(\frac{t+\pi}{n}\right)\right)\sin t\mathrm{d}t\geqslant 0.
\end{aligned}$$

□

8. 设 2π-周期函数 f 于 $[0,2\pi]$ 上有单调有界的导函数, $a_n=a_n(f)$. 证明:
(1) 如果 f' 单调递增, 则 $a_n\geqslant 0$, $n=1,2,\cdots$;
(2) 如果 f' 单调递减, 则 $a_n\leqslant 0$, $n=1,2,\cdots$.
证 我们只给出 (1) 的证明, (2) 的证明是类似的.

由已知条件和例题 7 可知 $b_n(f')\leqslant 0$, 于是

$$\begin{aligned}a_n&=\frac{1}{\pi}\int_0^{2\pi}f(x)\cos nx\mathrm{d}x=\frac{1}{n\pi}\int_0^{2\pi}f(x)\mathrm{d}(\sin nx)\\&=\frac{1}{n\pi}\left(f(x)\sin nx\Big|_0^{2\pi}-\int_0^{2\pi}f'(x)\sin nx\mathrm{d}x\right)\\&=-\frac{1}{n\pi}\int_0^{2\pi}f'(x)\sin nx\mathrm{d}x=-\frac{1}{n}b_n(f')\geqslant 0.\end{aligned}$$

□

9. 设 2π-周期函数 f 满足 $f(x+\pi)=-f(x)$, $\forall x\in\mathbb{R}$. 证明: f 于 $(-\pi,\pi)$ 内的傅里叶系数当 n 为偶数时为零.

证 由已知条件可知

$$\begin{aligned}a_n&=\frac{1}{\pi}\left(\int_{-\pi}^0 f(x)\cos nx\mathrm{d}x+\int_0^{\pi}f(x)\cos nx\mathrm{d}x\right)\\&=\frac{1}{\pi}\left(\int_{-\pi}^0 f(x)\cos nx\mathrm{d}x+\int_{-\pi}^0 f(t+\pi)\cos n(t+\pi)\mathrm{d}t\right)\\&=\frac{1}{\pi}\left(\int_{-\pi}^0 f(x)\cos nx\mathrm{d}x+\int_{-\pi}^0\big(-f(t)\big)(-1)^n\cos nt\mathrm{d}t\right)\\&=\frac{1}{\pi}\int_{-\pi}^0\big(1-(-1)^n\big)f(x)\cos nx\mathrm{d}x,\end{aligned}$$

于是当 n 为偶数时, $a_n=0$. 同理可得当 n 为偶数时, 还有 $b_n=0$. 因此结论成立.

□

注 类似地, 如果 f 满足 $f(x+\pi)=f(x)$, $\forall x\in\mathbb{R}$, 则 f 于 $(-\pi,\pi)$ 内的傅里叶系数当 n 为奇数时为零.

三、习题参考解答 (15.2 节)

1. (1) 试证:

$$\sum_{n=1}^{\infty}\frac{\sin nx}{n}=\frac{\pi-x}{2},\quad 0<x<2\pi,$$

并求这个级数在其他的点 $x\in\mathbb{R}$ 的和.

现在, 试利用上述展开以及傅里叶三角级数的运算法则证明:

(2) $\sum\limits_{k=1}^{\infty}\dfrac{\sin 2kx}{2k}=\dfrac{\pi}{4}-\dfrac{x}{2}$, $0<x<\pi$.

(3) $\sum\limits_{k=1}^{\infty}\dfrac{\sin(2k-1)x}{2k-1}=\dfrac{\pi}{4}$, $0<x<\pi$.

(4) $\sum\limits_{n=1}^{\infty}\dfrac{(-1)^{n-1}}{n}\sin nx=\dfrac{x}{2}$, $|x|<\pi$.

(5) $x^2=\dfrac{\pi^2}{3}+4\sum\limits_{n=1}^{\infty}\dfrac{(-1)^n}{n^2}\cos nx,\ |x|<\pi.$

(6) $x=\dfrac{\pi}{2}-\dfrac{4}{\pi}\sum\limits_{k=1}^{\infty}\dfrac{\cos(2k-1)x}{(2k-1)^2},\ 0\leqslant x\leqslant\pi.$

(7) $\dfrac{3x^2-6\pi x+2\pi^2}{12}=\sum\limits_{n=1}^{\infty}\dfrac{\cos nx}{n^2},\ 0\leqslant x\leqslant\pi.$

(8) 绘出这里的三角级数的和在整个数轴上的图像. 利用所得到的结果求下列数项级数的和

$$\sum_{n=0}^{\infty}\frac{(-1)^n}{2n+1},\quad \sum_{n=1}^{\infty}\frac{1}{n^2},\quad \sum_{n=1}^{\infty}\frac{(-1)^n}{n^2}.$$

证 (1) 将 $\dfrac{\pi-x}{2}$ $(0<x<2\pi)$ 延拓成 $\mathbb{R}$ 上的 2π-周期函数 $f(x)$:

$$f(x)=\begin{cases}\dfrac{\pi-(x-2j\pi)}{2}, & x\in(2j\pi,2(j+1)\pi),\ j\in\mathbb{Z},\\ 0, & x=2j\pi,\ j\in\mathbb{Z}.\end{cases}$$

显然 f 在每一个周期上绝对可积. 容易求得

$$a_k=\frac{1}{\pi}\int_0^{2\pi}\frac{\pi-x}{2}\cos kx\mathrm{d}x=0,\quad k=0,1,2,\cdots,$$
$$b_k=\frac{1}{\pi}\int_0^{2\pi}\frac{\pi-x}{2}\sin kx\mathrm{d}x=\frac{1}{k},\quad k=1,2,\cdots,$$

于是 $f(x)\sim\sum\limits_{n=1}^{\infty}\dfrac{\sin nx}{n}$. 显然 $\forall x\in\mathbb{R}$, 存在点 x 的空心邻域 $\mathring{U}(x)$ 使得 $f\in C(\mathring{U}(x))$. 又易见单侧极限 $f(x_-)$ 和 $f(x_+)$ 都存在且单侧赫尔德条件成立, 于是 f 在点 x 满足迪尼条件. 因此傅里叶级数 $\sum\limits_{n=1}^{\infty}\dfrac{\sin nx}{n}$ 在 $\mathbb{R}$ 上处处收敛于函数 $f(x)$. 特别地, 当 $0<x<2\pi$ 时, 我们有 $\sum\limits_{n=1}^{\infty}\dfrac{\sin nx}{n}=\dfrac{\pi-x}{2}$.

(2) 当 $0<x<\pi$ 时, 令 $y=2x$, 则 $y\in(0,2\pi)$, 于是由 (1) 可知

$$\sum_{k=1}^{\infty}\frac{\sin 2kx}{2k}=\frac{1}{2}\sum_{k=1}^{\infty}\frac{\sin ky}{k}=\frac{1}{2}\cdot\frac{\pi-y}{2}=\frac{\pi}{4}-\frac{x}{2}.$$

(3) 当 $0<x<\pi$ 时, 由 (1) 和 (2) 可知

$$\sum_{k=1}^{\infty}\frac{\sin(2k-1)x}{2k-1}=\sum_{k=1}^{\infty}\frac{\sin kx}{k}-\sum_{k=1}^{\infty}\frac{\sin 2kx}{2k}=\frac{\pi-x}{2}-\left(\frac{\pi}{4}-\frac{x}{2}\right)=\frac{\pi}{4}.$$

(4) 当 $|x|<\pi$ 时, 令 $t=x+\pi$, 则 $t\in(0,2\pi)$, 于是由 (1) 可知

$$\sum_{n=1}^{\infty}\frac{(-1)^{n-1}}{n}\sin nx=-\sum_{n=1}^{\infty}\frac{\sin n(x+\pi)}{n}=-\sum_{n=1}^{\infty}\frac{\sin nt}{n}=-\frac{\pi-t}{2}=\frac{x}{2}.$$

(5) 当 $|x|<\pi$ 时, 由 (4) 和傅里叶级数的积分法可知

$$x^2=4\int_0^x\frac{t}{2}\mathrm{d}t=4\sum_{n=1}^{\infty}\int_0^x\frac{(-1)^{n-1}}{n}\sin nt\mathrm{d}t=4\sum_{n=1}^{\infty}\frac{(-1)^{n-1}}{n^2}+4\sum_{n=1}^{\infty}\frac{(-1)^n}{n^2}\cos nx.$$

令 $x=\frac{\pi}{2}$ 得

$$\begin{aligned}\frac{\pi^2}{4}&=4\sum_{n=1}^{\infty}\frac{(-1)^{n-1}}{n^2}+4\sum_{k=1}^{\infty}\frac{(-1)^k}{(2k)^2}\\&=4\sum_{n=1}^{\infty}\frac{(-1)^{n-1}}{n^2}-\sum_{n=1}^{\infty}\frac{(-1)^{n-1}}{n^2}\\&=3\sum_{n=1}^{\infty}\frac{(-1)^{n-1}}{n^2}.\end{aligned}$$

于是

$$\sum_{n=1}^{\infty}\frac{(-1)^{n-1}}{n^2}=\frac{\pi^2}{12},$$

从而有

$$x^2=\frac{\pi^2}{3}+4\sum_{n=1}^{\infty}\frac{(-1)^n}{n^2}\cos nx.$$

(6) 当 $0<x<\pi$ 时, 由 (3) 和傅里叶级数的积分法可知

$$\begin{aligned}x=\frac{4}{\pi}\int_0^x\frac{\pi}{4}\mathrm{d}t&=\frac{4}{\pi}\sum_{k=1}^{\infty}\int_0^x\frac{\sin(2k-1)t}{2k-1}\mathrm{d}t\\&=\frac{4}{\pi}\sum_{k=1}^{\infty}\frac{1}{(2k-1)^2}-\frac{4}{\pi}\sum_{k=1}^{\infty}\frac{\cos(2k-1)x}{(2k-1)^2}.\end{aligned}$$

令 $x=\frac{\pi}{2}$ 得

$$\frac{\pi}{2}=\frac{4}{\pi}\sum_{k=1}^{\infty}\frac{1}{(2k-1)^2}.$$

于是

$$x=\frac{\pi}{2}-\frac{4}{\pi}\sum_{k=1}^{\infty}\frac{\cos(2k-1)x}{(2k-1)^2},\quad 0<x<\pi.$$

再由右端级数的一致收敛性即得结论.

(7) 当 $0<x<\pi$ 时, 由 (5) 和 (6) 可知

$$\begin{aligned}
&\frac{3x^2-6\pi x+2\pi^2}{12}=\frac{1}{4}x^2-\frac{\pi}{2}x+\frac{\pi^2}{6}\\
=&\frac{\pi^2}{12}+\sum_{n=1}^{\infty}\frac{(-1)^n}{n^2}\cos nx-\frac{\pi^2}{4}+2\sum_{k=1}^{\infty}\frac{\cos(2k-1)x}{(2k-1)^2}+\frac{\pi^2}{6}\\
=&\sum_{k=1}^{\infty}\frac{\cos 2kx}{(2k)^2}-\sum_{k=1}^{\infty}\frac{\cos(2k-1)x}{(2k-1)^2}+2\sum_{k=1}^{\infty}\frac{\cos(2k-1)x}{(2k-1)^2}\\
=&\sum_{k=1}^{\infty}\frac{\cos 2kx}{(2k)^2}+\sum_{k=1}^{\infty}\frac{\cos(2k-1)x}{(2k-1)^2}=\sum_{n=1}^{\infty}\frac{\cos nx}{n^2}.
\end{aligned}$$

再由级数 $\sum\limits_{n=1}^{\infty}\dfrac{\cos nx}{n^2}$ 的一致收敛性即得结论.

(8) 图像略. 分别在 (3), (7), (5) 中取 $x=\dfrac{\pi}{2}$, $x=0$, $x=0$ 即得

$$\sum_{n=0}^{\infty}\frac{(-1)^n}{2n+1}=\frac{\pi}{4},\quad \sum_{n=1}^{\infty}\frac{1}{n^2}=\frac{\pi^2}{6},\quad \sum_{n=1}^{\infty}\frac{(-1)^n}{n^2}=-\frac{\pi^2}{12}.$$ □

2. 试证:

(1) 如果 $f:[-\pi,\pi]\to\mathbb{C}$ 是奇 (偶) 函数, 则它的傅里叶系数有以下特点: $a_k(f)=0(b_k(f)=0)$, $k=0,1,2,\cdots$.

(2) 如果 $f:\mathbb{R}\to\mathbb{C}$ 具有周期 $2\pi/m$, 则它的傅里叶系数 $c_k(f)$ 仅当 k 是 m 的倍数时才可能不等于零.

(3) 如果 $f:[-\pi,\pi]\to\mathbb{R}$ 是实值的, 则对于任何 $k\in\mathbb{N}$, $c_k(f)=\overline{c}_{-k}(f)$.

(4) $|a_k(f)|\leqslant 2\sup\limits_{|x|<\pi}|f(x)|$, $|b_k(f)|\leqslant 2\sup\limits_{|x|<\pi}|f(x)|$, $|c_k(f)|\leqslant \sup\limits_{|x|<\pi}|f(x)|$.

证 (1) 如果 $f:[-\pi,\pi]\to\mathbb{C}$ 是奇函数, 则对 $k=0,1,2,\cdots$, $f(x)\cos kx$ 也是奇函数, 于是

$$a_k(f)=\frac{1}{\pi}\int_{-\pi}^{\pi}f(x)\cos kx\mathrm{d}x=0.$$

如果 $f:[-\pi,\pi]\to\mathbb{C}$ 是偶函数, 则对 $k=1,2,\cdots$, $f(x)\sin kx$ 是奇函数, 于是

$$b_k(f)=\frac{1}{\pi}\int_{-\pi}^{\pi}f(x)\sin kx\mathrm{d}x=0.$$

(2) 记 $M:=\{jm:j\in\mathbb{Z}\}$, 当 $k\in\mathbb{Z}\backslash M$ 时, 易见 $\mathrm{e}^{-\mathrm{i}\frac{k}{m}2\pi}\neq 1$ 而 $\mathrm{e}^{-\mathrm{i}2k\pi}=1$,

于是由 f 具有周期 $2\pi/m$ 可知

$$
\begin{aligned}
c_k(f) &= \frac{1}{2\pi}\int_0^{2\pi} f(x)\mathrm{e}^{-\mathrm{i}kx}\mathrm{d}x = \frac{1}{2\pi}\sum_{n=0}^{m-1}\int_{n\frac{2\pi}{m}}^{(n+1)\frac{2\pi}{m}} f(x)\mathrm{e}^{-\mathrm{i}kx}\mathrm{d}x \\
&= \frac{1}{2\pi}\sum_{n=0}^{m-1}\mathrm{e}^{-\mathrm{i}n\frac{k}{m}2\pi}\int_0^{\frac{2\pi}{m}} f\Big(u+n\frac{2\pi}{m}\Big)\mathrm{e}^{-\mathrm{i}ku}\mathrm{d}u \\
&= \frac{1}{2\pi}\sum_{n=0}^{m-1}\mathrm{e}^{-\mathrm{i}n\frac{k}{m}2\pi}\int_0^{\frac{2\pi}{m}} f(u)\mathrm{e}^{-\mathrm{i}ku}\mathrm{d}u \\
&= \frac{1}{2\pi}\cdot\frac{1-\mathrm{e}^{-\mathrm{i}2k\pi}}{1-\mathrm{e}^{-\mathrm{i}\frac{k}{m}2\pi}}\cdot\int_0^{\frac{2\pi}{m}} f(u)\mathrm{e}^{-\mathrm{i}ku}\mathrm{d}u = 0.
\end{aligned}
$$

(3) 因为 $f:[-\pi,\pi]\to\mathbb{R}$ 是实值的, 所以对于任何 $k\in\mathbb{N}$,

$$
\overline{c}_{-k}(f) = \frac{1}{2\pi}\int_{-\pi}^{\pi}\overline{f}(x)\overline{\mathrm{e}^{-\mathrm{i}(-k)x}}\mathrm{d}x = \frac{1}{2\pi}\int_{-\pi}^{\pi} f(x)\mathrm{e}^{-\mathrm{i}kx}\mathrm{d}x = c_k(f).
$$

(4) 由傅里叶系数的定义易见

$$
|a_k(f)| = \left|\frac{1}{\pi}\int_{-\pi}^{\pi} f(x)\cos kx\mathrm{d}x\right| \leqslant \frac{1}{\pi}\int_{-\pi}^{\pi}|f(x)|\mathrm{d}x \leqslant 2\sup_{|x|<\pi}|f(x)|.
$$

同理可知 $|b_k(f)|\leqslant 2\sup\limits_{|x|<\pi}|f(x)|$. 类似地, 我们有

$$
|c_k(f)| = \left|\frac{1}{2\pi}\int_{-\pi}^{\pi} f(x)\mathrm{e}^{-\mathrm{i}kx}\mathrm{d}x\right| \leqslant \frac{1}{2\pi}\int_{-\pi}^{\pi}|f(x)|\mathrm{d}x \leqslant \sup_{|x|<\pi}|f(x)|. \qquad \square
$$

注　对于 (2), 当 $k\in M$ 时, 易见 $\mathrm{e}^{-\mathrm{i}\frac{k}{m}2\pi}=1$, 于是

$$
\tilde{c}_{\pi,k}(f) := c_k(f) = \frac{m}{2\pi}\int_0^{\frac{2\pi}{m}} f(u)\mathrm{e}^{-\mathrm{i}ku}\mathrm{d}u = \frac{m}{2\pi}\int_{-\frac{\pi}{m}}^{\frac{\pi}{m}} f(u)\mathrm{e}^{-\mathrm{i}\frac{\pi}{\frac{\pi}{m}}\frac{k}{m}u}\mathrm{d}u =: \tilde{c}_{\frac{\pi}{m},\frac{k}{m}}(f).
$$

因此再结合 (2) 的结果可知

$$
\sum_{k\in\mathbb{Z}}\tilde{c}_{\pi,k}(f)\mathrm{e}^{\mathrm{i}kx} = \sum_{j\in\mathbb{Z}}\tilde{c}_{\frac{\pi}{m},j}(f)\mathrm{e}^{\mathrm{i}\frac{\pi}{\frac{\pi}{m}}jx}.
$$

这就说明了具有周期 $2\pi/m$ 的函数 $f:\mathbb{R}\to\mathbb{C}$ 所对应的傅里叶级数与将其看成周期为 2π 的函数时所对应的傅里叶级数是一样的.

3. (1) 试证: 对于任意的 $a\in\mathbb{R}$, 函数系 $\{\cos kx; k=0,1,\cdots\}$, $\{\sin kx; k\in\mathbb{N}\}$ 都是空间 $\mathcal{R}_2[a,a+\pi]$ 中的完全系.

(2) 求函数 $f(x)=x$ 按上述每个函数系在区间 $[0,\pi]$ 上的展开式.

(3) 绘出所得傅里叶级数的和在整个数轴上的图像.

(4) 指出函数 $f(x)=|x|$ 在区间 $[-\pi,\pi]$ 上的傅里叶三角级数, 并阐明它在整个区间 $[-\pi,\pi]$ 上是否一致收敛于这个函数.

解 (1) 对任何 $f\in\mathcal{R}_2[a,a+\pi]$, 先将 f 关于 $x=a$ 做偶对称再做周期延拓得到 2π-周期函数 F. 记 $G(x)=F(x+a)$, $x\in\mathbb{R}$. 易见 G 为关于 $x=0$ 偶对称的 2π-周期函数. 于是 $\forall\varepsilon>0$, 存在 $n\in\mathbb{N}$ 使得

$$\begin{aligned}\varepsilon&>\int_0^{\pi}\left|\sum_{k=1}^{n}\left(\int_0^{\pi}G(t)\cos kt\mathrm{d}t\right)\cos kx+\frac{1}{2}\int_0^{\pi}G(t)\mathrm{d}t-G(x)\right|^2\mathrm{d}x\\&\xlongequal[s=t+a]{y=x+a}\int_a^{a+\pi}\left|\sum_{k=1}^{n}\left(\int_a^{a+\pi}G(s-a)\cos k(s-a)\mathrm{d}s\right)\cos kx\right.\\&\qquad\left.+\frac{1}{2}\int_a^{a+\pi}G(s-a)\mathrm{d}s-G(y-a)\right|^2\mathrm{d}y\\&=\int_a^{a+\pi}\left|\sum_{k=1}^{n}\left(\int_a^{a+\pi}f(s)\cos k(s-a)\mathrm{d}s\right)\cos kx\right.\\&\qquad\left.+\frac{1}{2}\int_a^{a+\pi}f(s)\mathrm{d}s-f(y)\right|^2\mathrm{d}y.\end{aligned}$$

由此可知函数系 $\{\cos kx;k=0,1,\cdots\}$ 是空间 $\mathcal{R}_2[a,a+\pi]$ 中的完全系. 类似地, 将上述证明中的偶对称改为奇对称即得函数系 $\{\sin kx;k\in\mathbb{N}\}$ 也是 $\mathcal{R}_2[a,a+\pi]$ 中的完全系.

(2) 余弦展开: 容易求得

$$a_0=\frac{2}{\pi}\int_0^{\pi}x\mathrm{d}x=\pi,\quad a_k=\frac{2}{\pi}\int_0^{\pi}x\cos kx\mathrm{d}x=\frac{2((-1)^k-1)}{k^2\pi},\quad k=1,2,\cdots.$$

于是

$$x=\frac{\pi}{2}+\sum_{k=1}^{\infty}\frac{2((-1)^k-1)}{k^2\pi}\cos kx=\frac{\pi}{2}-\frac{4}{\pi}\sum_{n=1}^{\infty}\frac{\cos(2n-1)x}{(2n-1)^2},\quad x\in[0,\pi].$$

正弦展开: 容易求得

$$b_k=\frac{2}{\pi}\int_0^{\pi}x\sin kx\mathrm{d}x=\frac{2(-1)^{k+1}}{k},\quad k=1,2,\cdots.$$

于是

$$x=\sum_{k=1}^{\infty}\frac{2(-1)^{k+1}}{k}\sin kx,\quad x\in[0,\pi).$$

而当 $x=\pi$ 时, 右端为零.

(3) 图像略.

(4) 由 (2) 可知

$$|x|=\frac{\pi}{2}-\frac{4}{\pi}\sum_{n=1}^{\infty}\frac{\cos(2n-1)x}{(2n-1)^2},\quad x\in[-\pi,\pi].$$

又由

$$\big|S_k(x)-|x|\big|=\frac{4}{\pi}\left|\sum_{n=k+1}^{\infty}\frac{\cos(2n-1)x}{(2n-1)^2}\right|\leqslant\frac{4}{\pi}\sum_{n=k+1}^{\infty}\frac{1}{(2n-1)^2}$$

可知该傅里叶级数在整个区间 $[-\pi,\pi]$ 上一致收敛于 $|x|$. □

4. 试验证:

(1) 对于任何 $a\in\mathbb{R}$, 函数系 $\left\{1,\cos k\dfrac{2\pi}{T}x,\sin k\dfrac{2\pi}{T}x;k\in\mathbb{N}\right\}$, $\left\{\mathrm{e}^{\mathrm{i}k\frac{2\pi}{T}x};k\in\mathbb{Z}\right\}$ 都是空间 $\mathcal{R}_2([a,a+T];\mathbb{C})$ 中的正交系;

(2) T-周期函数 $f:\mathbb{R}\to\mathbb{C}$ 关于上述的函数系的傅里叶系数 $a_k(f)$, $b_k(f)$, $c_k(f)$ 与它是在区间 $\left[-\dfrac{T}{2},\dfrac{T}{2}\right]$ 上还是在任何其他形如 $[a,a+T]$ 的区间上展成傅里叶级数无关;

(3) 如果 $c_k(f)$ 和 $c_k(g)$ 是 T-周期函数 f 和 g 的傅里叶系数, 则

$$\frac{1}{T}\int_a^{a+T}f(x)\bar{g}(x)\mathrm{d}x=\sum_{k=-\infty}^{\infty}c_k(f)\bar{c}_k(g);$$

(4) T-周期光滑函数 f 和 g 的用因子 $\dfrac{1}{T}$ 规范化了的“卷积”

$$h(x)=\frac{1}{T}\int_0^T f(x-t)g(t)\mathrm{d}t$$

的傅里叶系数 $c_k(h)$ 与函数 f 和 g 的傅里叶系数 $c_k(f)$, $c_k(g)$ 满足关系 $c_k(h)=c_k(f)c_k(g)(k\in\mathbb{Z})$.

证　(1) 由标准周期 $(T=2\pi)$ 时的正交性和周期函数的性质易见结论成立.

(2) 因为 T 是函数 f, $\cos k\dfrac{2\pi}{T}x$, $\sin k\dfrac{2\pi}{T}x$, $\mathrm{e}^{\mathrm{i}k\frac{2\pi}{T}x}$ 的周期, 所以由周期函数的性质易见结论成立.

(3) 由

$$\int_0^T\mathrm{e}^{\mathrm{i}k\frac{2\pi}{T}x}\mathrm{e}^{-\mathrm{i}k\frac{2\pi}{T}x}\mathrm{d}x=T$$

和

$$\frac{1}{\sqrt{T}}f(x) \overset{\mathcal{R}_2}{=} \sum_{k=-\infty}^{\infty} c_k(f)\frac{1}{\sqrt{T}}\mathrm{e}^{\mathrm{i}k\frac{2\pi}{T}x}, \quad \frac{1}{\sqrt{T}}g(x) \overset{\mathcal{R}_2}{=} \sum_{k=-\infty}^{\infty} c_k(g)\frac{1}{\sqrt{T}}\mathrm{e}^{\mathrm{i}k\frac{2\pi}{T}x},$$

以及内积的性质可知

$$\frac{1}{T}\int_a^{a+T} f(x)\bar{g}(x)\mathrm{d}x = \left\langle \frac{1}{\sqrt{T}}f, \frac{1}{\sqrt{T}}g \right\rangle = \sum_{k=-\infty}^{\infty} c_k(f)\bar{c}_k(g).$$

(4) $\forall k \in \mathbb{Z}$, 由周期函数的性质可知

$$\begin{aligned}
c_k(h) &= \frac{1}{T}\int_0^T h(x)\mathrm{e}^{-\mathrm{i}k\frac{2\pi}{T}x}\mathrm{d}x \\
&= \frac{1}{T}\int_0^T \left(\frac{1}{T}\int_0^T f(x-t)g(t)\mathrm{d}t\right)\mathrm{e}^{-\mathrm{i}k\frac{2\pi}{T}x}\mathrm{d}x \\
&= \frac{1}{T}\int_0^T \left(\frac{1}{T}\int_0^T f(x-t)\mathrm{e}^{-\mathrm{i}k\frac{2\pi}{T}(x-t)}\mathrm{d}x\right)g(t)\mathrm{e}^{-\mathrm{i}k\frac{2\pi}{T}t}\mathrm{d}t \\
&= \frac{1}{T}\int_0^T \left(\frac{1}{T}\int_{-t}^{-t+T} f(y)\mathrm{e}^{-\mathrm{i}k\frac{2\pi}{T}y}\mathrm{d}y\right)g(t)\mathrm{e}^{-\mathrm{i}k\frac{2\pi}{T}t}\mathrm{d}t \\
&= \frac{1}{T}\int_0^T \left(\frac{1}{T}\int_0^T f(y)\mathrm{e}^{-\mathrm{i}k\frac{2\pi}{T}y}\mathrm{d}y\right)g(t)\mathrm{e}^{-\mathrm{i}k\frac{2\pi}{T}t}\mathrm{d}t \\
&= \frac{1}{T}\int_0^T c_k(f)g(t)\mathrm{e}^{-\mathrm{i}k\frac{2\pi}{T}t}\mathrm{d}t = c_k(f)c_k(g).
\end{aligned}$$

□

5. (1) 试证: 如果 $f:\mathbb{R}\to\mathbb{R}$ 是 2π-周期函数, 且有分段光滑的 m 阶 ($m\in\mathbb{N}$) 导数 $f^{(m)}$, 则 f 可以表示成

$$f(x) = \frac{a_0}{2} + \frac{1}{\pi}\int_{-\pi}^{\pi} B_m(t-x)f^{(m)}(t)\mathrm{d}t$$

的形式, 这里 $B_m(u) = \sum\limits_{k=1}^{\infty} \dfrac{\cos\left(ku + \dfrac{m\pi}{2}\right)}{k^m}$, $m\in\mathbb{N}$.

(2) 利用习题 1 中函数 $\dfrac{\pi - x}{2}$ 在区间 $[0,2\pi]$ 上的傅里叶展开, 证明: $B_1(u)$ 是区间 $[0,2\pi]$ 上的 1 次多项式, 而 $B_m(u)$ 是区间 $[0,2\pi]$ 上的 m 次多项式. 这些多项式叫伯努利多项式.

(3) 试验证: 对任意 $m\in\mathbb{N}$, 有 $\displaystyle\int_0^{2\pi} B_m(u)\mathrm{d}u = 0$.

证 (1) 由分部积分公式可得

$$\begin{aligned}a_k &= \frac{1}{\pi}\int_{-\pi}^{\pi} f(t)\cos kt\mathrm{d}t\\&= \frac{1}{\pi}(-1)^m\int_{-\pi}^{\pi} f(t)\frac{\mathrm{d}^m}{\mathrm{d}t^m}\left(\frac{\cos\left(kt+\dfrac{m\pi}{2}\right)}{k^m}\right)\mathrm{d}t\\&= \frac{1}{\pi}\int_{-\pi}^{\pi} f^{(m)}(t)\cdot\frac{\cos\left(kt+\dfrac{m\pi}{2}\right)}{k^m}\mathrm{d}t,\quad k\in\mathbb{N}.\end{aligned}$$

同理有

$$b_k = \frac{1}{\pi}\int_{-\pi}^{\pi} f(t)\sin kt\mathrm{d}t = \frac{1}{\pi}\int_{-\pi}^{\pi} f^{(m)}(t)\cdot\frac{\sin\left(kt+\dfrac{m\pi}{2}\right)}{k^m}\mathrm{d}t,\quad k\in\mathbb{N}.$$

当 $m>1$ 时, 由 $B_m(u)=\sum\limits_{k=1}^{\infty}\dfrac{\cos\left(ku+\dfrac{m\pi}{2}\right)}{k^m}$ 的一致收敛性可知

$$\begin{aligned}f(x) &= \frac{a_0}{2}+\frac{1}{\pi}\sum_{k=1}^{\infty} a_k\cos kx+b_k\sin kx\\&= \frac{a_0}{2}+\frac{1}{\pi}\sum_{k=1}^{\infty}\int_{-\pi}^{\pi} f^{(m)}(t)\cdot\frac{\cos\left(kt+\dfrac{m\pi}{2}\right)\cos kx+\sin\left(kt+\dfrac{m\pi}{2}\right)\sin kx}{k^m}\mathrm{d}t\\&= \frac{a_0}{2}+\frac{1}{\pi}\sum_{k=1}^{\infty}\int_{-\pi}^{\pi} f^{(m)}(t)\cdot\frac{\cos\left(k(t-x)+\dfrac{m\pi}{2}\right)}{k^m}\mathrm{d}t\\&= \frac{a_0}{2}+\frac{1}{\pi}\int_{-\pi}^{\pi} f^{(m)}(t)\cdot\sum_{k=1}^{\infty}\frac{\cos\left(k(t-x)+\dfrac{m\pi}{2}\right)}{k^m}\mathrm{d}t\\&= \frac{a_0}{2}+\frac{1}{\pi}\int_{-\pi}^{\pi} B_m(t-x)f^{(m)}(t)\mathrm{d}t.\end{aligned}$$

当 $m=1$ 时, 记 $F(x)=\displaystyle\int_{-\pi}^{x}\left(f(s)-\frac{a_0(f)}{2}\right)\mathrm{d}s$, 则易见 $F(-\pi)=F(\pi)=0$ 且 F 有分段光滑的二阶导数 $F^{(2)}=f'$, 于是我们有

$$F(x)=\frac{a_0(F)}{2}+\frac{1}{\pi}\int_{-\pi}^{\pi} B_2(t-x)F^{(2)}(t)\mathrm{d}t.$$

两边对 x 求导即得

$$f(x)-\frac{a_0(f)}{2}=-\frac{1}{\pi}\int_{-\pi}^{\pi}\frac{\mathrm{d}B_2}{\mathrm{d}u}(t-x)F^{(2)}(t)\mathrm{d}t$$
$$=\frac{1}{\pi}\int_{-\pi}^{\pi}\sum_{k=1}^{\infty}\frac{\cos\left(k(t-x)+\frac{\pi}{2}\right)}{k}(t-x)f'(t)\mathrm{d}t$$
$$=\frac{1}{\pi}\int_{-\pi}^{\pi}B_1(t-x)f'(t)\mathrm{d}t,$$

从而

$$f(x)=\frac{a_0}{2}+\frac{1}{\pi}\int_{-\pi}^{\pi}B_1(t-x)f'(t)\mathrm{d}t.$$

(2) 易见

$$B_1(u)=\sum_{k=1}^{\infty}\frac{\cos\left(ku+\frac{\pi}{2}\right)}{k}=-\sum_{k=1}^{\infty}\frac{\sin ku}{k}=\frac{u-\pi}{2}.$$

再由递推关系式

$$\frac{\mathrm{d}B_{m+1}(u)}{\mathrm{d}u}=\sum_{k=1}^{\infty}\frac{\mathrm{d}}{\mathrm{d}u}\left(\frac{\cos\left(ku+\frac{(m+1)\pi}{2}\right)}{k^{m+1}}\right)$$
$$=-\sum_{k=1}^{\infty}\frac{\mathrm{d}}{\mathrm{d}u}\left(\frac{\sin\left(ku+\frac{m\pi}{2}\right)}{k^{m+1}}\right)$$
$$=-B_m(u)$$

可知 $B_m(u)$ 是 m 次多项式.

(3) 由 (2) 中的递推关系式可知

$$\int_0^{2\pi}B_m(u)\mathrm{d}u=-\int_0^{2\pi}\frac{\mathrm{d}B_{m+1}(u)}{\mathrm{d}u}\mathrm{d}u=B_{m+1}(0)-B_{m+1}(2\pi)=0. \qquad \square$$

6. 设函数 $f:[a,b]\to\mathbb{R}$ 连续且分段可微, 又设它的导数 f' 在区间 (a,b) 上平方可积. 试利用帕塞瓦尔等式证明:

(1) 如果 $[a,b]=[0,\pi]$, 则当满足两个条件 $f(0)=f(\pi)=0$ 或 $\int_0^{\pi}f(x)\mathrm{d}x=0$ 中的任一个时, 成立斯捷克洛夫不等式

$$\int_0^{\pi}f^2(x)\mathrm{d}x\leqslant\int_0^{\pi}\left(f'\right)^2(x)\mathrm{d}x,$$

其中的等号仅在 $f(x)=\alpha\sin x$ 或 $f(x)=\beta\cos x$ 时成立;

(2) 如果 $[a,b]=[-\pi,\pi]$ 并同时满足两个条件 $f(-\pi)=f(\pi)$ 和 $\int_{-\pi}^{\pi}f(x)\mathrm{d}x=0$, 则成立维勒金盖勒不等式

$$\int_{-\pi}^{\pi}f^2(x)\mathrm{d}x\leqslant\int_{-\pi}^{\pi}\left(f'\right)^2(x)\mathrm{d}x,$$

其中等号仅在 $f(x)=\alpha\cos x+\beta\sin x$ 时成立.

证 (1) 当 f 满足条件 $f(0)=f(\pi)=0$ 时将其做周期奇延拓, 而当 $\int_0^{\pi}f(x)\mathrm{d}x=0$ 时将其做周期偶延拓. 记延拓后的函数为 F, 则易见在区间 $[-\pi,\pi]$ 上, $F(-\pi)=F(\pi)$ 且 $\int_{-\pi}^{\pi}F(x)\mathrm{d}x=0$. 于是我们有 $c_0(F)=0$ 且 $c_k(F')=\mathrm{i}kc_k(F)$, $k\in\mathbb{Z}$. 因此由帕塞瓦尔等式可知

$$\int_0^{\pi}f^2(x)\mathrm{d}x=\frac{1}{2}\|F\|^2=\pi\sum_{k=\mathbb{Z}\backslash\{0\}}|c_k(F)|^2$$

$$\leqslant\pi\sum_{k=\mathbb{Z}\backslash\{0\}}|c_k(F')|^2=\frac{1}{2}\|F'\|^2=\int_0^{\pi}\left(f'\right)^2(x)\mathrm{d}x,$$

且等号仅在 $c_k(F)=0$ $(\forall k\in\mathbb{Z}\backslash\{-1,0,1\})$ 时成立. 此时, $F(x)=a_1(F)\cos x+b_1(F)\sin x$. 因此由 f 所满足的条件可知结论成立.

(2) 由 (1) 的证明过程易见结论成立. □

7. 吉布斯现象. 人们这样称呼下边描述的傅里叶三角级数部分和的行为特点, 它是由维尔波列雅姆首先发现的 (1848 年), 后来 (1898 年) 吉布斯重新发现了这种现象 (《数学百科全书》, 卷 1, 莫斯科, 1977 年).

(1) 试证

$$\mathrm{sgn}x=\frac{4}{\pi}\sum_{k=1}^{\infty}\frac{\sin(2k-1)x}{2k-1},\quad |x|<\pi.$$

(2) 试验证: 函数 $S_n(x)=\frac{4}{\pi}\sum\limits_{k=1}^{n}\frac{\sin(2k-1)x}{2k-1}$ 当 $x=\frac{\pi}{2n}$ 时达到最大值, 且当 $n\to\infty$ 时有

$$S_n\left(\frac{\pi}{2n}\right)=\frac{2}{\pi}\sum_{k=1}^{n}\frac{\sin(2k-1)\frac{\pi}{2n}}{(2k-1)\frac{\pi}{2n}}\cdot\frac{\pi}{n}\to\frac{2}{\pi}\int_0^{\pi}\frac{\sin x}{x}\mathrm{d}x\approx 1.179.$$

这样一来, 当 $n\to\infty$ 时 $S_n(x)$ 在点 $x=0$ 附近的振动大约超过函数 $\mathrm{sgn}x$ 本身在这一点的跳跃的 18%($S_n(x)$ “依惯性” 超跳).

(3) 绘出习题 (2) 的函数 $S_n(x)$ 的图像的极限. 现在设 $S_n(f,x)$ 是函数 f 的傅里叶三角级数前 n 项部分和, 并设当 $n\to\infty$ 时在 ξ 的空心邻域 $0<|x-\xi|<\delta$ 中有 $S_n(f,x)\to f(x)$, 在点 ξ 处 f 有单边极限 $f(\xi_-)$ 和 $f(\xi_+)$. 为确定起见, 设 $f(\xi_-)\leqslant f(\xi_+)$. 称和 $S_n(f,x)$ 在点 ξ 有吉布斯现象, 如果 $\varliminf\limits_{\substack{n\to\infty\\ x\to\xi-0}} S_n(f,x)<f(\xi_-)\leqslant f(\xi_+)<\varlimsup\limits_{\substack{n\to\infty\\ x\to\xi+0}} S_n(f,x)$.

(4) 试利用《讲义》注 9 证明, 对任意形如 $\varphi(x)+c\operatorname{sgn}(x-\xi)$ 的函数, 这里 $c\neq 0$, $|\xi|<\pi$, 而 $\varphi\in C^{(1)}[-\pi,\pi]$, 在点 ξ 有吉布斯现象.

证 (1) 容易求得

$$a_k=\frac{1}{\pi}\int_{-\pi}^{\pi}\operatorname{sgn}x\cos kx\mathrm{d}x=0,\quad k=0,1,2,\cdots,$$

$$b_k=\frac{1}{\pi}\int_{-\pi}^{\pi}\operatorname{sgn}x\sin kx\mathrm{d}x=\frac{2(1-(-1)^k)}{k\pi},\quad k=1,2,\cdots,$$

于是

$$\operatorname{sgn}x=\frac{4}{\pi}\sum_{k=1}^{\infty}\frac{\sin(2k-1)x}{2k-1},\quad |x|<\pi.$$

(2) 因为函数 $S_n(x)=\dfrac{4}{\pi}\sum\limits_{k=1}^{n}\dfrac{\sin(2k-1)x}{2k-1}$ 是奇函数, 所以只需在区间 $[0,\pi]$ 上考虑它即可. 再由

$$\sin(2k-1)\left(\frac{\pi}{2}+x\right)=\sin(2k-1)\left(\frac{\pi}{2}-x\right)$$

可知

$$S_n\left(\frac{\pi}{2}+x\right)=S_n\left(\frac{\pi}{2}-x\right),$$

因此又只需在区间 $\left[0,\dfrac{\pi}{2}\right]$ 上研究 S_n 即可. 易见

$$S_n'(x)=\frac{4}{\pi}\sum_{k=1}^{n}\cos(2k-1)x=\frac{2}{\pi}\frac{1}{\sin x}\sum_{k=1}^{n}\big(\sin(2k)x-\sin(2k-2)x\big)=\frac{2}{\pi}\cdot\frac{\sin 2nx}{\sin x},$$

于是由 $S_n(0)=0$ 可得

$$\begin{aligned}S_n(x)&=\frac{2}{\pi}\int_0^x\frac{\sin 2ny}{\sin y}\mathrm{d}y=\frac{1}{n\pi}\int_0^{2nx}\frac{\sin t}{\sin\dfrac{t}{2n}}\mathrm{d}t\\&=\frac{1}{n\pi}\left(\sum_{j=0}^{N-1}\int_{j\pi}^{(j+1)\pi}\frac{\sin t}{\sin\dfrac{t}{2n}}\mathrm{d}t+\int_{N\pi}^{2nx}\frac{\sin t}{\sin\dfrac{t}{2n}}\mathrm{d}t\right),\end{aligned}$$

这里, $N=\left[\dfrac{2nx}{\pi}\right]$. 对 $j=0,1,\cdots,N-1$, 令

$$\frac{1}{n\pi}\int_{j\pi}^{(j+1)\pi}\frac{\sin t}{\sin\dfrac{t}{2n}}\mathrm{d}t=(-1)^j\frac{1}{n\pi}\int_0^{\pi}\frac{\sin u}{\sin\dfrac{u+j\pi}{2n}}\mathrm{d}u=:(-1)^j v_j.$$

再令

$$\tilde{v}_N=\frac{1}{n\pi}\int_0^{2nx-N\pi}\frac{\sin u}{\sin\dfrac{u+N\pi}{2n}}\mathrm{d}u,$$

则易见

$$v_1>v_2>\cdots>v_{N-1}>\tilde{v}_N\geqslant 0.$$

于是我们有

$$S_n(x)=\sum_{j=0}^{N-1}(-1)^j v_j+(-1)^N\tilde{v}_N.$$

由此可知, 当 $x\in\left(0,\dfrac{\pi}{2}\right]$ 时, $S_n(x)>0$, 且 $S_n(x)$ 在点

$$x_m=\frac{m\pi}{2n},\quad m=1,2,\cdots,n$$

处有极值 $S_n(x_m)=\sum\limits_{j=0}^{m-1}(-1)^j v_j$ (当 m 是奇数时有极大值而当 m 是偶数时有极小值). 进而可知在区间 $\left[0,\dfrac{\pi}{2}\right]$ 上 $S_n(x)$ 的极大值递减而极小值递增. 因此当 $m=1$ $\left(\text{即 } x=x_1=\dfrac{\pi}{2n}\right)$ 时, $S_n(x)$ 达到最大值

$$\begin{aligned}S_n\left(\frac{\pi}{2n}\right)&=\frac{4}{\pi}\sum_{k=1}^{n}\frac{\sin(2k-1)\dfrac{\pi}{2n}}{2k-1}\\&=\frac{2}{\pi}\sum_{k=1}^{n}\frac{\sin(2k-1)\dfrac{\pi}{2n}}{(2k-1)\dfrac{\pi}{2n}}\cdot\frac{\pi}{n}\\&=\frac{1}{n\pi}\int_0^{\pi}\frac{\sin x}{\sin\dfrac{x}{2n}}\mathrm{d}x.\end{aligned}$$

由此即得当 $n\to\infty$ 时,

$$S_n\left(\frac{\pi}{2n}\right)\to\frac{2}{\pi}\int_0^{\pi}\frac{\sin x}{x}\mathrm{d}x.$$

(3) 函数 $S_n(x)$ 的图像的极限见图 2:

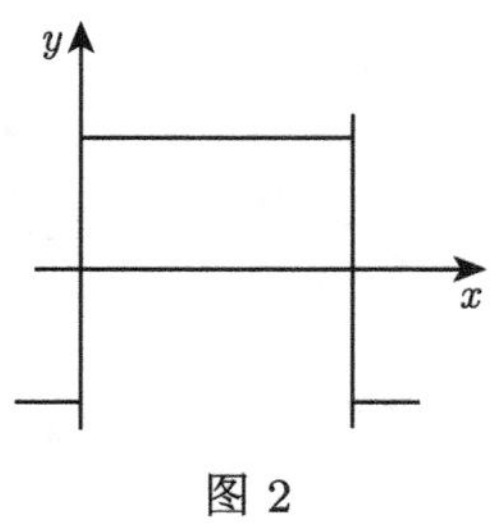

图 2

(4) 记 $f(x) =: \varphi(x) + c\operatorname{sgn}(x-\xi)$. 易见

$$f(\xi_+) = \varphi(\xi) + c, \quad f(\xi_-) = \varphi(\xi) - c, \quad f(\xi) = \frac{f(\xi_+)+f(\xi_-)}{2} = \varphi(\xi).$$

为确定起见, 设 $c>0$, 则 $f(\xi_-) < f(\xi_+)$. 由 (1) 可知

$$S_n(f,x) = S_n(\varphi,x) + \frac{4c}{\pi}\sum_{k=1}^{m}\frac{\sin(2k-1)(x-\xi)}{2k-1}, \quad m = \left[\frac{n+1}{2}\right].$$

显然存在 $\delta>0$ 使得在 ξ 的空心邻域 $0<|x-\xi|<\delta$ 中有 $\lim\limits_{n\to\infty} S_n(f,x) = f(x)$. 又因为 $\varphi \in C^{(1)}[-\pi,\pi]$, 所以 $S_n(\varphi,x)$ 在区间 $[\xi-\delta,\xi+\delta]$ 上一致收敛于 $\varphi(x)$. 令 $\overline{\xi}_n = \xi + \dfrac{\pi}{2m}$, 则易见 $\lim\limits_{n\to\infty}\overline{\xi}_n = \xi$ 且

$$\lim_{n\to\infty} S_n(\varphi,\overline{\xi}_n) = \lim_{n\to\infty}(S_n(\varphi,\overline{\xi}_n) - \varphi(\overline{\xi}_n)) + \lim_{n\to\infty}\varphi(\overline{\xi}_n) = \varphi(\xi) = f(\xi_+) - c.$$

又由 (2) 可知

$$\lim_{n\to\infty}\frac{4c}{\pi}\sum_{k=1}^{m}\frac{\sin(2k-1)(\overline{\xi}_n-\xi)}{2k-1} = \frac{2c}{\pi}\int_0^{\pi}\frac{\sin x}{x}\mathrm{d}x.$$

于是

$$\varlimsup_{\substack{n\to\infty\\ x\to\xi+0}} S_n(f,x) \geqslant \lim_{n\to\infty} S_n(f,\overline{\xi}_n) = f(\xi_+) + c\left(\frac{2}{\pi}\int_0^{\pi}\frac{\sin x}{x}\mathrm{d}x - 1\right) > f(\xi_+).$$

同理令 $\underline{\xi}_n = \xi - \dfrac{\pi}{2m}$, 可得

$$\varliminf_{\substack{n\to\infty\\ x\to\xi-0}} S_n(f,x) \leqslant \lim_{n\to\infty} S_n(f,\underline{\xi}_n) = f(\xi_-) - c\left(\frac{2}{\pi}\int_0^{\pi}\frac{\sin x}{x}\mathrm{d}x - 1\right) < f(\xi_-).$$

这就证明了 $f(x) = \varphi(x) + c\operatorname{sgn}(x-\xi)$ 在点 ξ 有吉布斯现象. □

15.3　傅里叶变换

一、知识点总结与补充

1. 傅里叶变换和傅里叶积分

(1) 定义: 设函数 $f:\mathbb{R}\to\mathbb{C}$. 定义 f 的

- 傅里叶变换: $c(\xi)=\mathfrak{F}[f](\xi):=\dfrac{1}{2\pi}\displaystyle\int_{-\infty}^{+\infty}f(x)\mathrm{e}^{-\mathrm{i}\xi x}\mathrm{d}x$;
- 傅里叶积分: $f(x)\sim\displaystyle\int_{-\infty}^{+\infty}c(\xi)\mathrm{e}^{\mathrm{i}x\xi}\mathrm{d}\xi$;
- 傅里叶余弦变换: $a(\xi)=\mathfrak{F}_c[f](\xi):=\dfrac{1}{\pi}\displaystyle\int_{-\infty}^{+\infty}f(x)\cos\xi x\mathrm{d}x$;
- 傅里叶正弦变换: $b(\xi)=\mathfrak{F}_s[f](\xi):=\dfrac{1}{\pi}\displaystyle\int_{-\infty}^{+\infty}f(x)\sin\xi x\mathrm{d}x$.

注　这里的积分是主值意义下的积分, 并且认为它是存在的. 如果 $f:\mathbb{R}\to\mathbb{C}$ 是 $\mathbb{R}$ 上的绝对可积函数, 那么傅里叶变换总有意义且关于 ξ 在整个直线上绝对且一致收敛.

(2) $c(\xi)=\dfrac{1}{2}(a(\xi)-\mathrm{i}b(\xi))$, $a(-\xi)=a(\xi)$, $b(-\xi)=-b(\xi)$.

注　如果傅里叶变换对 $\xi\geqslant 0$ 的取值是已知的, 则它在 $\mathbb{R}$ 上就完全确定了. 傅里叶积分可以表示成

$$\int_0^{+\infty}(a(\xi)\cos x\xi+b(\xi)\sin x\xi)\mathrm{d}\xi.$$

(3) 傅里叶变换的基本性质:

- $\forall f:\mathbb{R}\to\mathbb{C}$, 成立等式 $\mathfrak{F}[\bar{f}](-\xi)=\overline{\mathfrak{F}[f](\xi)}$.
- 如果函数 f 是实值的, 则 $c(-\xi)=\overline{c(\xi)}$.
- 如果 f 是实值偶函数, 即 $\overline{f(x)}=f(x)=f(-x)$, 则

$$\overline{\mathfrak{F}_c[f](\xi)}=\mathfrak{F}_c[f](\xi),\quad \mathfrak{F}_s[f](\xi)\equiv 0,\quad \overline{\mathfrak{F}[f](\xi)}=\mathfrak{F}[f](\xi)=\mathfrak{F}[f](-\xi).$$

- 如果 f 是实值奇函数, 即 $\overline{f(x)}=f(x)=-f(-x)$, 则

$$\mathfrak{F}_c[f](\xi)\equiv 0,\quad \overline{\mathfrak{F}_s[f](\xi)}=\mathfrak{F}_s[f](\xi),\quad \overline{\mathfrak{F}[f](\xi)}=-\mathfrak{F}[f](\xi)=\mathfrak{F}[f](-\xi).$$

- 如果 f 是纯虚的函数, 即 $\overline{f(x)}=-f(x)$, 则 $\overline{\mathfrak{F}[f](\xi)}=-\mathfrak{F}[f](-\xi)$.
- 如果 f 是实值函数, 则它的傅里叶积分也可以写成

$$\int_0^{+\infty}\sqrt{a^2(\xi)+b^2(\xi)}\cos(x\xi+\varphi(\xi))\mathrm{d}\xi=2\int_0^{+\infty}|c(\xi)|\cos(x\xi+\varphi(\xi))\mathrm{d}\xi$$

的形式, 这里 $\varphi(\xi)=-\arctan\dfrac{b(\xi)}{a(\xi)}=\arg c(\xi)$.

(4) 如果函数 $f:\mathbb{R}\to\mathbb{C}$ 在 $\mathbb{R}$ 上局部可积并绝对可积, 则

- 它的傅里叶变换 $\mathfrak{F}[f]$ 对任意 $\xi\in\mathbb{R}$ 有定义;
- $\mathfrak{F}[f]\in C(\mathbb{R};\mathbb{C})$;
- $\sup\limits_{\xi}|\mathfrak{F}[f](\xi)|\leqslant\dfrac{1}{2\pi}\displaystyle\int_{-\infty}^{+\infty}|f(x)|\mathrm{d}x$;
- $\mathfrak{F}[f](\xi)\to 0,\ \xi\to\infty$.

2. 规范化的傅里叶变换

(1) 定义: 设 $f:\mathbb{R}^n\to\mathbb{C}$ 是 $\mathbb{R}^n$ 上的局部可积函数. 定义 f 的

- 傅里叶变换: $\hat{f}(\xi):=\dfrac{1}{(2\pi)^{n/2}}\displaystyle\int_{\mathbb{R}^n}f(x)\mathrm{e}^{-\mathrm{i}(\xi,x)}\mathrm{d}x$;
- 傅里叶逆变换: $\widetilde{f}(\xi):=\dfrac{1}{(2\pi)^{n/2}}\displaystyle\int_{\mathbb{R}^n}f(x)\mathrm{e}^{\mathrm{i}(\xi,x)}\mathrm{d}x$.

注 这里 $(\xi,x)=\xi_1x_1+\cdots+\xi_nx_n,\ \forall\, x=(x_1,\cdots,x_n),\ \xi=(\xi_1,\cdots,\xi_n)$, 而积分是在主值意义下收敛的:

$$\int_{\mathbb{R}^n}\varphi(x_1,\cdots,x_n)\mathrm{d}x_1\cdots\mathrm{d}x_n:=\lim_{A\to+\infty}\int_{-A}^{A}\cdots\int_{-A}^{A}\varphi(x_1,\cdots,x_n)\mathrm{d}x_1\cdots\mathrm{d}x_n.$$

当函数 f 绝对可积时, 傅里叶变换总有意义.

(2) 基本性质: $\widetilde{f}(\xi)=\widehat{f}(-\xi),\ \widetilde{f(-x)}=\widehat{f(x)}$.

(3) 傅里叶积分在一点的收敛性: 设 $f:\mathbb{R}\to\mathbb{C}$ 在数轴 $\mathbb{R}$ 的每个有限区间上绝对可积且分段连续, 如果它在点 $x\in\mathbb{R}$ 满足迪尼条件, 则它的傅里叶积分在这一点收敛到 $\dfrac{1}{2}[f(x_-)+f(x_+)]$, 即函数 f 在该点的左、右极限之和的一半.

(4) 设 $f:\mathbb{R}\to\mathbb{C}$ 是连续且绝对可积函数. 如果它在每一点 $x\in\mathbb{R}$ 都可微或有有限单边导数, 或者它在 $\mathbb{R}$ 上满足赫尔德条件, 那么, 函数 f 能表示成傅里叶积分.

(5) 函数的光滑性与傅里叶变换递减速度的联系: 如果 $f\in C^{(k)}(\mathbb{R};\mathbb{C})(k=0,1,\cdots)$, 而且所有的函数 $f,f',\cdots,f^{(k)}$ 在 $\mathbb{R}$ 上都绝对可积, 那么

- 对任何 $n\in\{0,1,\cdots,k\}$, $\widehat{f^{(n)}}(\xi)=(\mathrm{i}\xi)^n\hat{f}(\xi)$.
- $\hat{f}(\xi)=o\left(\dfrac{1}{\xi^k}\right)$ 当 $\xi\to\infty$ 时.

(6) 函数降低的速度与其傅里叶变换的光滑性的联系: 如果局部可积函数 $f:\mathbb{R}\to\mathbb{C}$ 使函数 $x^kf(x)$ 在 $\mathbb{R}$ 上绝对可积, 那么

- 函数 f 的傅里叶变换属于函数类 $C^{(k)}(\mathbb{R};\mathbb{C})$;
- 成立等式 $\hat{f}^{(k)}(\xi)=(-\mathrm{i})^k[\widehat{x^kf(x)}](\xi)$.

(7) 速降函数空间: 用符号 $S = S(\mathbb{R}^n; \mathbb{C})$ 表示对一切非负多重指标 α, β 都满足条件 $\sup\limits_{x\in\mathbb{R}^n} |x^\beta D^\alpha f(x)| < \infty$ 的 $C^{(\infty)}(\mathbb{R}^n; \mathbb{C})$ 中的函数 f 的集合. 这种函数叫做 (当 $x \to \infty$ 时的) 速降函数. 具有函数加法的运算和函数乘以复数的运算的集合 S 是线性空间, 叫速降函数空间.

(8) 傅里叶变换的重要演算性质:

- 线性性.
- 微分算子与傅里叶变换的相互关系:

$$\widehat{D^\alpha f}(\xi) = (\mathrm{i})^{|\alpha|}\xi^\alpha \hat{f}(\xi), \quad (\widehat{x^\alpha f(x)})(\xi) = (\mathrm{i})^{|\alpha|} D^\alpha \hat{f}(\xi).$$

- 反演公式: $\widetilde{\widehat{f}} = \widehat{\widetilde{f}} = f$, 或写成傅里叶积分的形式

$$f(x) = \frac{1}{(2\pi)^{n/2}} \int_{\mathbb{R}^n} \widehat{f}(\xi) \mathrm{e}^{\mathrm{i}(x,\xi)} \mathrm{d}\xi.$$

- 傅里叶变换在 S 上的限制是 S 作为线性空间的自同构 ($\widetilde{S} = \widehat{S} = S$).
- 帕塞瓦尔等式: $\forall f, g \in S,\ \langle f, g\rangle = \langle \widehat{f}, \widehat{g}\rangle$, 即

$$\int_{\mathbb{R}^n} f(x)\overline{g}(x)\mathrm{d}x = \int_{\mathbb{R}^n} \widehat{f}(\xi)\overline{\widehat{g}}(\xi)\mathrm{d}\xi.$$

注 1　$\forall f, g \in S,\ \langle \widetilde{f}, \widetilde{g}\rangle = \langle \widehat{\widetilde{f}}, \widehat{\widetilde{g}}\rangle = \langle f, g\rangle = \langle \widehat{f}, \widehat{g}\rangle$.

注 2　$\forall f, g \in S,\ \langle f, \widehat{g}\rangle = \langle \widetilde{f}, \widetilde{\widehat{g}}\rangle = \langle \widetilde{f}, g\rangle$.

注 3　$\|f\|^2 = \langle f, f\rangle = \langle \widehat{f}, \widehat{f}\rangle = \|\widehat{f}\|^2$, 它表示傅里叶变换保持空间 S 的向量间的内积, 从而是空间 S 的等距变换.

- 乘法公式: $\displaystyle\int_{\mathbb{R}^n} \widehat{f}(\xi)g(\xi)\mathrm{d}\xi = \int_{\mathbb{R}^n} f(x)\widehat{g}(x)\mathrm{d}x$.
- 博雷尔公式:

$$\widehat{(f * g)} = (2\pi)^{n/2}\widehat{f}\cdot\widehat{g}, \quad \widehat{(f\cdot g)} = (2\pi)^{-n/2}\widehat{f} * \widehat{g};$$
$$\widetilde{(u * v)} = (2\pi)^{n/2}(\widetilde{u}\cdot\widetilde{v}), \quad \widetilde{(u\cdot v)} = (2\pi)^{-n/2}(\widetilde{u} * \widetilde{v}).$$

(9) n 元函数 $\exp(-|x|^2/2)$ 的规范化傅里叶变换为 $\exp(-|\xi|^2/2)$, 所以该函数为规范化的傅里叶变换的不动点.

(10) 拉普拉斯积分:

$$\int_0^{+\infty} \frac{\cos x\xi}{a^2+\xi^2}\mathrm{d}\xi = \frac{\pi}{2a}\mathrm{e}^{-a|x|}, \quad \int_0^{+\infty} \frac{\xi\sin x\xi}{a^2+\xi^2}\mathrm{d}\xi = \frac{\pi}{2}\mathrm{e}^{-a|x|}\operatorname{sgn} x, \quad a > 0.$$

3. 傅里叶变换的应用

(1) 波动方程: 一维波动方程 $\dfrac{\partial^2 u}{\partial t^2}=a^2\dfrac{\partial^2 u}{\partial x^2}$ $(a>0)$ 满足初始条件 $u(x,0)=f(x)$ 和 $\dfrac{\partial u}{\partial t}(x,0)=g(x)$ 的解为

$$\begin{aligned}u(x,t)&=\frac{1}{2}(f(x-at)+f(x+at))+\frac{1}{2}\int_0^t(g(x-a\tau)+g(x+a\tau))\mathrm{d}\tau\\&=\frac{1}{2}(f(x-at)+f(x+at))+\frac{1}{2a}\int_{x-at}^{x+at}g(s)\mathrm{d}s.\end{aligned}$$

(2) 热传导方程: 全空间 $\mathbb{R}^n$ 中热传导方程 $\dfrac{\partial u}{\partial t}=a^2\Delta u$ $(a>0)$ 满足初始条件 $u(x,0)=f(x)$ 的解为 $u(x,t)=(f*E)(x,t)$, 其中基本解 $E(x,t)=(2a\sqrt{\pi t})^{-n}\mathrm{e}^{-\frac{|x|^2}{4a^2t}}$.

(3) 泊松公式: 函数 $\varphi:\mathbb{R}\to\mathbb{C}$ (设 $\varphi\in S$) 及其傅里叶变换 $\hat{\varphi}$ 之间满足下述泊松公式

$$\sqrt{2\pi}\sum_{n=-\infty}^{\infty}\varphi(2\pi n)=\sum_{n=-\infty}^{\infty}\hat{\varphi}(n).$$

更一般地, 我们有

$$\sqrt{2\pi}\sum_{n=-\infty}^{\infty}\varphi(x+2\pi n)=\sum_{n=-\infty}^{\infty}\hat{\varphi}(n)\mathrm{e}^{\mathrm{i}nx}.$$

(4) 科捷列尼科夫公式:

$$f(t)=\sum_{k=-\infty}^{\infty}f\left(\frac{\pi}{a}k\right)\frac{\sin a\left(t-\dfrac{\pi}{a}k\right)}{a\left(t-\dfrac{\pi}{a}k\right)}.$$

二、例题讲解

1. 对于函数 $f,g:\mathbb{R}\to\mathbb{R}$, 假设 f' 和 g' 是分段连续的. 证明: 如果对于任意的 $\xi\in\mathbb{R}$, $\hat{f}(\xi)=\hat{g}(\xi)$, 那么 $f(x)=g(x)$, $\forall x\in\mathbb{R}$.

证 由傅里叶积分的收敛性定理可知, $\forall x\in\mathbb{R}$,

$$f(x)=\frac{1}{\sqrt{2\pi}}\int_{\mathbb{R}}\hat{f}(\xi)\mathrm{e}^{\mathrm{i}x\cdot\xi}\mathrm{d}\xi=\frac{1}{\sqrt{2\pi}}\int_{\mathbb{R}}\hat{g}(\xi)\mathrm{e}^{\mathrm{i}x\cdot\xi}\mathrm{d}\xi=g(x).\qquad\square$$

2. 证明:

(1) $\displaystyle\int_0^{+\infty}\frac{\mathrm{d}x}{1+x^2}=\frac{\pi}{2}$,

(2) $\displaystyle\int_0^{+\infty}\frac{x\sin(xt)}{1+x^2}\mathrm{d}x=\frac{\pi\mathrm{e}^{-t}}{2}$, $t>0$.

证 令 $F(x)=\dfrac{1}{\sqrt{2\pi}}\displaystyle\int_{\mathbb{R}}\mathrm{e}^{-|t|}\mathrm{e}^{-\mathrm{i}x\cdot t}\mathrm{d}t$, 那么

$$F(x)=\frac{1}{\sqrt{2\pi}}\left(\int_{-\infty}^0\mathrm{e}^{t(1-\mathrm{i}x)}\mathrm{d}t+\int_0^{+\infty}\mathrm{e}^{-t(1+\mathrm{i}x)}\mathrm{d}t\right)=\sqrt{\frac{2}{\pi}}\frac{1}{1+x^2}.$$

于是

$$\mathrm{e}^{-|t|}=\frac{1}{\sqrt{2\pi}}\int_{\mathbb{R}}F(x)\mathrm{e}^{\mathrm{i}x\cdot t}\mathrm{d}x=\frac{1}{\pi}\int_0^{+\infty}\frac{\mathrm{e}^{\mathrm{i}x\cdot t}+\mathrm{e}^{-\mathrm{i}x\cdot t}}{1+x^2}\mathrm{d}x=\frac{2}{\pi}\int_0^{+\infty}\frac{\cos(xt)}{1+x^2}\mathrm{d}x.$$

(1) 当 $t=0$ 时, 我们有

$$\int_0^{+\infty}\frac{\mathrm{d}x}{1+x^2}=\frac{\pi}{2}.$$

(2) 对 $\mathrm{e}^{-|t|}$ 关于 t 求导, 当 $t>0$ 时, 我们有

$$\int_0^{+\infty}\frac{x\sin(xt)}{1+x^2}\mathrm{d}x=\frac{\pi\mathrm{e}^{-t}}{2}.$$

□

3. 给定区间 $[a,b]$, 是否一定存在函数 $f\in\mathcal{R}_2(\mathbb{R};\mathbb{C})$ 使得 $\hat{f}$ 的支集包含于 $[a,b]$?

证 令 ϕ 为区间 $[a,b]$ 上的示性函数:

$$\phi(x)=\frac{1}{\sqrt{2\pi}}\int_a^b\mathrm{e}^{\mathrm{i}x\xi}\mathrm{d}\xi=\frac{-\mathrm{i}}{\sqrt{2\pi}}\frac{\mathrm{e}^{ibx}-\mathrm{e}^{\mathrm{i}ax}}{x}.$$

对于任意的 $g\in L^1\cap L^2$, 令 $f=\phi*g$, 则易见 $f\in\mathcal{R}_2$ 且 $\hat{f}=\sqrt{2\pi}\hat{\phi}\cdot\hat{g}$, 从而其支集包含于 $[a,b]$. □

4. 设 $f:\mathbb{R}^n\to\mathbb{C}$ 是 $\mathbb{R}^n$ 上的局部可积函数. 回忆 f 的傅里叶变换为 $\hat{f}(\xi):=\dfrac{1}{(2\pi)^{n/2}}\displaystyle\int_{\mathbb{R}^n}f(x)\mathrm{e}^{-\mathrm{i}(\xi,x)}\mathrm{d}x$. 证明:

(1) 如果 $f(x)=|x|^{-a}\,(0<a<n)$, 那么 $\hat{f}(\xi)=\dfrac{2^{n/2-a}\Gamma\left(\dfrac{n-a}{2}\right)}{\Gamma\left(\dfrac{a}{2}\right)}|\xi|^{-(n-a)}$.

(2) 如果 $f(x)=\mathrm{e}^{-|x|}$, 那么 $\hat{f}(\xi)=2^{n/2}\pi^{-1/2}\Gamma\left(\dfrac{n+1}{2}\right)(1+|\xi|^2)^{-\frac{n+1}{2}}$.

证 (1) 令 $f_\lambda(x)=f(\lambda x)$, 则 $\widehat{f_\lambda}(\xi)=\lambda^{-n}\hat{f}(\xi/\lambda)$. 显然 $f_\lambda(x)=\lambda^{-a}f(x)$, 于是 $\hat{f}(\xi/\lambda)=\lambda^n\widehat{f_\lambda}(\xi)=\lambda^{n-a}\hat{f}(\xi)$. 由于 f 是径向对称的, 所以 $\hat{f}$ 也是径向对称的.

而唯一的 $(a-n)$ 次齐次的径向对称函数类只有 $C|\xi|^{a-n}$, 因此 $\hat{f}(\xi)=C|\xi|^{a-n}$. 令 $g(x)=\mathrm{e}^{-|x|^2/2}$, 那么 $\hat{g}=g$, 从而由乘法公式可知

$$\int_{\mathbb{R}^n}\frac{C}{|\xi|^{n-a}}\mathrm{e}^{-\frac{|\xi|^2}{2}}\mathrm{d}\xi=\int_{\mathbb{R}^n}\frac{1}{|x|^a}\mathrm{e}^{-\frac{|x|^2}{2}}\mathrm{d}x.$$

利用球坐标易得

$$\int_{\mathbb{R}^n}\frac{C}{|\xi|^{n-a}}\mathrm{e}^{-\frac{|\xi|^2}{2}}\mathrm{d}\xi=C2^{\frac{a}{2}-1}\sigma_{n-1}\Gamma\Big(\frac{a}{2}\Big),$$

$$\int_{\mathbb{R}^n}\frac{1}{|x|^a}\mathrm{e}^{-\frac{|x|^2}{2}}\mathrm{d}x=2^{\frac{n-a}{2}-1}\sigma_{n-1}\Gamma\Big(\frac{n-a}{2}\Big),$$

这里 σ_{n-1} 为 $n-1$ 维单位球面的面积, 所以 $C=\dfrac{2^{n/2-a}\Gamma\left(\dfrac{n-a}{2}\right)}{\Gamma\left(\dfrac{a}{2}\right)}$, 因此

$$\hat{f}(\xi)=\frac{2^{n/2-a}\Gamma\left(\dfrac{n-a}{2}\right)}{\Gamma\left(\dfrac{a}{2}\right)}|\xi|^{-(n-a)}.$$

(2) 利用拉普拉斯积分和《讲义》例 7 可得, 当 $\beta\geqslant 0$ 时,

$$\begin{aligned}\mathrm{e}^{-\beta}&=\frac{2}{\pi}\int_0^{+\infty}\frac{\cos\beta x}{1+x^2}\mathrm{d}x=\frac{2}{\pi}\cos\beta x\Big(\int_0^{+\infty}\mathrm{e}^{-u}\mathrm{e}^{-ux^2}\mathrm{d}u\Big)\mathrm{d}x\\&=\frac{2}{\pi}\int_0^{+\infty}\mathrm{e}^{-u}\Big(\int_0^{+\infty}\mathrm{e}^{-ux^2}\cos\beta x\mathrm{d}x\Big)\mathrm{d}u\\&=\frac{2}{\pi}\int_0^{+\infty}\mathrm{e}^{-u}\Big(\frac{1}{2}\int_{-\infty}^{+\infty}\mathrm{e}^{-ux^2}\mathrm{e}^{-\mathrm{i}\beta x}\mathrm{d}x\Big)\mathrm{d}u\\&=\frac{2}{\pi}\int_0^{+\infty}\mathrm{e}^{-u}\Big(\frac{1}{2}\sqrt{\frac{\pi}{u}}\mathrm{e}^{-\frac{\beta^2}{4u}}\Big)\mathrm{d}u=\frac{1}{\sqrt{\pi}}\int_0^{+\infty}\frac{\mathrm{e}^{-u}}{\sqrt{u}}\mathrm{e}^{-\frac{\beta^2}{4u}}\mathrm{d}u.\end{aligned}$$

又易见对 $u>0$, 我们有

$$\frac{1}{(2\pi)^{\frac{n}{2}}}\int_{\mathbb{R}^n}\mathrm{e}^{-\frac{|x|^2}{4u}}\mathrm{e}^{-\mathrm{i}(\xi,x)}\mathrm{d}x=\frac{(2u)^{\frac{n}{2}}}{(2\pi)^{\frac{n}{2}}}\int_{\mathbb{R}^n}\mathrm{e}^{-\frac{|y|^2}{2}}\mathrm{e}^{-\mathrm{i}(\sqrt{2u}\xi,y)}\mathrm{d}y=(2u)^{\frac{n}{2}}\mathrm{e}^{-\frac{|\sqrt{2u}\xi|^2}{2}},$$

因此

$$\begin{aligned}\hat{f}(\xi)&=\frac{1}{(2\pi)^{\frac{n}{2}}}\int_{\mathbb{R}^n}\mathrm{e}^{-|x|}\mathrm{e}^{-\mathrm{i}(\xi,x)}\mathrm{d}x=\frac{1}{(2\pi)^{\frac{n}{2}}}\int_{\mathbb{R}^n}\left(\frac{1}{\sqrt{\pi}}\int_0^{+\infty}\frac{\mathrm{e}^{-u}}{\sqrt{u}}\mathrm{e}^{-\frac{|x|^2}{4u}}\mathrm{d}u\right)\mathrm{e}^{-\mathrm{i}(\xi,x)}\mathrm{d}x\\&=\frac{1}{\sqrt{\pi}}\int_0^{+\infty}\frac{\mathrm{e}^{-u}}{\sqrt{u}}\cdot\left(\frac{1}{(2\pi)^{\frac{n}{2}}}\int_{\mathbb{R}^n}\mathrm{e}^{-\frac{|x|^2}{4u}}\mathrm{e}^{-\mathrm{i}(\xi,x)}\mathrm{d}x\right)\mathrm{d}u\end{aligned}$$

$$= \frac{1}{\sqrt{\pi}} \int_0^{+\infty} \frac{\mathrm{e}^{-u}}{\sqrt{u}} (2u)^{\frac{n}{2}} \mathrm{e}^{-u|\xi|^2} \mathrm{d}u = \frac{2^{\frac{n}{2}}}{\sqrt{\pi}} \int_0^{+\infty} \mathrm{e}^{-(1+|\xi|^2)u} u^{\frac{n-1}{2}} \mathrm{d}u$$
$$= 2^{n/2} \pi^{-1/2} \Gamma\left(\frac{n+1}{2}\right) (1+|\xi|^2)^{-\frac{n+1}{2}}. \qquad \square$$

5. 已知 $\widehat{\mathrm{e}^{-a|x|}}(\xi) = \sqrt{\frac{2}{\pi}} \frac{a}{a^2+\xi^2}$, $a>0$. 请利用傅里叶变换求解微分方程:

$$u''(x) - 4u(x) + 4f(x) = 0,$$

其中

$$f(x) = \begin{cases} \mathrm{e}^{-x^2}, & |x| < \delta, \\ 0, & |x| \geqslant \delta, \end{cases} \quad \delta > 0.$$

解　对微分方程两边取傅里叶变换可得

$$-\xi^2 \hat{u}(\xi) - 4\hat{u}(\xi) + 4\hat{f}(\xi) = 0.$$

于是 $\hat{u}(\xi) = \frac{4}{4+\xi^2} \hat{f}(\xi)$. 因此由

$$\widetilde{\frac{4}{4+\xi^2}}(x) = 2 \cdot \widetilde{\frac{2}{4+\xi^2}}(x) = 2 \cdot \sqrt{\frac{\pi}{2}} \cdot \mathrm{e}^{-2|x|} = \sqrt{2\pi} \mathrm{e}^{-2|x|}$$

可得

$$u(x) = \widetilde{\hat{u}} = \frac{1}{\sqrt{2\pi}} \left(\widetilde{\frac{4}{4+\xi^2}} * f \right)(x) = \left(\mathrm{e}^{-2|x|} * f\right)(x) = \int_{-\delta}^{\delta} \mathrm{e}^{-2|x-t|} \mathrm{e}^{-t^2} \mathrm{d}t. \qquad \square$$

三、习题参考解答 (15.3 节)

1. (1) 详细写出关系式 (15.3.17)—(15.3.19) 的证明.

(2) 把傅里叶变换看作映射 $f \mapsto \hat{f}$, 试证, 它有如下经常用到的性质:

$$f(at) \mapsto \frac{1}{a} \hat{f}\left(\frac{\omega}{a}\right)$$

(相似法则);

$$f(t-t_0) \mapsto \hat{f}(\omega) \mathrm{e}^{-\mathrm{i}\omega t_0}$$

(输入信号位移——傅里叶原像关于时间的位移, 或位移定理);

$$[f(t+t_0) \pm f(t-t_0)] \mapsto \begin{cases} \hat{f}(\omega) 2\cos\omega t_0, \\ \hat{f}(\omega) 2\mathrm{i}\sin\omega t_0, \end{cases}$$

$$f(t)\mathrm{e}^{\pm\mathrm{i}\omega_0 t} \mapsto \hat{f}(\omega \mp \omega_0)$$

(傅里叶变换关于频率的位移);

$$f(t)\cos\omega_0 t \mapsto \frac{1}{2}[\hat{f}(\omega-\omega_0)+\hat{f}(\omega+\omega_0)],$$

$$f(t)\sin\omega_0 t \mapsto \frac{1}{2\mathrm{i}}[\hat{f}(\omega-\omega_0)-\hat{f}(\omega+\omega_0)]$$

(简谐信号的振幅调制);

$$f(t)\sin^2\frac{\omega_0 t}{2} \mapsto \frac{1}{4}[2\hat{f}(\omega)-\hat{f}(\omega-\omega_0)-\hat{f}(\omega+\omega_0)].$$

(3) 试求下列函数的傅里叶变换 (或通常说的傅里叶像):

$$\Pi_A(t)=\begin{cases}\dfrac{1}{2A}, & |t|\leqslant A,\\ 0, & |t|>A\end{cases}$$

(矩形脉冲);

$$\Pi_A(t)\cos\omega_0 t$$

(用矩形脉冲调制的简谐信号);

$$\Pi_A(t+2A)+\Pi_A(t-2A)$$

(两个同一极性矩形脉冲);

$$\Pi_A(t-A)-\Pi_A(t+A)$$

(两个不同极性的矩形脉冲);

$$\Lambda_A(t)=\begin{cases}\dfrac{1}{A}\left(1-\dfrac{|t|}{A}\right), & |t|\leqslant A,\\ 0, & |t|>A\end{cases}$$

(三角脉冲);

$$\cos at^2 \quad 和 \quad \sin at^2 \quad (a>0);$$

$$|t|^{-\frac{1}{2}} \quad 和 \quad |t|^{-\frac{1}{2}}\mathrm{e}^{-a|t|} \quad (a>0).$$

(4) 试求下列函数的傅里叶原像:

$$\sin c\frac{\omega A}{\pi}, \quad 2\mathrm{i}\frac{\sin^2\omega A}{\omega A}, \quad 2\sin c^2\frac{\omega A}{\pi},$$

这里 $\sin c\dfrac{x}{\pi} := \dfrac{\sin x}{x}$ 是读数函数.

(5) 利用上边的结果, 求下述我们已经遇到过的积分的值:

$$\int_{-\infty}^{\infty}\frac{\sin x}{x}\mathrm{d}x,\quad \int_{-\infty}^{\infty}\frac{\sin^2 x}{x^2}\mathrm{d}x,\quad \int_{-\infty}^{\infty}\cos x^2\mathrm{d}x,\quad \int_{-\infty}^{\infty}\sin x^2\mathrm{d}x.$$

(6) 验证函数 $f(t)$ 的傅里叶积分可以写成以下任一种形式:

$$\begin{aligned}f(t) \sim \frac{1}{\sqrt{2\pi}}\int_{-\infty}^{\infty}\hat{f}(\omega)\mathrm{e}^{\mathrm{i}t\omega}\mathrm{d}\omega &= \frac{1}{2\pi}\int_{-\infty}^{\infty}\mathrm{d}\omega\int_{-\infty}^{\infty}f(x)\mathrm{e}^{-\mathrm{i}\omega(x-t)}\mathrm{d}x\\ &= \frac{1}{\pi}\int_{0}^{\infty}\mathrm{d}\omega\int_{-\infty}^{\infty}f(x)\cos\omega(x-t)\mathrm{d}x.\end{aligned}$$

证　(1) (15.3.17): 设 f 是实值偶函数, 即 $\overline{f(x)} = f(x) = f(-x)$. 易见

$$\begin{aligned}\overline{\mathfrak{F}_c[f](\xi)} &= \overline{\frac{1}{\pi}\int_{-\infty}^{+\infty}f(x)\cos\xi x\mathrm{d}x} = \frac{1}{\pi}\int_{-\infty}^{+\infty}\overline{f(x)}\cos\xi x\mathrm{d}x\\ &= \frac{1}{\pi}\int_{-\infty}^{+\infty}f(x)\cos\xi x\mathrm{d}x = \mathfrak{F}_c[f](\xi).\end{aligned}$$

因为

$$\begin{aligned}\mathfrak{F}_s[f](\xi) &= \frac{1}{\pi}\int_{-\infty}^{+\infty}f(x)\sin\xi x\mathrm{d}x = -\frac{1}{\pi}\int_{-\infty}^{+\infty}f(-y)\sin\xi y\mathrm{d}y\\ &= -\frac{1}{\pi}\int_{-\infty}^{+\infty}f(y)\sin\xi y\mathrm{d}y = -\mathfrak{F}_s[f](\xi),\end{aligned}$$

所以 $\mathfrak{F}_s[f](\xi) \equiv 0$. 又易见

$$\begin{aligned}\overline{\mathfrak{F}[f](\xi)} &= \overline{\frac{1}{2\pi}\int_{-\infty}^{+\infty}f(x)\mathrm{e}^{-\mathrm{i}\xi x}\mathrm{d}x} = \frac{1}{2\pi}\int_{-\infty}^{+\infty}\overline{f(x)}\cdot\overline{\mathrm{e}^{-\mathrm{i}\xi x}}\mathrm{d}x\\ &= \frac{1}{2\pi}\int_{-\infty}^{+\infty}f(x)\mathrm{e}^{-\mathrm{i}(-\xi)x}\mathrm{d}x = \mathfrak{F}[f](-\xi)\\ &= \frac{1}{2\pi}\int_{-\infty}^{+\infty}f(-y)\mathrm{e}^{-\mathrm{i}\xi y}\mathrm{d}y = \frac{1}{2\pi}\int_{-\infty}^{+\infty}f(y)\mathrm{e}^{-\mathrm{i}\xi y}\mathrm{d}y = \mathfrak{F}[f](\xi).\end{aligned}$$

(15.3.18): 设 f 是实值奇函数, 即 $\overline{f(x)} = f(x) = -f(-x)$. 因为

$$\begin{aligned}\mathfrak{F}_c[f](\xi) &= \frac{1}{\pi}\int_{-\infty}^{+\infty}f(x)\cos\xi x\mathrm{d}x = \frac{1}{\pi}\int_{-\infty}^{+\infty}f(-y)\cos\xi y\mathrm{d}y\\ &= -\frac{1}{\pi}\int_{-\infty}^{+\infty}f(y)\cos\xi y\mathrm{d}y = -\mathfrak{F}_c[f](\xi),\end{aligned}$$

所以 $\mathfrak{F}_c[f](\xi)\equiv 0$. 易见

$$\begin{aligned}\overline{\mathfrak{F}_s[f](\xi)}&=\overline{\frac{1}{\pi}\int_{-\infty}^{+\infty}f(x)\sin\xi x\mathrm{d}x}=\frac{1}{\pi}\int_{-\infty}^{+\infty}\overline{f(x)}\sin\xi x\mathrm{d}x\\&=\frac{1}{\pi}\int_{-\infty}^{+\infty}f(x)\sin\xi x\mathrm{d}x=\mathfrak{F}_s[f](\xi).\end{aligned}$$

又易见

$$\begin{aligned}\overline{\mathfrak{F}[f](\xi)}&=\overline{\frac{1}{2\pi}\int_{-\infty}^{+\infty}f(x)\mathrm{e}^{-\mathrm{i}\xi x}\mathrm{d}x}=\frac{1}{2\pi}\int_{-\infty}^{+\infty}\overline{f(x)}\cdot\overline{\mathrm{e}^{-\mathrm{i}\xi x}}\mathrm{d}x\\&=\frac{1}{2\pi}\int_{-\infty}^{+\infty}f(x)\mathrm{e}^{-\mathrm{i}(-\xi)x}\mathrm{d}x=\mathfrak{F}[f](-\xi)\\&=\frac{1}{2\pi}\int_{-\infty}^{+\infty}f(-y)\mathrm{e}^{-\mathrm{i}\xi y}\mathrm{d}y=-\frac{1}{2\pi}\int_{-\infty}^{+\infty}f(y)\mathrm{e}^{-\mathrm{i}\xi y}\mathrm{d}y=-\mathfrak{F}[f](\xi).\end{aligned}$$

(15.3.19): 设 f 是纯虚的函数, 即 $\overline{f(x)}=-f(x)$, 则

$$\begin{aligned}\overline{\mathfrak{F}[f](\xi)}&=\overline{\frac{1}{2\pi}\int_{-\infty}^{+\infty}f(x)\mathrm{e}^{-\mathrm{i}\xi x}\mathrm{d}x}=\frac{1}{2\pi}\int_{-\infty}^{+\infty}\overline{f(x)}\cdot\overline{\mathrm{e}^{-\mathrm{i}\xi x}}\mathrm{d}x\\&=-\frac{1}{2\pi}\int_{-\infty}^{+\infty}f(x)\mathrm{e}^{-\mathrm{i}(-\xi)x}\mathrm{d}x=-\mathfrak{F}[f](-\xi).\end{aligned}$$

(2) 记映射 $f\mapsto\hat{f}$ 为 $\mathcal{F}$. 由变量替换可知

$$\mathcal{F}\big[f(at)\big](\omega)=\frac{1}{\sqrt{2\pi}}\int_{-\infty}^{\infty}f(at)\mathrm{e}^{-\mathrm{i}\omega t}\mathrm{d}t=\frac{1}{a}\cdot\frac{1}{\sqrt{2\pi}}\int_{-\infty}^{\infty}f(x)\mathrm{e}^{-\mathrm{i}\frac{\omega}{a}x}\mathrm{d}x=\frac{1}{a}\hat{f}\Big(\frac{\omega}{a}\Big).$$

又由变量替换可知

$$\begin{aligned}\mathcal{F}\big[f(t-t_0)\big](\omega)&=\frac{1}{\sqrt{2\pi}}\int_{-\infty}^{\infty}f(t-t_0)\mathrm{e}^{-\mathrm{i}\omega t}\mathrm{d}t\\&=\frac{1}{\sqrt{2\pi}}\int_{-\infty}^{\infty}f(x)\mathrm{e}^{-\mathrm{i}\omega x}\mathrm{d}x\cdot\mathrm{e}^{-\mathrm{i}\omega t_0}=\hat{f}(\omega)\mathrm{e}^{-\mathrm{i}\omega t_0}.\end{aligned}$$

由此可得

$$\begin{aligned}\mathcal{F}\big[f(t+t_0)\pm f(t-t_0)\big](\omega)&=\mathcal{F}\big[f(t+t_0)\big](\omega)\pm\mathcal{F}\big[f(t-t_0)\big](\omega)\\&=\hat{f}(\omega)\mathrm{e}^{\mathrm{i}\omega t_0}\pm\hat{f}(\omega)\mathrm{e}^{-\mathrm{i}\omega t_0}=\begin{cases}\hat{f}(\omega)2\cos\omega t_0,\\\hat{f}(\omega)2\mathrm{i}\sin\omega t_0.\end{cases}\end{aligned}$$

又易见

$$\begin{aligned}\mathcal{F}\left[f(t)\mathrm{e}^{\pm\mathrm{i}\omega_0 t}\right](\omega)&=\frac{1}{\sqrt{2\pi}}\int_{-\infty}^{\infty}f(t)\mathrm{e}^{\pm\mathrm{i}\omega_0 t}\mathrm{e}^{-\mathrm{i}\omega t}\mathrm{d}t\\&=\frac{1}{\sqrt{2\pi}}\int_{-\infty}^{\infty}f(t)\mathrm{e}^{-\mathrm{i}(\omega\mp\omega_0)t}\mathrm{d}t=\hat{f}(\omega\mp\omega_0).\end{aligned}$$

由此可得

$$\begin{aligned}\mathcal{F}\left[f(t)\cos\omega_0 t\right](\omega)&=\frac{1}{2}\Big(\mathcal{F}\left[f(t)\mathrm{e}^{\mathrm{i}\omega_0 t}\right](\omega)+\mathcal{F}\left[f(t)\mathrm{e}^{-\mathrm{i}\omega_0 t}\right](\omega)\Big)\\&=\frac{1}{2}\Big[\hat{f}(\omega-\omega_0)+\hat{f}(\omega+\omega_0)\Big]\end{aligned}$$

和

$$\begin{aligned}\mathcal{F}\left[f(t)\sin\omega_0 t\right](\omega)&=\frac{1}{2\mathrm{i}}\Big(\mathcal{F}\left[f(t)\mathrm{e}^{\mathrm{i}\omega_0 t}\right](\omega)-\mathcal{F}\left[f(t)\mathrm{e}^{-\mathrm{i}\omega_0 t}\right](\omega)\Big)\\&=\frac{1}{2\mathrm{i}}\Big[\hat{f}(\omega-\omega_0)-\hat{f}(\omega+\omega_0)\Big].\end{aligned}$$

于是

$$\begin{aligned}\mathcal{F}\left[f(t)\sin^2\frac{\omega_0 t}{2}\right](\omega)&=\frac{1}{2}\Big(\mathcal{F}\left[f(t)\right](\omega)-\mathcal{F}\left[f(t)\cos\omega_0 t\right](\omega)\Big)\\&=\frac{1}{4}[2\hat{f}(\omega)-\hat{f}(\omega-\omega_0)-\hat{f}(\omega+\omega_0)].\end{aligned}$$

(3) 易见

$$\begin{aligned}\mathcal{F}\left[\Pi_A(t)\right](\omega)&=\frac{1}{\sqrt{2\pi}}\int_{-\infty}^{\infty}\Pi_A(t)\mathrm{e}^{-\mathrm{i}\omega t}\mathrm{d}t=\frac{1}{\sqrt{2\pi}}\int_{-A}^{A}\frac{1}{2A}\mathrm{e}^{-\mathrm{i}\omega t}\mathrm{d}t\\&=\frac{1}{A\sqrt{2\pi}}\int_0^A\cos\omega t\mathrm{d}t=\frac{1}{\sqrt{2\pi}}\frac{\sin A\omega}{A\omega}.\end{aligned}$$

于是由 (2) 可知

$$\begin{aligned}\mathcal{F}\left[\Pi_A(t)\cos\omega_0 t\right](\omega)&=\frac{1}{2}\Big[\mathcal{F}\left[\Pi_A(t)\right](\omega-\omega_0)+\mathcal{F}\left[\Pi_A(t)\right](\omega+\omega_0)\Big]\\&=\frac{1}{2\sqrt{2\pi}}\left[\frac{\sin A(\omega-\omega_0)}{A(\omega-\omega_0)}+\frac{\sin A(\omega+\omega_0)}{A(\omega+\omega_0)}\right],\end{aligned}$$

$$\begin{aligned}&\mathcal{F}\left[\Pi_A(t+2A)+\Pi_A(t-2A)\right](\omega)\\&=\mathcal{F}\left[\Pi_A(t)\right](\omega)2\cos 2A\omega=\sqrt{\frac{2}{\pi}}\frac{\sin A\omega\cos 2A\omega}{A\omega},\end{aligned}$$

且

$$\begin{aligned}&\mathcal{F}\big[\Pi_A(t-A)-\Pi_A(t+A)\big](\omega)\\=&-\mathcal{F}\big[\Pi_A(t)\big](\omega)2\mathrm{i}\sin A\omega=-\mathrm{i}\sqrt{\frac{2}{\pi}}\frac{\sin^2 A\omega}{A\omega}.\end{aligned}$$

又易得

$$\begin{aligned}\mathcal{F}\big[\Lambda_A(t)\big](\omega)&=\frac{1}{\sqrt{2\pi}}\int_{-\infty}^{\infty}\Lambda_A(t)\mathrm{e}^{-\mathrm{i}\omega t}\mathrm{d}t=\frac{1}{\sqrt{2\pi}}\int_{-A}^{A}\frac{1}{A}\left(1-\frac{|t|}{A}\right)\mathrm{e}^{-\mathrm{i}\omega t}\mathrm{d}t\\&=\frac{2}{A\sqrt{2\pi}}\int_0^A\left(1-\frac{t}{A}\right)\cos\omega t\mathrm{d}t=\sqrt{\frac{2}{\pi}}\frac{1-\cos A\omega}{A^2\omega^2}.\end{aligned}$$

利用 $\displaystyle\int_{-\infty}^{\infty}\cos x^2\mathrm{d}x=\int_{-\infty}^{\infty}\sin x^2\mathrm{d}x=\sqrt{\frac{\pi}{2}}$ 可得

$$\begin{aligned}\mathcal{F}\big[\cos at^2\big](\omega)&=\frac{1}{\sqrt{2\pi}}\int_{-\infty}^{\infty}\cos at^2\mathrm{e}^{-\mathrm{i}\omega t}\mathrm{d}t=\frac{1}{\sqrt{2\pi}}\int_{-\infty}^{\infty}\cos at^2\cos\omega t\mathrm{d}t\\&=\frac{1}{2\sqrt{2\pi}}\left(\int_{-\infty}^{\infty}\cos(at^2-\omega t)\mathrm{d}t+\int_{-\infty}^{\infty}\cos(at^2+\omega t)\mathrm{d}t\right)\\&=\frac{1}{2\sqrt{2\pi}}\left(\int_{-\infty}^{\infty}\cos(at^2-\omega t)\mathrm{d}t+\int_{-\infty}^{\infty}\cos(as^2-\omega s)\mathrm{d}s\right)\\&=\frac{1}{\sqrt{2\pi}}\int_{-\infty}^{\infty}\cos(at^2-\omega t)\mathrm{d}t=\frac{1}{\sqrt{2\pi}}\int_{-\infty}^{\infty}\cos\left(au^2-\frac{\omega^2}{4a}\right)\mathrm{d}u\\&=\frac{1}{\sqrt{2\pi}}\left(\cos\frac{\omega^2}{4a}\int_{-\infty}^{\infty}\cos au^2\mathrm{d}u+\sin\frac{\omega^2}{4a}\int_{-\infty}^{\infty}\sin au^2\mathrm{d}u\right)\\&=\frac{1}{\sqrt{2\pi}}\cdot\frac{1}{\sqrt{a}}\left(\sqrt{\frac{\pi}{2}}\cos\frac{\omega^2}{4a}+\sqrt{\frac{\pi}{2}}\sin\frac{\omega^2}{4a}\right)\\&=\frac{1}{2\sqrt{a}}\left(\cos\frac{\omega^2}{4a}+\sin\frac{\omega^2}{4a}\right).\end{aligned}$$

类似地, 我们有

$$\mathcal{F}\big[\sin at^2\big](\omega)=\frac{1}{2\sqrt{a}}\left(\cos\frac{\omega^2}{4a}-\sin\frac{\omega^2}{4a}\right).$$

再利用 $\displaystyle\int_0^{\infty}\frac{\cos x}{\sqrt{x}}\mathrm{d}x=\sqrt{\frac{\pi}{2}}$ 可得

$$\begin{aligned}\mathcal{F}\big[|t|^{-\frac{1}{2}}\big](\omega)&=\frac{1}{\sqrt{2\pi}}\int_{-\infty}^{\infty}|t|^{-\frac{1}{2}}\mathrm{e}^{-\mathrm{i}\omega t}\mathrm{d}t=\frac{2}{\sqrt{2\pi}}\int_0^{\infty}\frac{\cos\omega t}{\sqrt{t}}\mathrm{d}t\\&=\sqrt{\frac{2}{\pi}}\cdot\frac{1}{\sqrt{|\omega|}}\int_0^{\infty}\frac{\cos x}{\sqrt{x}}\mathrm{d}x=|\omega|^{-\frac{1}{2}}.\end{aligned}$$

此外, 由 $\dfrac{1}{\sqrt{t}}=\dfrac{2}{\sqrt{\pi}}\displaystyle\int_0^{\infty}\mathrm{e}^{-tu^2}\mathrm{d}u$ 我们还有

$$\begin{aligned}\mathcal{F}\left[|t|^{-\frac{1}{2}}\mathrm{e}^{-a|t|}\right](\omega)&=\frac{1}{\sqrt{2\pi}}\int_{-\infty}^{\infty}|t|^{-\frac{1}{2}}\mathrm{e}^{-a|t|}\mathrm{e}^{-\mathrm{i}\omega t}\mathrm{d}t\\&=\frac{2}{\sqrt{2\pi}}\int_0^{\infty}\frac{1}{\sqrt{t}}\mathrm{e}^{-at}\cos\omega t\mathrm{d}t\\&=\sqrt{\frac{2}{\pi}}\int_0^{\infty}\left(\frac{2}{\sqrt{\pi}}\int_0^{\infty}\mathrm{e}^{-tu^2}\mathrm{d}u\right)\mathrm{e}^{-at}\cos\omega t\mathrm{d}t\\&=\frac{2\sqrt{2}}{\pi}\int_0^{\infty}\left(\int_0^{\infty}\mathrm{e}^{-(u^2+a)t}\cos\omega t\mathrm{d}t\right)\mathrm{d}u\\&=\frac{2\sqrt{2}}{\pi}\int_0^{\infty}\frac{u^2+a}{(u^2+a)^2+\omega^2}\mathrm{d}u\\&=\left(\frac{a+(a^2+\omega^2)^{\frac{1}{2}}}{a^2+\omega^2}\right)^{\frac{1}{2}}.\end{aligned}$$

(4) 记 $\mathcal{F}^{-1}(f):=\tilde{f}$. 由 $\displaystyle\int_0^{\infty}\frac{\sin x}{x}\mathrm{d}u=\frac{\pi}{2}$ 可得

$$\begin{aligned}\mathcal{F}^{-1}\left[\sin c\frac{\omega A}{\pi}\right](t)&=\frac{1}{\sqrt{2\pi}}\int_{-\infty}^{\infty}\frac{\sin\omega A}{\omega A}\mathrm{e}^{\mathrm{i}t\omega}\mathrm{d}\omega\\&=\frac{2}{\sqrt{2\pi}}\int_0^{\infty}\frac{\sin\omega|A|\cos\omega t}{\omega|A|}\mathrm{d}\omega\\&=\frac{1}{\sqrt{2\pi}}\int_0^{\infty}\frac{\sin\omega(|A|-t)+\sin\omega(|A|+t)}{\omega|A|}\mathrm{d}\omega\\&=\frac{1}{|A|\sqrt{2\pi}}\left[\mathrm{sgn}(|A|-t)+\mathrm{sgn}(|A|+t)\right]\int_0^{\infty}\frac{\sin u}{u}\mathrm{d}u\\&=\frac{\sqrt{\pi}}{2|A|\sqrt{2}}\left[\mathrm{sgn}(|A|-t)+\mathrm{sgn}(|A|+t)\right]\\&=\begin{cases}\dfrac{\sqrt{\pi}}{|A|\sqrt{2}}, & |t|\leqslant|A|,\\0, & |t|>|A|.\end{cases}\end{aligned}$$

再由 (2) 可知

$$\begin{aligned}&\mathcal{F}^{-1}\left[2\mathrm{i}\frac{\sin^2\omega A}{\omega A}\right](t)\\&=\mathrm{sgn}A\cdot 2\mathrm{i}\mathcal{F}\left[\frac{\sin\omega|A|}{\omega|A|}\sin\omega|A|\right](-t)\end{aligned}$$

$$
\begin{aligned}
&= \mathrm{sgn}A\left(\mathcal{F}\left[\frac{\sin\omega|A|}{\omega|A|}\right](-t-|A|)-\mathcal{F}\left[\frac{\sin\omega|A|}{\omega|A|}\right](-t+|A|)\right)\\
&= \mathrm{sgn}A\left(\mathcal{F}^{-1}\left[\frac{\sin\omega|A|}{\omega|A|}\right](t+|A|)-\mathcal{F}^{-1}\left[\frac{\sin\omega|A|}{\omega|A|}\right](t-|A|)\right)\\
&= \mathrm{sgn}A\frac{\sqrt{\pi}}{2|A|\sqrt{2}}\Big(\big[-\mathrm{sgn}t+\mathrm{sgn}(2|A|+t)\big]-\big[\mathrm{sgn}(2|A|-t)+\mathrm{sgn}t\big]\Big)\\
&= \frac{\sqrt{\pi}}{2A\sqrt{2}}\left[\mathrm{sgn}(2|A|+t)-\mathrm{sgn}(2|A|-t)-2\mathrm{sgn}t\right]\\
&= \begin{cases}-\dfrac{\sqrt{\pi}}{A\sqrt{2}}\mathrm{sgn}t, & |t|\leqslant 2|A|,\\ 0, & |t|>2|A|.\end{cases}
\end{aligned}
$$

此外, 我们还有

$$
\begin{aligned}
\mathcal{F}^{-1}\left[2\sin c^2\frac{\omega A}{\pi}\right](t) &= 2\mathcal{F}^{-1}\left[\frac{\sin\omega A}{\omega A}\cdot\frac{\sin\omega A}{\omega A}\right](t)\\
&= \frac{2}{\sqrt{2\pi}}\left(\mathcal{F}^{-1}\left[\frac{\sin\omega A}{\omega A}\right]*\mathcal{F}^{-1}\left[\frac{\sin\omega A}{\omega A}\right]\right)(t)\\
&= \frac{2}{\sqrt{2\pi}}\cdot\frac{\sqrt{\pi}}{|A|\sqrt{2}}\cdot\frac{\sqrt{\pi}}{|A|\sqrt{2}}\int_{-|A|}^{|A|}\chi_{[-|A|,|A|]}(t-x)\mathrm{d}x\\
&= \frac{\sqrt{\pi}}{A^2\sqrt{2}}\int_{t-|A|}^{t+|A|}\chi_{[-|A|,|A|]}(y)\mathrm{d}y\\
&= \begin{cases}\dfrac{\sqrt{\pi}}{A^2\sqrt{2}}(2|A|-|t|), & |t|\leqslant 2|A|,\\ 0, & |t|>2|A|.\end{cases}
\end{aligned}
$$

(5) 由 (4) 可知

$$
\int_{-\infty}^{\infty}\frac{\sin x}{x}\mathrm{d}x=\sqrt{2\pi}\cdot\mathcal{F}^{-1}\left[\sin c\frac{x}{\pi}\right](0)=\pi,
$$

$$
\int_{-\infty}^{\infty}\frac{\sin^2 x}{x^2}\mathrm{d}x=\sqrt{2\pi}\cdot\frac{1}{2}\mathcal{F}^{-1}\left[2\sin c^2\frac{x}{\pi}\right](0)=\pi.
$$

又由 (3) 可知

$$
\int_{-\infty}^{\infty}\cos x^2\mathrm{d}x=\sqrt{2\pi}\cdot\mathcal{F}\left[\cos x^2\right](0)=\sqrt{2\pi}\cdot\frac{1}{2}(1+0)=\sqrt{\frac{\pi}{2}},
$$

$$
\int_{-\infty}^{\infty}\sin x^2\mathrm{d}x=\sqrt{2\pi}\cdot\mathcal{F}\left[\sin x^2\right](0)=\sqrt{2\pi}\cdot\frac{1}{2}(1-0)=\sqrt{\frac{\pi}{2}}.
$$

(6) 易见

$$\begin{aligned}
f(t) &\sim \frac{1}{\sqrt{2\pi}}\int_{-\infty}^{\infty}\hat{f}(\omega)\mathrm{e}^{\mathrm{i}t\omega}\mathrm{d}\omega\\
&= \frac{1}{\sqrt{2\pi}}\int_{-\infty}^{\infty}\mathrm{e}^{\mathrm{i}t\omega}\mathrm{d}\omega\frac{1}{\sqrt{2\pi}}\int_{-\infty}^{\infty}f(x)\mathrm{e}^{-\mathrm{i}\omega x}\mathrm{d}x\\
&= \frac{1}{2\pi}\int_{-\infty}^{\infty}\mathrm{d}\omega\int_{-\infty}^{\infty}f(x)\mathrm{e}^{-\mathrm{i}\omega(x-t)}\mathrm{d}x\\
&= \frac{1}{2\pi}\left(\int_{-\infty}^{0}\mathrm{d}\omega\int_{-\infty}^{\infty}f(x)\mathrm{e}^{-\mathrm{i}\omega(x-t)}\mathrm{d}x+\int_{0}^{\infty}\mathrm{d}\omega\int_{-\infty}^{\infty}f(x)\mathrm{e}^{-\mathrm{i}\omega(x-t)}\mathrm{d}x\right)\\
&= \frac{1}{2\pi}\left(\int_{0}^{\infty}\mathrm{d}\xi\int_{-\infty}^{\infty}f(x)\mathrm{e}^{\mathrm{i}\xi(x-t)}\mathrm{d}x+\int_{0}^{\infty}\mathrm{d}\omega\int_{-\infty}^{\infty}f(x)\mathrm{e}^{-\mathrm{i}\omega(x-t)}\mathrm{d}x\right)\\
&= \frac{1}{2\pi}\int_{0}^{\infty}\mathrm{d}\omega\int_{-\infty}^{\infty}f(x)\left(\mathrm{e}^{\mathrm{i}\omega(x-t)}+\mathrm{e}^{-\mathrm{i}\omega(x-t)}\right)\mathrm{d}x\\
&= \frac{1}{\pi}\int_{0}^{\infty}\mathrm{d}\omega\int_{-\infty}^{\infty}f(x)\cos\omega(x-t)\mathrm{d}x.
\end{aligned}$$

□

2. 设 $f=f(x,y)$ 是二维拉普拉斯方程 $\dfrac{\partial^2 f}{\partial x^2}+\dfrac{\partial^2 f}{\partial y^2}=0$ 在半平面 $y\geqslant 0$ 上满足以下条件的解: $f(x,0)=g(x)$, 而且对任何 $x\in\mathbb{R}$ 当 $y\to+\infty$ 时有 $f(x,y)\to 0$.

(1) 验证函数 f 关于变量 x 的傅里叶变换 $\hat{f}(\xi,y)$ 具有 $\hat{g}(\xi)\mathrm{e}^{-y|\xi|}$ 的形式.

(2) 试求函数 $\mathrm{e}^{-y|\xi|}$ 关于变量 ξ 的傅里叶原像.

(3) 现在, 试求 (在《讲义》14.4 节例 5 已经碰到过的) 函数 f 的泊松积分形式的表达式

$$f(x,y)=\frac{1}{\pi}\int_{-\infty}^{\infty}\frac{y}{(x-\xi)^2+y^2}g(\xi)\mathrm{d}\xi.$$

解　(1) 对二维拉普拉斯方程两边关于 x 做傅里叶变换可得

$$(\mathrm{i}\xi)^2\hat{f}(\xi,y)+\frac{\partial^2}{\partial y^2}\big(\hat{f}(\xi,y)\big)=0.$$

固定 ξ, 令 $h(y)=\hat{f}(\xi,y)$, 则我们有 $h''-\xi^2h=0$. 解此二阶常系数齐次常微分方程得其通解为 $\hat{f}(\xi,y)=h(y)=c_1\mathrm{e}^{|\xi|y}+c_2\mathrm{e}^{-|\xi|y}$. 因为对任何 $x\in\mathbb{R}$ 当 $y\to+\infty$ 时 $f(x,y)\to 0$, 所以 $c_1=0$. 再由 $\hat{f}(\xi,0)=\hat{g}(\xi)=c_2$ 即得 $\hat{f}(\xi,y)=\hat{g}(\xi)\mathrm{e}^{-y|\xi|}$.

(2) 固定 $y>0$, 则 $\mathrm{e}^{-y|\xi|}$ 关于变量 ξ 的傅里叶原像为

$$\widetilde{\mathrm{e}^{-y|\xi|}}(x)=\frac{1}{\sqrt{2\pi}}\int_{-\infty}^{+\infty}\mathrm{e}^{-y|\xi|}\mathrm{e}^{\mathrm{i}x\xi}\mathrm{d}\xi=\sqrt{\frac{2}{\pi}}\int_{0}^{+\infty}\mathrm{e}^{-y\xi}\cos(x\xi)\mathrm{d}\xi=\sqrt{\frac{2}{\pi}}\cdot\frac{y}{x^2+y^2}.$$

(3) 由 (1) 和 (2) 可知

$$f(x,y)=\widetilde{\hat{f}(\xi,y)}(x)=\frac{1}{\sqrt{2\pi}}\left(\widetilde{\hat{g}(\xi)}*\widetilde{\mathrm{e}^{-y|\xi|}}\right)(x)$$
$$=\frac{1}{\sqrt{2\pi}}\cdot\sqrt{\frac{2}{\pi}}\left(g*\frac{y}{(\cdot)^2+y^2}\right)(x)=\frac{1}{\pi}\int_{-\infty}^{\infty}\frac{y}{(x-\xi)^2+y^2}g(\xi)\mathrm{d}\xi.$$

□

3. 我们记得, 量 $M_n(f)=\int_{-\infty}^{\infty}x^nf(x)\mathrm{d}x$ 叫做函数 $f:\mathbb{R}\to\mathbb{C}$ 的 n阶矩. 特别地, 如果 f 是一个概率分布密度, 亦即 $f(x)\geqslant 0$ 且 $\int_{-\infty}^{\infty}f(x)\mathrm{d}x=1$, 则 $x_0=M_1(f)$ 是具有分布 f 的随机变量 x 的数学期望, 而这个随机变量的方差 $\sigma^2:=\int_{-\infty}^{\infty}(x-x_0)^2f(x)\mathrm{d}x$ 能表示成 $\sigma^2=M_2(f)-M_1^2(f)$ 的形式.

我们考察函数 f 的下列傅里叶变换

$$\hat{f}(\xi)=\int_{-\infty}^{\infty}f(x)\mathrm{e}^{-\mathrm{i}\xi x}\mathrm{d}x.$$

把 $\mathrm{e}^{-\mathrm{i}\xi x}$ 展成级数, 试证:

(1) 如果, 譬如, $f\in S$, 则 $\hat{f}(\xi)=\sum\limits_{n=0}^{\infty}\frac{(-\mathrm{i})^nM_n(f)}{n!}\xi^n$;

(2) $M_n(f)=(\mathrm{i})^n\hat{f}^{(n)}(0)$, $n=0,1,\cdots$;

(3) 现设 f 是实值的, 则 $\hat{f}(\xi)=A(\xi)\mathrm{e}^{\mathrm{i}\varphi(\xi)}$, 这里 $A(\xi)$ 是 $\hat{f}(\xi)$ 的模, 而 $\varphi(\xi)$ 是它的辐角, 则 $A(\xi)=A(-\xi)$ 和 $\varphi(-\xi)=-\varphi(\xi)$. 为规范起见, 设 $\int_{-\infty}^{\infty}f(x)\mathrm{d}x=1$. 试验证

$$\hat{f}(\xi)=1+\mathrm{i}\varphi'(0)\xi+\frac{A''(0)-(\varphi'(0))^2}{2}\xi^2+o(\xi^2)\quad(\xi\to 0)$$

且 $x_0:=M_1(f)=-\varphi'(0)$, 而 $\sigma^2=M_2(f)-M_1^2(f)=-A''(0)$.

证 (1) 因为

$$\mathrm{e}^{-\mathrm{i}\xi x}=\sum_{n=0}^{\infty}\frac{(-\mathrm{i})^n\xi^n}{n!}x^n,$$

所以

$$\hat{f}(\xi)=\int_{-\infty}^{\infty}f(x)\mathrm{e}^{-\mathrm{i}\xi x}\mathrm{d}x=\int_{-\infty}^{\infty}f(x)\sum_{n=0}^{\infty}\frac{(-\mathrm{i})^n\xi^n}{n!}x^n\mathrm{d}x$$
$$=\sum_{n=0}^{\infty}\frac{(-\mathrm{i})^n\xi^n}{n!}\int_{-\infty}^{\infty}x^nf(x)\mathrm{d}x=\sum_{n=0}^{\infty}\frac{(-\mathrm{i})^nM_n(f)}{n!}\xi^n.$$

(2) 由 (1) 可知

$$\hat{f}^{(n)}(0)=(-\mathrm{i})^n M_n(f),$$

于是

$$M_n(f)=(\mathrm{i})^n\hat{f}^{(n)}(0).$$

(3) 因为 $\hat{f}(\xi)=A(\xi)\mathrm{e}^{\mathrm{i}\varphi(\xi)}$, 所以 $\hat{f}(-\xi)=A(-\xi)\mathrm{e}^{\mathrm{i}\varphi(-\xi)}$. 而由傅里叶变换的定义还有

$$\hat{f}(-\xi)=\overline{\hat{f}(\xi)}=A(\xi)\mathrm{e}^{-\mathrm{i}\varphi(\xi)}.$$

因此我们有 $A(\xi)=A(-\xi)$ 和 $\varphi(-\xi)=-\varphi(\xi)$. 此外, 我们还有 $A'(0)=0$, $\varphi(0)=0=\varphi''(0)$.

由 $\displaystyle\int_{-\infty}^{\infty}f(x)\mathrm{d}x=1$ 可得 $M_0(f)=\hat{f}(0)=A(0)\mathrm{e}^{\mathrm{i}\varphi(0)}=1$. 又易见

$$\hat{f}^{(1)}(0)=A'(0)\mathrm{e}^{\mathrm{i}\varphi(0)}+A(0)\mathrm{e}^{\mathrm{i}\varphi(0)}\mathrm{i}\varphi'(0)=\mathrm{i}\varphi'(0),$$

所以

$$x_0:=M_1(f)=\mathrm{i}\hat{f}^{(1)}(0)=-\varphi'(0).$$

再由

$$\begin{aligned}\hat{f}^{(2)}(0)&=A''(0)\mathrm{e}^{\mathrm{i}\varphi(0)}+A'(0)\mathrm{e}^{\mathrm{i}\varphi(0)}\mathrm{i}\varphi'(0)+A'(0)\mathrm{e}^{\mathrm{i}\varphi(0)}\mathrm{i}\varphi'(0)\\&\quad+A(0)\mathrm{e}^{\mathrm{i}\varphi(0)}(\mathrm{i}\varphi'(0))^2+A(0)\mathrm{e}^{\mathrm{i}\varphi(0)}\mathrm{i}\varphi''(0)\\&=A''(0)-(\varphi'(0))^2\end{aligned}$$

可得

$$M_2(f)=(\mathrm{i})^2\hat{f}^{(2)}(0)=(\varphi'(0))^2-A''(0),$$

从而

$$\sigma^2=M_2(f)-M_1^2(f)=-A''(0).$$

因此由 (1) 可知

$$\hat{f}(\xi)=1+\mathrm{i}\varphi'(0)\xi+\frac{A''(0)-(\varphi'(0))^2}{2}\xi^2+o(\xi^2)\quad(\xi\to 0).$$ □

4. (1) 验证函数 $\mathrm{e}^{-a|x|}(a>0)$ 以及它的对 $x\neq 0$ 的一切导数, 在无穷远处的减小速度比变量 $|x|$ 的任何负指数幂都快. 尽管如此, 这个函数并不属于函数类 S.

(2) 试证: 这个函数的傅里叶变换在 $\mathbb{R}$ 上无穷次可微, 但不属于函数类 S (仍然是因为 $\mathrm{e}^{-a|x|}$ 在 $x=0$ 不可微).

证 (1) 易见当 $x \neq 0$ 时, $\forall \beta \in \mathbb{N} \cup \{0\}$, $D^{\beta} \mathrm{e}^{-a|x|} = \mathrm{e}^{-a|x|}\big(-a \operatorname{sgn} x\big)^{\beta}$. 于是可知 $\forall \alpha > 0$, 当 $x \to \infty$ 时,

$$|x|^{\alpha} D^{\beta} \mathrm{e}^{-a|x|} = |x|^{\alpha} \mathrm{e}^{-a|x|}\big(-a \operatorname{sgn} x\big)^{\beta} \to 0.$$

又因为函数 $\mathrm{e}^{-a|x|}$ 在 $x = 0$ 处不可导, 因此 $\mathrm{e}^{-a|x|} \notin S$.

(2) 由习题 2(2) 可知

$$\widehat{\mathrm{e}^{-a|x|}}(\xi) = \widetilde{\mathrm{e}^{-a|x|}}(-\xi) = \sqrt{\frac{2}{\pi}} \cdot \frac{a}{(-\xi)^2 + a^2} = \sqrt{\frac{2}{\pi}} \cdot \frac{a}{\xi^2 + a^2} \in C^{(\infty)}.$$

若 $\widehat{\mathrm{e}^{-a|x|}}(\xi) \in S$, 则 $\mathrm{e}^{-a|x|} \in S$, 从而与 $\mathrm{e}^{-a|x|}$ 在 $x = 0$ 不可微矛盾. 因此 $\widehat{\mathrm{e}^{-a|x|}}(\xi) \notin S$. □

5. (1) 试证函数类 S 的函数在空间 $\mathcal{R}_2(\mathbb{R}^n; \mathbb{C})$ 中稠密, 这里 $\mathcal{R}_2(\mathbb{R}^n; \mathbb{C})$ 是由绝对平方可积函数 $f : \mathbb{R}^n \to \mathbb{C}$ 构成的, 在其中定义了内积 $\langle f, g \rangle = \int_{\mathbb{R}^n} (f \cdot \bar{g})(x) \mathrm{d}x$, 由这个内积产生的范数 $\|f\| = \left(\int_{\mathbb{R}^n} |f|^2(x) \mathrm{d}x \right)^{\frac{1}{2}}$ 以及距离 $d(f, g) = \|f - g\|$.

(2) 现在把 S 看作具有上述距离的距离空间 (即有 $\mathbb{R}^n$ 上均方差意义下的收敛性). 设 $L_2(\mathbb{R}^n; \mathbb{C})$, 或简记作 L_2, 是距离空间 $(S; d)$ 的完备化 (参看《讲义》第二卷 6.1.2 小节). 每个元素 $f \in L_2$ 由函数 $\varphi_k \in S$ 的序列 $\{\varphi_k\}$ 确定, 这个序列是距离 d 意义下的柯西序列.

试证: 这时函数 φ_k 的傅里叶像的序列 $\{\hat{\varphi}_k\}$ 也是 S 中的柯西序列, 因而, 它给出一个确定的元素 $\hat{f} \in L_2$, 这个元素很自然地应叫做元素 $f \in L_2$ 的傅里叶变换.

(3) 在 L_2 中引进自然的代数结构和内积, 关于它们, 傅里叶变换 $L_2 \widehat{\to} L_2$ 是 L_2 到自身上的线性同构映射.

(4) 通过函数 $f(x) = \dfrac{1}{\sqrt{1 + x^2}}$ 这个例子可以看出, 如果 $f \in \mathcal{R}_2(\mathbb{R}; \mathbb{C})$, 未必有 $f \in \mathcal{R}(\mathbb{R}; \mathbb{C})$. 虽然如此, 如果 $f \in \mathcal{R}_2(\mathbb{R}; \mathbb{C})$, 则由于 f 是局部可积的, 可以考察积分

$$\hat{f}_A(\xi) = \frac{1}{\sqrt{2\pi}} \int_{-A}^{A} f(x) \mathrm{e}^{-\mathrm{i}\xi x} \mathrm{d}x.$$

试验证: $\hat{f}_A \in C(\mathbb{R}; \mathbb{C})$ 且 $\hat{f}_A \in \mathcal{R}_2(\mathbb{R}; \mathbb{C})$.

(5) 试证: 当 $A \to +\infty$, $\hat{f}_A$ 在 L_2 中趋于某元素 $\hat{f} \in L_2$, 且当 $A \to +\infty$ 时有 $\|\hat{f}_A\| \to \|\hat{f}\| = \|f\|$ (这叫普朗谢雷尔定理).

证 (1) 取 $\mathcal{D}(\mathbb{R}^n; \mathbb{C})$ 中的 δ-型函数族 $\{j_\varepsilon\}$, 则 $\{j_\varepsilon * f\} \subset C^{(\infty)}(\mathbb{R}^n; \mathbb{C}) \cap \mathcal{R}_2(\mathbb{R}^n; \mathbb{C})$ 且在 $\mathcal{R}_2(\mathbb{R}^n; \mathbb{C})$ 中我们有 $\lim\limits_{\varepsilon \to 0} j_\varepsilon * f = f$. 于是 $C^{(\infty)}(\mathbb{R}^n; \mathbb{C})$ 于 $\mathcal{R}_2(\mathbb{R}^n;$

$\mathbb{C})$ 中稠密. 又由 14.4 节习题 5 可知 $\mathcal{D}(\mathbb{R}^n;\mathbb{C})$ 于 $C^{(\infty)}(\mathbb{R}^n;\mathbb{C})$ 中稠密. 因此由 $\mathcal{D}(\mathbb{R}^n;\mathbb{C}) \subset S \subset C^{(\infty)}(\mathbb{R}^n;\mathbb{C})$ 可知 S 在空间 $\mathcal{R}_2(\mathbb{R}^n;\mathbb{C})$ 中稠密.

(2) 因为函数序列 $\{\varphi_k : k \in \mathbb{N}\}$ 是 S 中的柯西序列, 所以 $\forall \varepsilon > 0$, $\exists N \in \mathbb{N}$, 使得当 $\mathbb{N} \ni k, j > N$ 时, 有 $d(\varphi_k, \varphi_j) < \varepsilon$. 于是由帕塞瓦尔等式可知

$$d(\hat{\varphi}_k, \hat{\varphi}_j) = \|\hat{\varphi}_k - \hat{\varphi}_j\| = \|\widehat{\varphi_k - \varphi_j}\| = \|\varphi_k - \varphi_j\| = d(\varphi_k, \varphi_j) < \varepsilon.$$

这就证明了序列 $\{\hat{\varphi}_k\}$ 也是 S 中的柯西序列.

(3) 记与 $f \in L_2$ 相对应的柯西序列为 $\{\varphi_k^f\} \subset S$, 即在 L_2 中 $\lim\limits_{k\to\infty} \varphi_k^f = f$. 在 L_2 中引入如下代数结构:

$$\alpha f + \beta g := \lim_{k\to\infty} \left(\alpha\varphi_k^f + \beta\varphi_k^g\right), \quad f, g \in L_2,\ \alpha, \beta \in \mathbb{C}$$

和内积

$$\langle f, g\rangle = \lim_{k\to\infty} \langle \varphi_k^f, \varphi_k^g\rangle, \quad f, g \in L_2.$$

于是由傅里叶变换在 S 上的限制是 S 作为线性空间的自同构可知, 傅里叶变换 $L_2 \xrightarrow{\wedge} L_2$ 是 L_2 到自身上的线性同构映射.

(4) 对固定的有限数 $A \geqslant 0$, 由

$$\begin{aligned}\left|\hat{f}_A(\xi + h) - \hat{f}_A(\xi)\right| &= \frac{1}{\sqrt{2\pi}}\left|\int_{-A}^{A} f(x)\left(\mathrm{e}^{-\mathrm{i}(\xi+h)x} - \mathrm{e}^{-\mathrm{i}\xi x}\right)\mathrm{d}x\right| \\ &\leqslant \sup_{|x|\leqslant A} |\mathrm{e}^{-\mathrm{i}hx} - 1| \cdot \frac{1}{\sqrt{2\pi}} \int_{-A}^{A} |f(x)|\mathrm{d}x\end{aligned}$$

可知 $\hat{f}_A \in C(\mathbb{R};\mathbb{C})$. 记

$$f_A(x) = \begin{cases} f(x), & |x| \leqslant A, \\ 0, & |x| > A. \end{cases}$$

因为 $f \in \mathcal{R}_2(\mathbb{R};\mathbb{C})$, 所以 f 是局部可积的, 并且 $f_A \in \mathcal{R}_2(\mathbb{R};\mathbb{C})$. 于是由帕塞瓦尔等式可知

$$\langle \hat{f}_A, \hat{f}_A\rangle = \langle \widehat{f_A}, \widehat{f_A}\rangle = \langle f_A, f_A\rangle = \|f_A\|^2.$$

因此, $\hat{f}_A \in \mathcal{R}_2(\mathbb{R};\mathbb{C})$.

(5) 对任意的 $f \in \mathcal{R}_2(\mathbb{R};\mathbb{C})$, 易见

$$\lim_{A\to+\infty} \int_{|x|\geqslant A} |f(x)|^2 \mathrm{d}x = 0.$$

于是 $\forall\varepsilon>0$, $\exists N>0$, 使得 $\forall A'>A>N$, 都有

$$\|f_A-f_{A'}\|=\left(\int_{A\leqslant|x|\leqslant A'}|f(x)|^2\mathrm{d}x\right)^{\frac{1}{2}}<\varepsilon,$$

从而

$$d(\hat{f}_A,\hat{f}_{A'})=\|\hat{f}_A-\hat{f}_{A'}\|=\|\widehat{f_A}-\widehat{f_{A'}}\|=\|f_A-f_{A'}\|<\varepsilon.$$

因此, $\hat{f}_A$ 在 L_2 中收敛, 从而 $\hat{f}_A$ 也是几乎处处收敛的, 再根据极限的唯一性, 就有 $\hat{f}_A$ 在 L_2 中趋于某元素 $\hat{f}\in L_2$. 于是由 $|\|\hat{f}_A\|-\|\hat{f}\||\leqslant\|\hat{f}_A-\hat{f}\|$ 可知, 当 $A\to+\infty$ 时, $\|\hat{f}_A\|\to\|\hat{f}\|$. 再由

$$\big|\|\hat{f}_A\|-\|f\|\big|=\big|\|f_A\|-\|f\|\big|\leqslant\|f_A-f\|$$

可知当 $A\to+\infty$ 时, $\|\hat{f}_A\|\to\|f\|$. 因此 $\|\hat{f}\|=\|f\|$. □

6. 测不准原理. 设 $\varphi(x)$ 和 $\psi(p)$ 是 S 类函数 (或习题 5 中空间 L_2 的元素), 而且 $\psi=\hat{\varphi}$ 以及 $\displaystyle\int_{-\infty}^{\infty}|\varphi|^2(x)\mathrm{d}x=\int_{-\infty}^{\infty}|\psi|^2(p)\mathrm{d}p=1$. 在这种情况下, 函数 $|\varphi|^2$ 和 $|\psi|^2$ 可以分别看作是两个随机变量 x 和 p 的概率分布密度.

(1) 试证: 可用函数 φ 的自变量位移 (相当于特别选取自变量的起算点), 不改变量 $\|\hat{\varphi}\|$, 但能使得到的新函数 φ, 使 $M_1(|\varphi|^2)=\displaystyle\int_{-\infty}^{\infty}x|\varphi|^2(x)\mathrm{d}x=0$, 然后, 在不改变 $M_1(|\varphi|^2)=0$ 的前提下, 对函数 ψ 经过类似的自变量位移达到使 $M_1(|\psi|^2)=\displaystyle\int_{-\infty}^{\infty}p|\psi|^2(p)\mathrm{d}p=0$.

(2) 对于实参数 α, 考察量

$$\int_{-\infty}^{\infty}|\alpha x\varphi(x)+\varphi'(x)|^2\mathrm{d}x\geqslant 0,$$

试根据帕塞瓦尔等式和公式 $\widehat{\varphi'}(p)=\mathrm{i}p\hat{\varphi}(p)$ 证明 $\alpha^2M_2(|\varphi|^2)-\alpha+M_2(|\psi|^2)\geqslant 0$. (关于 M_1 和 M_2 的定义可参看习题 3.)

(3) 试由此推出

$$M_2(|\varphi|^2)M_2(|\psi|^2)\geqslant\frac{1}{4}.$$

这个关系式表明函数 φ 本身越 "集中", 它的傅里叶变换就越 "疏散", 反过来也对 (关于这方面可参看《讲义》例 1, 例 7 和习题 7(2)).

在量子力学中, 这个关系式叫做测不准原理, 它有具体的物理含义. 譬如, 不可能把量子的坐标和它的动量同时测量精确. 这个基本的事实 (叫做海森伯测不准原理) 在数学上与上边求出的 $M_2(|\varphi|^2)$ 和 $M_2(|\psi|^2)$ 之间的关系是一致的.

证　(1) 令 $x_0 = -M_1(|\varphi|^2) = -\int_{-\infty}^{\infty} x|\varphi|^2(x)\mathrm{d}x$, 并记 $\varphi_{x_0} := \varphi(x - x_0)$, $\psi_{x_0} = \widehat{\varphi_{x_0}}$, 则由习题 1 可知

$$\psi_{x_0}(p) = \hat{\varphi}(p)\mathrm{e}^{-\mathrm{i}x_0 p} = \psi(p)\mathrm{e}^{-\mathrm{i}x_0 p},$$

于是

$$\|\widehat{\varphi_{x_0}}\| = \|\psi_{x_0}\| = \|\psi\| = \|\hat{\varphi}\| = 1.$$

又易见

$$\begin{aligned}M_1(|\varphi_{x_0}|^2) &= \int_{-\infty}^{\infty} x|\varphi|^2(x - x_0)\mathrm{d}x = \int_{-\infty}^{\infty} (y + x_0)|\varphi|^2(y)\mathrm{d}y\\ &= \int_{-\infty}^{\infty} y|\varphi|^2(y)\mathrm{d}y + x_0\int_{-\infty}^{\infty} |\varphi|^2(y)\mathrm{d}y = \int_{-\infty}^{\infty} x|\varphi|^2(x)\mathrm{d}x + x_0 = 0.\end{aligned}$$

再令 $p_1 = -M_1(|\psi_{x_0}|^2) = -\int_{-\infty}^{\infty} p|\psi_{x_0}|^2(p)\mathrm{d}p$, 并记 $\psi_{p_1} := \psi_{x_0}(p-p_1)$, $\varphi_{p_1} = \widetilde{\psi_{p_1}}$, 则由习题 1 可知

$$\varphi_{p_1}(x) = \widehat{\psi_{p_1}}(-x) = \widehat{\psi_{x_0}}(-x)\mathrm{e}^{\mathrm{i}p_1 x} = \widetilde{\psi_{x_0}}(x)\mathrm{e}^{\mathrm{i}p_1 x} = \varphi_{x_0}\mathrm{e}^{\mathrm{i}p_1 x},$$

于是

$$M_1(|\varphi_{p_1}|^2) = \int_{-\infty}^{\infty} x|\varphi_{p_1}|^2\mathrm{d}x = \int_{-\infty}^{\infty} x|\varphi_{x_0}|^2\mathrm{d}x = M_1(|\varphi_{x_0}|^2) = 0.$$

又易见

$$\begin{aligned}M_1(|\psi_{p_1}|^2) &= \int_{-\infty}^{\infty} p|\psi_{x_0}|^2(p - p_1)\mathrm{d}p = \int_{-\infty}^{\infty} (q + p_1)|\psi_{x_0}|^2(q)\mathrm{d}q\\ &= \int_{-\infty}^{\infty} q|\psi_{x_0}|^2(q)\mathrm{d}q + p_1\int_{-\infty}^{\infty} |\psi_{x_0}|^2(q)\mathrm{d}q = \int_{-\infty}^{\infty} p|\psi_{x_0}|^2(p)\mathrm{d}p + p_1 = 0.\end{aligned}$$

(2) 由帕塞瓦尔等式和公式 $\widehat{\varphi'}(p) = \mathrm{i}p\hat{\varphi}(p)$ 可得

$$\begin{aligned}0 &\leqslant \int_{-\infty}^{\infty} |\alpha x\varphi(x) + \varphi'(x)|^2\mathrm{d}x\\ &= \alpha^2\int_{-\infty}^{\infty} |x\varphi(x)|^2\mathrm{d}x + \alpha\int_{-\infty}^{\infty} x\frac{\mathrm{d}}{\mathrm{d}x}|\varphi(x)|^2\mathrm{d}x + \int_{-\infty}^{\infty} |\varphi'(x)|^2\mathrm{d}x\\ &= \alpha^2\int_{-\infty}^{\infty} |x\varphi(x)|^2\mathrm{d}x - \alpha\int_{-\infty}^{\infty} |\varphi(x)|^2\mathrm{d}x + \int_{-\infty}^{\infty} |\varphi'(x)|^2\mathrm{d}x\\ &= \alpha^2\int_{-\infty}^{\infty} |x\varphi(x)|^2\mathrm{d}x - \alpha + \int_{-\infty}^{\infty} |\varphi'(x)|^2\mathrm{d}x\end{aligned}$$

$$= \alpha^2 \int_{-\infty}^{\infty} |x\varphi(x)|^2 \mathrm{d}x - \alpha + \int_{-\infty}^{\infty} |p\psi(p)|^2 \mathrm{d}x$$
$$= \alpha^2 M_2(|\varphi|^2) - \alpha + M_2(|\psi|^2).$$

(3) 由 (2) 和 (关于 α 的) 一元二次函数的非负性可知

$$\Delta = 1 - 4M_2(|\varphi|^2)M_2(|\psi|^2) \leqslant 0,$$

由此可得

$$M_2(|\varphi|^2)M_2(|\psi|^2) \geqslant \frac{1}{4}.$$ □

以下三个练习给出了初等的广义函数傅里叶变换概念.

7. (1) 试利用《讲义》例 1 求出用函数

$$\Delta_\alpha(t) = \begin{cases} \dfrac{1}{2\alpha}, & |t| \leqslant \alpha, \\ 0, & |t| > \alpha \end{cases}$$

表示的信号的谱.

(2) 细致地考察当 $\alpha \to +0$ 时函数 $\Delta_\alpha(t)$ 及其谱的变化情况; 按照你的看法, δ-函数所表示的单位脉冲的谱是怎样的.

(3) 现在试利用《讲义》例 2 求出理想低频滤波器 (具频率上限 a) 的输出信号 $\varphi(t)$, 它是单位脉冲 $\delta(t)$ 的响应.

(4) 现在试根据所得到的结果解释科捷列尼科夫级数 (15.3.39) 的项的物理意义, 并提供一个以科捷列尼科夫公式 (15.3.39) 为基础播发具有限谱信号 $f(t)$ 的方案.

证 (1) 由《讲义》例 1 可得 Δ_α 表示的信号的谱为 $\dfrac{\sin \alpha\xi}{2\pi\alpha\xi}$.

(2) 当 $\alpha \to +0$ 时, $\Delta_\alpha \to \delta$, $\dfrac{\sin \alpha\xi}{2\pi\alpha\xi} \to \dfrac{1}{2\pi}$. 于是 δ-函数所表示的单位脉冲的谱是 $\dfrac{1}{2\pi}$.

(3) $\varphi(t) = \displaystyle\int_{-a}^{a} \frac{1}{2\pi} \mathrm{e}^{\mathrm{i}t\omega} \mathrm{d}\omega = \frac{\sin at}{\pi t}$.

(4) 由 (3) 可知

$$f\left(\frac{\pi}{a}k\right) \frac{\sin a\left(t - \dfrac{\pi}{a}k\right)}{a\left(t - \dfrac{\pi}{a}k\right)} = \frac{\pi}{a} \cdot f\left(\frac{\pi}{a}k\right) \varphi\left(t - \frac{\pi}{a}k\right).$$

这表示插值公式 (15.3.39) 可以用低频滤波器来实现, 通过输入一个被采样信号调制过的脉冲序列函数来实现信号传播. 因此, 我们可以通过播放对应采样点的低频滤波的叠加给出函数 $f(t)$ 的通信信息. □

注 科捷列尼科夫定理也被称为采样定理, 同时被惠特克, 奈奎斯特, 香农等人独立发现. 此定理是数字信号处理领域的重要定理, 用来实现某些连续信号与离散信号的转换.

8. 施瓦兹空间. 试验证:

(1) 如果 $\varphi \in S$, 而 P 是多项式, 则 $(P \cdot \varphi) \in S$.

(2) 如果 $\varphi \in S$, 则 $D^{\alpha}\varphi \in S$ 且 $D^{\beta}(P \cdot D^{\alpha}\varphi) \in S$, 这里 α 和 β 是任意多重指标, 而 P 是多项式.

(3) 在 S 中引进以下收敛概念. 函数 $\varphi_k \in S$ 的序列 $\{\varphi_k\}$ 被认为收敛于零, 如果对任何非负多重指标 α, β, 函数序列 $\{x^{\beta}D^{\alpha}\varphi_k\}$ 在 $\mathbb{R}^n$ 上一致收敛于零. 关系式 $\varphi_k \to \varphi \in S$ 表示 $(\varphi - \varphi_k) \to 0$ 在 S 中.

附加了这里指出的收敛性的速降函数线性空间 S 叫做施瓦兹空间. 试证: 如果 $\varphi_k \to \varphi$ 在 S 中, 则 $\hat{\varphi}_k \to \hat{\varphi}$ 在 S 中当 $k \to \infty$ 时. 这样一来, 傅里叶变换是施瓦兹空间中的线性连续变换.

证 (1) 如果 $\varphi \in S$, 则对一切非负多重指标 α, β 有 $\sup\limits_{x \in \mathbb{R}^n} |x^{\beta}D^{\alpha}\varphi(x)| < \infty$, 于是对任何多项式 Q, 我们有 $\sup\limits_{x \in \mathbb{R}^n} |Q(x)D^{\alpha}\varphi(x)| < \infty$. 又因为 P 是多项式, 所以

$$\sup_{x \in \mathbb{R}^n} |x^{\beta}D^{\alpha}(P \cdot \varphi)(x)| \leqslant \sum_{\lambda+\gamma=\alpha} \sup_{x \in \mathbb{R}^n} |x^{\beta}D^{\lambda}P(x) \cdot D^{\gamma}\varphi(x)| < \infty,$$

因此 $(P \cdot \varphi) \in S$.

(2) 如果 $\varphi \in S$, 则对一切非负多重指标 λ, γ 有 $\sup\limits_{x \in \mathbb{R}^n} |x^{\lambda}D^{\gamma}\varphi(x)| < \infty$, 于是

$$\sup_{x \in \mathbb{R}^n} |x^{\lambda}D^{\gamma}(D^{\alpha}\varphi)(x)| = \sup_{x \in \mathbb{R}^n} |x^{\lambda}D^{\gamma+\alpha}\varphi(x)| < \infty,$$

因此 $D^{\alpha}\varphi \in S$. 进而由 (1) 可知, 对于多项式 P, 有 $P \cdot D^{\alpha}\varphi \in S$, 从而 $D^{\beta}(P \cdot D^{\alpha}\varphi) \in S$.

(3) $\forall f \in S$, 由 $\widehat{D^{\alpha}f}(\xi) = (\mathrm{i})^{|\alpha|}\xi^{\alpha}\hat{f}(\xi)$ 和 $(\widehat{x^{\alpha}f(x)})(\xi) = (\mathrm{i})^{|\alpha|}D^{\alpha}\hat{f}(\xi)$ 可知

$$(\mathrm{i}\xi)^{\beta}D^{\alpha}\hat{f}(\xi) = \frac{1}{(2\pi)^{\frac{n}{2}}} \int_{\mathbb{R}^n} D^{\beta}\big((-\mathrm{i}x)^{\alpha}f(x)\big)\mathrm{e}^{-\mathrm{i}\xi x}\mathrm{d}x.$$

于是

$$\sup_{\xi \in \mathbb{R}^n} |\xi^{\beta}D^{\alpha}\hat{f}(\xi)| = \sup_{\xi \in \mathbb{R}^n} |(\mathrm{i}\xi)^{\beta}D^{\alpha}\hat{f}(\xi)|$$

$$\leqslant \frac{1}{(2\pi)^{\frac{n}{2}}}\int_{\mathbb{R}^n}(1+|x|^2)^n\big|D^\beta\big(x^\alpha f(x)\big)\big|\cdot\frac{1}{(1+|x|^2)^n}\mathrm{d}x$$
$$\leqslant M\sup_{x\in\mathbb{R}^n}(1+|x|^2)^n\big|D^\beta\big(x^\alpha f(x)\big)\big|,$$

这里

$$0<M=\frac{1}{(2\pi)^{\frac{n}{2}}}\int_{\mathbb{R}^n}\frac{1}{(1+|x|^2)^n}\mathrm{d}x<+\infty.$$

因此我们有

$$\sup_{\xi\in\mathbb{R}^n}|\xi^\beta D^\alpha\widehat{\varphi-\varphi_k}(\xi)|\leqslant M\sup_{x\in\mathbb{R}^n}(1+|x|^2)^n\big|D^\beta\big(x^\alpha(\varphi-\varphi_k)(x)\big)\big|,$$

从而傅里叶变换是施瓦兹空间中的线性连续变换. □

9. 缓增广义函数空间 S'. 定义在速降函数空间 S 上的线性连续泛函叫做缓增广义函数. 这种泛函的线性空间 (空间 S 的共轭空间) 用符号 S' 表示. 泛函 $F\in S'$ 在函数 $\varphi\in S$ 上的值用符号 $F(\varphi)$ 表示.

(1) 设 $P:\mathbb{R}^n\to\mathbb{C}$ 是 n 个变量的多项式, 而 $f:\mathbb{R}^n\to\mathbb{C}$ 是局部可积函数且在无穷远处满足估计 $|f(x)|\leqslant|P(x)|$ (亦即当 $x\to\infty$ 时它可能是增长的, 但增长速度不超过幂式增长). 试证: 如果置

$$f(\varphi)=\int_{\mathbb{R}^n}f(x)\varphi(x)\mathrm{d}x,\quad \varphi\in S,$$

则可把 f 看作是空间 S' 的 (正则) 元素.

(2) 广义函数 $F\in S'$ 乘以通常的函数 $f:\mathbb{R}^n\to\mathbb{C}$, 照例是用关系 $(fF)(\varphi):=F(f\varphi)$ 定义. 试验证: 对类 S' 中的广义函数不仅能合理地定义它与函数 $f\in S$ 的乘积, 而且可以合理定义它与多项式 $P:\mathbb{R}^n\to C$ 的乘积.

(3) 广义函数 $F\in S'$ 的微分是用传统方法定义的: $(D^\alpha F)(\varphi):=(-1)^{|\alpha|}\cdot F(D^\alpha\varphi)$. 试证这个定义是合理的, 亦即, 如果 $F\in S'$, 则 $D^\alpha F\in S'$ 对任何非负整数多重指标 $\alpha=(\alpha_1,\cdots,\alpha_n)$ 都成立.

(4) 如果 f 和 φ 是充分正则的函数 (譬如属于函数类 S), 则从《讲义》关系 (15.3.31) 可以看出, 成立等式

$$\hat{f}(\varphi)=\int_{\mathbb{R}^n}\hat{f}(x)\varphi(x)\mathrm{d}x=\int_{\mathbb{R}^n}f(x)\hat{\varphi}(x)\mathrm{d}x=f(\hat{\varphi}).$$

这个等式 (帕塞瓦尔等式) 也用来作为定义广义函数 $F\in S'$ 的傅里叶变换 $\hat{F}$ 的基础, 按照定义, 令 $\hat{F}(\varphi):=F(\hat{\varphi})$.

由于空间 S 关于傅里叶变换是不变的, 这个定义对任何元素 $F\in S'$ 都是合理的.

试证: 这个方法对 $\mathcal{D}'(\mathbb{R}^n)$ 中的广义函数不行. 正是这种情况, 说明了施瓦兹空间 S 在傅里叶变换理论及其在广义函数的应用中所起的重要作用.

(5) 在习题 7 中我们得到了 δ-函数的傅里叶变换的初等的概念. δ-函数的傅里叶变换若能直接按照正则函数的傅里叶变换的一般定义去求, 那么, 我们将有

$$\hat{\delta}(\xi) = \frac{1}{(2\pi)^{n/2}} \int_{\mathbb{R}^n} \delta(x) \mathrm{e}^{-\mathrm{i}(\xi,x)} \mathrm{d}x = \frac{1}{(2\pi)^{n/2}}.$$

现在, 试证明: 用正确的方法求广义函数 $\delta \in S'(\mathbb{R}^n)$ 的傅里叶变换, 亦即根据等式 $\hat{\delta}(\varphi) = \delta(\hat{\varphi})$ 去求, 将得到 (同样结果) $\delta(\hat{\varphi}) = \hat{\varphi}(0) = \dfrac{1}{(2\pi)^{n/2}}$. 于是, δ-函数的傅里叶变换是常数函数. (可以改变傅里叶变换的规范, 使这个常数等于 1, 参看习题 10.)

(6) S' 中的收敛性, 照例是在广义函数意义上的收敛性, 其含义是: ($F_n \to F$ 在 S' 中当 $n \to \infty$ 时) $:= (\forall \varphi \in S(F_n(\varphi) \to F(\varphi)$ 当 $n \to \infty$ 时)).

试验证 δ-函数的反演公式 (傅里叶积分):

$$\delta(x) = \lim_{A \to +\infty} \frac{1}{(2\pi)^{n/2}} \int_{-A}^{A} \cdots \int_{-A}^{A} \hat{\delta}(\xi) \mathrm{e}^{\mathrm{i}(x,\xi)} \mathrm{d}\xi.$$

(7) 设 $\delta(x - x_0)$ 像通常一样表示 δ-函数往点 x_0 的位移, 亦即 $\delta(x - x_0)(\varphi) = \varphi(x_0)$. 试验证: 级数

$$\sum_{n=-\infty}^{\infty} \delta(x-n) \left(= \lim_{N \to \infty} \sum_{n=-N}^{N} \delta(x-n) \right)$$

在空间 S' 中收敛 (这里 $\delta \in S'(\mathbb{R})$, $n \in \mathbb{Z}$).

证　(1) 类似于习题 8(3) 我们有

$$\begin{aligned} |f(\varphi)| &\leqslant \int_{\mathbb{R}^n} |P(x)||\varphi(x)| \mathrm{d}x \\ &\leqslant \sup_{x \in \mathbb{R}^n} (1+|x|^2)^n |P(x)||\varphi(x)| \cdot \int_{\mathbb{R}^n} \frac{1}{(1+|x|^2)^n} \mathrm{d}x, \quad \forall \varphi \in S, \end{aligned}$$

从而可把 f 看作是空间 S' 的 (正则) 元素.

(2) $\forall \varphi \in S$, 易见 $f\varphi \in S$ 且 $P\varphi \in S$, 于是结论成立.

(3) $\forall \varphi \in S$, 易见 $D^\alpha \varphi \in S$, 于是结论成立.

(4) 如果 $\varphi \in \mathcal{D} \subset S$, 那么 $\hat{\varphi}$ 是实解析函数, 于是对于非 0 的 $\hat{\varphi}$, 其支集一定是非紧的 (可参考 Paley-Wiener 定理). 因此, 存在 $\varphi \in \mathcal{D} \subset S$ 使得 $\hat{\varphi} \in S \backslash \mathcal{D}$, 从而结论成立.

(5) 易见

$$\hat{\delta}(\varphi)=\delta(\hat{\varphi})=\hat{\varphi}(0)=\int_{\mathbb{R}^n}\frac{1}{(2\pi)^{n/2}}\varphi(x)\mathrm{d}x,\quad \forall\varphi\in S,$$

所以 $\hat{\delta}=\dfrac{1}{(2\pi)^{n/2}}$.

(6) $\forall\varphi\in S$, 由 $\hat{\delta}=\dfrac{1}{(2\pi)^{n/2}}$ 可知

$$\begin{aligned}
&\frac{1}{(2\pi)^{n/2}}\int_{\mathbb{R}^n}\int_{-A}^{A}\cdots\int_{-A}^{A}\hat{\delta}(\xi)\mathrm{e}^{\mathrm{i}(x,\xi)}\mathrm{d}\xi\varphi(x)\mathrm{d}x\\
=&\frac{1}{(2\pi)^{n}}\int_{\mathbb{R}^n}\int_{-A}^{A}\cdots\int_{-A}^{A}\mathrm{e}^{\mathrm{i}(x,\xi)}\mathrm{d}\xi\varphi(x)\mathrm{d}x\\
=&\frac{A^n}{(2\pi)^{n}}\int_{\mathbb{R}^n}\int_{-1}^{1}\cdots\int_{-1}^{1}\mathrm{e}^{\mathrm{i}(x,A\eta)}\mathrm{d}\eta\varphi(x)\mathrm{d}x\\
=&\frac{A^n}{(2\pi)^{n}}\int_{\mathbb{R}^n}\int_{-1}^{1}\cdots\int_{-1}^{1}\mathrm{e}^{\mathrm{i}(Ax,\eta)}\mathrm{d}\eta\varphi(x)\mathrm{d}x\\
=&\frac{1}{(2\pi)^{n}}\int_{\mathbb{R}^n}\int_{-1}^{1}\cdots\int_{-1}^{1}\mathrm{e}^{\mathrm{i}(y,\eta)}\mathrm{d}\eta\varphi\left(\frac{y}{A}\right)\mathrm{d}y\\
=&\frac{1}{\pi^n}\int_{\mathbb{R}^n}\frac{\sin y^1}{y^1}\cdots\frac{\sin y^n}{y^n}\varphi\left(\frac{y}{A}\right)\mathrm{d}y.
\end{aligned}$$

因为 φ 在 $\mathbb{R}^n$ 上有界且可分解为两个单调函数的和, 所以再由

$$\int_{\mathbb{R}^n}\frac{\sin y^1}{y^1}\cdots\frac{\sin y^n}{y^n}\mathrm{d}y=\int_{-\infty}^{\infty}\frac{\sin y^1}{y^1}\mathrm{d}y^1\cdots\int_{-\infty}^{\infty}\frac{\sin y^n}{y^n}\mathrm{d}y^n=\pi^n$$

并利用阿贝尔–狄利克雷检验法可知反常积分 $\displaystyle\int_{\mathbb{R}^n}\frac{\sin y^1}{y^1}\cdots\frac{\sin y^n}{y^n}\varphi\left(\frac{y}{A}\right)\mathrm{d}y$ 关于参数 A 在 $[1,+\infty)$ 上一致收敛. 此外, 对任何紧集 $K\subset\mathbb{R}^n$, 易见当 $A\to+\infty$ 时, 在 K 上 $\varphi\left(\dfrac{y}{A}\right)\rightrightarrows\varphi(0)$. 因此

$$\begin{aligned}
&\lim_{A\to+\infty}\frac{1}{(2\pi)^{n/2}}\int_{\mathbb{R}^n}\int_{-A}^{A}\cdots\int_{-A}^{A}\hat{\delta}(\xi)\mathrm{e}^{\mathrm{i}(x,\xi)}\mathrm{d}\xi\varphi(x)\mathrm{d}x\\
=&\frac{1}{\pi^n}\int_{\mathbb{R}^n}\frac{\sin y^1}{y^1}\cdots\frac{\sin y^n}{y^n}\lim_{A\to+\infty}\varphi\left(\frac{y}{A}\right)\mathrm{d}y\\
=&\frac{1}{\pi^n}\int_{\mathbb{R}^n}\frac{\sin y^1}{y^1}\cdots\frac{\sin y^n}{y^n}\mathrm{d}y\cdot\varphi(0)=\varphi(0)=\delta(\varphi),
\end{aligned}$$

从而反演公式成立.

(7) $\forall\varphi\in S$, 易见 $\sup\limits_{n\in\mathbb{Z}}|n^2\varphi(n)|=M<\infty$, 于是 $\forall N\in\mathbb{N}$, 我们有

$$\left|\left(\sum_{n=-N}^{N}\delta(x-n)\right)(\varphi)\right|=\left|\sum_{n=-N}^{N}\delta(x-n)(\varphi)\right|=\left|\sum_{n=-N}^{N}\varphi(n)\right|$$
$$\leqslant\sum_{n=-N}^{N}|\varphi(n)|\leqslant\varphi(0)+2M\sum_{n=1}^{N}\frac{1}{n^2}<\varphi(0)+2M\sum_{n=1}^{\infty}\frac{1}{n^2},$$

因此结论成立. □

10. 如果函数 $f:\mathbb{R}\to\mathbb{C}$ 的傅里叶变换 $\check{\mathcal{F}}[f]$ 由公式

$$\check{f}(\nu):=\check{\mathcal{F}}[f](\nu):=\int_{-\infty}^{\infty}f(t)\mathrm{e}^{-2\pi\mathrm{i}\nu t}\mathrm{d}t$$

定义, 则许多与傅里叶变换有关的公式都将变得特别简单和优美.

(1) 试验证: $\hat{f}(u)=\dfrac{1}{\sqrt{2\pi}}\check{f}\left(\dfrac{u}{2\pi}\right)$.

(2) 试证: $\check{\mathcal{F}}[\check{\mathcal{F}}[f]](t)=f(-t)$, 亦即

$$f(t)=\int_{-\infty}^{\infty}\check{f}(\nu)\mathrm{e}^{2\pi\mathrm{i}\nu t}\mathrm{d}\nu.$$

这是 $f(t)$ 按不同频率 ν 的谐波展开的最自然的形式, 而这个展开式中的 $\check{f}(\nu)$ 是函数 f 的频谱.

(3) 试验证: $\check{\delta}=1$, $\check{1}=\delta$.

(4) 试证: 泊松公式 (15.3.34) 现在可取以下特别优美的形式:

$$\sum_{n=-\infty}^{\infty}\varphi(n)=\sum_{n=-\infty}^{\infty}\check{\varphi}(n).$$

证　(1) 易见

$$\hat{f}(u)=\frac{1}{\sqrt{2\pi}}\int_{-\infty}^{\infty}f(t)\mathrm{e}^{-\mathrm{i}ut}\mathrm{d}t=\frac{1}{\sqrt{2\pi}}\int_{-\infty}^{\infty}f(t)\mathrm{e}^{-2\pi\mathrm{i}\frac{u}{2\pi}t}\mathrm{d}t=\frac{1}{\sqrt{2\pi}}\check{f}\left(\frac{u}{2\pi}\right).$$

(2) 记 $\hat{\mathcal{F}}:f\mapsto\hat{f}$, 则由 $\widehat{\widehat{f(\xi)}}(x)=\widetilde{\widetilde{f(\xi)}}(-x)=f(-x)$ 可知 $\hat{\mathcal{F}}[\hat{\mathcal{F}}[f](\xi)](x)=f(-x)$. 又由 (1) 可知

$$\check{\mathcal{F}}[f](u)=\sqrt{2\pi}\hat{\mathcal{F}}[f](2\pi u),$$

于是由习题 1 可得

$$\check{\mathcal{F}}[\check{\mathcal{F}}[f]](t)=\check{\mathcal{F}}[\sqrt{2\pi}\hat{\mathcal{F}}[f](2\pi u)](t)=\sqrt{2\pi}\check{\mathcal{F}}[\hat{\mathcal{F}}[f](2\pi u)](t)$$
$$=\sqrt{2\pi}\sqrt{2\pi}\hat{\mathcal{F}}[\hat{\mathcal{F}}[f](2\pi u)](2\pi t)=\hat{\mathcal{F}}[\hat{\mathcal{F}}[f](u)](t)=f(-t).$$

(3) $\forall \varphi \in S$, 易见

$$\check{\delta}(\varphi) = \delta(\check{\varphi}) = \delta(\check{\varphi}) = \check{\varphi}(0) = \int_{-\infty}^{+\infty} \varphi(x)\mathrm{d}x,$$

于是 $\check{\delta} = 1$. 又由 (2) 可知

$$\check{1}(\varphi) = \int_{-\infty}^{+\infty} \check{\varphi}(u)\mathrm{d}u = \varphi(0) = \delta(\varphi),$$

因此 $\check{1} = \delta$.

(4) 令 $\psi(x) = \varphi\left(\dfrac{x}{2\pi}\right)$, 则由泊松公式 (15.3.34) 可得

$$\begin{aligned}\sum_{n=-\infty}^{\infty} \varphi(n) &= \frac{1}{\sqrt{2\pi}} \cdot \sqrt{2\pi} \sum_{n=-\infty}^{\infty} \psi(2\pi n) = \frac{1}{\sqrt{2\pi}} \sum_{n=-\infty}^{\infty} \hat{\psi}(n) \\ &= \sqrt{2\pi} \sum_{n=-\infty}^{\infty} \hat{\varphi}(2\pi n) = \sum_{n=-\infty}^{\infty} \check{\varphi}(n).\end{aligned}$$

□

第 16 章 渐近展开

16.1 渐近公式和渐近级数

一、知识点总结与补充

1. 基本记号和定义

(1) 基本记号: 设 $f: X \to Y$ 和 $g: X \to Y$ 是定义在集合 X 上的实值、复值, 或一般向量值 (与集合 Y 的性质相对应) 函数. 又设 $\mathcal{B}$ 是 X 中的基.

• (渐近估计) 关系式

$$f = O(g) \quad \text{或} \quad f(x) = O(g(x)), \quad x \in X,$$
$$f = O(g) \quad \text{或} \quad f(x) = O(g(x)), \quad \text{在基 } \mathcal{B} \text{ 下},$$
$$f = o(g) \quad \text{或} \quad f(x) = o(g(x)), \quad \text{在基 } \mathcal{B} \text{ 下}$$

表示: 等式 $|f(x)| = \alpha(x)|g(x)|$ 中的实函数 $\alpha(x)$ 分别是 X 上的有界, 关于基 $\mathcal{B}$ 最终有界和关于基 $\mathcal{B}$ 为无穷小的函数. 这些关系式通常叫做 (函数 f 的) 渐近估计.

• (渐近等式) 关系式

$$f \sim g \quad \text{或} \quad f(x) \sim g(x), \quad \text{在基 } \mathcal{B} \text{ 下}$$

通常叫做这两个函数在基 $\mathcal{B}$ 下渐近相等, 或称它是在基 $\mathcal{B}$ 下的渐近等式, 它表示 $f(x) = g(x) + o(g(x))$ 在基 $\mathcal{B}$ 下.

• (渐近公式) 渐近估计和渐近等式统称渐近公式.

• (同阶量) 如果 $f = O(g)$ 且 $g = O(f)$, 则说 $f \asymp g$, 称 f 和 g 关于给定的基是同阶量.

(2) 渐近展开: 设 $f(x)$ 是定义在集合 X 上的函数, $\mathcal{B}$ 是集合 X 中的一个基. 把在基 $\mathcal{B}$ 下都成立的渐近公式序列

$$f(x) = \psi_0(x) + o(\psi_0(x)),$$
$$f(x) = \psi_0(x) + \psi_1(x) + o(\psi_1(x)),$$
$$\cdots\cdots$$
$$f(x) = \psi_0(x) + \psi_1(x) + \cdots + \psi_n(x) + o(\psi_n(x)),$$
$$\cdots\cdots$$

写成

$$f(x) \simeq \psi_0(x) + \psi_1(x) + \cdots + \psi_n(x) + \cdots$$

的形式, 或更简单地, 记作 $f(x) \simeq \sum_{k=0}^{\infty} \psi_k(x)$, 称它是函数 f 在给定的基 $\mathcal{B}$ 下的渐近展开.

注 对于任何 $n = 0, 1, \cdots$, 有 $\psi_{n+1}(x) = o(\psi_n(x))$, 在基 $\mathcal{B}$ 下.

(3) 渐近序列和渐近级数: 设 X 是一个集合, 其中有一个基 $\mathcal{B}$. $\{\varphi_n(x)\}$ 是定义在 X 上的函数序列.

• (渐近序列) 称 $\{\varphi_n(x)\}$ 为在基 $\mathcal{B}$ 下的渐近序列, 如果 (对于这个序列中任意相邻的两项 φ_n, φ_{n+1}) 在基 $\mathcal{B}$ 下成立 $\varphi_{n+1}(x) = o(\varphi_n(x))$, 而且在基 $\mathcal{B}$ 的任一元素上, 任何函数 $\varphi_n \in \{\varphi_n(x)\}$ 都不恒等于零.

• (渐近级数) 如果 $\{\varphi_n\}$ 是在基 $\mathcal{B}$ 下的渐近序列, 则称形如

$$f(x) \simeq c_0\varphi_0(x) + c_1\varphi_1(x) + \cdots + c_n\varphi_n(x) + \cdots$$

的渐近展开为函数 f 在基 $\mathcal{B}$ 下按渐近序列 $\{\varphi_n\}$ 的渐近展开或渐近级数.

(4) 渐近零元和渐近重合: 设 $\{\varphi_n(x)\}$ 是在基 $\mathcal{B}$ 下的渐近序列.

• (渐近零元) 如果对每个 $n = 0, 1, \cdots$, 都有 $f(x) = o(\varphi_n(x))$ 在基 $\mathcal{B}$ 下成立, 则称函数 f 为关于序列 $\{\varphi_n(x)\}$ 的渐近零元.

• (渐近重合) 如果函数 f 和 g 的差 $f - g$ 关于序列 $\{\varphi_n\}$ 是渐近零元, 则称这两个函数在基 $\mathcal{B}$ 下关于渐近函数序列 $\{\varphi_n\}$ 是渐近重合的.

2. 渐近展开的唯一性

设 $\{\varphi_n\}$ 是在某一基 $\mathcal{B}$ 下的渐近函数序列.

(1) 如果在基 $\mathcal{B}$ 下函数 f 能按序列 $\{\varphi_n\}$ 渐近展开, 则展开式是唯一的.

(2) 如果函数 f 和 g 都能按序列 $\{\varphi_n\}$ 渐近展开, 则当且仅当函数 f 和 g 在基 $\mathcal{B}$ 下关于序列 $\{\varphi_n\}$ 渐近重合时, 它们的渐近展开是相同的.

3. 渐近展开的线性性

如果函数 f 和 g 可在基 $\mathcal{B}$ 下按渐近序列 $\{\varphi_n\}$ 渐近展开, $f \simeq \sum_{n=0}^{\infty} a_n\varphi_n, g \simeq \sum_{n=0}^{\infty} b_n\varphi_n$, 则它们的线性组合 $\alpha f + \beta g$ 也能这样展开, 且 $\alpha f + \beta g \simeq \sum_{n=0}^{\infty}(\alpha a_n + \beta b_n)\varphi_n$.

4. 渐近等式的积分运算

设 f 是区间 $I = [a, \omega)$ (或 $(\omega, a]$) 上的连续函数.

(1) 如果 g 是区间 I 上的非负连续函数, 而积分 $\int_a^{\omega} g(x)\mathrm{d}x$ 发散, 则从关系式

$$f(x) = O(g(x)), \quad f(x) = o(g(x)), \quad f(x) \sim g(x), \quad I \ni x \to \omega$$

可相应地得到

$$F(x)=O(G(x)),\quad F(x)=o(G(x)),\quad 以及\ F(x)\sim G(x),$$

这里

$$F(x)=\int_a^x f(t)\mathrm{d}t,\quad G(x)=\int_a^x g(t)\mathrm{d}t.$$

(2) 如果区间 $I=[a,\omega)$ 上的非负连续函数 $\varphi_n(x)$, $n=0,1,\cdots$ 当 $I\ni x\to\omega$ 组成一个渐近序列, 而当 $x\in I$ 时积分 $\Phi_n(x)=\displaystyle\int_x^\omega \varphi_n(t)\mathrm{d}t$ 收敛, 则当 $I\ni x\to\omega$ 时, 函数 $\Phi_n(x)$, $n=0,1,\cdots$ 也组成一个渐近序列.

(3) 如果积分 $\mathfrak{F}(x)=\displaystyle\int_x^\omega f(t)\mathrm{d}t$ 收敛, 而函数 $f(x)$ 当 $I\ni x\to\omega$ 时按 (2) 中的渐近序列 $\{\varphi_n(x)\}$ 有渐近展开 $f(x)\simeq\sum\limits_{n=0}^{\infty}c_n\varphi_n(x)$, 则对于函数 $\mathfrak{F}$ 成立当 $I\ni x\to\omega$ 时按渐近序列 $\{\Phi_n(x)\}$ 的渐近展开 $\mathfrak{F}(x)\simeq\sum\limits_{n=0}^{\infty}c_n\Phi_n(x)$.

5. 渐近幂级数

设 0 是集合 E 的极限点, 而

$$\left.\begin{aligned}f(x)&\simeq a_0+a_1x+a_2x^2+\cdots,\\ g(x)&\simeq b_0+b_1x+b_2x^2+\cdots,\end{aligned}\right.\quad E\ni x\to 0.$$

那么, 当 $E\ni x\to 0$ 时, 有

(1) $(\alpha f+\beta g)\simeq\sum\limits_{n=0}^{\infty}(\alpha a_n+\beta b_n)x^n$;

(2) $(f\cdot g)(x)\simeq\sum\limits_{n=0}^{\infty}c_nx^n$, 这里 $c_n=a_0b_n+a_1b_{n-1}+\cdots+a_nb_0$, $n=0,1,\cdots$;

(3) 如果 $b_0\neq 0$, 则 $\left(\dfrac{f}{g}\right)(x)\simeq\sum\limits_{n=0}^{\infty}d_nx^n$, 这里系数 d_n 从以下递推关系求出

$$a_0=b_0d_0,\ a_1=b_0d_1+b_1d_0,\ \cdots,\ a_n=\sum_{k=0}^{n}b_kd_{n-k},\ \cdots;$$

(4) 如果 E 是点 0 的空心邻域或半邻域, 而 f 在 E 上连续, 则

$$\int_0^x f(t)\mathrm{d}t\simeq a_0x+\frac{a_1}{2}x^2+\cdots+\frac{a_{n-1}}{n}x^n+\cdots.$$

(5) 如果对条件 (4) 再补充 $f\in C^{(1)}(E)$ 和

$$f'(x)\simeq a_0'+a_1'x+\cdots,$$

则 $a'_n = (n+1)a_{n+1}$, $n = 0, 1, \cdots$.

6. 推论

设 U 是无限大在 $\mathbb{R}$ 中的邻域 (半邻域).

(1) 如果函数 $f \in C(U)$ 且有渐近展开

$$f(x) \simeq a_0 + \frac{a_1}{x} + \frac{a_2}{x^2} + \cdots + \frac{a_n}{x^n} + \cdots, \quad U \ni x \to \infty,$$

则在 U 中的区间上的积分

$$\mathfrak{F}(x) = \int_x^{\infty} \left(f(t) - a_0 - \frac{a_1}{t}\right) \mathrm{d}t$$

收敛且有如下渐近展开:

$$\mathfrak{F}(x) \simeq \frac{a_2}{x} + \frac{a_3}{2x^2} + \cdots + \frac{a_{n+1}}{nx^n} + \cdots, \quad U \ni x \to \infty.$$

(2) 如果对 (1) 的条件再补充 $f \in C^{(1)}(U)$ 和 f' 有渐近展开

$$f'(x) \simeq a'_0 + \frac{a'_1}{x} + \frac{a'_2}{x^2} + \cdots + \frac{a'_n}{x^n} + \cdots, \quad U \ni x \to \infty,$$

则这个展开式可通过对函数 f 的展开式的形式微分得到, 即

$$a'_n = -(n-1)a_{n-1}, \quad n = 2, 3 \cdots \quad 且 \quad a'_0 = a'_1 = 0.$$

16.2　渐近积分 (拉普拉斯方法)

一、知识点总结与补充

1. 拉普拉斯积分

形如

$$F(\lambda) = \int_a^b f(x) \mathrm{e}^{\lambda S(x)} \mathrm{d}x$$

的积分通常叫做拉普拉斯积分, 这里 $S(x)$ 是实值函数, 而 λ 是参数.

2. 拉普拉斯积分的局部化原理

(1) 指数型估计: 设 $M = \sup\limits_{a<x<b} S(x) < \infty$, 又设对某个值 $\lambda_0 > 0$, 拉普拉斯积分绝对收敛. 那么, 它对任何 $\lambda \geqslant \lambda_0$ 都绝对收敛, 且对这样的 λ 成立估计

$$|F(\lambda)| \leqslant \int_a^b |f(x) \mathrm{e}^{\lambda S(x)}| \mathrm{d}x \leqslant A \mathrm{e}^{\lambda M},$$

这里 $A \in \mathbb{R}$.

(2) 极大值点的贡献的估计: 设对某值 $\lambda=\lambda_0$ 拉普拉斯积分绝对收敛, 又设在积分区间 I 的内部或边界上存在点 x_0, 使 $S(x_0)=\sup\limits_{a<x<b} S(x)=M$. 如果函数 $f(x)$ 和 $S(x)$ 在点 x_0 连续, 且 $f(x_0)\neq 0$, 则对于任意 $\varepsilon>0$ 和点 x_0 在 I 中的充分小的邻域 $U_I(x_0)$, 使估计

$$\left|\int_{U_I(x_0)} f(x)\mathrm{e}^{\lambda S(x)}\mathrm{d}x\right| \geqslant B\mathrm{e}^{\lambda(S(x_0)-\varepsilon)}$$

($B>0$ 是某常数) 对 $\lambda\geqslant\max\{\lambda_0,0\}$ 成立.

(3) 局部化原理: 设当 $\lambda=\lambda_0$ 拉普拉斯积分绝对收敛, 且在积分区间 I 的内部或边界上函数 $S(x)$ 有唯一的绝对极大值点 x_0, 亦即在点 x_0 的任何邻域 $U(x_0)$ 外均有

$$\sup_{I\backslash U(x_0)} S(x)<S(x_0).$$

如果函数 $f(x),S(x)$ 同时在点 x_0 连续, 且 $f(x_0)\neq 0$, 则

$$F(\lambda)=F_{U_I(x_0)}(\lambda)(1+O(\lambda^{-\infty})),\quad \lambda\to+\infty,$$

这里 $U_I(x_0)$ 是 x_0 在 I 中的任意一个邻域,

$$F_{U_I(x_0)}(\lambda):=\int_{U_I(x_0)} f(x)\mathrm{e}^{\lambda S(x)}\mathrm{d}x,$$

而 $O(\lambda^{-\infty})$ 是这样一个函数, 对于任何 $n\in\mathbb{N}$, 当 $\lambda\to+\infty$ 它都是 $o(\lambda^{-n})$.

3. 典型积分及其渐近式

(1) 函数在临界点邻域中的典型形式: 如果实值函数 $S(x)$ 在点 $x_0\in\mathbb{R}$ 的邻域 (半邻域) 内属于光滑函数类 $C^{(n+k)}$, 而且

$$S'(x_0)=\cdots=S^{(n-1)}(x_0)=0,\quad S^{(n)}(x_0)\neq 0,$$

$k\in\mathbb{N}$ 或 $k=\infty$, 则存在点 x_0 的邻域 (半邻域) I_x, 点 $O\in\mathbb{R}$ 的邻域 I_y 以及微分同胚 $\varphi\in C^{(k)}(I_y;I_x)$, 使得

$$S(\varphi(y))=S(x_0)+sy^n,\quad y\in I_y,\quad s=\operatorname{sgn}S^{(n)}(x_0).$$

同时

$$\varphi(0)=x_0,\quad \varphi'(0)=\left(\frac{n!}{|S^{(n)}(x_0)|}\right)^{\frac{1}{n}}.$$

(2) 弱化还原: 设在拉普拉斯积分中, 积分区间 $I=[a,b]$ 是有限的, 且满足以下条件:

- $f, S \in C(I;\mathbb{R})$;
- $\max\limits_{x\in I} S(x)$ 只在一个点 $x_0 \in I$ 处达到;
- 在点 x_0 的 (包含在区间 I 内的) 某个邻域 $U_I(x_0)$ 中有 $S \in C^{(n)}(U_I(x_0);\mathbb{R})$;
- $S^{(n)}(x_0) \neq 0$, 且如果 $1 < n$, 则 $S^{(1)}(x_0) = \cdots = S^{(n-1)}(x_0) = 0$,

那么, 当 $\lambda \to +\infty$ 时拉普拉斯积分可用形如

$$R(\lambda) = \mathrm{e}^{\lambda S(x_0)} \int_{I_y} r(y)\mathrm{e}^{-\lambda y^n}\mathrm{d}y$$

的积分代替, 误差根据局部化原理确定, 这里 $I_y = [-\varepsilon, \varepsilon]$ 或 $I_y = [0, \varepsilon]$, ε 是任意小的一个正数, 而函数 r 是定义在 I_y 上具有与函数 f 在点 x_0 的邻域中一样的光滑性.

(3) 沃森引理: 设 $\alpha > 0$, $\beta > 0$, $0 < a \leqslant \infty$, 而 $f \in C([0,a];\mathbb{R})$. 那么, 关于积分

$$W(\lambda) = \int_0^a x^{\beta-1} f(x)\mathrm{e}^{-\lambda x^\alpha}\mathrm{d}x$$

当 $\lambda \to +\infty$ 时的渐近式, 成立以下断言:

- 如果当 $x \to 0$ 有 $f(x) = f(0) + O(x)$, 积分 $W(\lambda)$ 的渐近式的主项具有形式

$$W(\lambda) = \frac{1}{\alpha} f(0)\Gamma\Big(\frac{\beta}{\alpha}\Big)\lambda^{-\frac{\beta}{\alpha}} + O(\lambda^{-\frac{\beta+1}{\alpha}}).$$

- 如果当 $x \to 0$ 时有 $f(x) = a_0 + a_1 x + \cdots + a_n x^n + O(x^{n+1})$, 则

$$W(\lambda) = \frac{1}{\alpha}\sum_{k=0}^{n} a_k \Gamma\Big(\frac{k+\beta}{\alpha}\Big)\lambda^{-\frac{k+\beta}{\alpha}} + O(\lambda^{-\frac{n+\beta+1}{\alpha}}).$$

- 如果 f 在 $x = 0$ 无穷次可微, 则有关于 λ 可任意次微分的渐近展开

$$W(\lambda) \simeq \frac{1}{\alpha}\sum_{k=0}^{\infty} \frac{f^{(k)}(0)}{k!}\Gamma\Big(\frac{k+\beta}{\alpha}\Big)\lambda^{-\frac{k+\beta}{\alpha}}.$$

(4) 拉普拉斯变换的渐近展开: 如果函数 f 在 $x = 0$ 无穷可微, 而拉普拉斯变换

$$F(\lambda) = \int_0^{+\infty} f(x)\mathrm{e}^{-\lambda x}\mathrm{d}x$$

对某个值 $\lambda = \lambda_0$ 绝对收敛, 则

$$F(\lambda) \simeq \sum_{k=0}^{\infty} f^{(k)}(0)\lambda^{-(k+1)}, \quad \lambda \to +\infty.$$

4. 渐近式的典型主项定理

设拉普拉斯积分中的积分区间 $I=[a,b]$ 是有限的, $f,S\in C(I;\mathbb{R})$ 且 $\max\limits_{x\in I}S(x)$ 只在一个点 $x_0\in I$ 达到. 还设 $f(x_0)\neq 0$, $f(x)=f(x_0)+O(x-x_0)$ 当 $I\ni x\to x_0$ 时, 而函数 S 属于在点 x_0 的邻域中的光滑函数类 $C^{(k)}$. 那么:

(1) 如果 $x_0=a$, $k=2$ 且 $S'(x_0)\neq 0$ (即 $S'(x_0)<0$), 则

$$F(\lambda)=\frac{f(x_0)}{-S'(x_0)}\mathrm{e}^{\lambda S(x_0)}\lambda^{-1}[1+O(\lambda^{-1})],\quad \lambda\to+\infty;$$

(2) 如果 $a<x_0<b$, $k=3$ 且 $S''(x_0)\neq 0$ (即 $S''(x_0)<0$), 则

$$F(\lambda)=\sqrt{\frac{2\pi}{-S''(x_0)}}f(x_0)\mathrm{e}^{\lambda S(x_0)}\lambda^{-\frac{1}{2}}[1+O(\lambda^{-\frac{1}{2}})],\quad \lambda\to+\infty;$$

(3) 如果 $x_0=a$, $k=3$, $S'(a)=0$ 且 $S''(a)\neq 0$ (即 $S''(a)<0$), 则

$$F(\lambda)=\sqrt{\frac{\pi}{-2S''(x_0)}}f(x_0)\mathrm{e}^{\lambda S(x_0)}\lambda^{-\frac{1}{2}}[1+O(\lambda^{-\frac{1}{2}})],\quad \lambda\to+\infty.$$

5. 拉普拉斯渐近展开定理

设 $I=[a,b]$ 是有限区间, $f,S\in C(I;\mathbb{R})$, $\max\limits_{x\in I}S(x)$ 只在一个点 $x_0\in I$ 达到, 且 f,S 在点 x_0 的某一邻域 $U_I(x_0)$ 中属于 $C^{(\infty)}(U_I(x_0);\mathbb{R})$. 那么, 关于拉普拉斯积分的渐近式成立以下断言:

(1) 如果 $x_0=a$, $S^{(m)}(a)\neq 0$, $S^{(j)}(a)=0$ 对于 $1\leqslant j<m$, 则

$$F(\lambda)\simeq\lambda^{-\frac{1}{m}}\mathrm{e}^{\lambda S(a)}\sum_{k=0}^{\infty}a_k\lambda^{-k/m},\quad \lambda\to+\infty,$$

这里

$$a_k=\frac{(-1)^{k+1}m^k}{k!}\Gamma\Big(\frac{k+1}{m}\Big)\Big(h(x,a)\frac{\mathrm{d}}{\mathrm{d}x}\Big)^k(f(x)h(x,a))\Big|_{x=a},$$
$$h(x,a)=(S(a)-S(x))^{1-\frac{1}{m}}/S'(x).$$

(2) 如果 $a<x_0<b$, $S^{(2m)}(x_0)\neq 0$, $S^{(j)}(x_0)=0$ 对于 $1\leqslant j<2m$, 则

$$F(\lambda)\simeq\lambda^{-\frac{1}{2m}}\mathrm{e}^{\lambda S(x_0)}\sum_{k=0}^{\infty}c_k\lambda^{-k/m},\quad \lambda\to+\infty,$$

这里

$$c_k=2\frac{(-1)^{2k+1}(2m)^{2k}}{(2k)!}\Gamma\Big(\frac{2k+1}{2m}\Big)\Big(h(x,x_0)\frac{\mathrm{d}}{\mathrm{d}x}\Big)^{2k}(f(x)h(x,x_0))\Big|_{x=x_0},$$
$$h(x,x_0)=(S(x_0)-S(x))^{1-\frac{1}{2m}}/S'(x).$$

(3) 如果 $f^{(n)}(x_0)\neq 0$ 且 $f(x)\sim \dfrac{1}{n!}f^{(n)}(x_0)(x-x_0)^n$ 当 $x\to x_0$ 时, 则在情况 (1) 和 (2) 下渐近式的主项分别为

$$F(\lambda)=\frac{1}{m}\lambda^{-\frac{n+1}{m}}\mathrm{e}^{\lambda S(a)}\Gamma\left(\frac{n+1}{m}\right)\left(\frac{m!}{|S^{(m)}(a)|}\right)^{\frac{n+1}{m}}\times\left[\frac{1}{n!}f^{(n)}(a)+O(\lambda^{-\frac{n+1}{m}})\right],$$

$$F(\lambda)=\frac{1}{m}\lambda^{-\frac{n+1}{2m}}\mathrm{e}^{\lambda S(x_0)}\Gamma\left(\frac{n+1}{2m}\right)\left(\frac{(2m)!}{|S^{(2m)}(x_0)|}\right)^{\frac{n+1}{2m}}\times\left[\frac{1}{n!}f^{(n)}(x_0)+O(\lambda^{-\frac{n+1}{2m}})\right].$$

(4) (1) 和 (2) 中的展开式关于 λ 可任意次微分.

附录　一些常用公式与特殊常数

一、一些常用三角公式

1. 基本公式

(1) 对称性:

$$\sin(\pi - x) = \sin x, \quad \cos(\pi - x) = -\cos x.$$

(2) 平移法则:

$$\sin\left(\frac{\pi}{2} + x\right) = \cos x, \quad \sin(\pi + x) = -\sin x,$$

$$\cos\left(\frac{\pi}{2} + x\right) = -\sin x, \quad \cos(\pi + x) = -\cos x.$$

(3) 倍角公式:

$$\sin 2x = 2\sin x\cos x, \quad \cos 2x = \cos^2 x - \sin^2 x = 2\cos^2 x - 1 = 1 - 2\sin^2 x.$$

(4) 万能公式: 记 $t = \tan\frac{x}{2}$, 则

$$\sin x = \frac{2t}{1+t^2}, \quad \cos x = \frac{1-t^2}{1+t^2}, \quad \tan x = \frac{2t}{1-t^2}.$$

2. 和差与积

(1) 加法定理:

$$\sin(x \pm y) = \sin x\cos y \pm \cos x\sin y,$$

$$\cos(x \pm y) = \cos x\cos y \mp \sin x\sin y.$$

(2) 和差化积:

$$\sin x \pm \sin y = 2\sin\frac{x \pm y}{2}\cos\frac{x \mp y}{2},$$

$$\cos x + \cos y = 2\cos\frac{x+y}{2}\cos\frac{x-y}{2},$$

$$\cos x - \cos y = 2\sin\frac{x+y}{2}\sin\frac{y-x}{2}.$$

(3) 积化和差:

$$\sin x\sin y=\frac{1}{2}\big(\cos(x-y)-\cos(x+y)\big),$$

$$\cos x\cos y=\frac{1}{2}\big(\cos(x-y)+\cos(x+y)\big),$$

$$\sin x\cos y=\frac{1}{2}\big(\sin(x-y)+\sin(x+y)\big).$$

3. 导数公式

$$\sin^{(n)}x=\sin\left(x+n\cdot\frac{\pi}{2}\right),\quad \cos^{(n)}x=\cos\left(x+n\cdot\frac{\pi}{2}\right),\quad n\in\mathbb{N}\cup\{0\}.$$

二、一些特殊常数

1. Γ 函数

$$\Gamma(n+1)=n!,\quad n\in\mathbb{N}\cup\{0\};\quad \Gamma\left(\frac{1}{2}\right)=\sqrt{\pi}.$$

2. 狄利克雷积分

$$\int_0^{+\infty}\frac{\sin x}{x}\mathrm{d}x=\frac{\pi}{2}.$$

3. 欧拉–泊松积分

$$\int_{-\infty}^{+\infty}\mathrm{e}^{-x^2}\mathrm{d}x=\sqrt{\pi}.$$

三、一些常微分方程的求解公式

1. 一阶线性方程

$\dfrac{\mathrm{d}y}{\mathrm{d}x}+p(x)y=q(x)$ 的通解为

$$y=\mathrm{e}^{-\int p(x)\mathrm{d}x}\left(C+\int q(x)\mathrm{e}^{\int p(x)\mathrm{d}x}\mathrm{d}x\right).$$

而满足初值条件 $y(x_0)=y_0$ 的解为

$$y=\mathrm{e}^{-\int_{x_0}^{x}p(t)\mathrm{d}t}\left(y_0+\int_{x_0}^{x}q(t)\mathrm{e}^{\int_{x_0}^{t}p(s)\mathrm{d}s}\mathrm{d}t\right).$$

2. 二阶常系数齐次线性方程

$\frac{\mathrm{d}^2y}{\mathrm{d}x^2}+a\frac{\mathrm{d}y}{\mathrm{d}x}+by=0$ 的特征方程为

$$\lambda^2+a\lambda+b=(\lambda-\lambda_1)(\lambda-\lambda_2)=0.$$

关于其特征根 λ_1,λ_2, 我们有二阶常系数齐次线性方程的如下形式的通解:

(1) 若 $\lambda_1,\lambda_2\in\mathbb{R}$ 且 $\lambda_1\neq\lambda_2$, 则

$$y=C_1\mathrm{e}^{\lambda_1x}+C_2\mathrm{e}^{\lambda_2x};$$

(2) 若 $\lambda_1,\lambda_2\in\mathbb{R}$ 且 $\lambda_1=\lambda_2$, 则

$$y=C_1\mathrm{e}^{\lambda_1x}+C_2x\mathrm{e}^{\lambda_1x};$$

(3) 若 $\lambda_1=\alpha+\mathrm{i}\beta,\lambda_2=\alpha-\mathrm{i}\beta\in\mathbb{C}$ (其中 $\alpha,\beta\in\mathbb{R}$ 且 $\beta\neq0$), 则

$$y=C_1\mathrm{e}^{\alpha x}\cos\beta x+C_2\mathrm{e}^{\alpha x}\sin\beta x.$$